实例：使用长方体制作桌子

实例：使用长方体制作茶几

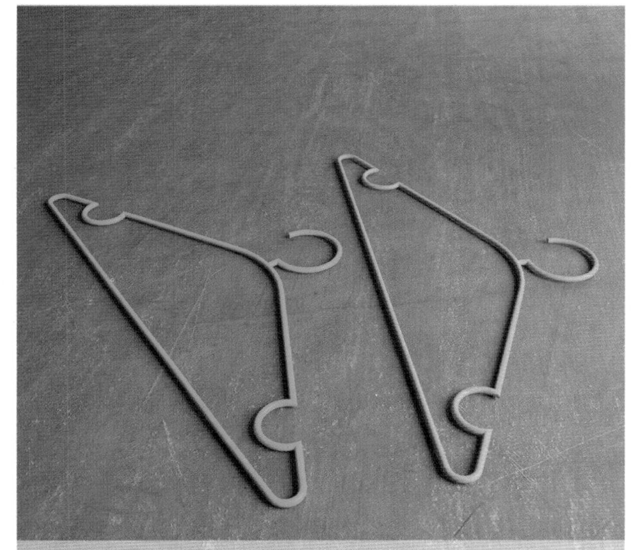

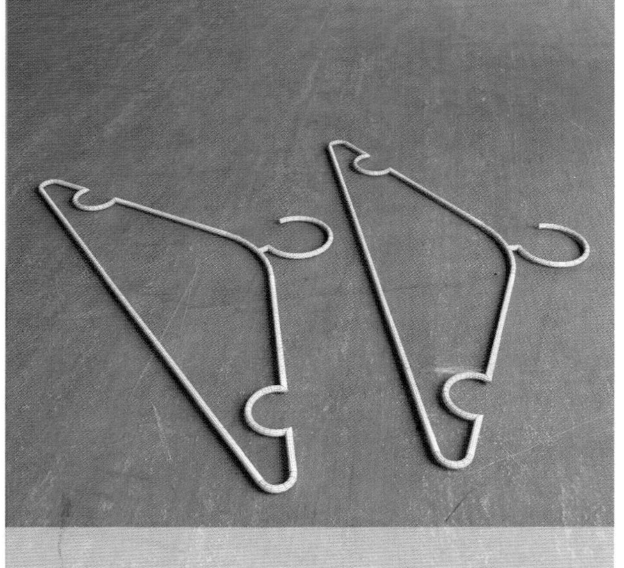

实例：使用样条线制作衣架

实例：使用放样命令制作小酒壶

实例：使用多边形建模技术来制作柜子模型

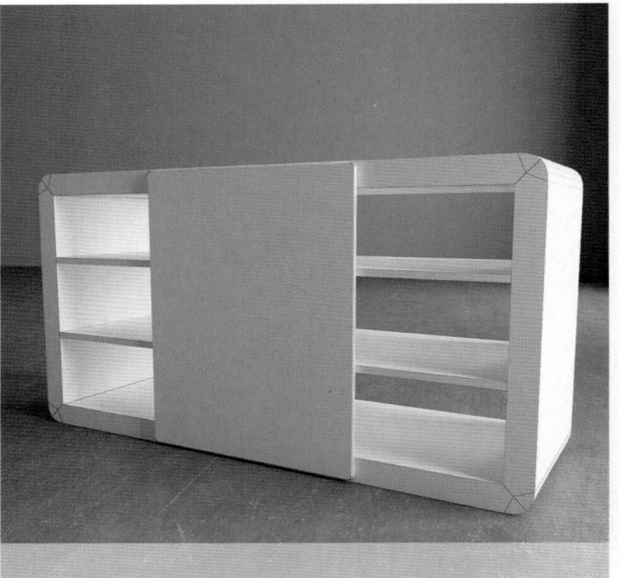

实例：使用修改器技术制作单人沙发

VRay实例：制作玻璃材质

VRay实例：制作金属材质

VRay实例：制作木纹材质

Arnold实例：制作玻璃材质

Arnold实例：制作金属材质

Arnold实例：制作陶瓷材质

VRay实例：使用VR-太阳制作客厅日光照明效果

VRay实例：使用VR-灯光制作室内环境照明

Arnold实例：使用Arnold Light制作客厅场景照明

Arnold实例：使用Arnold Light制作灯丝照明效果

VRay实例：使用物理摄影机渲染室内景深特效

Arnold实例：使用物理摄影机渲染静物景深特效

综合实例：中式风格客厅效果表现

综合实例：图书阅览室天光效果表现

综合实例：现代风格卧室日光效果表现

综合实例：北欧风格客厅室内效果表现

作者作品赏析

作者作品赏析

来阳 / 编著

突破平面

3ds Max/VRay/Arnold室内设计与制作剖析

清华大学出版社
北京

内 容 简 介

本书主讲如何使用中文版3ds Max软件进行室内空间效果图制作。全书共分为10章，内容包含3ds Max软件的界面组成、模型制作、灯光技术、摄影机技术、材质贴图以及渲染技术等一整套室内效果图制作技术。本书结构清晰、内容全面、通俗易懂，各个章节均设计了相应的实用案例，并详细阐述了制作原理及操作步骤，注重提升读者的软件操作能力。另外，本书附带的教学资源内容丰富，包括本书所有案例的工程文件、贴图文件和多媒体教学文件，便于读者学以致用。

另外，本书内容适用于3ds Max 2017和3ds Max 2018版本。

本书非常适合作为高校和培训机构环境艺术专业的相关课程培训教材，也可以作为广大三维动画爱好者的自学参考用书。

图书在版编目(CIP)数据

突破平面3ds Max/VRay/Arnold室内设计与制作剖析 / 来阳编著. — 北京：清华大学出版社，2019
ISBN 978-7-302-50596-9

Ⅰ.①突… Ⅱ.①来… Ⅲ.①室内装饰设计—计算机辅助设计—三维动画软件 Ⅳ.①TU238-39

中国版本图书馆 CIP 数据核字（2018）第 153397 号

责任编辑：陈绿春
封面设计：潘国文
版式设计：方加青
责任校对：徐俊伟
责任印制：丛怀宇

出版发行：清华大学出版社
网　　址：http://www.tup.com.cn，http://www.wqbook.com
地　　址：北京清华大学学研大厦 A 座　**邮　　编：**100084
社 总 机：010-62770175　**邮　　购：**010-62786544
投稿与读者服务：010-62776969，c-service@tup.tsinghua.edu.cn
质 量 反 馈：010-62772015，zhiliang@tup.tsinghua.edu.cn
印 装 者：三河市龙大印装有限公司
经　　销：全国新华书店
开　　本：188mm×260mm　**印　　张：**16　**插　　页：**4　**字　　数：**473 千字
版　　次：2019 年 4 月第 1 版　**印　　次：**2019 年 4 月第 1 次印刷
定　　价：89.00 元

产品编号：055428-01

前言

对于环境艺术设计专业的学生来说，如何将自己的设计灵感准确地表达出来是一项必备技能，尤其是在工作以后直接面对客户介绍自己的设计方案时，哪怕是再华丽的辞藻，恐怕都不如一张图来得方便，因此掌握一手熟练的效果图绘制技术就显得尤为重要。当前的效果图绘制手段无非两种：一是手绘，二是电脑制图。那么究竟是手绘好，还是电脑制图好呢？不止一个同学跟我谈起过类似的话题。那么在本书的前言里，我就这一问题谈一下个人见解。手绘的效果图和电脑制作的效果图在实际工作之中都会用得到，根据各自的特点，一般会应用在设计的不同阶段。在项目的前期设计中，个人比较倾向于手绘表现。因为手绘效果图的优点是速度快，简单的勾勒就可以快速将所想展现于纸上，无论是跟客户现场沟通，还是自己确定方案，都是非常合适的一种可视化表现手段。如果是在项目的中后期，个人则比较倾向于电脑制图。因为在这一时期，项目的设计基本已经定稿，那么再使用手绘表现就很难精准地绘制出空间的透视关系，以及空间某一物件的具体尺寸及质感。如果在电脑中使用三维软件制图，这些问题就迎刃而解了。通过3ds Max软件，设计师在电脑中绘制模型，不但可以轻易解决透视问题，还可以精准控制尺寸，得到完全媲美真实照片的图像结果，给客户身临其境的视觉体验。

本书从基础的软件界面讲解开始，逐步带领读者完成三维室内效果图的制作。在图像渲染技术方面，本书重点讲述如何使用VRay渲染器和Arnold渲染器来渲染场景文件。其中，VRay渲染器是世界公认的高品质专业效果图渲染插件，使用VRay渲染器渲染图像几乎已成为目前行业内公认的技术标准。而Arnold同样也是非常著名的渲染器，作为3ds Max 2018版本新添加的内置渲染器，设计师在无需另外付费的情况下，即可使用该渲染器来渲染高品质的效果图产品。至于这两个渲染器各自的优缺点，读者可以在学习完本书的案例之后自己慢慢体会。

本书参数解析部分有一些不常用或者极少使用的命令，为了节省篇幅，不再介绍，有些与前面重复的命令，也不再赘述，特此说明。

写作是一件快乐的事情，这是我正式写作并出版的第8本图形图像类专业图书，在这个过程中，清华大学出版社的编辑陈绿春老师为这些图书的出版做了很多工作，在此表示诚挚的感谢。由于作者的技术能力有限，书中难免存在不足之处，还请读者朋友们海涵雅正。

本书为吉林省高等教育学会2018年度高教科研一般项目“‘互联网+’背景下艺术设计类专业三维软件制图教学改革研究”（JGJX2018D263）科研成果。

本书的配套素材和视频文件请扫描章首页的二维码进行下载。本书的第1章和第8章是理论介绍，没有素材和视频文件。本书的配套素材和视频文件也可以通过下面的链接地址或者扫描右侧的二维码进行下载。

链接：https://pan.baidu.com/s/1s2o5avwF7hzEjI2NaNiHoA 提取码：26pk

如果在配套素材下载过程中碰到问题，请联系陈老师，联系邮箱：chenlch@tup.tsinghua.edu.cn。

来阳

2019年2月

目录

第1章 初识3ds Max

1.1 3ds Max 概述 …… 1
1.2 3ds Max产品分析 …… 1
1.2.1 建筑表现 …… 1
1.2.2 空间表现 …… 2
1.2.3 园林景观 …… 3
1.2.4 工业产品 …… 3
1.3 3ds Max的工作界面 …… 4
1.3.1 菜单栏 …… 5
1.3.2 主工具栏 …… 7
1.3.3 功能区 …… 7
1.3.4 场景资源管理器 …… 8
1.3.5 视口布局 …… 9
1.3.6 命令面板 …… 10
1.3.7 时间滑块和轨迹栏 …… 12
1.3.8 动画播放区及时间控件 …… 12
1.3.9 视口导航 …… 13
1.4 创建文件 …… 13
1.4.1 新建场景 …… 13
1.4.2 重置场景 …… 14
1.5 对象选择 …… 14
1.5.1 选择对象工具 …… 14
1.5.2 区域选择 …… 15
1.5.3 按名称选择 …… 15
1.6 变换操作 …… 15
1.6.1 变换操作切换 …… 15
1.6.2 变换命令控制柄的更改 …… 16
1.7 复制对象 …… 16
1.7.1 克隆 …… 16
1.7.2 镜像 …… 18
1.7.3 阵列 …… 18
1.7.4 间隔工具 …… 19
1.8 文件存储 …… 20
1.8.1 文件保存 …… 20
1.8.2 另存为文件 …… 20

第2章 几何体建模

2.1 几何体概述 …… 21
2.2 标准基本体 …… 21
2.2.1 长方体 …… 22
2.2.2 圆锥体 …… 22
2.2.3 球体 …… 23
2.2.4 圆环 …… 24
2.2.5 加强型文本 …… 25
2.3 扩展基本体 …… 29
2.3.1 异面体 …… 30
2.3.2 环形结 …… 31
2.3.3 切角长方体 …… 32
2.3.4 胶囊 …… 33
2.4 门 …… 34
2.4.1 门对象公共参数 …… 34
2.4.2 枢轴门 …… 35
2.4.3 推拉门 …… 36
2.4.4 折叠门 …… 36
2.5 窗 …… 36
2.5.1 遮篷式窗 …… 36
2.5.2 其他窗户介绍 …… 37
2.6 楼梯 …… 38
2.6.1 L型楼梯 …… 38
2.6.2 其他楼梯介绍 …… 41
2.7 技术实例 …… 41
2.7.1 实例：使用长方体制作桌子 …… 41
2.7.2 实例：使用长方体制作茶几 …… 43

第3章 图形建模

3.1 图形概述……45
3.2 样条线……45
3.2.1 线……45
3.2.2 矩形……46
3.2.3 圆……47
3.2.4 星形……47
3.2.5 文本……48
3.2.6 截面……49
3.2.7 其他样条线……50
3.3 编辑样条线……50
3.3.1 转换可编辑样条线……50
3.3.2 “渲染”卷展栏……51
3.3.3 “插值”卷展栏……52
3.3.4 “选择”卷展栏……53
3.3.5 “软选择”卷展栏……54
3.3.6 “几何体”卷展栏……54
3.4 放样……56
3.4.1 “创建方法”卷展栏……57
3.4.2 “曲面参数”卷展栏……57
3.4.3 “路径参数”卷展栏……58
3.4.4 “蒙皮参数”卷展栏……58
3.4.5 “变形”卷展栏……59
3.5 技术实例……59
3.5.1 实例：使用样条线制作衣架……59
3.5.2 实例：使用“放样”命令制作小酒壶…62

第4章 高级建模

4.1 修改器概述……66
4.1.1 修改器堆栈……66
4.1.2 拓扑……67
4.1.3 复制及粘贴修改器……67
4.1.4 可编辑对象……68
4.1.5 塌陷修改器堆栈……69
4.2 修改器分类……70
4.2.1 选择修改器……70
4.2.2 世界空间修改器……71
4.2.3 对象空间修改器……71
4.3 常用修改器……72
4.3.1 “弯曲”修改器……72
4.3.2 “拉伸”修改器……72
4.3.3 “切片”修改器……73
4.3.4 “专业优化”修改器……73
4.3.5 “球形化”修改器……74
4.3.6 “对称”修改器……74
4.3.7 “平滑”修改器……75
4.3.8 “涡轮平滑”修改器……75
4.3.9 “FFD”修改器……76
4.4 多边形建模技术……77
4.4.1 多边形对象的创建……77
4.4.2 “顶点”子对象层级……78
4.4.3 “边”子对象层级……80
4.4.4 “边界”子对象层级……83
4.4.5 “多边形”子对象层级……84
4.4.6 “元素”子对象层级……86
4.5 技术实例……87
4.5.1 实例：使用多边形建模技术来制作柜子模型……87
4.5.2 实例：使用修改器技术制作单人沙发……90

第5章 材质与贴图

5.1 材质概述……93
5.2 材质编辑器……93
5.2.1 精简材质编辑器……93
5.2.2 Slate材质编辑器……94
5.2.3 菜单栏……95
5.2.4 材质球示例窗口……97
5.2.5 工具栏……97
5.2.6 参数编辑器……98
5.3 材质资源管理器……99
5.3.1 “场景”面板……99
5.3.2 “材质”面板……102
5.4 标准材质及贴图……102
5.4.1 “标准”材质……102
5.4.2 “混合”材质……104
5.4.3 “双面”材质……105
5.4.4 “多维/子对象”材质……105
5.4.5 Ink’n Paint材质……106
5.4.6 位图……108

5.4.7 渐变……114
5.4.8 平铺……114
5.4.9 混合……116
5.5 VRay材质及贴图……116
5.5.1 VRayMtl材质……117
5.5.2 VRay2Sided Mtl材质……118
5.5.3 VR-灯光材质……118
5.5.4 VR-凹凸材质……118
5.5.5 VR-混合材质……119
5.6 Arnold材质及贴图……119
5.6.1 Standard材质……119
5.6.2 Lambert材质……123
5.6.3 Wireframe……123
5.7 技术实例……124
5.7.1 VRay实例：制作玻璃材质……124
5.7.2 VRay实例：制作金属材质……126
5.7.3 VRay实例：制作木纹材质……128
5.7.4 Arnold实例：制作玻璃材质……129
5.7.5 Arnold实例：制作金属材质……131
5.7.6 Arnold实例：制作陶瓷材质……132

第6章 灯光技术

6.1 灯光概述……134
6.2 “光度学”灯光……135
6.2.1 目标灯光……135
6.2.2 自由灯光……139
6.2.3 太阳定位器……140
6.2.4 “物理太阳和天空环境”贴图……142
6.3 标准灯光……144
6.3.1 目标聚光灯……144
6.3.2 目标平行光……147
6.3.3 泛光……147
6.3.4 天光……147
6.4 VRay灯光……148
6.4.1 VR-灯光……148
6.4.2 VRayIES……150
6.4.3 VR-太阳……151
6.5 Arnold Light……151
6.5.1 General（常规）卷展栏……152
6.5.2 Shape（形状）卷展栏……152
6.5.3 Color/Intensity（颜色/强度）卷展栏……153
6.5.4 Rendering（渲染）卷展栏……153
6.5.5 Shadow（阴影）卷展栏……153
6.6 技术实例……154
6.6.1 VRay实例：使用VR-太阳制作客厅日光照明效果……154
6.6.2 VRay实例：使用VR-灯光制作室内环境照明……156
6.6.3 Arnold实例：使用Arnold Light制作客厅场景照明……158
6.6.4 Arnold实例：使用Arnold Light制作灯丝照明效果……161

第7章 摄影机技术

7.1 摄影机基本知识……164
7.1.1 镜头……164
7.1.2 光圈……165
7.1.3 快门……165
7.1.4 胶片感光度……165
7.2 标准摄影机……165
7.2.1 “物理”摄影机……165
7.2.2 “目标”摄影机……168
7.2.3 “自由”摄影机……171
7.3 摄影机安全框……171
7.3.1 打开安全框……171
7.3.2 安全框配置……172
7.4 技术实例……173
7.4.1 VRay实例：使用物理摄影机渲染室内景深特效……173
7.4.2 Arnold实例：使用物理摄影机渲染静物景深特效……176

第8章 渲染设置及综合实例

8.1 渲染概述……178
8.1.1 选择渲染器……178
8.1.2 渲染帧窗口……179
8.2 VRay渲染器……181
8.2.1 “全局照明”卷展栏……182
8.2.2 “发光图”卷展栏……183
8.2.3 “BF算法计算全局照明（GI）”卷展栏……185

8.2.4 “灯光缓存”卷展栏……186
8.2.5 “图像采样器（抗锯齿）”卷展栏……187
8.2.6 “图像过滤器”卷展栏……187
8.2.7 “渲染块图像采样器”卷展栏……188
8.2.8 “全局确定性蒙特卡洛”卷展栏…188
8.2.9 “颜色贴图”卷展栏……188
8.3 Arnold渲染器……189
8.3.1 Sampling and Ray Depth（采样和追踪深度）卷展栏……190
8.3.2 Filtering（过滤）卷展栏……190
8.3.3 Environment，Background&Atmosphere（环境，背景和大气）卷展栏……191
8.3.4 Render Settings（渲染设置）卷展栏……192
8.4 默认扫描线渲染器……192
8.4.1 “公用参数”卷展栏……193
8.4.2 “指定渲染器”卷展栏……194
8.4.3 “默认扫描线渲染器”卷展栏……195
8.5 ART渲染器……196
8.5.1 “渲染参数”卷展栏……196
8.5.2 “过滤”卷展栏……197
8.5.3 “高级”卷展栏……197

第9章 VRay材质/灯光/渲染综合实例

9.1 综合实例：中式风格客厅效果表现……198
9.1.1 场景分析……198
9.1.2 制作地板材质……198
9.1.3 制作沙发布料材质……199
9.1.4 制作木桌材质……200
9.1.5 制作墙体材质……202
9.1.6 制作玻璃杯材质……202
9.1.7 制作陶瓷材质……203
9.1.8 制作室外光线照明效果……204
9.1.9 制作灯带照明效果……206
9.1.10 制作射灯照明效果……208
9.1.11 制作吊灯照明效果……211
9.1.12 制作台灯照明效果……212
9.1.13 制作落地灯照明效果……213
9.1.14 制作摄影机景深特效……214
9.1.15 渲染设置及画面后期处理……214
9.2 综合实例：图书阅览室天光效果表现……217
9.2.1 场景分析……217
9.2.2 制作地砖材质……217
9.2.3 制作书桌桌面材质……219
9.2.4 制作木制书架材质……220
9.2.5 制作木制吊顶材质……221
9.2.6 制作室外光线照明效果……222
9.2.7 制作吊灯照明效果……223
9.2.8 制作摄影机景深特效……225
9.2.9 渲染设置及画面后期处理……225

第10章 Arnold材质/灯光/渲染综合实例

10.1 综合实例：现代风格卧室日光效果表现…228
10.1.1 场景分析……228
10.1.2 制作透光灯罩材质……228
10.1.3 制作植物叶片材质……229
10.1.4 制作透光窗帘材质……230
10.1.5 制作木质电视柜材质……231
10.1.6 制作玻璃材质……232
10.1.7 制作地板材质……233
10.1.8 制作阳光照明效果……233
10.1.9 渲染设置……234
10.2 综合实例：北欧风格客厅室内效果表现……235
10.2.1 场景分析……236
10.2.2 制作木质地板材质……236
10.2.3 制作玻璃瓶子材质……237
10.2.4 制作金属灯具材质……238
10.2.5 制作墙体材质……239
10.2.6 使用“Hair和Fur”修改器制作地毯……239
10.2.7 制作天光照明效果……241
10.2.8 制作射灯照明效果……243
10.2.9 制作落地灯照明效果……245
10.2.10 渲染设置……246

1.1 3ds Max 概述

自从3D Studio Max 1.0诞生以来，这一软件历经多次版本演变，成为现在的3ds Max 产品，成了当今最受欢迎的高端三维动画软件之一，其卓越的性能和友好的操作界面得到了众多世界知名动画公司及数字艺术家的认可，使得三维数字艺术达到了空前的高度。同时，越来越多的三维艺术作品依据这一软件飞速地融入到人们的生活中来。随着高校相关专业的全面开展，越来越多的人开始学习数字艺术创作，使得人们对家用电脑的认识也不再限于游戏娱乐，还可以使用三维软件完成以往只能在高端配置的工作站上才能制作出来的数字媒体产品。

本书以3ds Max 软件为主，力求为读者由浅入深地详细讲解该软件的基本操作及中高级技术操作，使得读者逐步掌握该软件的使用方法及操作技巧，图1-1所示为3ds Max的软件启动界面。

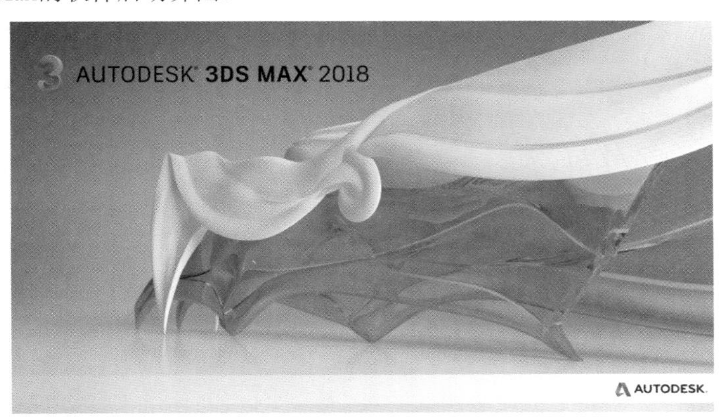

图1-1

1.2 3ds Max产品分析

3ds Max 是Autodesk公司生产的旗舰级别动画软件，该软件为从事工业产品、建筑表现、室内设计、风景园林、三维游戏及电影特效等视觉设计的工作人员提供了一整套全面的 3D 建模、动画、渲染，以及合成的解决方案，应用领域非常广泛。下面我们来列举一些3ds Max 的主要应用领域。

1.2.1 建筑表现

人类在漫漫的历史长河中一直在不断地对自己的住所进行设计及创造，大量不同时期的建筑无不代表着人类社会在各个阶段的文明发展。伴随着人类的设计发展，这些居所也历经着风格、材质以及功能性的不断演变。越来越多的人开始追求在保障正常的生活条件下，努力提高居住及工作环境的美感和舒适度，这使得建筑表现设计这一学科越来越受到人们的重视。图1-2～图1-5所示为使用3ds Max制作完成的建筑效果图表现产品。

图1-2

图1-3

图1-4

图1-5

1.2.2 空间表现

空间表现与建筑表现联系紧密，不可分割，一种是对建筑外观进行设计，另一种则是对建筑内部空间进行规划及功能分区。配合Autodesk公司的AutoCAD产品，3ds Max可以更加精准地表现建筑设计师和空间设计师的设计意图。图1-6～图1-9所示为国外设计师对空间进行设计规划而制作的优秀三维作品。

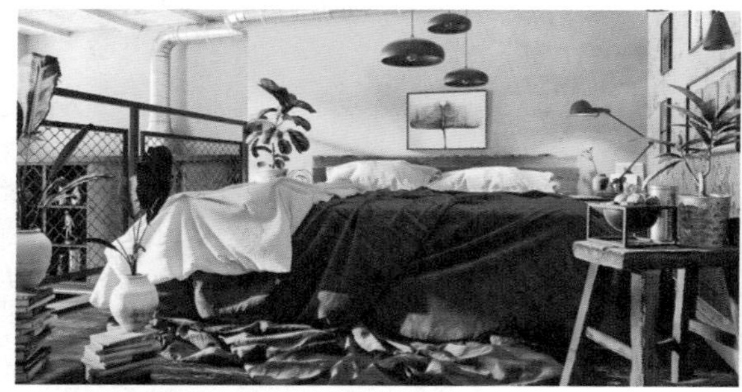

图1-6

图1-7

图1-8

图1-9

1.2.3 园林景观

园林景观在人类开始农耕劳作时便已经出现，最初以圈地进行农牧生产为雏形，后来慢慢演变至红花绿柳，对一定区域的土地进行道路、绿植、水文等一系列设施的再建，以达到令人赏心悦目的目的。使用3ds Max软件，风景园林设计师可以轻松完成区域景观的改造设计，极大地节省了项目的完成时间。图1-10和图1-11所示为使用三维软件创建完成的园林景观制图表现。

图1-10

图1-11

1.2.4 工业产品

在进行工业产品设计时，由于3D打印机的出现，使得三维软件制图成为工业产品设计流程中的重要一环。使用3ds Max 2018，设计师可以通过打印出的产品来对比产品的各个设计数据，并且以非常真实的图像质感来表现自己的产品设计。图1-12和图1-13所示为使用3ds Max制作完成的工业产品表现效果图。

图1-12

图1-13

图1-14～图1-17所示分别为使用三维软件制作工业模型的线框图和最终渲染效果图对比。

图1-14

图1-15

图1-16

图1-17

1.3 3ds Max的工作界面

安装好3ds Max软件后，可以通过双击桌面上的图标来启动英文版的3ds Max软件。3ds Max 还为用户提供了多种不同语言显示的版本，在“开始”菜单中执行“Autodesk→Autodesk 3ds Max 2018→3ds Max 2018-Simplified Chinese”命令，可以启动中文版本的3ds Max 2018程序，如图1-18所示。

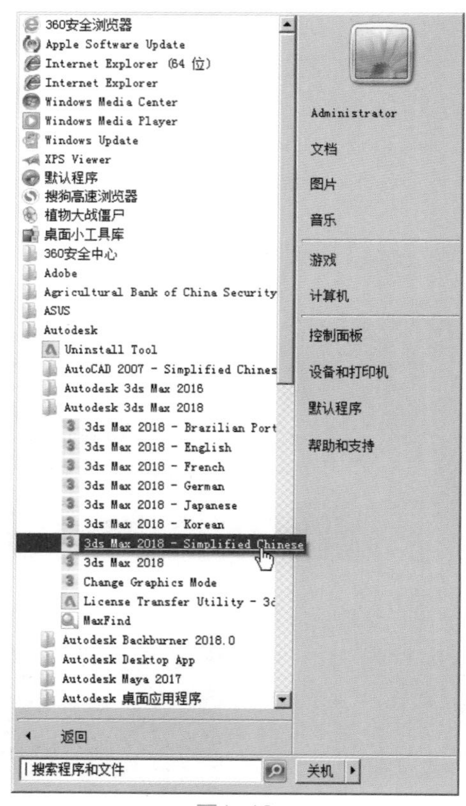

图1-18

学习3ds Max之前，首先应熟悉软件的操作界面与布局，为以后的学习制作打下基础。3ds Max的界面主要包括软件的标题栏、菜单栏、主工具栏、视图工作区、命令面板、时间滑块、轨迹栏、动画关键帧控制区、动画播放控制区和Maxscript迷你脚本侦听器等部分。图1-19所示为软件3ds Max 2018打开之后的软件截图。

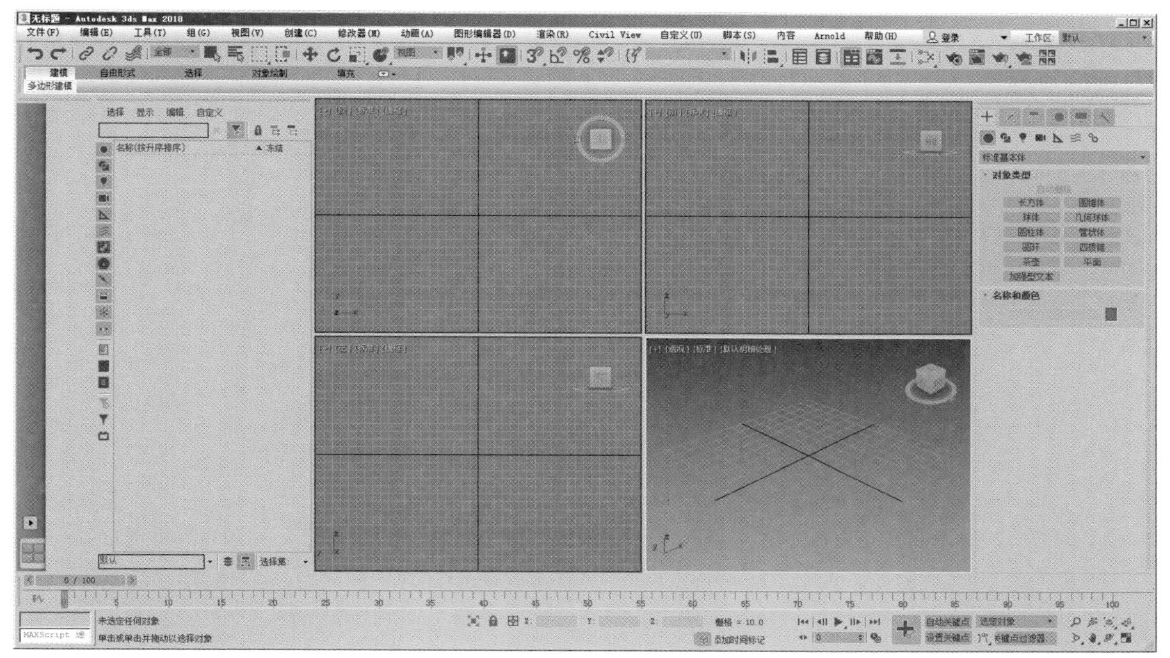

图1-19

1.3.1 菜单栏

菜单栏紧位于标题栏的下方，包含3ds Max的大部分命令。分别为“文件”“编辑”“工具”“组”“视图”“创建”“修改器”“动画”“图形编辑器”“渲染”“Civil View”“自定义”“脚本”“内容”“Arnold”和“帮助”这些分类，如图1-20所示。

图1-20

3ds Max 2018为用户提供了多种工作区可以选择，有“默认”“Alt菜单和工具栏”“设计标准”“主工具栏-模块”和“模块-迷你”等，如图1-21所示。用户在此可以根据自己的需要来随时切换自己喜欢的软件界面风格。

在菜单栏上单击选项打开下拉菜单时，可以发现某些命令后面有相应的快捷键提示，如图1-22所示。

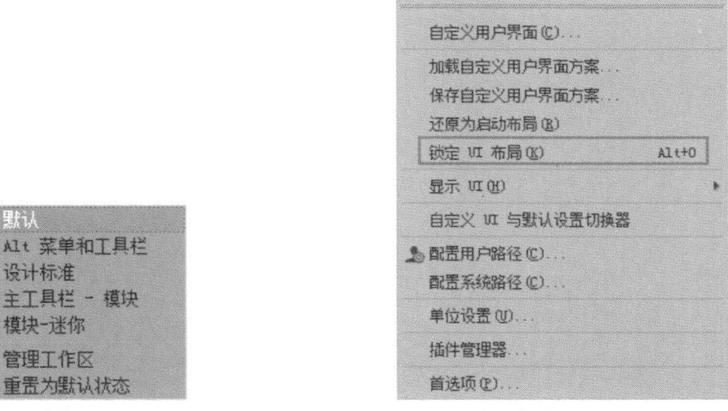

图1-21　　图1-22

下拉菜单的命令后面带有省略号，表示使用该命令会弹出一个独立的对话框，如图1-23所示。

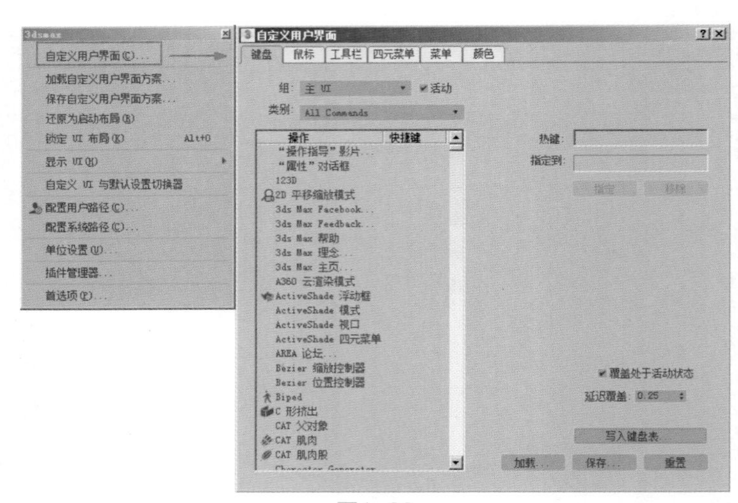

图1-23

下拉菜单的命令后面带有黑色的小三角图标，表示该命令还有子命令可选，如图1-24所示。

下拉菜单中的部分命令为灰色不可使用状态，表示在当前的操作中，没有选择合适的对象可以使用该命令。例如场景中没有选择任何对象，就无法激活“组”命令，如图1-25所示。

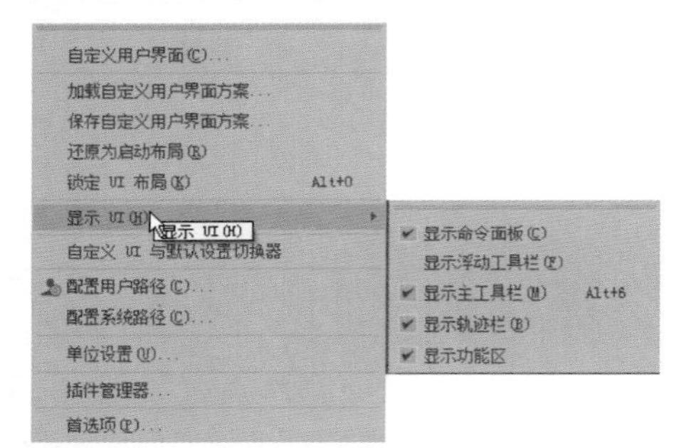

图1-24

图1-25

3ds Max 2018允许用户可以将菜单栏单独提取显示出来，通过单击菜单栏上方的双排虚线即可，这一功能应该是参考了Maya软件的菜单提取功能，如图1-26所示。

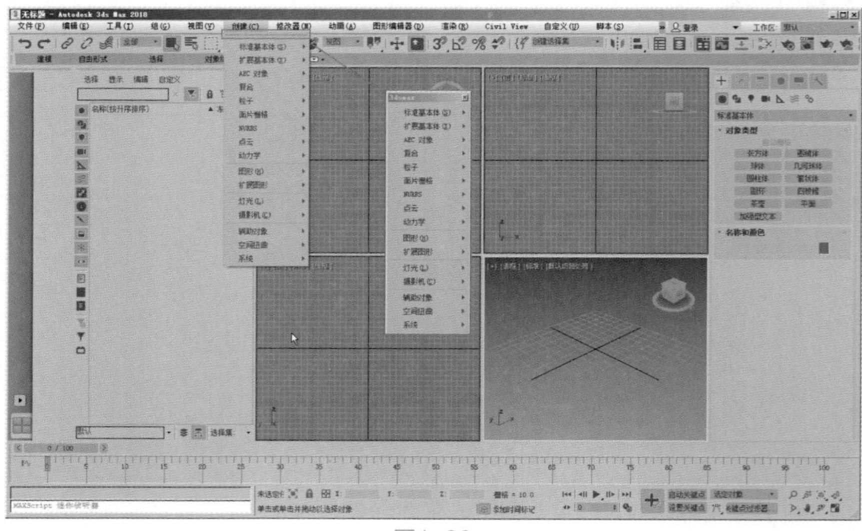

图1-26

1.3.2 主工具栏

菜单栏的下方就是主工具栏。主工具栏由一系列的图标按钮组成，当用户的显示器分辨率过低时，主工具栏上的图标按钮会显示不全，这时可以将鼠标移动至工具栏上，待鼠标变成抓手工具时，即可左右移动主工具栏来查看其他未显示的工具图标，图1-27所示为3ds Max的主工具栏。

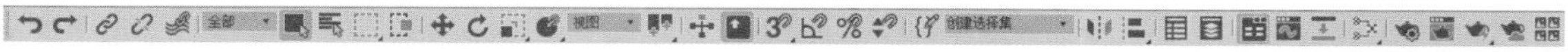

图1-27

仔细观察主工具栏上的图标按钮，会发现有些图标按钮的右下角有个小三角形的标志，它表示当前图标按钮包含多个类似命令。切换其他命令时，需要用鼠标长按当前图标按钮，则会显示出其他命令来，如图1-28所示。

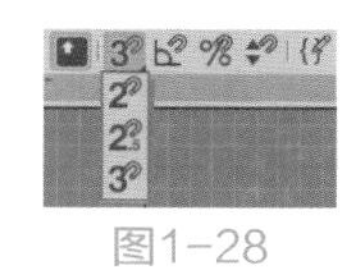

图1-28

1.3.3 功能区

功能区，也叫Ribbon工具栏，主要包含有“建模”“自由形式”“选择”“对象绘制”和“填充”5大部分，如图1-29所示。

图1-29

1. 建模

单击“显示完整的功能区”图标可以向下展开Ribbon工具栏。执行“建模”命令，可以看到与多边形建模相关的命令，如图1-30所示。当鼠标未选择几何体时，该命令区域呈灰色显示。

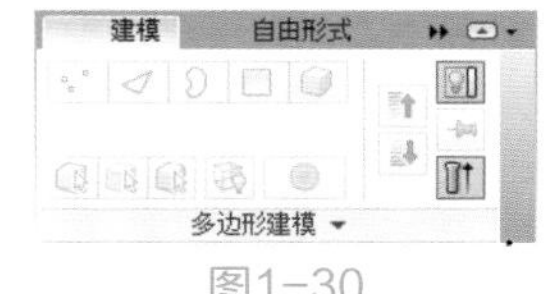

图1-30

当鼠标选择几何体时，单击相应图标进入多边形的子层级后，此区域可显示相应子层级内的全部建模命令，并以非常直观的图标形式可见。图1-31所示为多边形“顶点”层级内的命令图标。

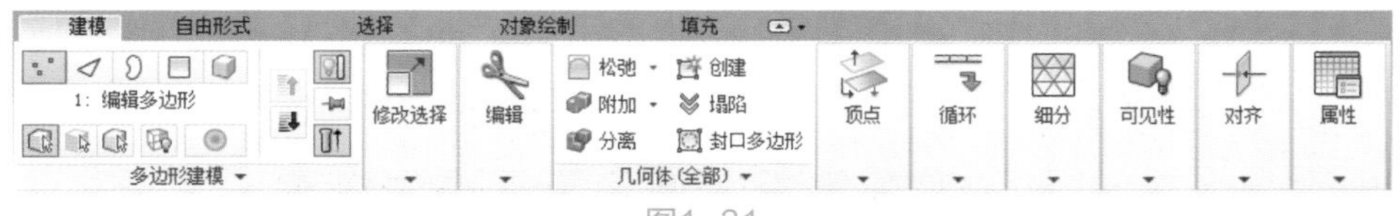

图1-31

2. 自由形式

执行“自由形式”命令，其内部的命令图标如图1-32所示。需要选择物体才可激活相应图标命令显示，通过“自由形式”选项卡内的命令，可以用绘制的方式来修改几何形体的形态。

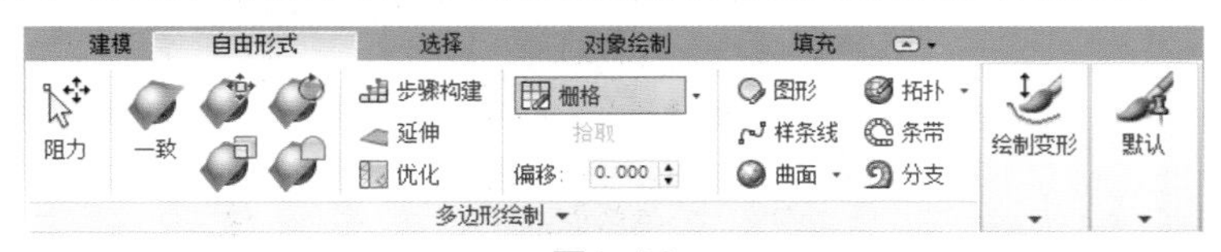

图1-32

3. 选择

执行“选择”命令，其内部的命令图标如图1-33所示。前提是需要选择多边形物体并进入其子层级后，才可激活图标显示状态。未选择物体时，此命令内部为空。

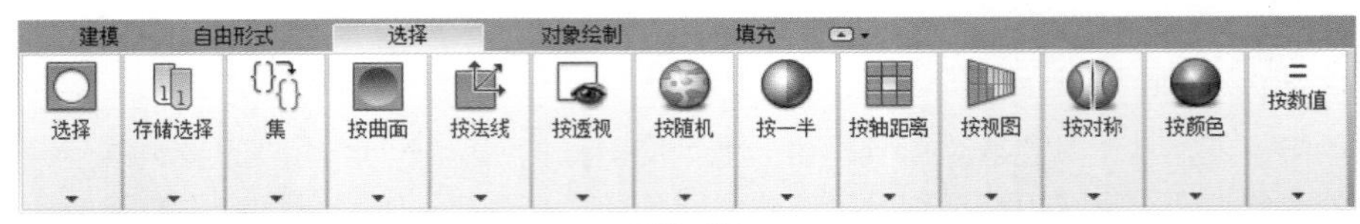

图1-33

4. 对象绘制

执行“对象绘制”命令，其内部命令图标如图1-34所示。此区域的命令允许用户为鼠标设置一个模型，以绘制的方式在场景中或物体对象表面上进行复制绘制。

图1-34

5. 填充

执行“填充”命令，可以快速地制作大量人群的走动和闲聊的场景。尤其是在建筑室内外的动画表现上，更少不了角色这一元素。角色不仅仅可以为画面添加活泼的生气，还可以作为所要表现建筑尺寸的重要参考依据，其内部命令图标如图1-35所示。

图1-35

1.3.4 场景资源管理器

通过停靠在软件界面左侧的“场景资源管理器”面板，我们可以很方便地查看、排序、过滤和选择场景中的对象，如图1-36所示。

图1-36

1.3.5　视口布局

1. 工作视图的切换

在3ds Max的整个工作界面中，工作视图区域占据了软件的大部分界面空间，有利于工作的进行。默认状态下，工作视图分为“顶”视图、“前”视图、“左”视图和“透视”视图4种，如图1-37所示。

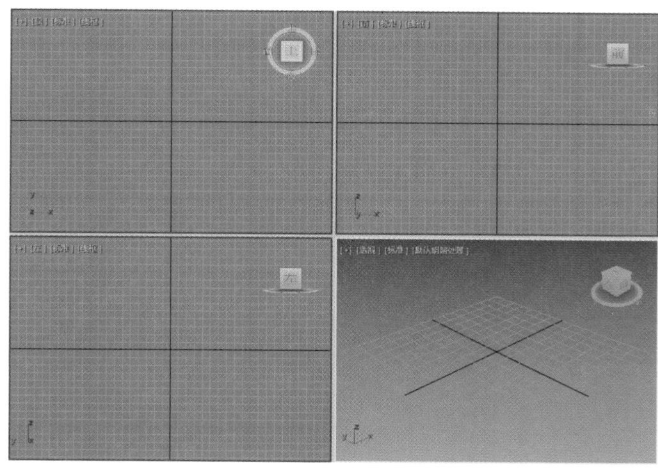

图1-37

可以单击软件界面右下角的“最大化视口切换”按钮，将默认的四视口区域切换至一个视口区域显示。

当视口区域为一个时，可以通过按下相应的快捷键来进行各个操作视口的切换。

切换至顶视图的快捷键是：T。

切换至前视图的快捷键是：F。

切换至左视图的快捷键是：L。

切换至透视图的快捷键是：P。

当选择了一个视图时，可以按下组合键开始+Shift键切换至下一视图。

将鼠标移动至视口的左上方，在相应视口提示的字上单击鼠标，可弹出下拉列表，从中也可以选择即将要切换的操作视图。从此下拉列表中也可以看出后视图和右视图无快捷键，如图1-38所示。

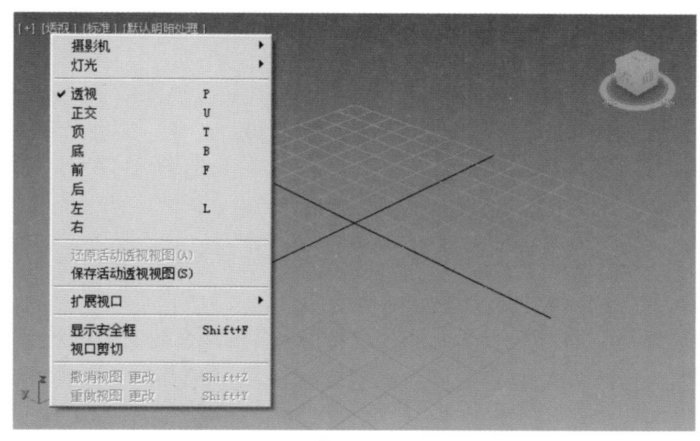

图1-38

通过单击软件界面左下方的“创建新的视口布局选项卡”按钮，可以弹出“标准视口布局”面板，里面包含有3ds Max 2018预先设置好的12种视口布局方式，如图1-39所示。

2. 工作视图的显示样式

3ds Max启动后，通过单击“摄影机”视图左上角的文字命令以弹出下拉列表进行选择切换，此处文字命令的默认显示样式为“默认明暗处理”。3ds Max 为用户提供了多种不同的风格显示方式，除了“默认明暗处理”及“线框覆盖”这两种最为常用的显示方式以外，还有“面”“边界框”“平面颜色”等其他可视选项供用户选择使用，如图1-40所示。

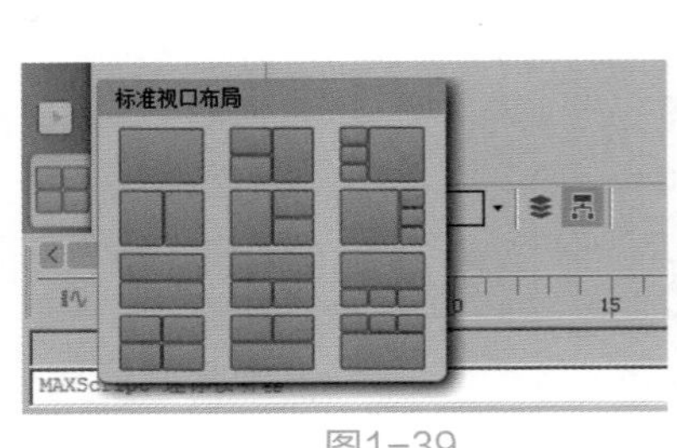

图1-39

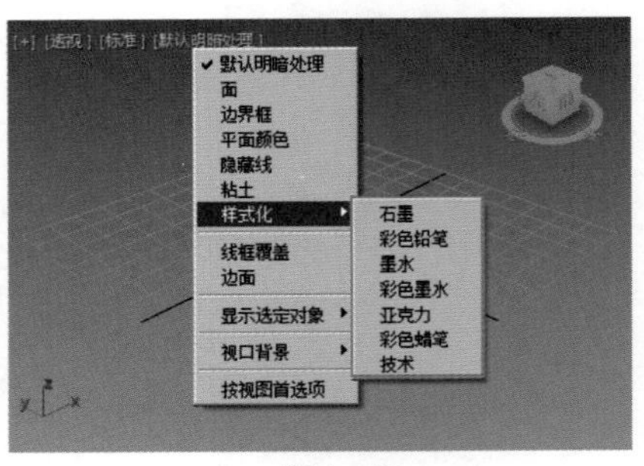

图1-40

技巧与提示

按下快捷键F3，可以使场景中的物体在“线框覆盖”与“默认明暗处理”等以实体方式显示的模式中相互切换。

按下快捷键F4，则可以控制场景中的物体是否进行“边面”显示。

1.3.6 命令面板

3ds Max软件界面的右侧即为“命令”面板。“命令”面板由“创建”面板、“修改”面板、“层次”面板、“运动”面板、“显示”面板和“实用程序”面板这6个面板组成。

1. “创建”面板

图1-41所示为“创建”面板，可以创建7种对象，分别是“几何体”“图形”“灯光”“摄影机”“辅助对象”“空间扭曲”和“系统”。

参数解析

- “几何体”按钮：不仅可以用来创建“长方体”“椎体”“球体”“圆柱体”等基本几何体，也可以创建出一些现成的建筑模型，如“门”“窗”“楼梯”“栏杆”“植物”等模型。
- “图形”按钮：主要用来创建样条线和NURBS曲线。
- “灯光”按钮：主要用来创建场景中的灯光。
- “摄影机”按钮：主要用来创建场景中的摄影机。
- “辅助对象”按钮：主要用来创建有助于场景制作的辅助对象，如对模型进行定位、测量等功能。
- “空间扭曲”按钮：使用空间扭曲功能可以在围绕其他对象的空间中产生各种不同的扭曲方式。
- “系统”按钮：系统将对象、链接和控制器组合在一起，以生成拥有行为的对象及几何体。包含“骨骼”“环形阵列”“太阳光”“日光”和“Biped”这5个按钮。

2. “修改”面板

图1-42所示为“修改”面板，用来调整所选择对象的修改参数，当鼠标未选择任何对象时，此面板里命令为空。

3. “层次”面板

图1-43所示为“层次”面板，可以在这里访问调整对象间的层次链接关系，如父子关系。

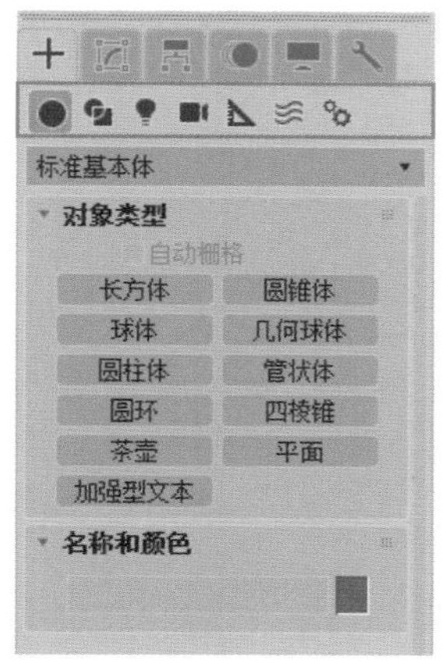

图1-41

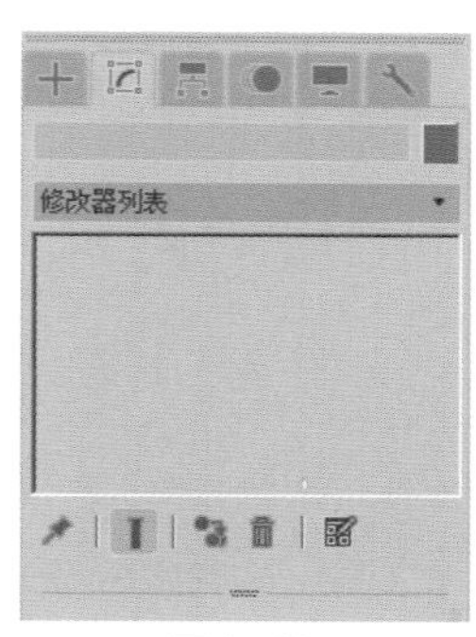

图1-42

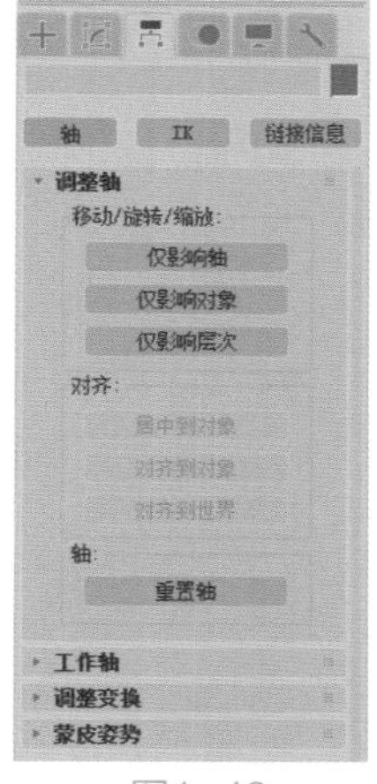

图1-43

参数解析

- “轴”按钮：该按钮下的参数主要用来调整对象和修改器中心位置，以及定义对象之间的父子关系和反向动力学IK的关节位置等。
- “IK”按钮：该按钮下的参数主要用来设置动画的相关属性。
- “链接信息”按钮：该按钮下的参数主要用来限制对象在特定轴中的变换关系。

4. “运动”面板

图1-44所示为“运动”面板，主要用来调整选定对象的运动属性。

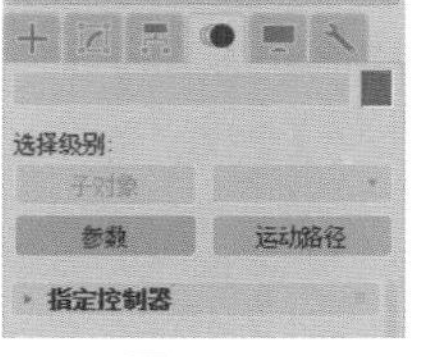

图1-44

5. “显示”面板

图1-45所示为“显示”面板，可以控制场景中对象的显示、隐藏、冻结等属性。

6. “实用程序”面板

图1-46所示为“实用程序”面板，这里包含有很多的工具程序，在面板里只是显示其中的部分命令，其他的程序可以通过单击“更多...”按钮来进行查找，如图1-47所示。

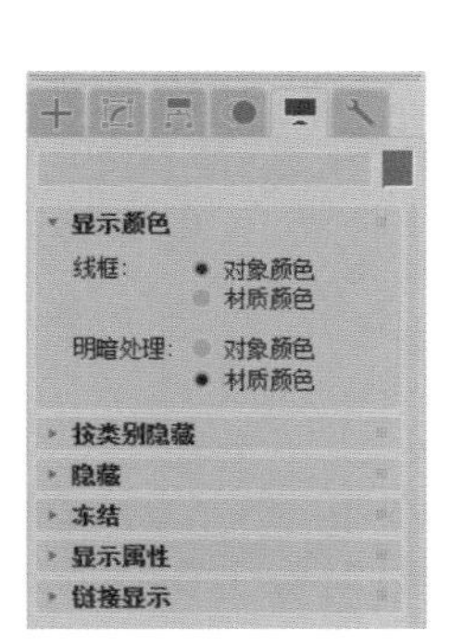

图1-45

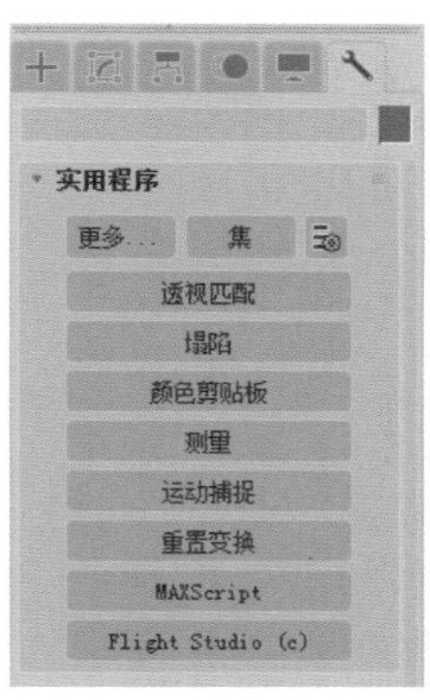

图1-46

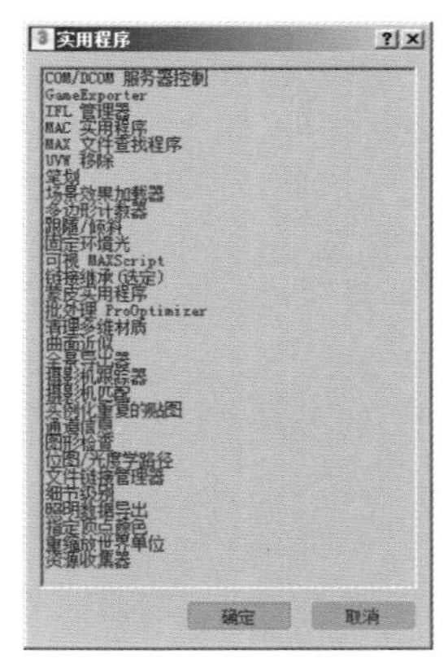

图1-47

个别面板命令过多显示不全时，可以上下拖动整个“命令”面板来显示出其他命令，也可以将鼠标放置于“命令”面板的边缘处以拖曳的方式将“命令”面板的显示更改为显示两排或者更多，如图1-48所示。

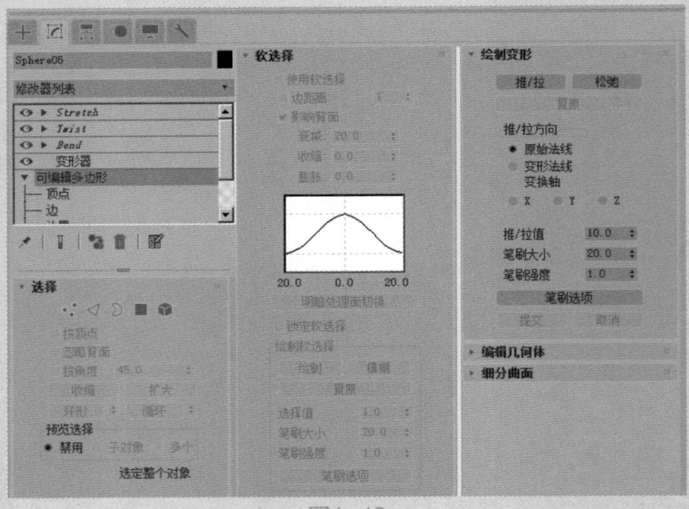

图1-48

1.3.7 时间滑块和轨迹栏

时间滑块位于视口区域的下方，是用来拖动以显示不同时间段内场景中物体对象的动画状态。默认状态下，场景中的时间帧数为100帧，帧数值可根据将来的动画制作需要随意更改。当我们按住时间滑块时，可以在轨迹栏上迅速拖动以查看动画的设置，在轨迹栏内的动画关键帧可以很方便地进行复制、移动及删除操作，如图1-49所示。

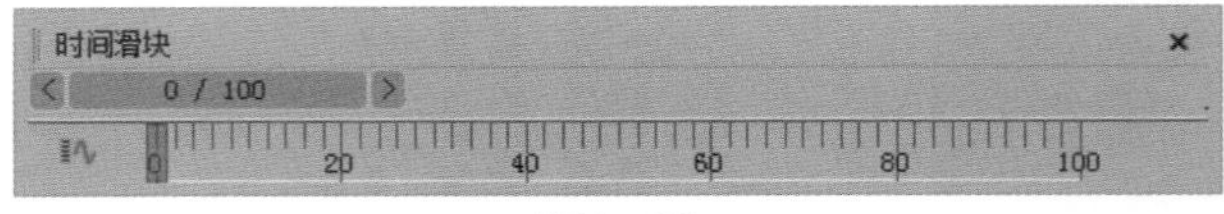

图1-49

按下快捷组合键：Ctrl+Alt+鼠标左键，可以保证时间轨迹右侧的帧位置不变而更改左侧的时间帧位置。

按下快捷组合键：Ctrl+Alt+鼠标中键，可以保证时间轨迹的长度不变而改变两端的时间帧位置。

按下快捷组合键：Ctrl+Alt+鼠标右键，可以保证时间轨迹左侧的帧位置不变而更改右侧的时间帧位置。

1.3.8 动画播放区及时间控件

动画播放区与时间控件区域相邻，分别用于控制场景动画播放，以及用于在视口中进行动画设置。使用这些控制可随时调整场景文件中的时间来播放并观察动画，如图1-50所示。

图1-50

参数解析

- ：这一区域为设置动画的模式，有自动关键点动画模式与设置关键点动画模式两种可选。
- “新建关键点的默认入/出切线”按钮：可设置新建动画关键点的默认内/外切线类型。
- “打开过滤器对话框”按钮关键点过滤器...：关键点过滤器可以设置所选择物体的哪些属性可以设置关键帧。
- “转至开头”按钮：转至动画的初始位置。
- “上一帧”按钮：转至动画的上一帧。
- “播放动画”按钮：按下后会变成停止动画的按钮图标。
- “下一帧”按钮：转至动画的下一帧。
- “转至结尾”按钮：转至动画的结尾。
- 帧显示：当前动画的时间帧位置。
- “时间配置”按钮：单击弹出“时间配置”对话框，可以进行当前场景内动画帧数的设定等操作，如图1-51所示。

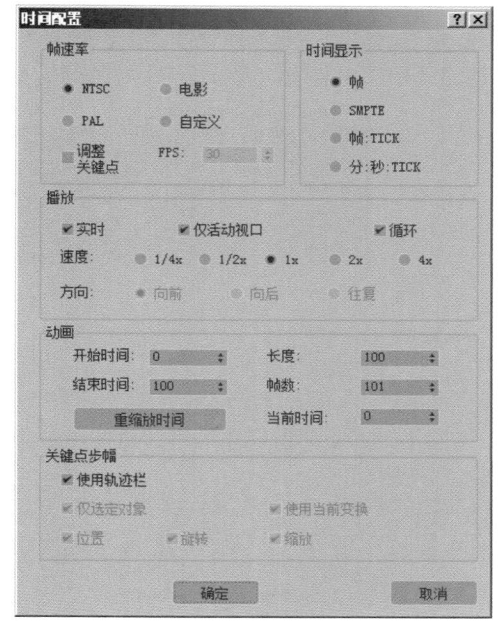

图1-51

1.3.9　视口导航

视口导航区域允许用户使用这些按钮在活动的视口中导航场景，位于整个3ds Max界面的右下方，如图1-52所示。

图1-52

参数解析

- “缩放”按钮：控制视口的缩放，使用该工具可以在透视图或正交视图中通过拖曳鼠标的方式来调整对象的显示比例。
- “缩放所有视图”按钮：使用该工具可以同时调整所有视图中对象的显示比例。
- “最大化显示选定对象”按钮：最大化显示选定的对象，快捷键为Z。
- “所有视图最大化显示选定对象”按钮：在所有视口中最大化显示选定的对象。
- “视野”按钮：控制在视口中观察的“视野”。
- “平移视图”按钮：平移视图工具，快捷键为鼠标中键。
- “环绕子对象”按钮：单击此按钮可以进行环绕视图操作。
- “最大化视口切换”按钮：控制一个视口与多个视口的切换。

1.4　创建文件

1.4.1　新建场景

当我们已经开始使用3ds Max制作项目后，突然想要重新创建一个新的场景时，则可以使用“新建场景”这一功能来实现。

01 执行菜单栏“文件>新建>新建全部”命令，即可创建一个空白的场景文件，如图1-53所示。

02 执行完成后，系统会自动弹出Autodesk 3ds Max 2018对话框，询问用户是否保留之前的场景，如图1-54所示。如果之前的场景无需保存，则单击“不保存”按钮，即可创建一个新的场景。

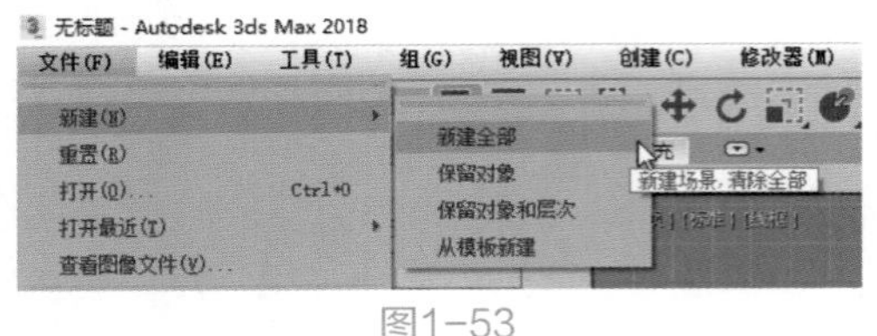

图1-53

图1-54

1.4.2 重置场景

除了上一小节所讲述的“新建场景”功能外，3ds Max还有一个很相似的功能叫作“重置”，其主要操作步骤如下。

01 执行菜单栏“文件>重置”命令，如图1-55所示。

02 接下来，系统会自动弹出Autodesk 3ds Max 2018对话框，询问用户是否保留之前的场景，如图1-56所示。

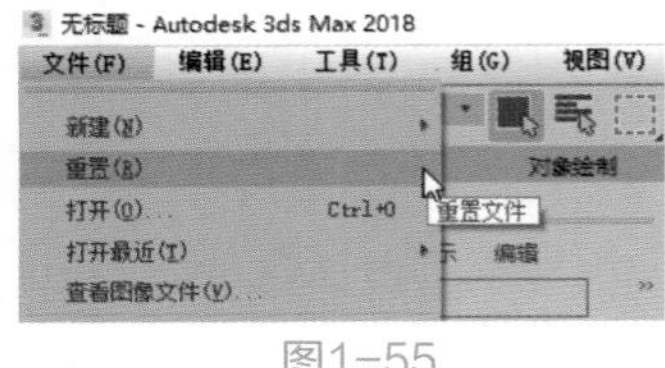

图1-55

图1-56

03 单击“保存”按钮，则系统会先保存好当前文件再重置场景；如果单击“不保存”按钮，则系统会直接重置为新的空白场景。

1.5 对象选择

在大多数情况下，在对象上执行某个操作或者执行场景中的对象之前，首先要选中它们。因此，选择操作是建模和设置动画过程的基础。3ds Max是一种面向操作对象的程序，这说明 3D 场景中的每个对象都带有一些指令，这些指令会告诉 3ds Max 用户可以通过它执行的操作。这些指令随对象类型的不同而异。因为每个对象可以对不同的命令集做出响应，所以可通过先选择对象然后选择命令来应用命令。这种工作模式类似于“名词-动词”的工作流，先选择对象（名词），然后选择命令（动词）。因此，正确快速地选择物体、对象在整个3ds Max操作中显得尤为重要。

1.5.1 选择对象工具

“选择对象”按钮是3ds Max所提供的重要工具之一，方便我们在复杂的场景中选择单一或者多个对象。当我们想要选择一个对象并且又不想移动它时，这个工具就是最佳选择。“选择对象”按钮是3ds Max软件打开后的默认鼠标工具，其命令图标位于主工具栏上，如图1-57所示。

图1-57

1.5.2 区域选择

3ds Max 为我们提供了多种区域选择的方式，以帮助我们方便快速地选择一个区域内的所有对象。“区域选择”共有“矩形选择区域”按钮、“圆形选择区域”按钮、“围栏选择区域”按钮、“套索选择区域”按钮和“绘制选择区域”按钮这5种类型可选，如图1-58所示。

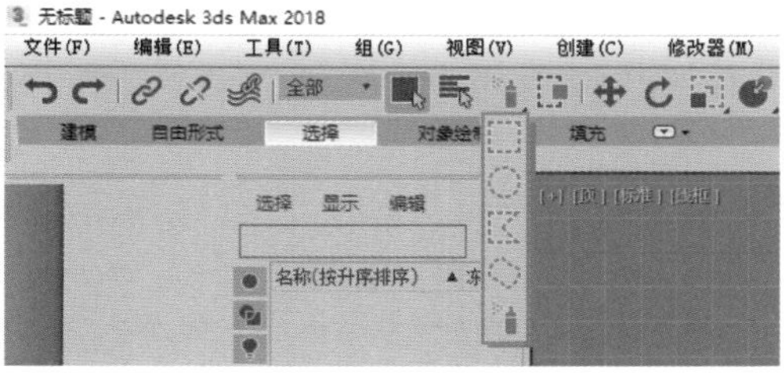

图1-58

参数解析

- “矩形选择区域”按钮：拖动鼠标以选择矩形区域。
- “圆形选择区域”按钮：拖动鼠标以选择圆形区域。
- “围栏选择区域”按钮：通过交替使用鼠标移动和单击操作，可以画出一个不规则的选择区域轮廓。
- “套索选择区域”按钮：拖动鼠标将创建一个不规则区域的轮廓。
- “绘制选择区域”按钮：在对象或子对象之上拖动鼠标，以便将其纳入到所选范围之内。

1.5.3 按名称选择

在3ds Max 中还可以通过使用“按名称选择”命令打开“从场景选择”对话框，使得用户无需单击视口便可以按对象的名称来选择对象，如图1-59所示。

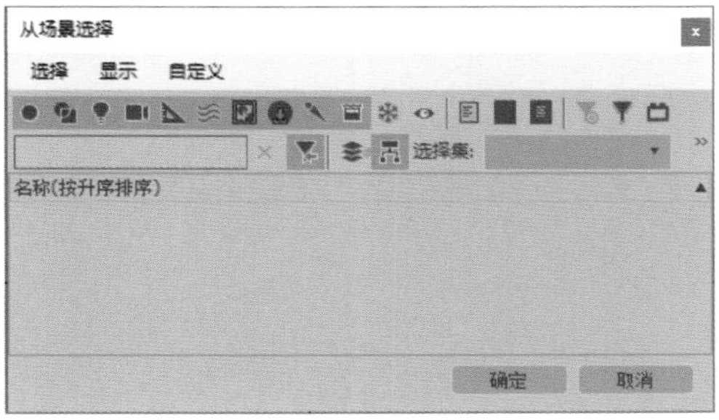

图1-59

1.6 变换操作

3ds Max 为用户提供了多个用于对场景中的对象进行变换操作的按钮，分别为“选择并移动”按钮、“选择并旋转”按钮、“选择并均匀缩放”按钮、“选择并非均匀缩放”按钮、“选择并挤压”按钮、“选择并放置”按钮和“选择并旋转”按钮，如图1-60所示。使用这些工具可以很方便地改变对象在场景中的位置、方向及大小，并且还是我们在进行项目工作中，鼠标所保持的最常用状态。

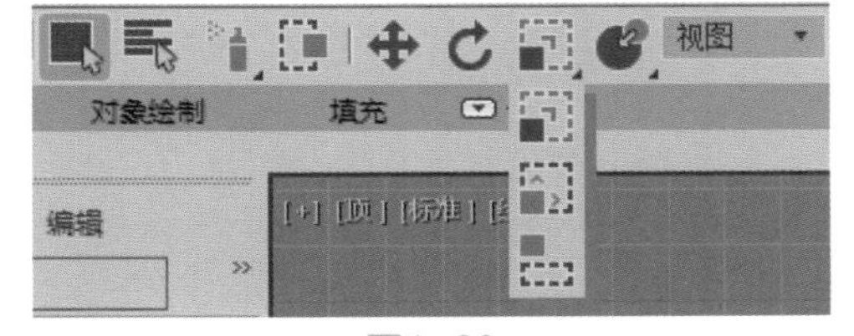

图1-60

1.6.1 变换操作切换

3ds Max 为用户提供了多种变换操作的切换方式供用户选择使用。

第一种：通过单击“主工具栏”上所对应的按钮就可以直接切换变换操作。

第二种：3ds Max还提供了通过鼠标右键弹出的四元菜单来选择相应的命令进行同样的变换操作切换，如图1-61所示。

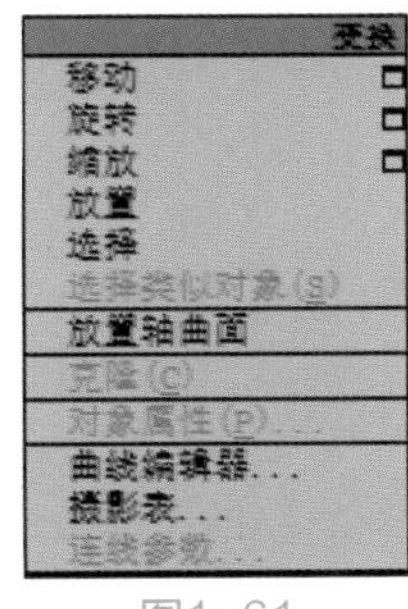

图1-61

第三种：3ds Max为用户提供了相应的快捷键来进行变换操作的切换，使得习惯使用快捷键来进行操作的用户可以非常方便地切换这些命令：“选择并移动”工具的快捷键为W；“选择并旋转”工具的快捷键为E；“选择并缩放”工具的快捷键为R；“选择并放置”工具的快捷键为Y。

1.6.2 变换命令控制柄的更改

在3ds Max中，使用不同的变换操作，其变换命令的控制柄显示也都有着明显的区别，图1-62～图1-65所示分别为变换命令是“移动”“旋转”“缩放”和“放置”状态下的控制柄显示状态。

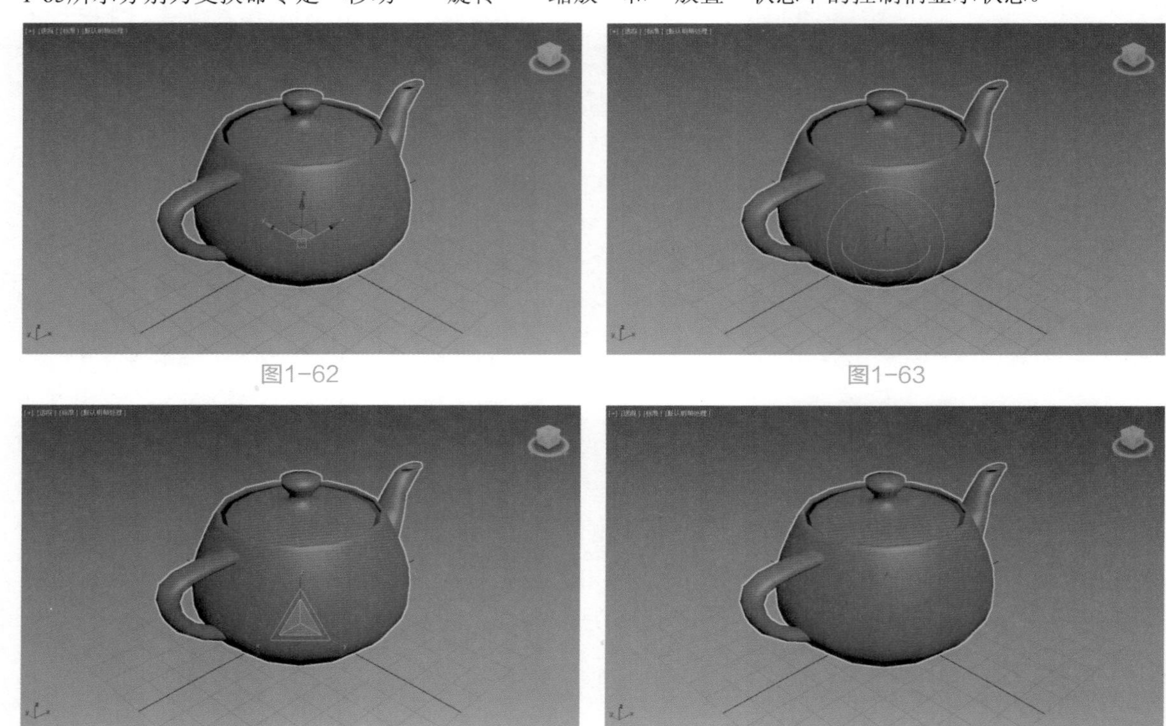

图1-62　图1-63

图1-64　图1-65

当我们对场景中的对象进行变换操作时，可以通过按下快捷键：+，来放大变换命令的控制柄显示状态；同样，按下快捷键：–，可以缩小变换命令的控制柄显示状态。

1.7 复制对象

在进行三维项目的制作时，常常需要一些相同的模型来构成场景，这就需要用到3ds Max的一个常用功能，那就是复制对象操作。在3ds Max 2018版本中，复制对象有多种命令可以实现，下面我们就来一一进行学习。

1.7.1 克隆

“克隆”命令使用率极高，并且非常方便，3ds Max提供了多种克隆的方式供广大用户选择使用。

1. 使用菜单栏命令克隆对象

在3ds Max软件界面上方的菜单栏里，就有“克隆”命令。选择场景中的物体，执行“编辑＞克隆”命令，如图1-66所示。系统会自动弹出“克隆选项”对话框，即可对所选择的对象进行克隆操作，如图1-67所示。

图1-66

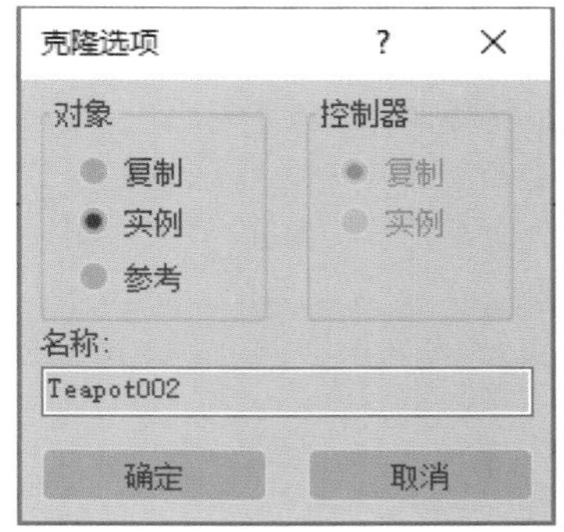

图1-67

2. 使用四元菜单命令克隆对象

3ds Max在鼠标右键的四元菜单中同样提供“克隆”命令，以方便用户选择操作。选择场景中的对象，单击鼠标右键可以弹出四元快捷菜单，在“变换”组中，即可执行“克隆”命令，对所选择的对象进行复制操作，如图1-68所示。

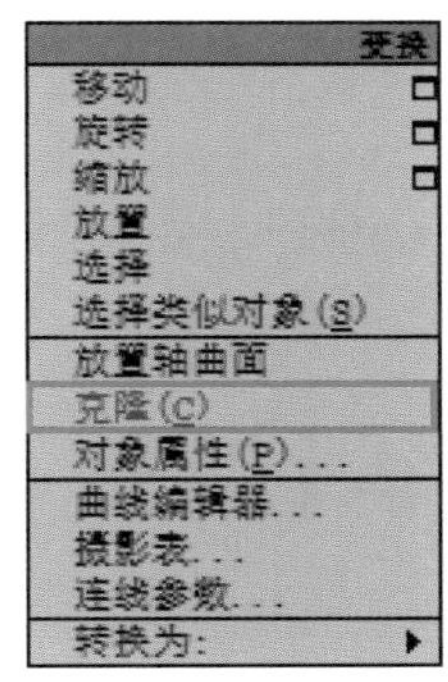

图1-68

3. 使用快捷键克隆对象

3ds Max为用户提供了两种快捷键的方式来克隆对象。

第一种：使用快捷键：Ctrl+V，即可原地克隆对象。

第二种：按下Shift键，配合拖曳、旋转或缩放操作，即可克隆对象。

使用这两种方式克隆对象时，系统弹出的“克隆选项”对话框有少许差别，如图1-69所示。

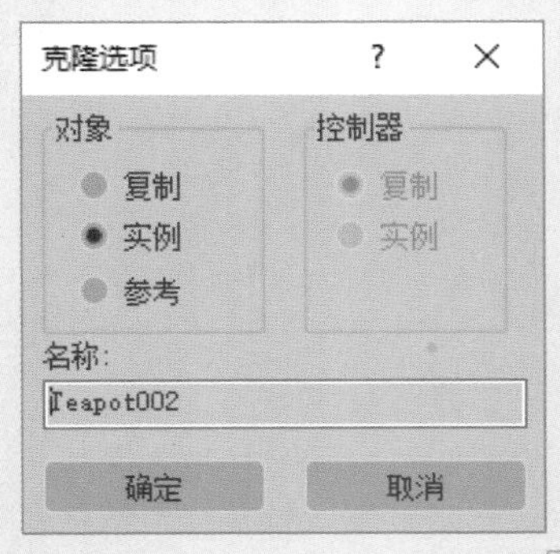

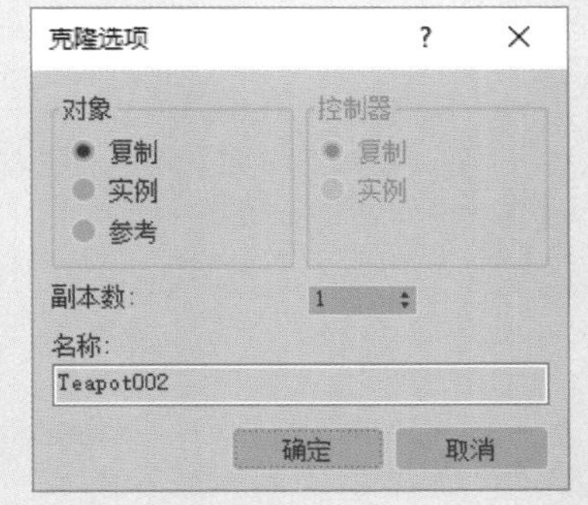

图1-69

参数解析

- 复制：创建一个与原始对象完全无关的克隆对象，修改任意对象时，均不会影响到另外的一个对象。
- 实例：创建出与原始对象完全可以交互影响的克隆对象，修改实例对象会直接相应地改变另外的对象。
- 参考：克隆对象时，创建与原始对象有关的克隆对象。参考基于原始对象，就像实例一样，但是它们还可以拥有自身特有的修改器。
- 副本数：设置对象的克隆数量。

1.7.2 镜像

通过“镜像”命令可以将对象根据任意轴来产生对称的复制，“镜像”命令还提供了一个叫作“不克隆”的选项，来进行镜像操作但并不复制。效果是将对象翻转或移动到新方向。

镜像具有交互式对话框。更改设置时，可以在活动视口中看到效果，也就是说会看到镜像显示的预览，其命令面板如图1-70所示。

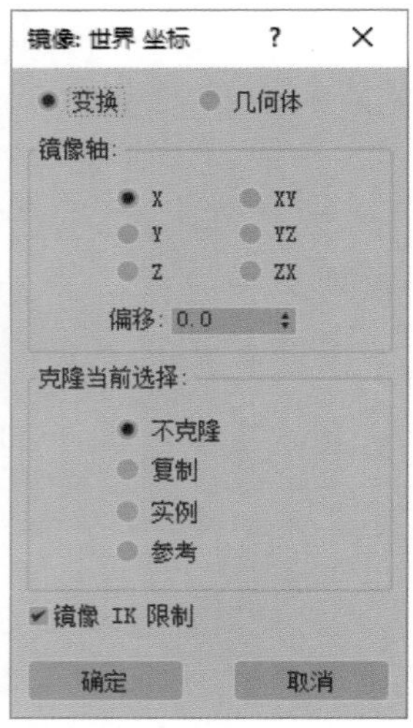

图1-70

参数解析

（1）“镜像轴”组

- X/Y/Z/XY/YZ / ZX：选择其一可指定镜像的方向。
- 偏移：指定镜像对象轴点距原始对象轴点之间的距离。

（2）“克隆当前选择”组

- 不克隆：在不制作副本的情况下，镜像选定对象。
- 复制：将选定对象的副本镜像到指定位置。
- 实例：将选定对象的实例镜像到指定位置。
- 参考：将选定对象的参考镜像到指定位置。

1.7.3 阵列

“阵列”可以在视口中创建出重复的对象，这一工具可以给出所有3个变换和在所有3个维度上的精确控制，包括沿着一个或多个轴缩放的能力，其命令面板如图1-71所示。

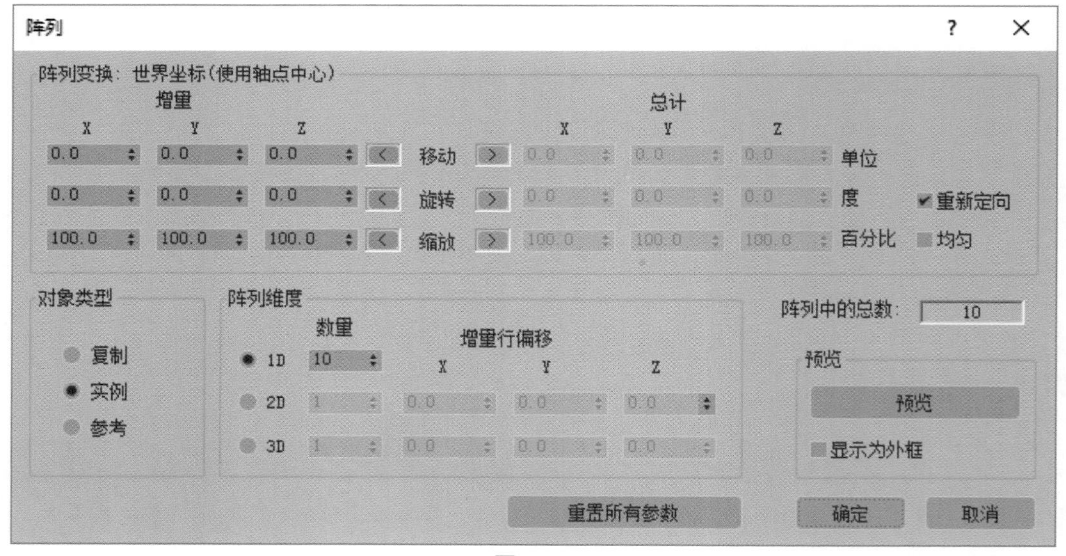

图1-71

参数解析

（1）“阵列变换”组

- 增量 X/Y/Z 微调器：该边上设置的参数可以应用于阵列中的各个对象。

- 总计 X/Y/Z 微调器：该边上设置的参数可以应用于阵列中的总距、度数或百分比缩放。

（2）“对象类型”组

- 复制：将选定对象的副本阵列化到指定位置。
- 实例：将选定对象的实例阵列化到指定位置。
- 参考：将选定对象的参考阵列化到指定位置。

（3）“阵列维度”组

- 1D：根据“阵列变换”组中的设置，创建一维阵列。
- 2D：创建二维阵列。
- 3D：创建三维阵列。
- 阵列中的总数：显示将创建阵列操作的实体总数，包含当前选定对象。

（4）“预览”组

- “预览”按钮：启用时，视口将显示当前阵列设置的预览。更改设置将立即更新视口。如果更新减慢拥有大量复杂对象阵列的反馈速度，则启用“显示为外框”功能。
- 显示为外框：将阵列预览对象显示为边界框而不是几何体。
- “重置所有参数”按钮：将所有参数重置为其默认设置。

1.7.4 间隔工具

“间隔工具”可以沿着路径进行复制对象，路径可以由样条线或者两个点来进行定义，其命令面板如图1-72所示。

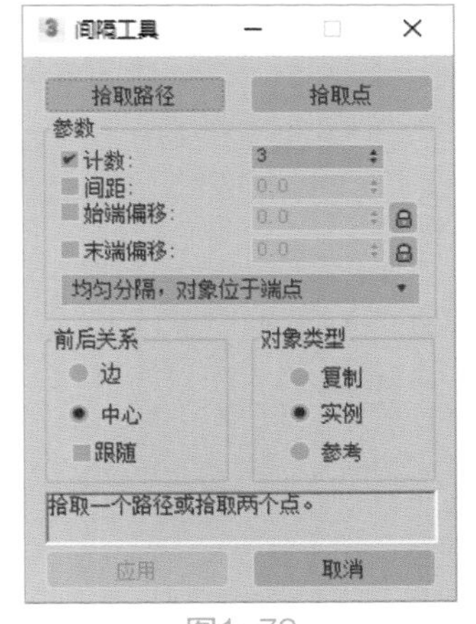

图1-72

参数解析

- “拾取路径”按钮 拾取路径：单击它，然后单击视口中的样条线以作为路径使用。3ds Max 会将此样条线用作分布对象所沿循的路径。
- “拾取点”按钮 拾取点：单击它，然后单击起始点和结束点以在构造栅格上定义路径。也可以使用对象捕捉指定空间中的点。3ds Max 使用这些点创建作为分布对象所沿循的路径的样条线。

（1）“参数”组

- 计数：要分布的对象的数量。
- 间距：指定对象之间的间距。
- 始端偏移：指定距路径始端偏移的单位数量。
- 末端偏移：指定距路径末端偏移的单位数量。

（2）“前后关系”组

- 边：使用此选项指定通过各对象边界框的相对边确定间隔。
- 中心：使用此选项指定通过各对象边界框的中心确定间隔。
- 跟随：启用此选项可将分布对象的轴点与样条线的切线对齐。

（3）“对象类型”组

- 复制：将选定对象的副本分布到指定位置。
- 实例：将选定对象的实例分布到指定位置。
- 参考：将选定对象的参考分布到指定位置。

1.8 文件存储

1.8.1 文件保存

3ds Max为用户提供了多种保存文件的途径，主要有以下几种方法。

第一种：执行菜单栏“文件>保存”命令即可，如图1-73所示。

第二种：按下快捷键Ctrl+S，可以完成当前文件的存储。

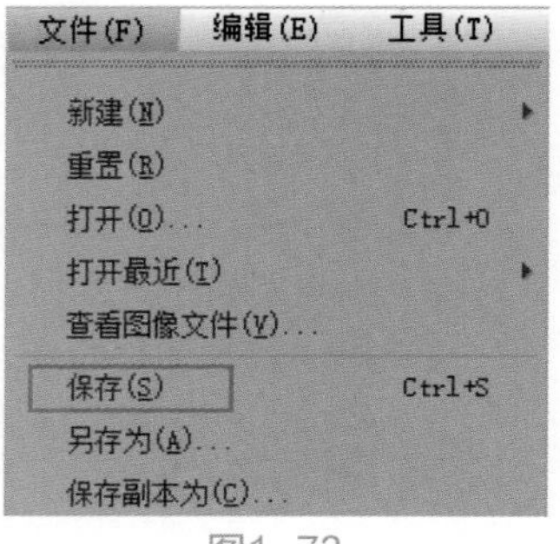

图1-73

1.8.2 另存为文件

“另存为”文件是3ds Max中最常用的存储文件方式之一，使用这一功能，可以在确保不更改原文件的状态下，将新改好的Max文件另存为一份新的文件，以供下次使用。执行菜单栏“文件>另存为”命令即可。

执行“另存为”命令后，3ds Max 会弹出“文件另存为”对话框，如图1-74所示。

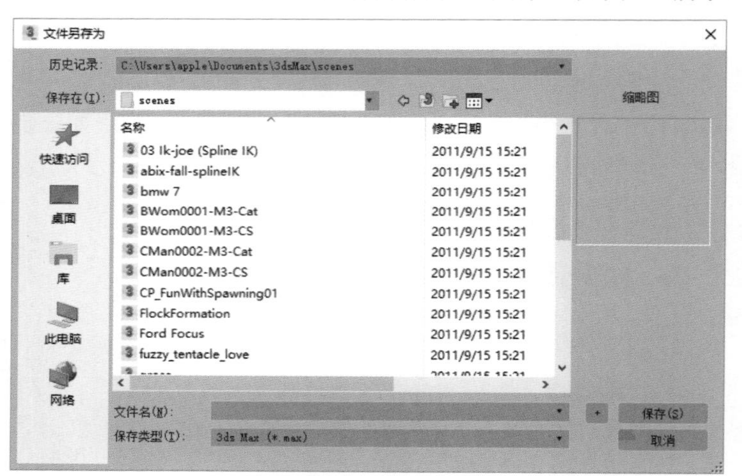

图1-74

在“保存类型”下拉列表中，3ds Max 2018为用户提供了多种不同的保存文件版本以供选择，用户可根据自身需要将3ds Max 2018的文件另存为3ds Max 2015文件、3ds Max 2016文件、3ds Max 2017文件或3ds Max 角色文件，如图1-75所示。

3ds Max (*.max)
3ds Max 2015 (*.max)
3ds Max 2016 (*.max)
3ds Max 2017 (*.max)
3ds Max 角色(*.chr)

图1-75

几何体建模

2.1 几何体概述

几何体建模，就是使用3ds Max为用户所提供的默认的几何形体来进行建模的方法。3ds Max 为用户提供了多种不同的几何体按钮，熟练使用这些按钮，就可以轻松制作出许多简单的模型，这些按钮被集中设置在了“命令”面板里“创建”面板+中的下设第一个分类——“几何体”●当中。

3ds Max 2018在“创建”面板中提供了7种不同类型的对象按钮为用户选择使用，分别为“几何体”按钮●、“图形”按钮、“灯光”按钮、“摄影机”按钮、“辅助对象”按钮、“空间扭曲”按钮和“系统”按钮，如图2-1所示。

其中，“几何体”按钮●的下拉菜单中内置了不同于“标准基本体”的命令选项，如“扩展基本体”“复合对象”“粒子系统”等。单击“标准基本体”后面的黑色小三角箭头，则可以弹出“几何体”下拉菜单，如图2-2所示。

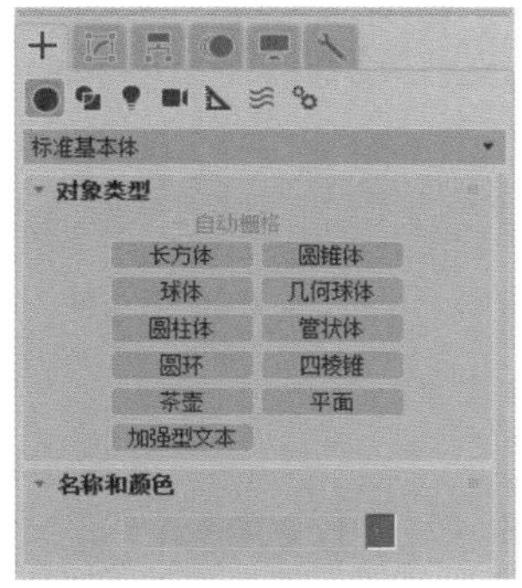

图2-1

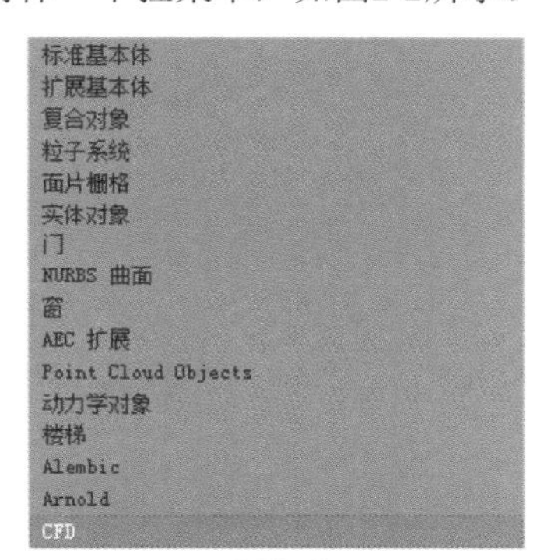

图2-2

2.2 标准基本体

Autodesk公司的3ds Max 系列产品一直以来都致力于为用户提供简单而实用的几何体造型，来制作结构相对简洁的模型对象。通过“几何体”内“标准基本体”和“扩展基本体”按钮，用户可以非常容易地在场景中以拖曳的方式创建出简单的几何体，如长方体、圆锥体、球体、圆柱体等。这一建模方式作为3ds Max中最简单的几何形体建模，是建模初学者所必须掌握的基础入门技术。

3ds Max 2018中“创建”面板内的“标准基本体”命令为用户提供了创建11种不同对象的按钮，分别为“长方体”按钮 长方体 、“圆锥体”按钮 圆锥体 、“球体”按钮 球体 、“几何球体”按钮 几何球体 、“圆柱体”按钮 圆柱体 、“管状体”按钮 管状体 、“圆环”按钮 圆环 、“四棱锥”按钮 四棱锥 、“茶壶”按钮 茶壶 、“平面”按钮 平面 和“加强型文本”按钮 加强型文本 ，如图2-3所示。

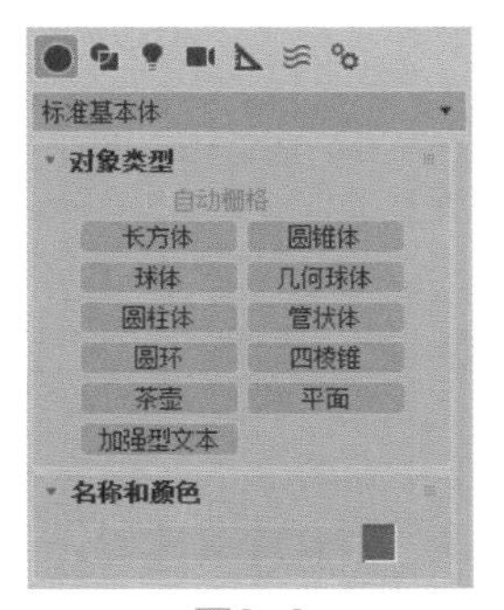

图2-3

第2章视频

第2章素材

2.2.1 长方体

在“创建”面板中单击“长方体”按钮 长方体 ，即可在场景中以绘制的方式创建出长方体对象，创建结果如图2-4所示。

长方体的参数面板如图2-5所示。

图2-4

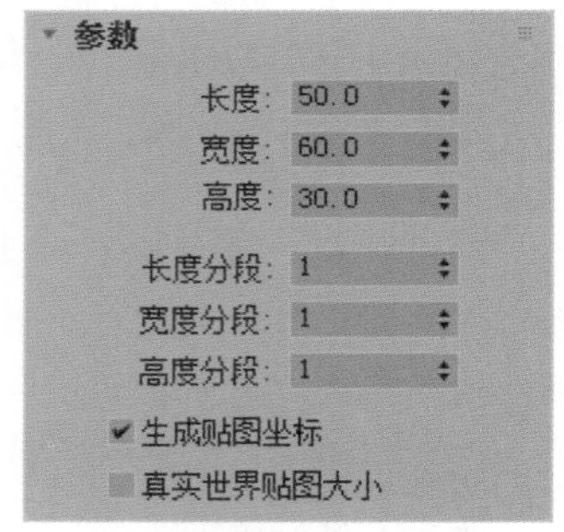

图2-5

参数解析

- 长度/宽度/高度：设置长方体对象的长度、宽度和高度。
- 长度分段/宽度分段/高度分段：设置沿着对象每个轴的分段数量。

2.2.2 圆锥体

在“创建”面板中单击“圆锥体”按钮 圆锥体 ，即可在场景中以绘制的方式创建出圆锥体对象，创建结果如图2-6所示。

圆锥体的参数面板如图2-7所示。

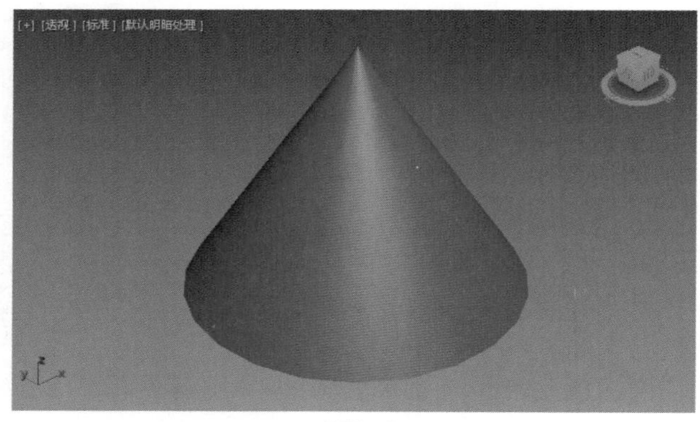

图2-6

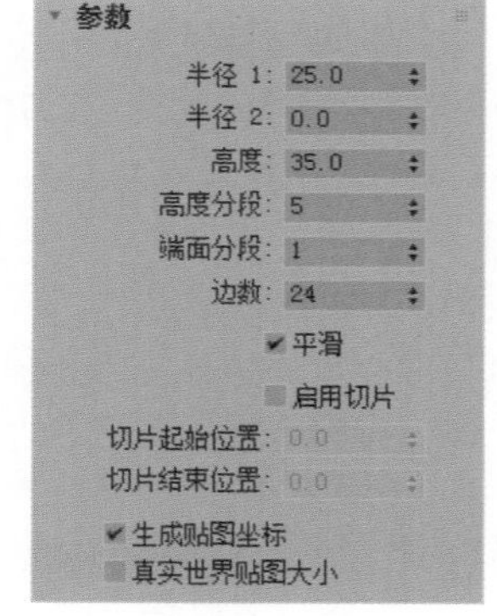

图2-7

参数解析

- 半径 1/半径 2：设置圆锥体的第1个半径/第2个半径。
- 高度：设置沿着中心轴的维度。
- 高度分段：设置沿着圆锥体主轴的分段数。

- 端面分段：设置围绕圆锥体顶部和底部的中心的同心分段数。
- 边数：设置圆锥体周围边数。
- 平滑：勾选该选项可以在视图中生成平滑的模型外观。
- 启用切片：启用“切片”功能。
- 切片起始位置/切片结束位置：分别用来设置从局部 X 轴的零点开始围绕局部 Z 轴的度数，通过设置该值，用户可以得到一个具有局部结构的不完整圆锥体，图2-8所示分别为开启“启用切片”功能前后的结果对比。
- 生成贴图坐标：生成将贴图材质用于圆锥体的坐标。默认设置为启用。
- 真实世界贴图大小：勾选该选项将根据真实世界比例的设置对模型的纹理贴图进行缩放。

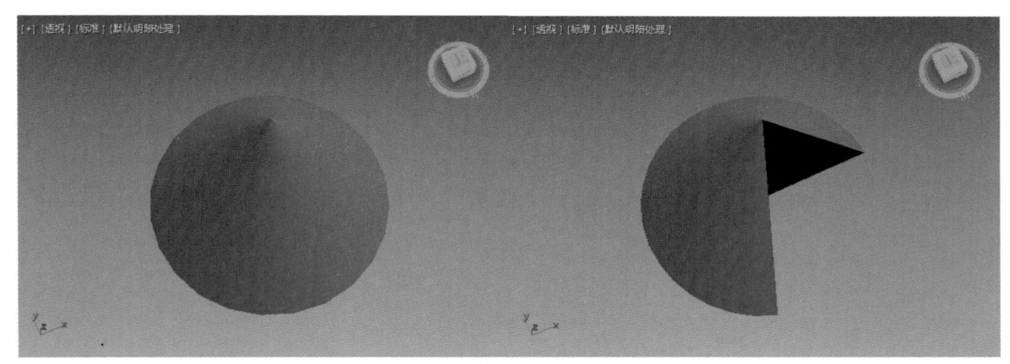

图2-8

2.2.3　球体

在“创建”面板中单击“球体”按钮 球体 ，即可在场景中以绘制的方式创建出球体对象，创建结果如图2-9所示。

球体的参数面板如图2-10所示。

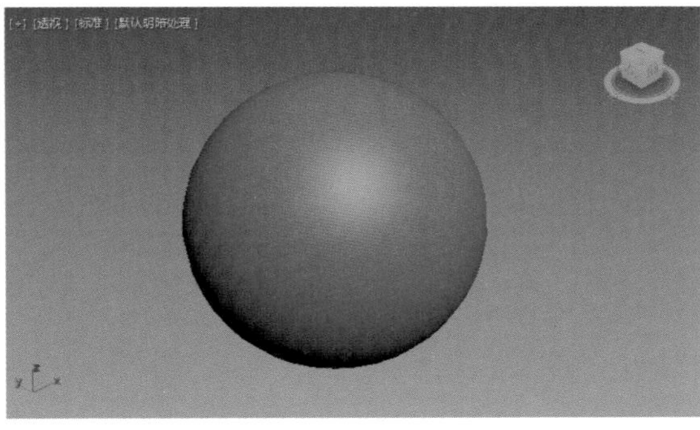

图2-9

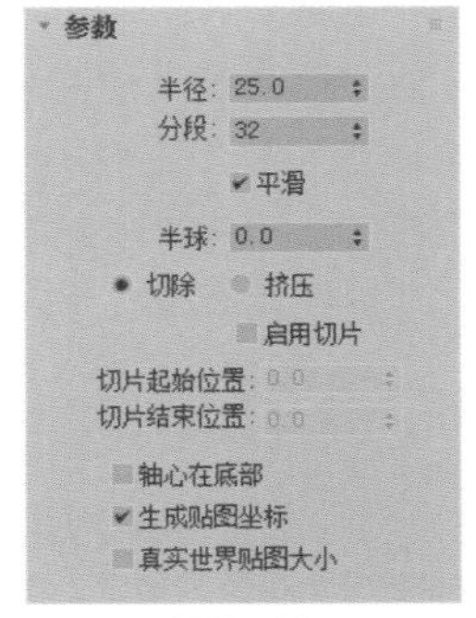

图2-10

参改解析

- 半径：指定球体的半径。
- 分段：设置球体多边形分段的数目。
- 平滑：混合球体的面，从而在渲染视图中创建平滑的外观。
- 半球：过分增大该值将“切断”球体，如果从底部开始，将创建部分球体。值的范围可以从 0.0 至 1.0。默认值为 0.0，可以生成完整的球体。设置为 0.5 可以生成半球，设置为 1.0 会使球体消失。默认值为 0.0。

- 切除：通过在半球断开时将球体中的顶点和面“切除”来减少它们的数量。默认设置为启用。
- 挤压：保持原始球体中的顶点数和面数，将几何体向着球体的顶部“挤压”，直到体积越来越小。

2.2.4　圆环

在“创建”面板中单击“圆环”按钮 圆环 ，即可在场景中以绘制的方式创建出圆环对象，创建结果如图2-11所示。

圆环的参数面板如图2-12所示。

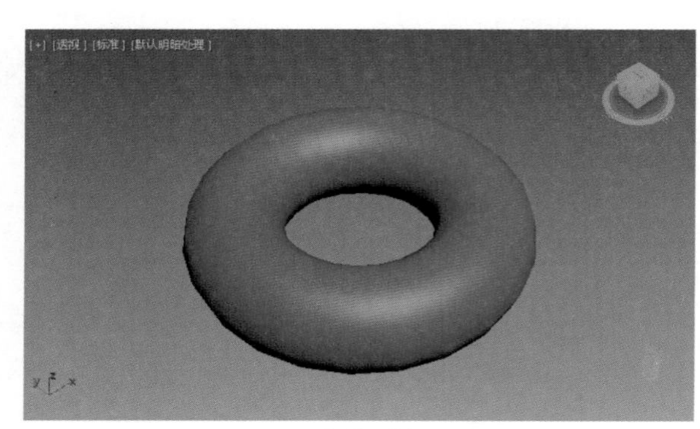

图2-11

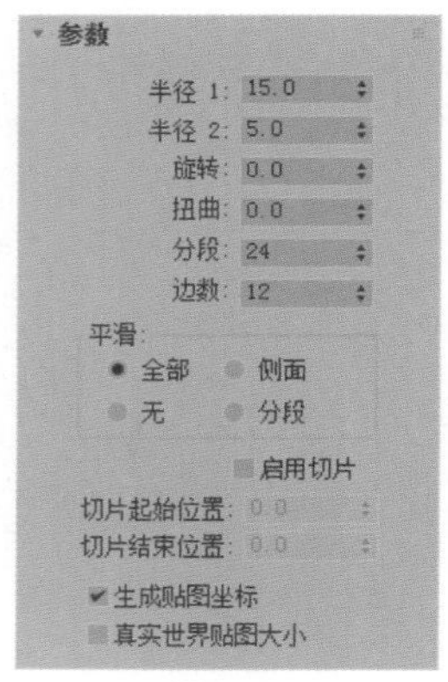

图2-12

参数解析

- 半径 1：从环形的中心到横截面圆形的中心的距离，也就是环形环的半径。
- 半径 2：横截面圆形的半径。
- 旋转：旋转的度数，顶点将围绕通过环形环中心的圆形非均匀旋转。此设置的正数值和负数值将在环形曲面上的任意方向“滚动”顶点。
- 扭曲：扭曲的度数，横截面将围绕通过环形中心的圆形逐渐旋转。从扭曲开始，每个后续横截面都将旋转，直至最后一个横截面具有指定的度数。
- 分段：围绕环形的径向分割数。
- 边数：环形横截面圆形的边数。

“平滑”组

- 全部：将在环形的所有曲面上生成完整平滑效果，如图2-13所示。
- 侧面：平滑相邻分段之间的边，从而生成围绕环形运行的平滑带，如图2-14所示。

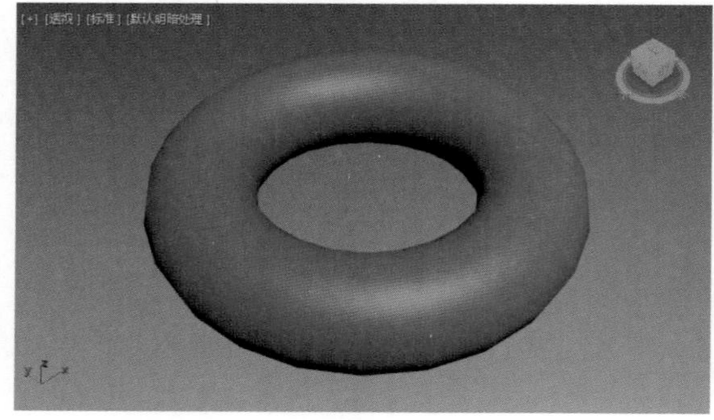

图2-13

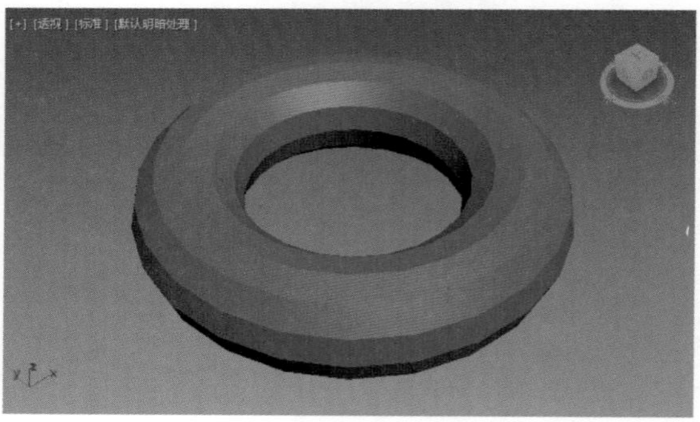

图2-14

- 无：完全禁用平滑，从而在环形上生成类似棱锥的面，如图2-15所示。
- 分段：分别平滑每个分段，从而沿着环形生成类似环的分段，如图2-16所示。

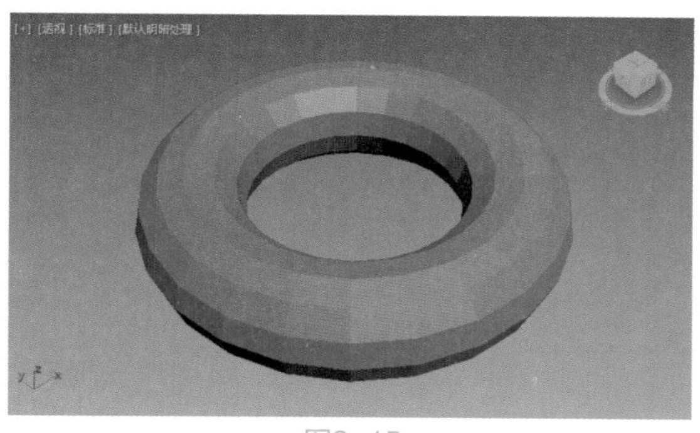

图2-15

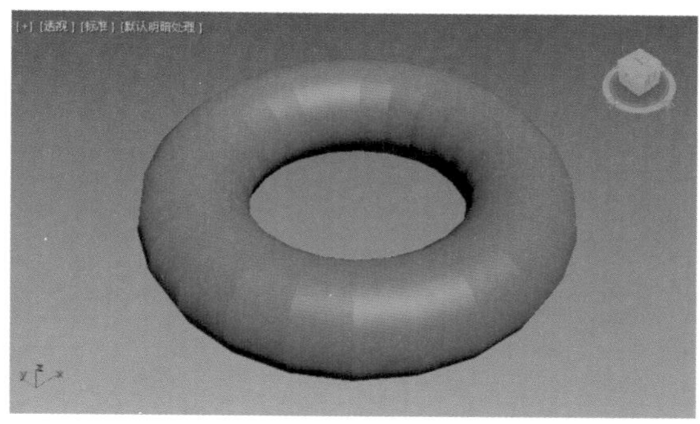

图2-16

2.2.5　加强型文本

加强型文本提供了内置文本对象。可以创建样条线轮廓或实心、挤出、倒角几何体。通过其他选项可以根据每个角色应用不同的字体和样式，并添加动画和特殊效果。在“创建”面板中单击“加强型文本”按钮 加强型文本 ，即可在场景中以绘制的方式创建出文本对象，创建结果如图2-17所示。

加强型文本的参数面板如图2-18所示。

图2-17

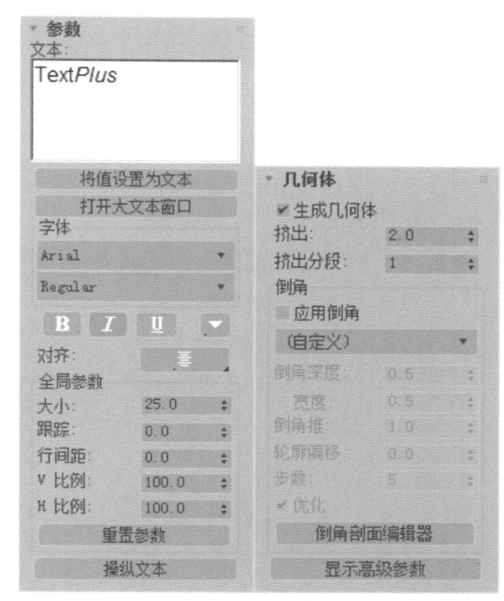

图2-18

参数解析

- “文本”框：可以输入多行文本。按 Enter 键开始新的一行。默认文本是“TextPlus”。
- “将值设置为文本”按钮 将值设置为文本 ：单击该按钮，可以打开“将值编辑为文本”对话框，以将文本链接到要显示的值。该值可以是对象值（如半径），或者可以是从脚本或表达式返回的任何其他值，如图2-19所示。
- “打开大文本窗口”按钮 打开大文本窗口 ：切换大文本窗口，以便更好地查看大量文本，如图2-20所示。

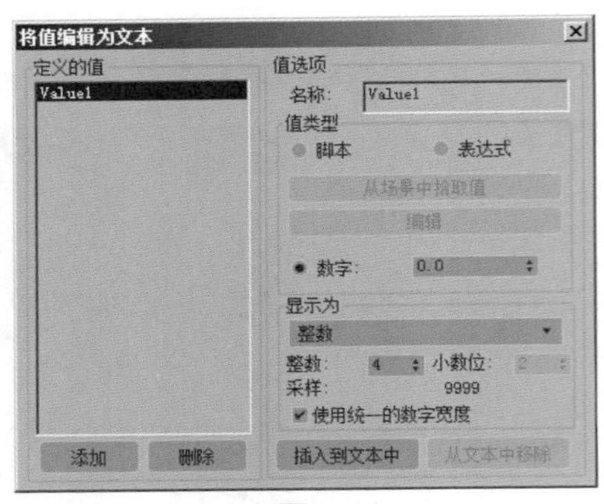

图2-19

图2-20

（1）“字体”组

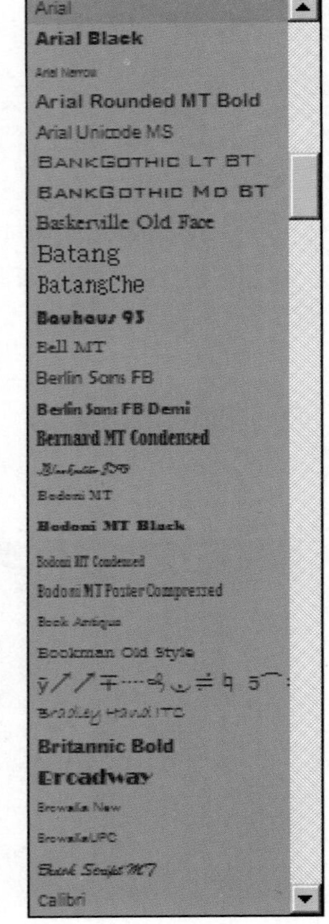

图2-21

- 字体列表：从可用字体列表中进行字体选择，如图2-21所示。
- “字体类型”列表：可以将字体设置为Regular（常规）、Italic（斜体）、Bold（粗体）和Bold Italic（粗斜体）字体类型，如图2-22所示。
- “粗体样式”按钮：切换加粗文本。
- “斜体样式”按钮：切换斜体文本。
- “下画线样式”按钮：切换下画线文本。
- “删除线”按钮：切换删除线文本。
- “全部大写”按钮：切换大写文本。
- “小写”按钮：将使用相同高度和宽度的大写文本切换为小写。
- “上标”按钮：切换是否减少字母的高度和粗细，并将它们放置在常规文本行的上方。
- “下标”按钮：切换是否减少字母的高度和粗细，并将它们放置在常规文本行的下方。
- 对齐：设置文本对齐方式。对齐选项包括：“左对齐”“中心对齐”“右对齐”“最后一个左对齐”“最后一个中心对齐”“最后一个右对齐”和“全部对齐”，如图2-23所示。

（2）“全局参数”组

- 大小：设置文本高度，其中测量方法由活动字体定义。
- 跟踪：设置字母间距。
- 行间距：设置行间距，需要有多行文本。
- V 比例：设置垂直缩放。
- H 比例：设置水平缩放。
- “重置参数”按钮：单击该按钮，将打开“重置文本”对话框。对于选定文本，将其参数重置为其默认值。参数包括：“全局V比例”“全局H比例”“跟踪”“行间距”“基线转移”“字间距”“局部V比例”和“局部H比例”，如图2-24所示。

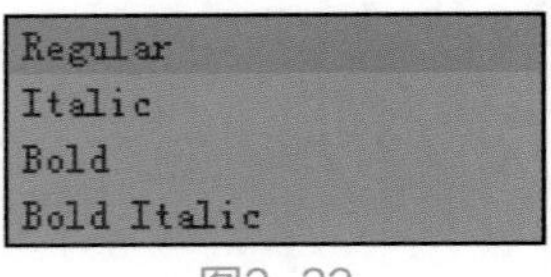

图2-22

- “操纵文本”按钮：切换功能以均匀或非均匀手动操纵文本。可以调整文本大小、字体、追踪、字间距和基线。
- 生成几何体：将2D的几何效果切换为3D的几何效果，图2-25所示为该选项勾选前后的效果对比。

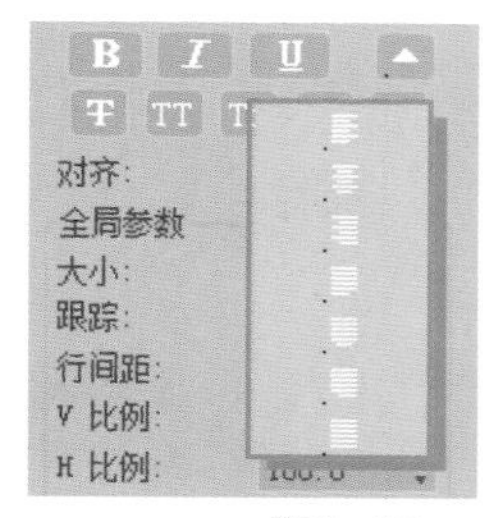

图2-23

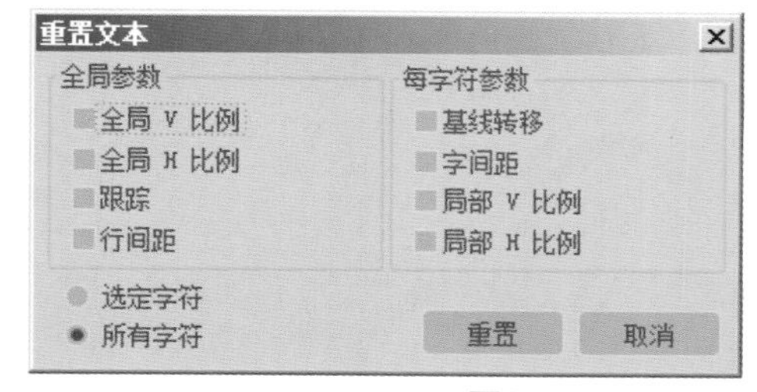

图2-24

图2-25

- 挤出：设置挤出深度。
- 挤出分段：指定在挤出文本中创建的分段数。

（3）“倒角”组

- 应用倒角：切换对文本执行倒角，图2-26所示分别为该选项勾选前后的效果对比。

图2-26

- 预设列表：从下拉列表中选择一个预设倒角类型，或选择“自定义”以使用通过倒角剖面编辑器创建的倒角。预设包括：“凹面”“凸面”“凹雕”“半圆”“壁架”“线性”“S 形区域”“三步”和“两步”，如图2-27所示。图2-28～图2-36所示分别为这9种不同预设的文本倒角形态。

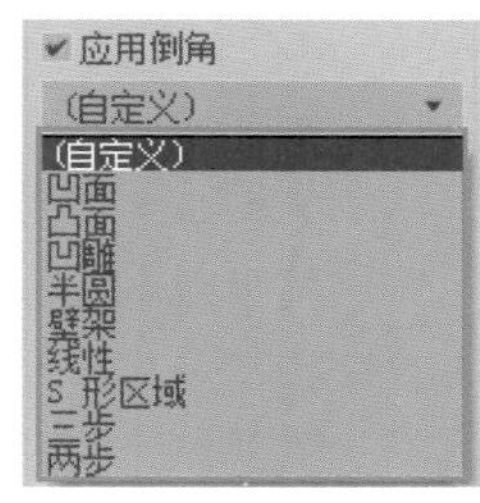

图2-27

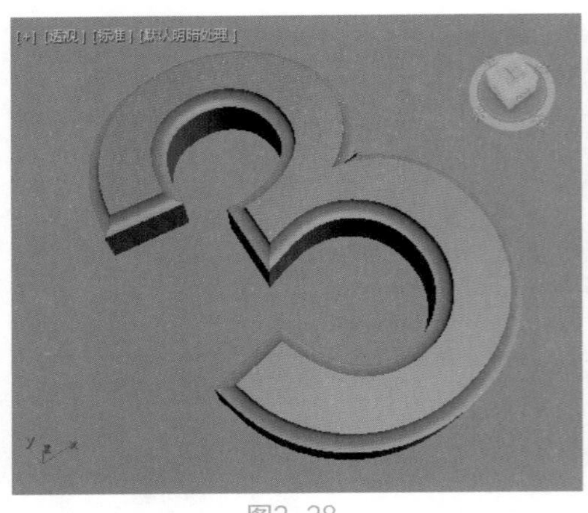

图2-28

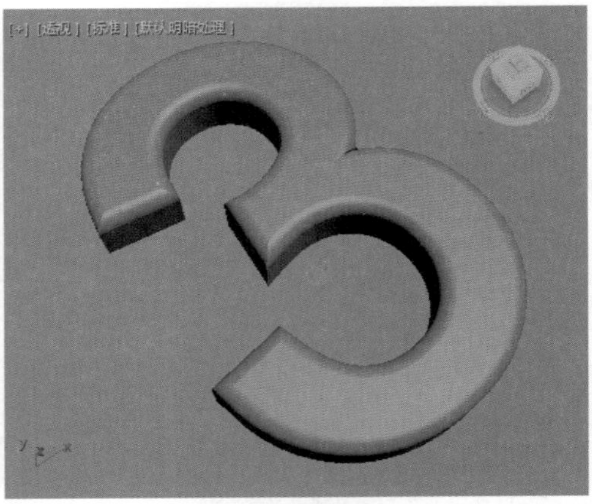

图2-29

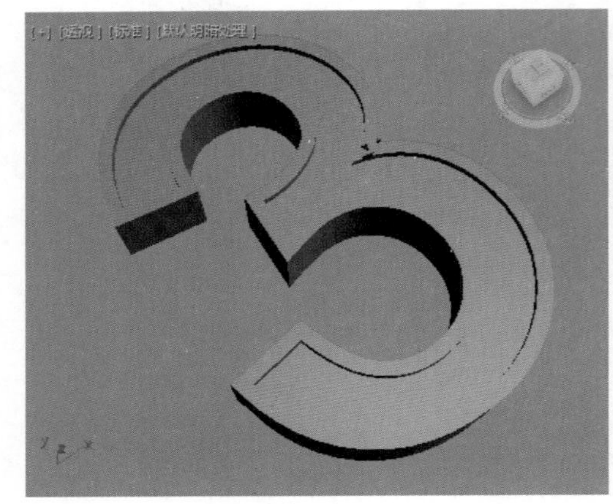

图2-30

图2-31

图2-32

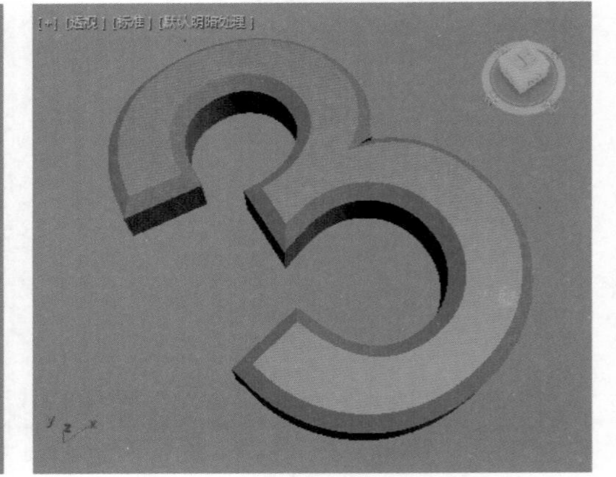

图2-33

- 倒角深度：设置倒角区域的深度。
- 宽度：该复选框用于切换功能以修改宽度参数。默认设置为未选中状态，并受限于深度参数。选中以从默认值更改宽度，并在宽度字段中输入数量。
- 倒角推力：设置倒角曲线的强度。
- 轮廓偏移：设置轮廓的偏移距离。
- 步数：设置用于分割曲线的顶点数。步数越多，曲线越平滑。

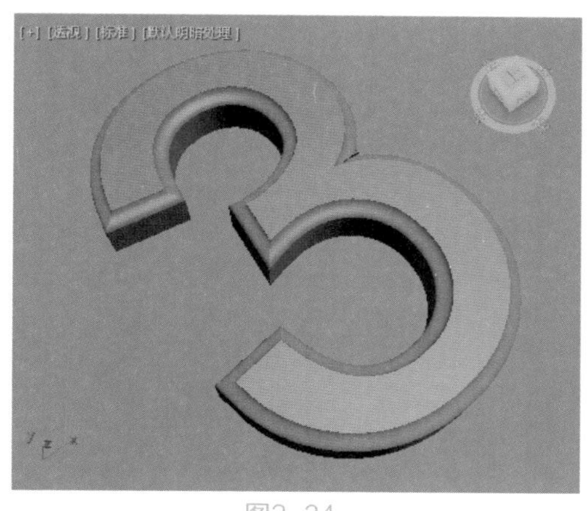

图2-34

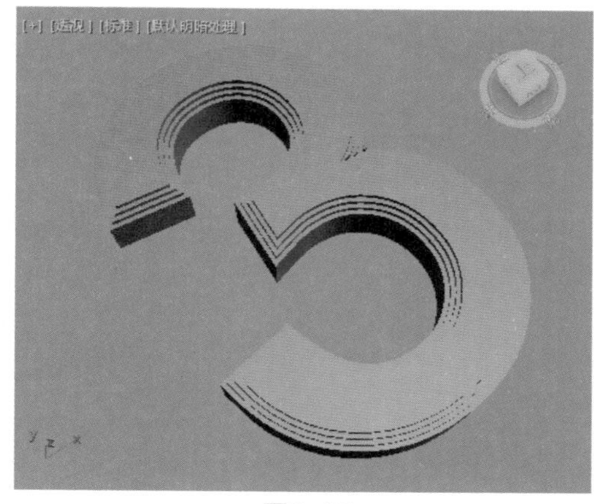

图2-35

- 优化：从倒角的直线段移除不必要的步数。默认设置为启用。
- “倒角剖面编辑器”按钮 倒角剖面编辑器 ：单击该按钮，可以打开“倒角剖面编辑器”窗口，使用户可以创建自定义剖面，如图2-37所示。

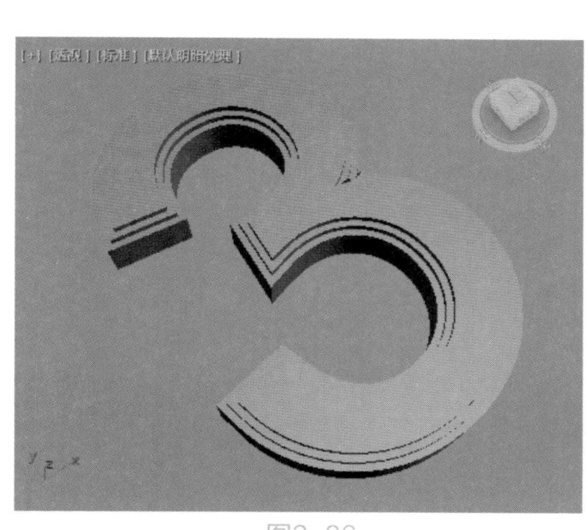

图2-36

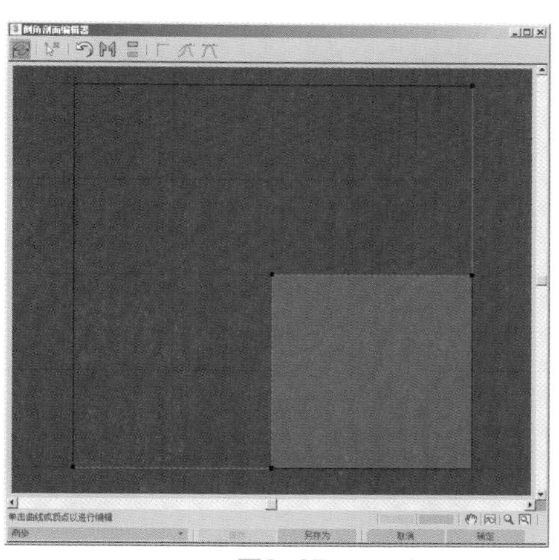

图2-37

- “显示高级参数”按钮 显示高级参数 ：单击该按钮，可以切换高级参数的显示。

2.3 扩展基本体

3ds Max 2018中“创建”面板内的“扩展基本体”为用户提供了用于创建13种不同对象的按钮，这些按钮的使用频率相较于“标准基本体”内的按钮要略低一些。“扩展基本体”为用户提供了“异面体”按钮 异面体 、“环形结”按钮 环形结 、“切角长方体”按钮 切角长方体 、“切角圆柱体”按钮 切角圆柱体 、“油罐”按钮 油罐 、“胶囊”按钮 胶囊 、“纺锤”按钮 纺锤 、L-Ext按钮 L-Ext 、“球棱柱”按钮 球棱柱 、C-Ext按钮 C-Ext 、“环形波”按钮 环形波 、“软管”按钮 软管 和“棱柱”按钮 棱柱 ，如图2-38所示。

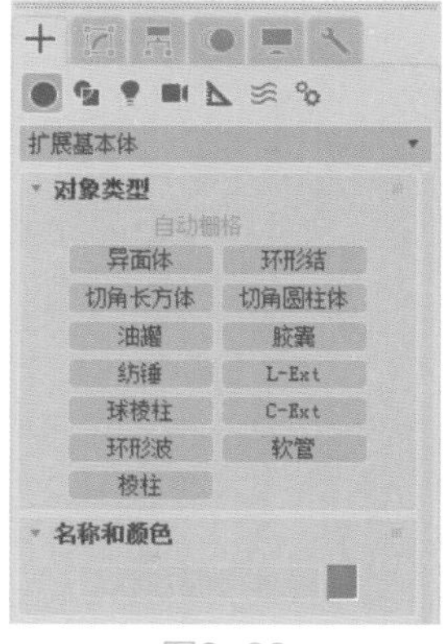

图2-38

2.3.1 异面体

在“创建”面板中单击“异面体”按钮 异面体 ，即可在场景中以绘制的方式创建出异面体对象，创建结果如图2-39所示。

在“异面体”的修改面板中，可以通过更改相应的参数得到一些结构造型非常特殊的三维形体，其参数面板如图2-40所示。

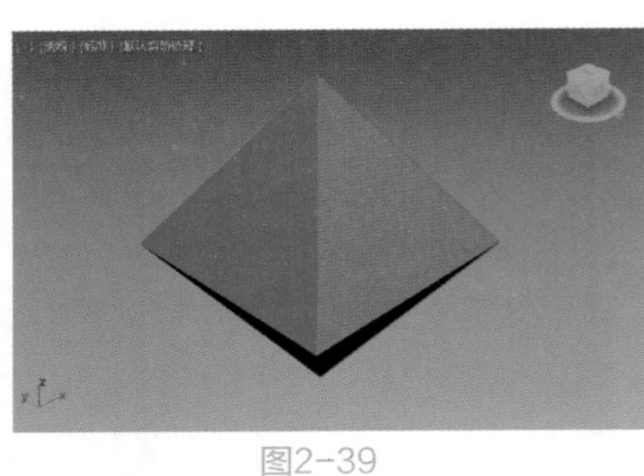

图2-39

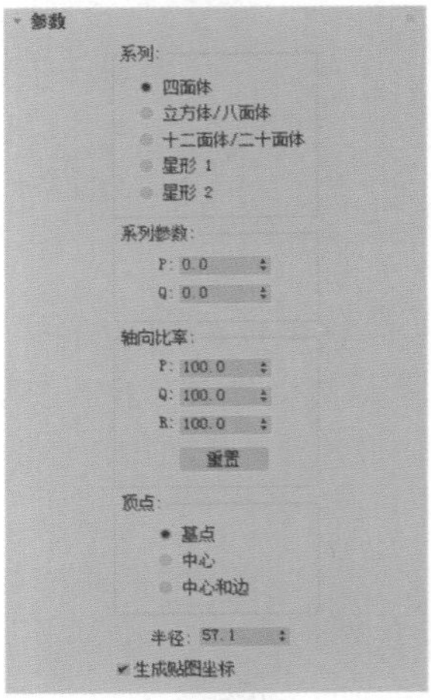

参数
系列：
四面体
立方体/八面体
十二面体/二十面体
星形 1
星形 2
系列参数：
P: 0.0
Q: 0.0
轴向比率：
P: 100.0
Q: 100.0
R: 100.0
重置
顶点：
基点
中心
中心和边
半径: 57.1
生成贴图坐标

图2-40

参数解析

（1）“系列”组

- 四面体：创建一个四面体。
- 立方体/八面体：可以将当前所选择的异面体更改为一个立方体或八面多面体，如图2-41所示。

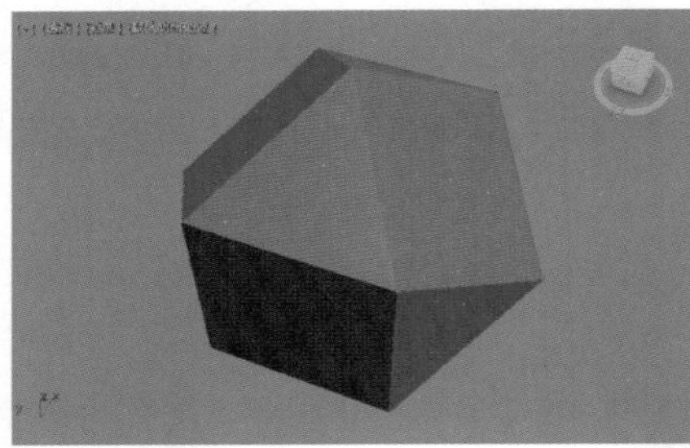
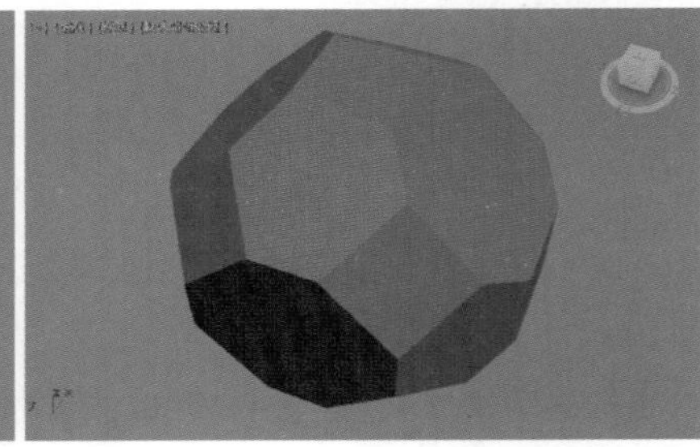

图2-41

- 十二面体/二十面体：可以将当前所选择的异面体更改为一个十二面体或二十面体，如图2-42所示。

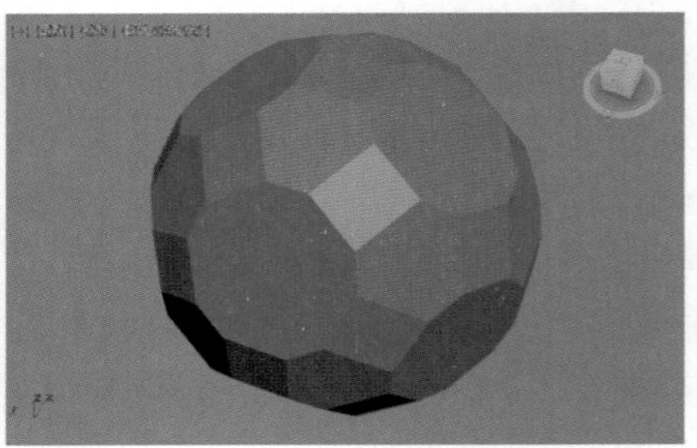

图2-42

- 星形 1/星形 2：可以将当前所选择的异面体更改为不同类似星形的多面体，如图2-43所示。

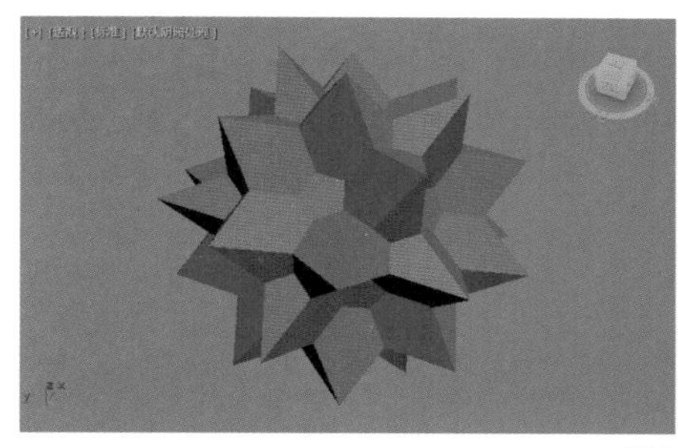
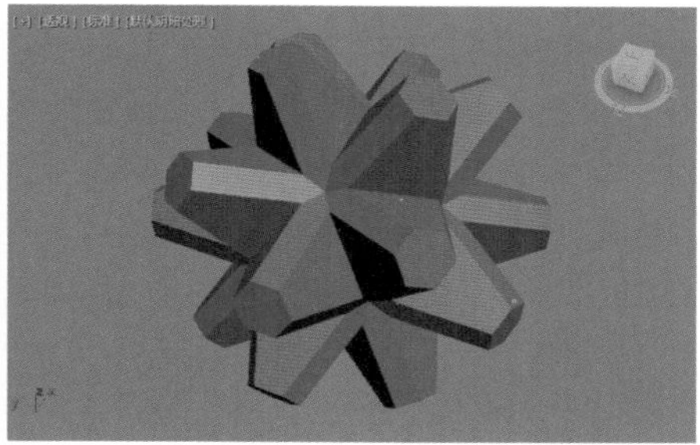

图2-43

（2）“系列参数”组

- P/Q：为多面体顶点和面之间提供两种方式变换的关联参数。

（3）“轴向比率”组

- P/Q/R：控制多面体一个面反射的轴。
- “重置”按钮 重置 ：将轴返回为其默认设置。

（4）“顶点”组

- 基点/中心/中心和边：用来设置异面体根据哪种方式来进行细分模型，默认选项为“基点”。
- 半径：用来设置异面体的半径大小。
- 生成贴图坐标：勾选该选项将在异面体上自动生成贴图坐标。

2.3.2 环形结

在“创建”面板中单击“环形结”按钮 环形结 ，即可在场景中以绘制的方式创建出环形结对象，创建结果如图2-44所示。

使用“异面体”按钮创建出来的对象可以用来模拟制作绳子打结的形态，其参数面板如图2-45所示。

图2-44

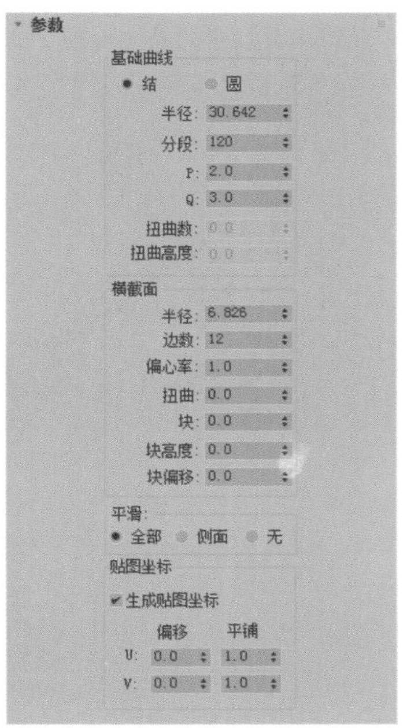

图2-45

参数解析

（1）“基础曲线”组

- 结/圆：使用“结”时，环形将基于其他各种参数自身交织。如果使用“圆”，基础曲线是圆形，如果在其默认设置中保留“扭曲”和“偏心率”这样的参数，则会产生标准环形，通过这两个选项再配合其他参数，用户可以得到完全不同的几何形体，如图2-46所示。

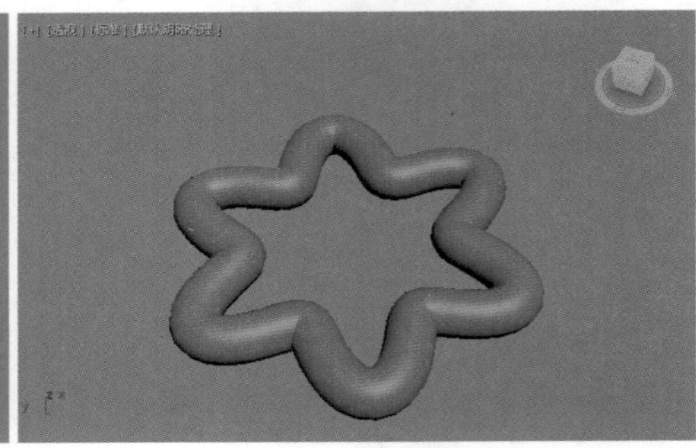

图2-46

- 半径：设置基础曲线的半径。
- 分段：设置围绕环形周界的分段数。
- P/Q：描述上下（P）和围绕中心（Q）的缠绕数值。
- 扭曲数：设置曲线周围的星形中的“点”数。
- 扭曲高度：设置指定为基础曲线半径百分比的“点”的高度。

（2）“横截面”组

- 半径：设置横截面的半径。
- 边数：设置横截面周围的边数。
- 偏心率：设置横截面主轴与副轴的比率。值为1将提供圆形横截面，其他值将创建椭圆形横截面。
- 扭曲：设置横截面围绕基础曲线扭曲的次数。
- 块：设置环形结中的凸出数量，图2-47所示分别为该值是9和20的模型结果对比。

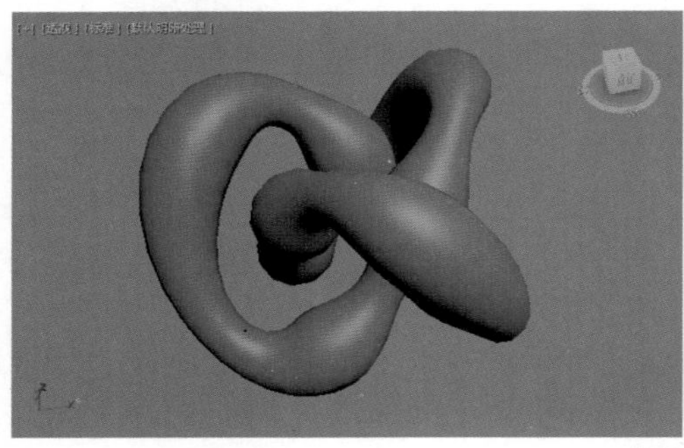
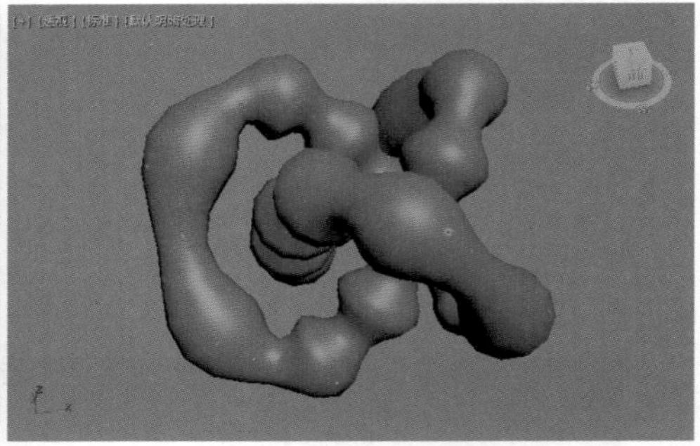

图2-47

- 块高度：设置块的高度，作为横截面半径的百分比。
- 块偏移：设置块起点的偏移，以度数来测量。

2.3.3 切角长方体

在“创建”面板中单击“切角长方体”按钮 切角长方体 ，即可在场景中以绘制的方式创建出切角长方体对象，创建结果如图2-48所示。

使用“切角长方体”按钮创建出来的对象可以快速制作出具有倒角效果或圆形边的长方体模型，其参数面板如图2-49所示。

图2-48

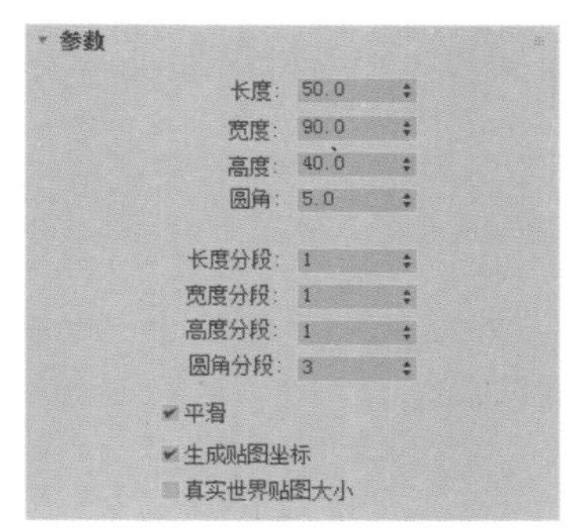

图2-49

参数解析

- 长度/宽度/高度：设置切角长方体的相应维度。
- 圆角：切开切角长方体的边，值越高，切角长方体边上的圆角将更加精细。
- 长度分段/宽度分段/高度分段：设置沿着相应轴的分段数量。
- 圆角分段：设置长方体圆角边时的分段数。添加圆角分段将增加圆形边。
- 平滑：混合切角长方体的面的显示，从而在渲染视图中创建平滑的外观。

2.3.4　胶囊

在“创建”面板中单击“胶囊”按钮 胶囊 ，即可在场景中以绘制的方式创建出胶囊对象，创建结果如图2-50所示。

使用“胶囊”按钮可以在场景中快速创建出形似胶囊的三维模型，其参数面板如图2-51所示。

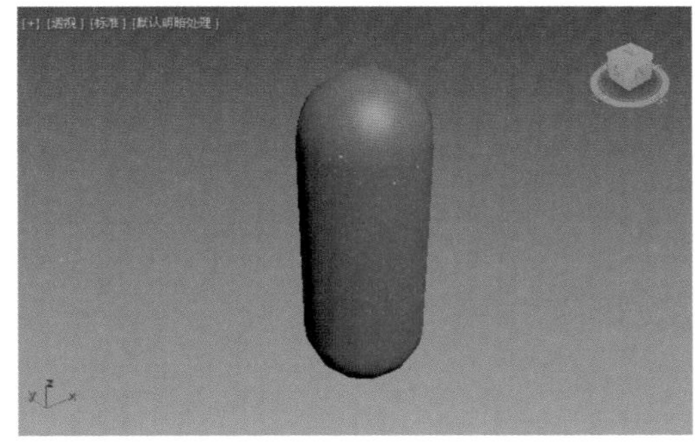
图2-50

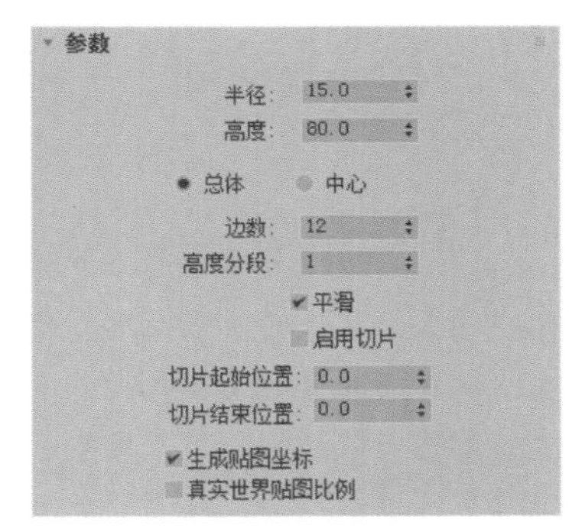

图2-51

参数解析

- 半径：设置胶囊的半径。
- 高度：设置沿着中心轴的高度。负数值将在构造平面下面创建胶囊。
- 总体/中心：决定“高度”值指定的内容。“总体”指定对象的总体高度，“中心”指定圆柱体中部的高度，不包括其圆顶封口。
- 边数：设置胶囊周围的边数。
- 高度分段：设置沿着胶囊主轴的分段数量。

- 平滑：混合胶囊的面，从而在渲染视图中创建平滑的外观。
- 启用切片：启用“切片”功能。
- 切片起始位置/切片结束位置：设置从局部X轴的零点开始围绕局部Z轴的度数。

2.4 门

3ds Max 2018提供了“枢轴门” 枢轴门 、“推拉门” 推拉门 和“折叠门” 折叠门 这3个按钮，如图2-52所示。

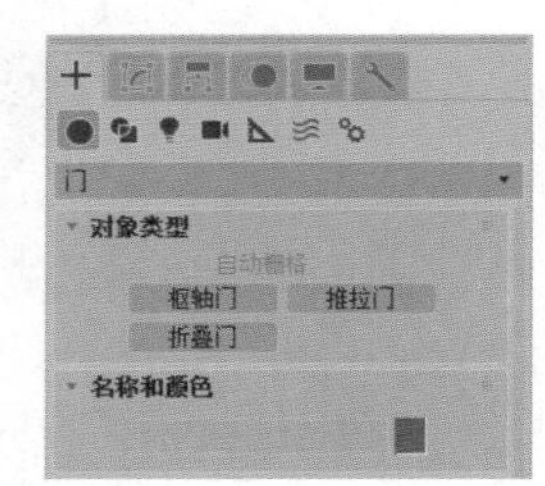

图2-52

2.4.1 门对象公共参数

3ds Max 2018为用户提供的这3种门模型位于“修改”面板内的参数基本上相同，在此以“枢轴门”为例，来讲解门对象的公共参数，如图2-53所示。

“参数”卷展栏展开效果如图2-54所示。

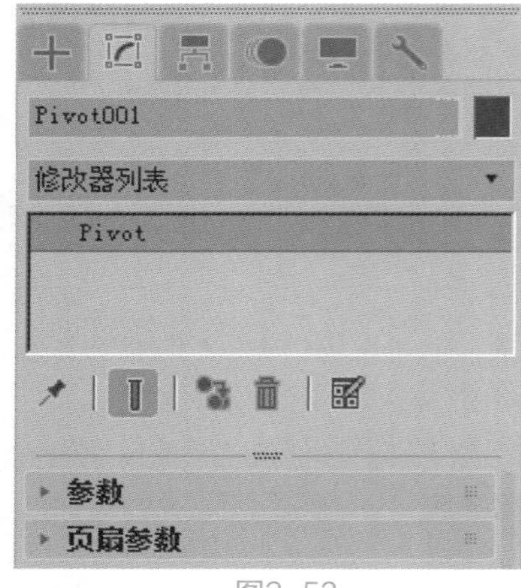

图2-53

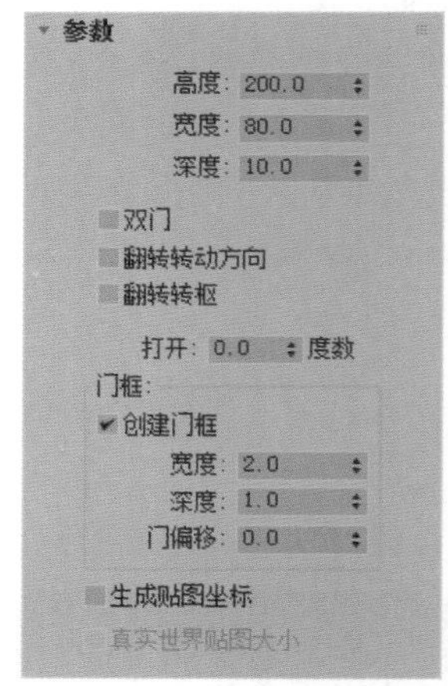

图2-54

参数解析

- 高度：设置门装置的总体高度。
- 宽度：设置门装置的总体宽度。
- 深度：设置门装置的总体深度。
- 双门：勾选该选项，可以得到一个对开门的模型。
- 打开：设置门的打开程度。
- 创建门框：这是默认启用的，以显示门框。禁用此选项可以禁用门框的显示，图2-55所示为该选项开启前后的结果对比。
- 宽度：设置门框与墙平行的宽度。仅当启用了“创建门框”时可用。
- 深度：设置门框从墙投影的深度。仅当启用了“创建门框”时可用。
- 门偏移：设置门相对于门框的位置。
- 生成贴图坐标：为门指定贴图坐标。
- 真实世界贴图大小：控制应用于该对象的纹理贴图材质所使用的缩放方法。

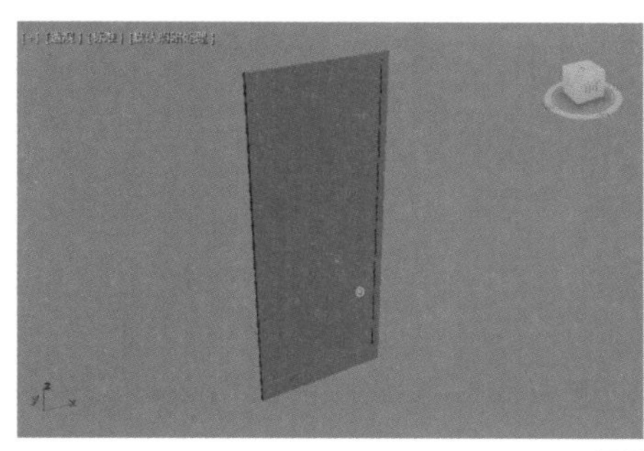

图2-55

“页扇参数”卷展栏展开效果如图2-56所示。

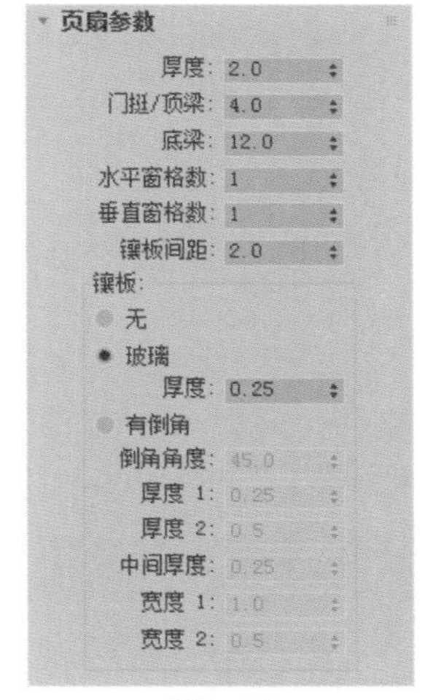

图2-56

参数解析

- 厚度：设置门的厚度。
- 门挺/顶梁：设置顶部和两侧的面板框的宽度。仅当门是面板类型时，才会显示此设置。
- 底梁：设置门脚处的面板框的宽度。仅当门是面板类型时，才会显示此设置。
- 水平窗格数：设置面板沿水平轴划分的数量。
- 垂直窗格数：设置面板沿垂直轴划分的数量。
- 镶板间距：设置面板之间的间隔宽度。

“镶板”组

- 无：门没有面板。
- 玻璃：创建不带倒角的玻璃面板。
- 厚度：设置玻璃面板的厚度。
- 有倒角：选择此选项可以具有倒角面板。
- 倒角角度：指定门的外部平面和面板平面之间的倒角角度。
- 厚度 1：设置面板的外部厚度。
- 厚度 2：设置倒角从该处开始的厚度。
- 中间厚度：设置面板内面部分的厚度。
- 宽度 1：设置倒角从该处开始的宽度。
- 宽度 2：设置面板的内面部分的宽度。

2.4.2　枢轴门

“枢轴门”非常适合用来模拟住宅里安装在卧室上的门，枢轴门在“修改”面板中提供了3个特定的复选框参数，如图2-57所示。

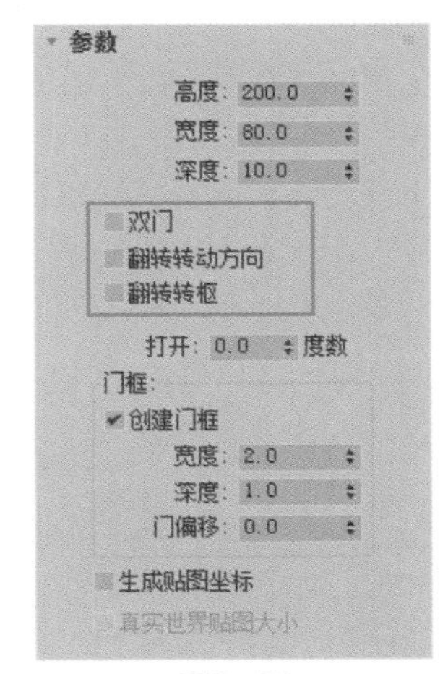

图2-57

参数解析

- 双门：制作一个双门。
- 翻转转动方向：更改门转动的方向。
- 翻转转枢：在与门面相对的位置上放置门转枢。此选项不可用于双门。

2.4.3 推拉门

“推拉门”一般常见于厨房或者阳台上，指门可以在固定的轨道上左右来回滑动。推拉门一般由两个或两个以上的门页扇组成，其中一个为保持固定的门页扇，另外的则为可以移动的门页扇。推拉门在“修改”面板中提供了两个特定的复选框参数，如图2-58所示。

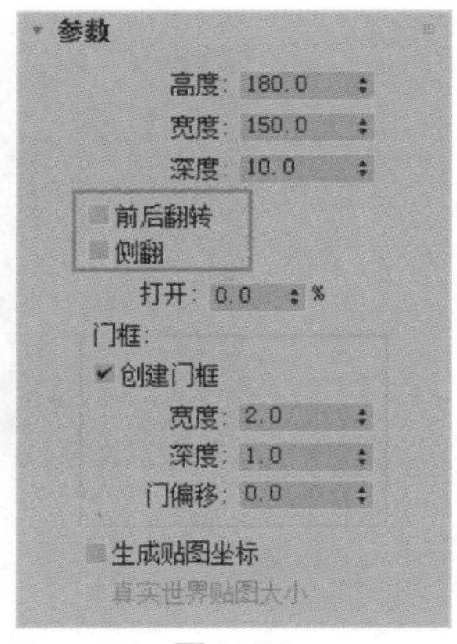

图2-58

参数解析

- 前后翻转：更改哪个元素位于前面，与默认设置相比较而言。
- 侧翻：将当前滑动元素更改为固定元素，反之亦然。

2.4.4 折叠门

由于“折叠门”在开启的时候需要的空间较小，所以在家装设计中“折叠门”比较适合用来作为在卫生间安装的门。该类型的门有两个门页扇，两个门页扇之间设有转枢，用来控制门的折叠，并且可以通过“双门”参数调整“折叠门”为4个门页扇。折叠门在“修改”面板中提供了3个特定的复选框参数，如图2-59所示。

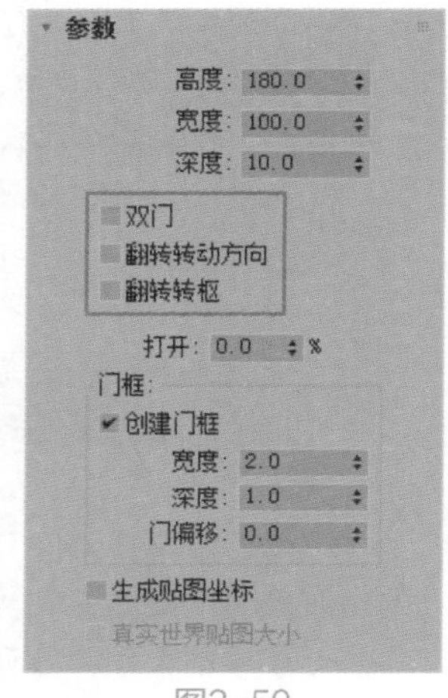

图2-59

参数解析

- 双门：将该门制作成有4个门元素的双门，从而在中心处汇合。
- 翻转转动方向：默认情况下，以相反的方向转动门。
- 翻转转枢：默认情况下，在相反的侧面转枢门。当“双门”处于启用状态时，“翻转转枢”不可用。

2.5 窗

使用“窗”系列工具可以快速地在场景中创建出具有大量细节的窗户模型，这些窗户模型的主要区别基本上在于打开的方式。窗的类型分为6种：“遮篷式窗”“平开窗”“固定窗”“旋开窗”“伸出式窗”和“推拉窗”。这6种窗除了“固定窗”无法打开，其他5种类型的窗户均可设置为打开，如图2-60所示。

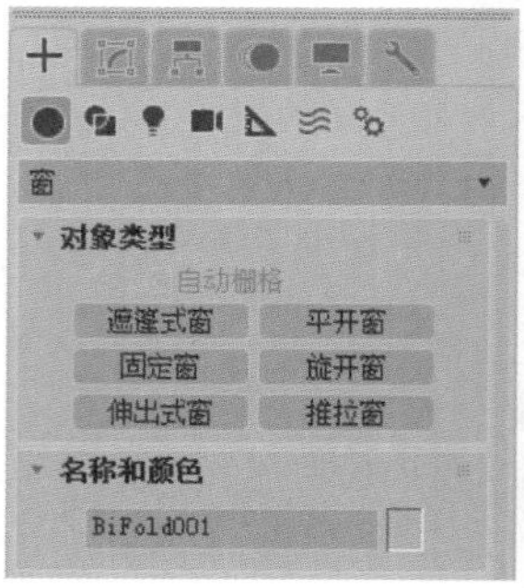

图2-60

2.5.1 遮篷式窗

3ds Max 2018所提供的6种窗户对象，其位于修改面板中的参数也大多相同，非常简单，在此以“遮篷式窗”为例，来讲解窗对象的参数。图2-61所示为“遮篷式窗”的参数面板设置。

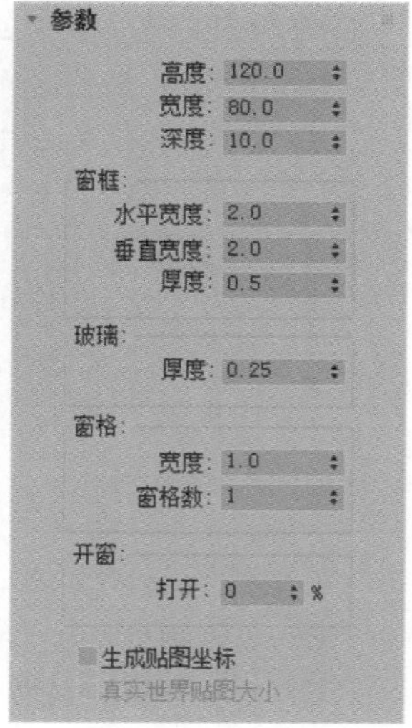

图2-61

参数解析

- 高度/宽度/深度：分别控制窗户的高度/宽度/深度。

（1）“窗框”组

- 水平宽度：设置窗口框架水平部分的宽度。该设置也会影响窗宽度的玻璃部分。
- 垂直宽度：设置窗口框架垂直部分的宽度。该设置也会影响窗高度的玻璃部分。
- 厚度：设置框架的厚度。该选项还可以控制窗框中遮蓬或栏杆的厚度。

（2）“玻璃”组

- 厚度：指定玻璃的厚度。

（3）“窗格”组

- 宽度：设置窗格的宽度。
- 窗格数：设置窗格的数量。

（4）“开窗”组

- 打开：设置窗户打开的百分比，图2-62所示分别是“打开”值为30和60的模型结果对比。

图2-62

- 生成贴图坐标：使用已经应用的相应贴图坐标创建对象。
- 真实世界贴图大小：控制应用于该对象的纹理贴图材质所使用的缩放方法。

2.5.2 其他窗户介绍

“平开窗”有一到两扇像门一样的窗框，它们可以向内或向外转动。与“遮篷式窗”只有一点不同，就是“平开窗”可以设置为对开的两扇窗，如图2-63所示。

“固定窗”无法打开。其特点为可以在水平和垂直两个方向上任意设置格数，如图2-64所示。

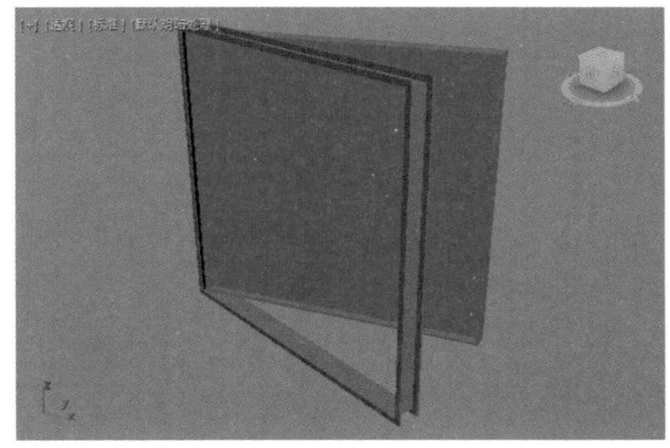

图2-63

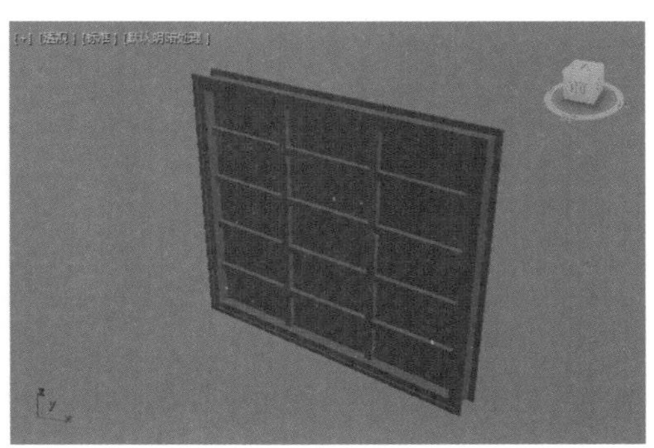

图2-64

“旋开窗”的轴垂直或水平位于其窗框的中心，其特点是无法设置窗格数量，只能设置窗格的宽度及轴的方向，如图2-65所示。

“伸出式窗”有3扇窗框，其中两扇窗框打开时像反向的遮蓬，其窗格数无法设置，如图2-66所示。

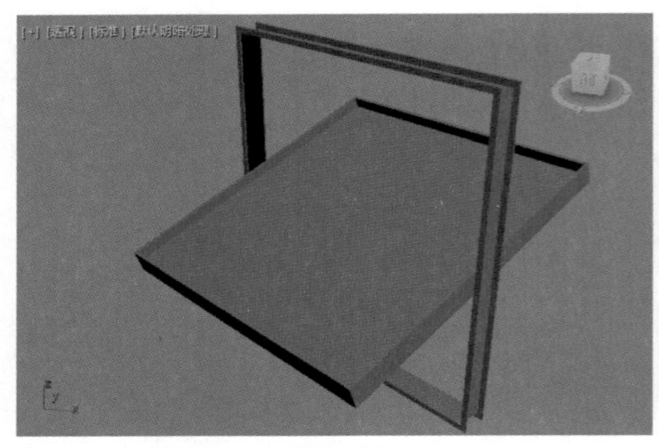
图2-65

图2-66

“推拉窗”有两扇窗框，其中一扇窗框可以沿着垂直或水平方向滑动，类似于火车上的上下推动打开式窗户。其窗格数允许我们在水平和垂直两个方向上任意设置数量，如图2-67所示。

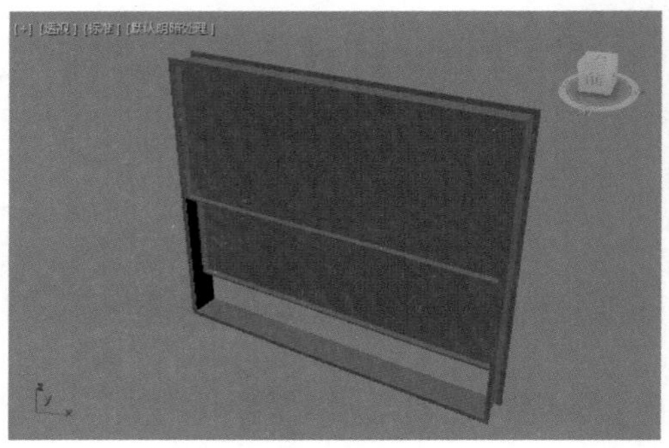
图2-67

2.6 楼梯

3ds Max 2018允许我们可以创建4种不同类型的楼梯。将“创建”面板的下拉列表选择为“楼梯”，即可看到楼梯所提供的“直线楼梯”按钮 直线楼梯 、“L 型楼梯”按钮 L 型楼梯 、“U 型楼梯”按钮 U 型楼梯 和“螺旋楼梯”按钮 螺旋楼梯 ，如图2-68所示。

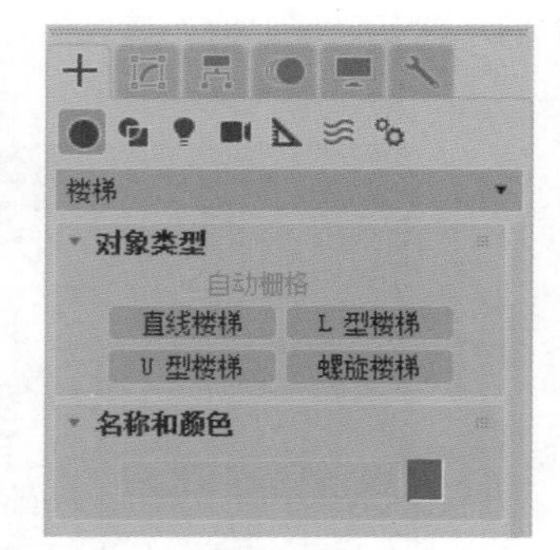

图2-68

2.6.1 L型楼梯

3ds Max 2018所提供的4种楼梯，其“修改”面板中的参数结构非常相似，并且比较简单。下面以最为常用的“L 型楼梯”为例，来为大家详细讲解其参数设置及创建方法。其参数面板如图2-69所示，共有“参数”“支撑梁”“栏杆”和“侧弦”4个卷展栏。

“参数”卷展栏展开效果如图2-70所示。

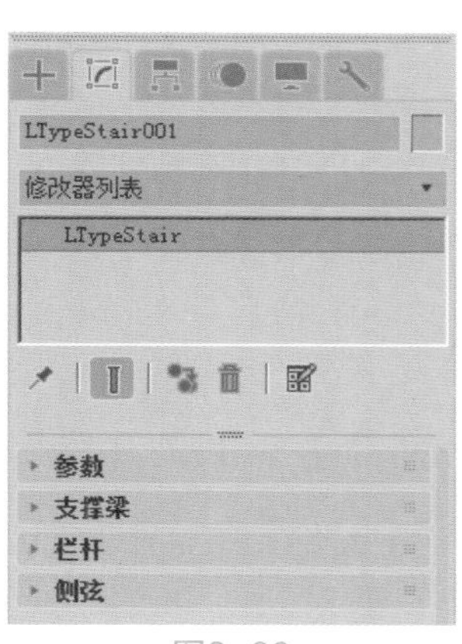

图2-69

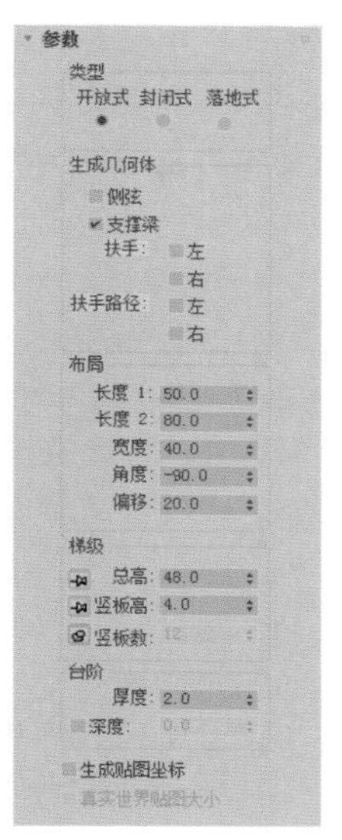

图2-70

参数解析

（1）“类型”组

- 开放式：设置当前楼梯为开放式踏步楼梯，如图2-71所示。
- 封闭式：设置当前楼梯为封闭式踏步楼梯，如图2-72所示。

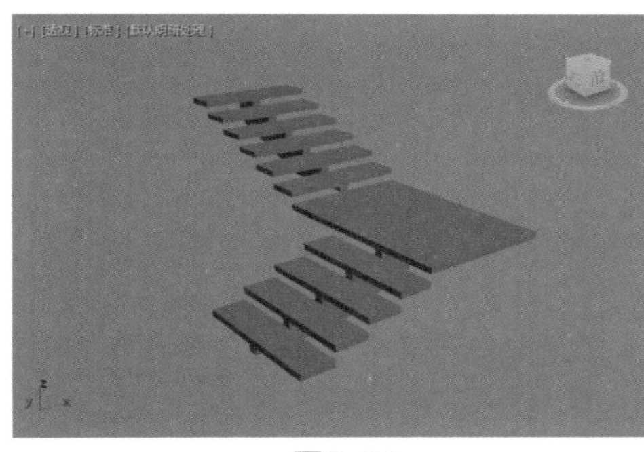

图2-71

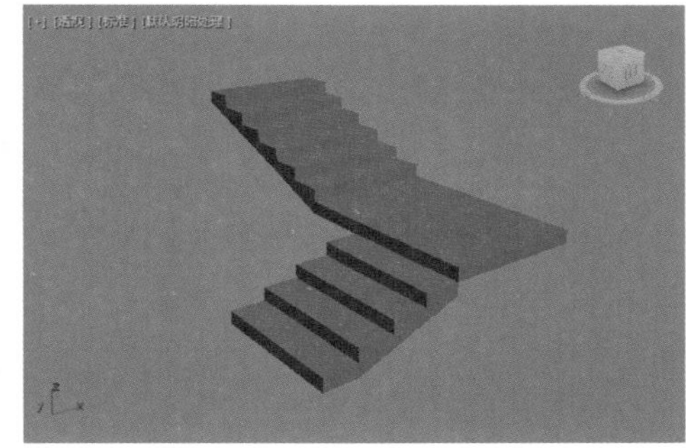

图2-72

- 落地式：设置当前楼梯为落地式踏步楼梯，如图2-73所示。

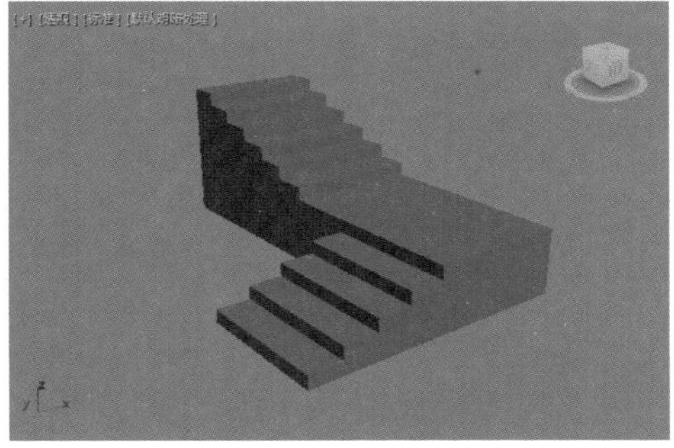

图2-73

（2）“生成几何体”组

- 侧弦：沿着楼梯的梯级的端点创建侧弦。

- 支撑梁：在梯级下创建一个倾斜的切口梁，该梁支撑台阶或添加楼梯侧弦之间的支撑。
- 扶手：为楼梯创建左扶手和右扶手。
- 扶手路径：创建楼梯上用于安装栏杆的左路径和右路径。

（3）“布局”组

- 长度1：控制第一段楼梯的长度。
- 长度2：控制第二段楼梯的长度。
- 宽度：控制楼梯的宽度，包括台阶和平台。
- 角度：控制平台与第二段楼梯的角度。范围为-90° ～ 90° 。
- 偏移：控制平台与第二段楼梯的距离。相应调整平台的长度。

（4）“梯级”组

- 总高：控制楼梯段的高度。
- 竖板高：控制梯级竖板的高度。
- 竖板数：控制梯级竖板数。

（5）“台阶”组

- 厚度：控制台阶的厚度。
- 深度：控制台阶的深度。

“支撑梁”卷展栏展开效果如图2-74所示。

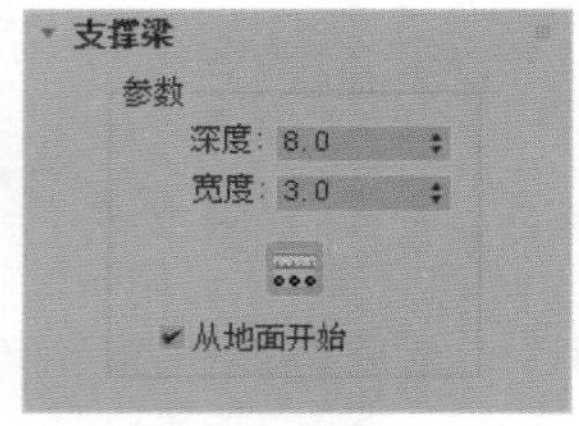

图2-74

参数解析

“参数”组

- 深度：控制支撑梁离地面的深度。
- 宽度：控制支撑梁的宽度。
- “支撑梁间距”按钮：单击该按钮时，将会显示“支撑梁间距”对话框。用来设置支撑梁的间距。
- 从地面开始：控制支撑梁是否从地面开始。

“栏杆”卷展栏展开效果如图2-75所示。

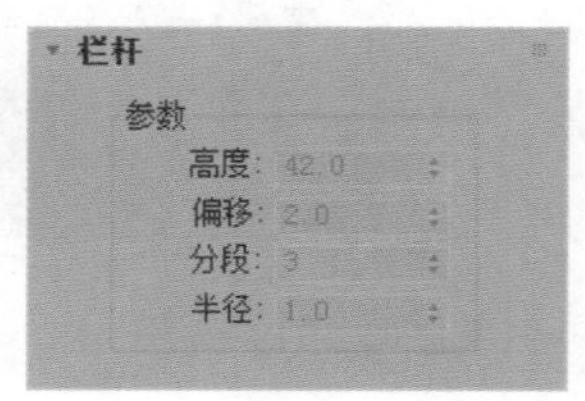

图2-75

参数解析

“参数”组

- 高度：控制栏杆离台阶的高度。
- 偏移：控制栏杆离台阶端点的偏移。
- 分段：指定栏杆中的分段数目。值越高，栏杆显示得越平滑。
- 半径：控制栏杆的厚度。

“侧弦”卷展栏展开效果如图2-76所示。

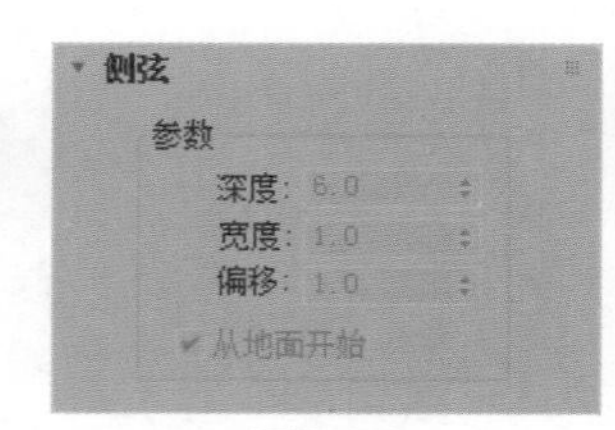

图2-76

参数解析

“参数”组

- 深度：设置侧弦离地板的深度。
- 宽度：设置侧弦的宽度。
- 偏移：设置地板与侧弦的垂直距离。
- 从地面开始：设置侧弦是否从地面开始。

2.6.2　其他楼梯介绍

3ds Max 2018除了提供常用的“L 型楼梯”之外，还提供了“直线楼梯”“U 型楼梯”和“螺旋楼梯”以供用户选择使用，其他3种楼梯的造型非常简单直观，参数与“L 型楼梯”基本相同，读者可以自行尝试创建并使用，如图2-77所示。

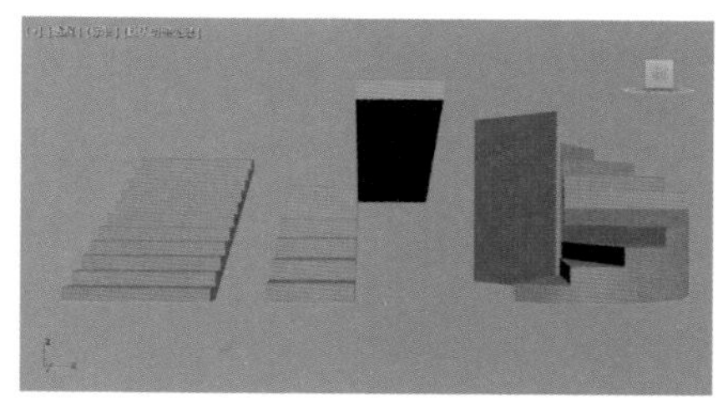

图2-77

2.7　技术实例

2.7.1　实例：使用长方体制作桌子

在本实例中，为大家讲解如何使用“长方体”按钮来快速地制作一个极简风格的桌子模型，桌子模型的渲染效果如图2-78所示。

启动3ds Max 2018软件，单击“创建”面板中的“长方体”按钮，在场景中创建一个长方体模型，如图2-79所示。

图2-78

图2-79

01 选择新建的长方体模型，在其“修改”面板中，设置其“长度”值为3.412，“宽度”值为47.104，“高度”值为0.44，如图2-80所示。

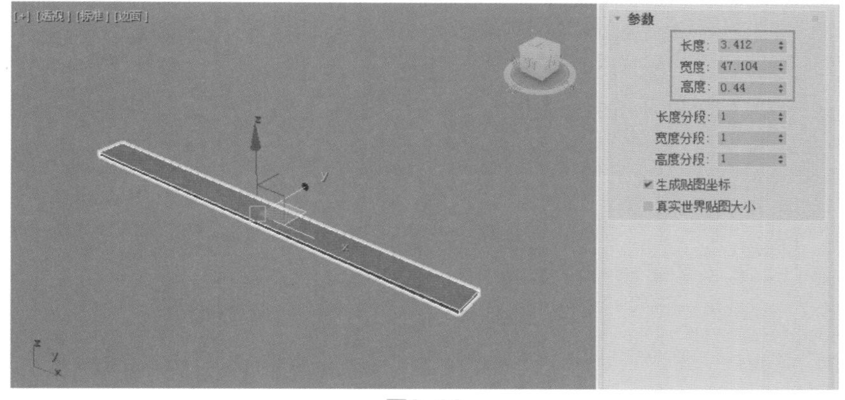

图2-80

02 选择长方体，旋转复制出另一个长方体，在其“修改”面板中，将“宽度”值更改为24.023，并调整其位置至图2-81所示。

03 选择创建的第一个长方体对象，复制并移动其位置至图2-82所示。

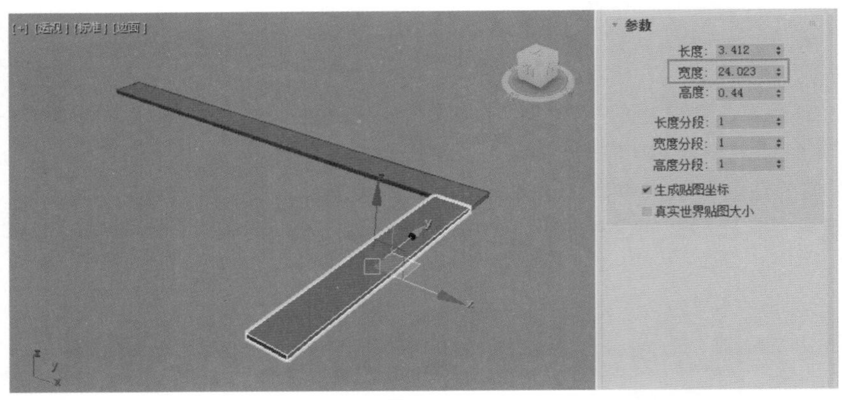

图2-81

04 将场景中的3个长方体选中，向上复制并调整其位置至图2-83所示。

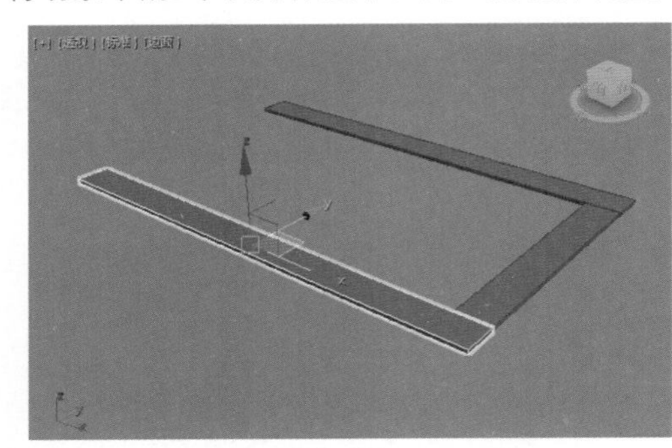

图2-82

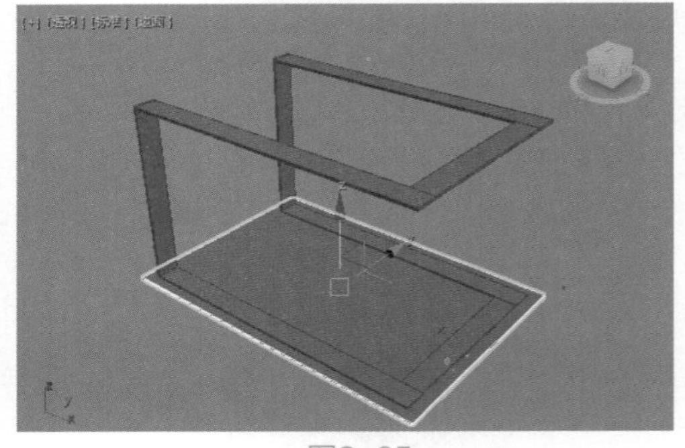

图2-83

05 重复以上操作，将桌子的底座结构制作完成，如图2-84所示。

06 在场景中绘制一个稍大一点的长方体用来制作桌子的桌面，如图2-85所示。

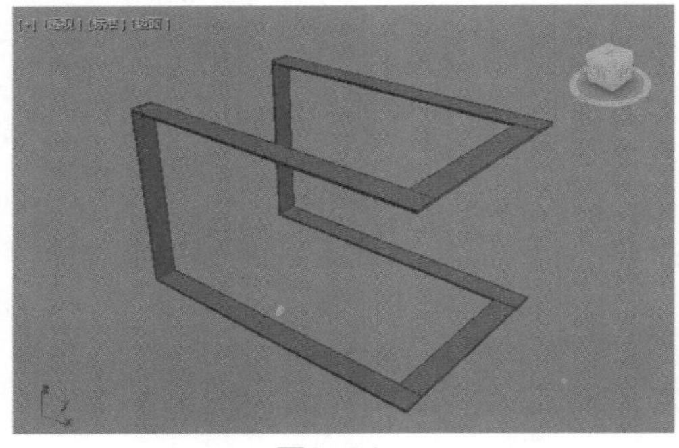

图2-84

图2-85

07 将桌面的位置向上调整一下，即可完成桌子模型的创建。本实例的最终模型结果如图2-86所示。

图2-86

2.7.2　实例：使用长方体制作茶几

在本实例中，为大家讲解如何使用“长方体”按钮来快速地制作一个茶几模型，茶几模型的渲染效果如图2-87所示。

图2-87

01 启动3ds Max 2018软件，在“创建”面板中单击“长方体”按钮，在场景中绘制一个长方体模型，如图2-88所示。

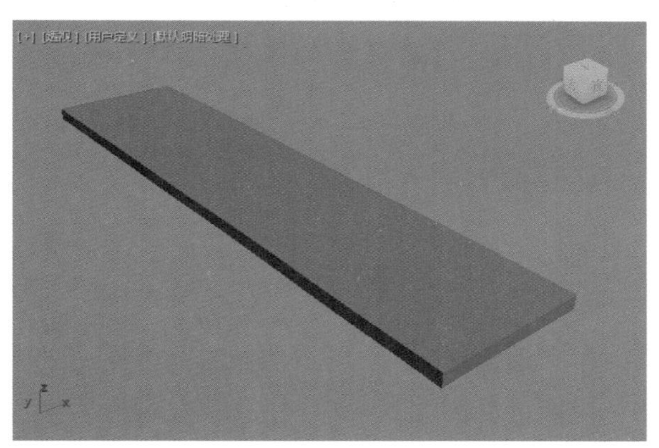

图2-88

02 在“修改”面板中，调整长方体的“长度”为92，“宽度”为21，“高度”为2，如图2-89所示。

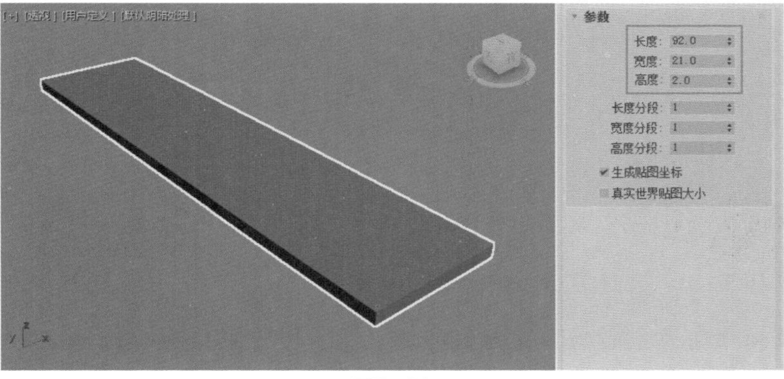

图2-89

03 按住Shift键，以拖曳的方式复制出另一个长方体，制作出茶几的桌面结构，如图2-90所示。

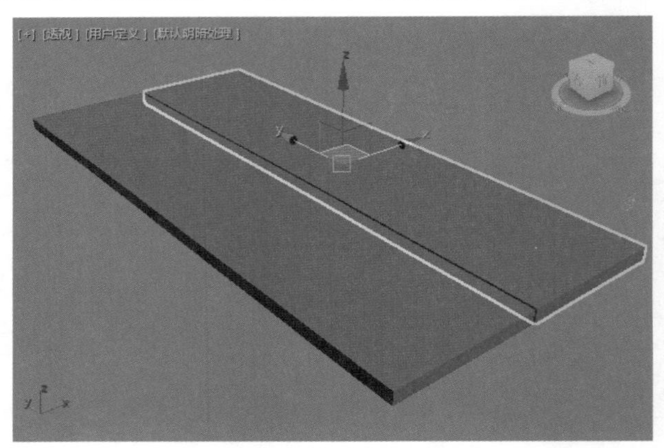

图2-90

04 选择场景中任意长方体，向下复制一个长方体模型，在“修改”面板中，调整“长度”为92，“宽度”为21，“高度”为2，并调整其位置至图2-91所示。

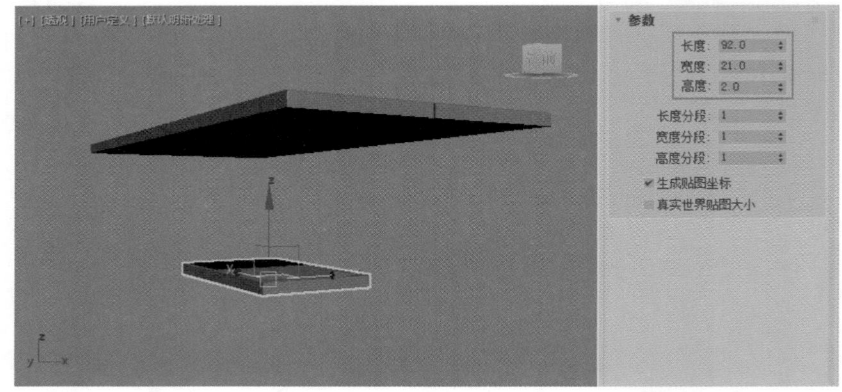

图2-91

05 以相似的步骤复制底部的长方体模型，并调整其位置至图2-92所示，制作出茶几底座与桌面之间的承接结构。

06 按住Shift键，复制出茶几另一侧的承接部分，完成茶几模型的制作。本实例的最终模型效果如图2-93所示。

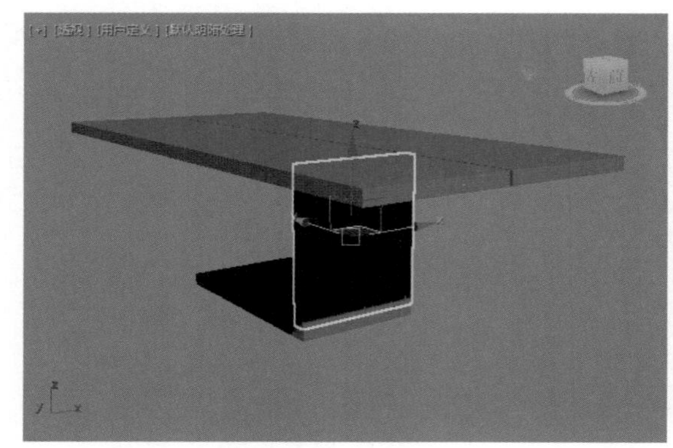

图2-92

图2-93

3.1 图形概述

在3ds Max软件中使用二维图形建模是初学者最常使用的建模方法。通过在场景中创建二维样条线图形，再配合专门针对图形进行编辑的修改器命令，可以得到一些非常写实的三维造型。二维样条线是一种矢量图形，不仅可以在3ds Max中直接绘制，还可以由其他绘图软件产生，如Illustrator、CorelDRAW、AutoCAD等，将所创建的矢量图形以ai或dwg格式存储后，也可以直接导入到3ds Max中进行建模操作使用。

如果要掌握二维图形的建模方法，就要学会建立和编辑二维图形。3ds Max 2018提供了丰富的二维图形建立工具和编辑命令，在本章中将详细讲述这些内容。

3.2 样条线

创建图形与创建几何体的命令工具非常相似，也是通过在“创建”面板中单击“样条线”命令内的相关按钮来进行绘制。这些按钮被集中设置在了“命令”面板里的“创建”面板中的下设第二个分类——“图形”当中。单击“创建”命令面板中的“图形”命令按钮，即可打开图形的创建命令面板，如图3-1所示。

“图形”面板内“样条线”类型下可以看到3ds Max 2018为用户提供了多达12种命令按钮，分别为“线”按钮、“矩形”按钮、“圆”按钮、“椭圆”按钮、“弧”按钮、“圆环”按钮、“多边形”按钮、“星形”按钮、“文本”按钮、“螺旋线”按钮、“卵形”按钮和“截面”按钮。单击这些按钮后，即可在场景中绘制相应的图形。

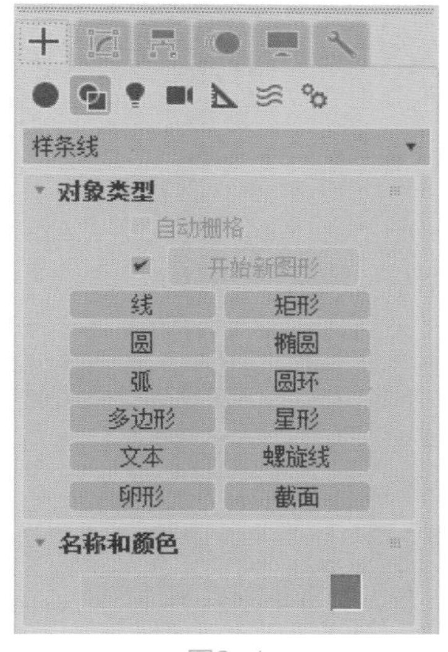

图3-1

3.2.1 线

“线”工具是3ds Max中最常用的二维图形绘制工具。由于“线”工具绘制出的图形是非参数化的，用户使用该工具时可以随心所欲地建立所需图形。在“创建”面板中单击“线”按钮，即可在场景中以绘制方式创建出线对象，创建结果如图3-2所示。

进行绘制线时，在“创建方法”卷展栏中可以看到线具有两种创建类型，分别为“初始类型”和“拖动类型”，其中“初始类型”中分为“角点”和“平滑”，“拖动类型”中分为“角点”“平滑”和Bezier，如图3-3所示。

第3章视频

第3章素材

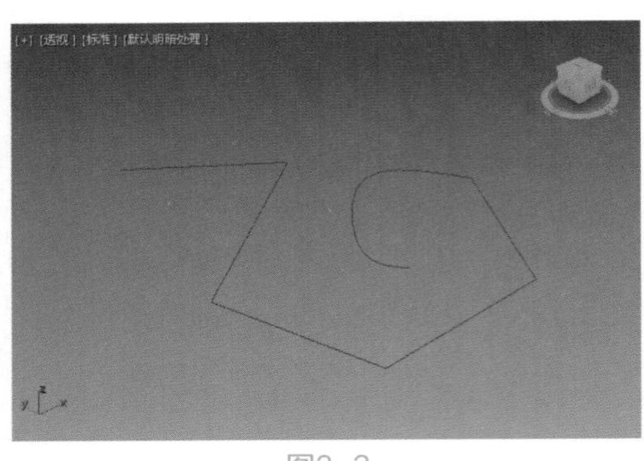

图3-2

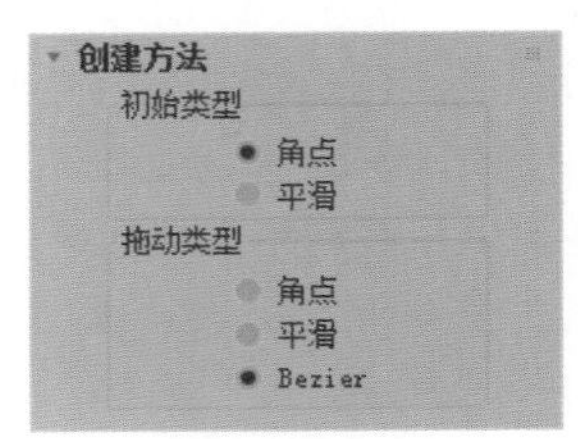

图3-3

参数解析

（1）“初始类型”组

- 角点：使用该选项创建的线将产生一个尖端，且样条线在顶点的任意一边都是线性的。
- 平滑：使用该选项创建的线，其顶点产生一条平滑、不可调整的曲线，由顶点的间距来设置曲率的数量。

（2）“拖动类型”组

- 角点：使用该选项创建的线将产生一个尖端，且样条线在顶点的任意一边都是线性的。
- 平滑：使用该选项创建的线，其顶点产生一条平滑、不可调整的曲线，由顶点的间距来设置曲率的数量。
- Bezier：通过顶点产生一条平滑、可调整的曲线。通过在每个顶点拖动鼠标来设置曲率的值和曲线的方向。

3.2.2 矩形

在“创建”面板中单击“矩形”按钮 矩形 ，即可在场景中以绘制的方式创建出矩形样条线对象，创建结果如图3-4所示。

矩形的参数面板如图3-5所示。

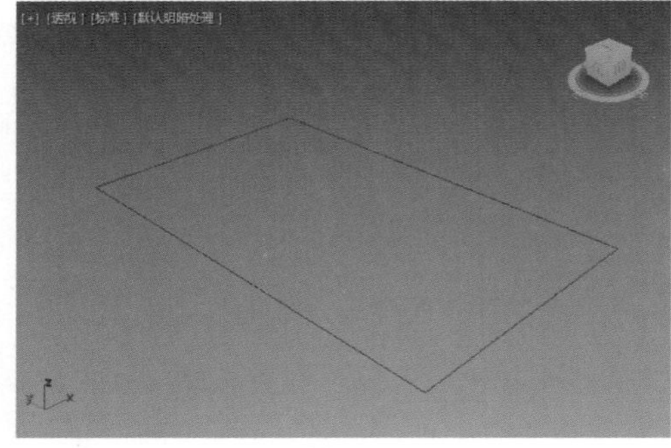

图3-4

图3-5

参数解析

- 长度/宽度：设置矩形对象的长度和宽度。
- 角半径：设置矩形对象的圆角效果。

3.2.3 圆

在“创建”面板中单击“圆”按钮 圆 ，即可在场景中以绘制的方式创建出圆形的样条线对象，创建结果如图3-6所示。

圆的参数面板如图3-7所示。

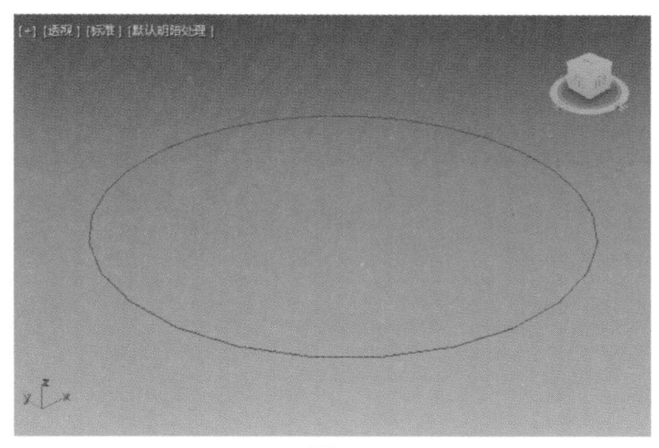

图3-6

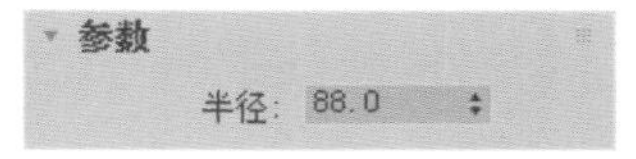

图3-7

参数解析

- 半径：设置圆的半径大小。

3.2.4 星形

在“创建”面板中单击“星形”按钮，即可在场景中以绘制的方式创建出星形的样条线对象，创建结果如图3-8所示。

星形的参数面板如图3-9所示。

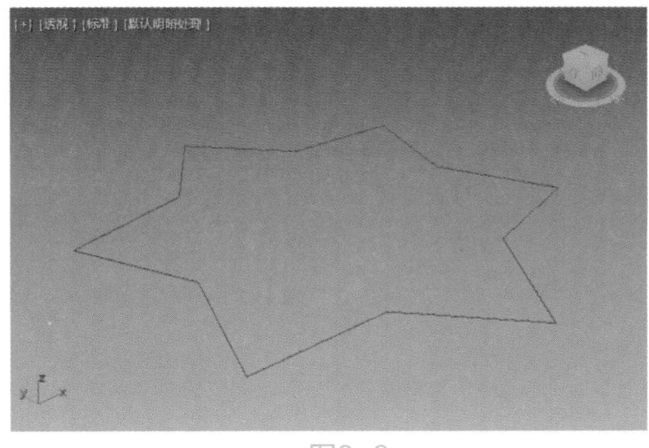

图3-8

图3-9

参数解析

- 半径1/半径2：设置星形的第一/第二组顶点的半径大小。
- 点：用于控制星形上的点数，图3-10所示分别为该值是5和8的图形显示结果对比。
- 扭曲：围绕星形中心旋转半径 2 顶点，从而生成锯齿形效果，如图3-11所示。
- 圆角半径1/圆角半径2：圆角化第一/第二组顶点，图3-12所示为添加了圆角半径的效果。

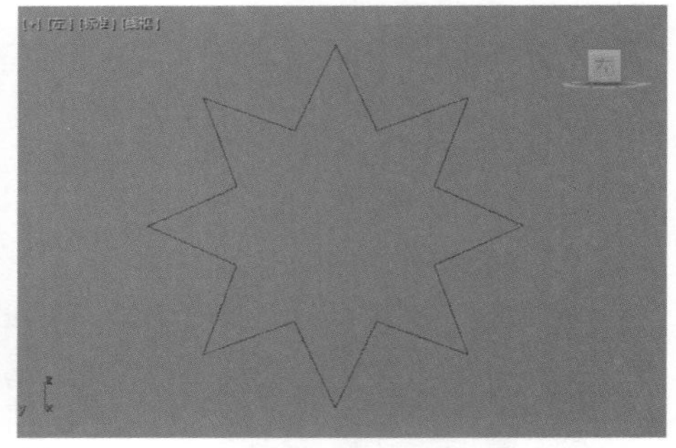

图3-10

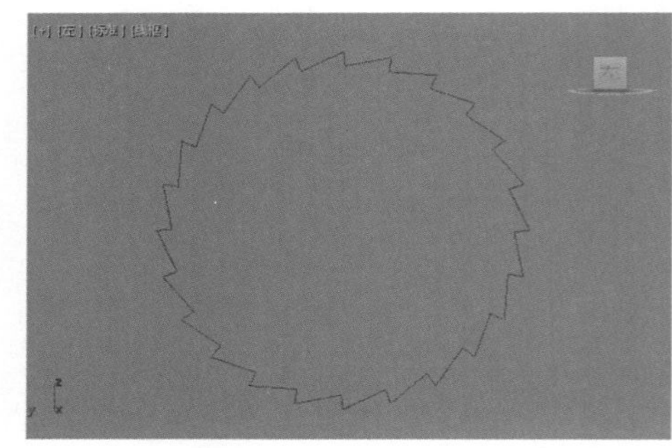

图3-11

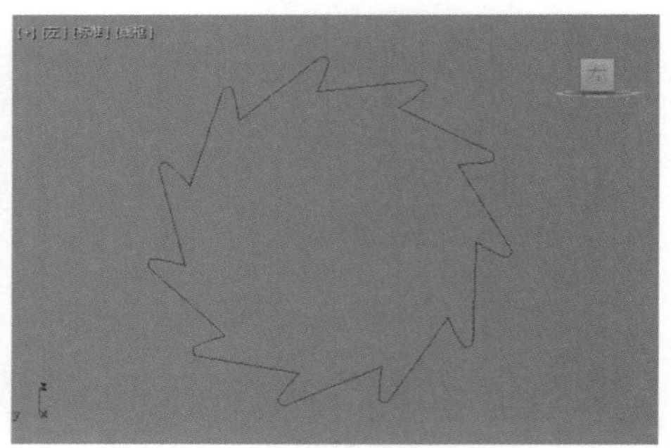

图3-12

3.2.5 文本

在“创建”面板中单击“文本”按钮 文本 ，即可在场景中以绘制的方式创建出文字效果的样条线对象，创建结果如图3-13所示。

文本的参数面板如图3-14所示。

图3-13

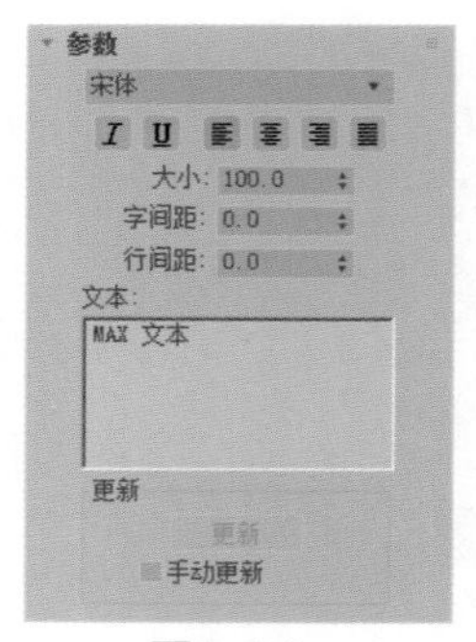

图3-14

参数解析

- 字体列表：可以从所有可用字体的列表中进行选择。
- “斜体样式”按钮 I ：切换斜体文本，图3-15所示分别为单击该按钮前后的字体效果对比。
- “下画线样式”按钮 U ：切换下画线文本，图3-16所示分别为单击该按钮前后的字体效果对比。
- “左侧对齐”按钮：将文本与边界框左侧对齐。
- “居中”按钮：将文本与边界框的中心对齐。

图3-15

图3-16

- “右侧对齐”按钮：将文本与边界框右侧对齐。
- “对正”按钮：分隔所有文本行以填充边界框的范围。
- 大小：设置文本高度，其中测量高度的方法由活动字体定义。
- 字间距：调整字间距（字母间的距离）。
- 行间距：调整行间距（行间的距离）。只有图形中包含多行文本时这才起作用。
- 文本编辑框：可以输入多行文本。在每行文本之后按下Enter键可以开始下一行。
- “更新”按钮 更新 ：更新视口中的文本来匹配编辑框中的当前设置。
- 手动更新：启用此选项后，键入编辑框中的文本未在视口中显示，直到单击“更新”按钮时才会显示。

3.2.6　截面

在“创建”面板中单击“截面”按钮 截面 ，即可在场景中以绘制的方式创建出截面对象，创建结果如图3-17所示。需要特别注意的是，截面工具需要配合几何体对象才能产生截面图形。

截面的参数面板如图3-18所示。

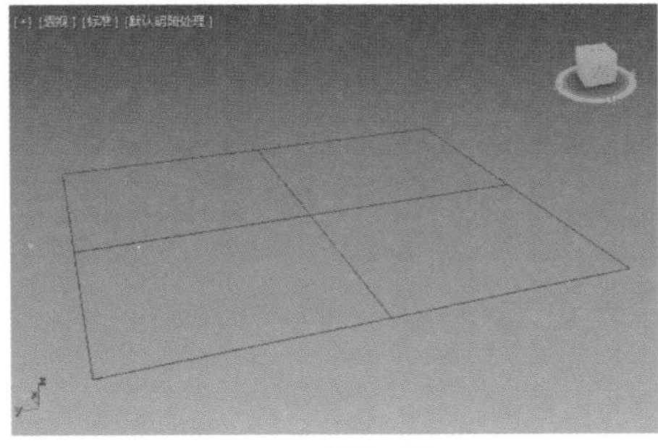

图3-17

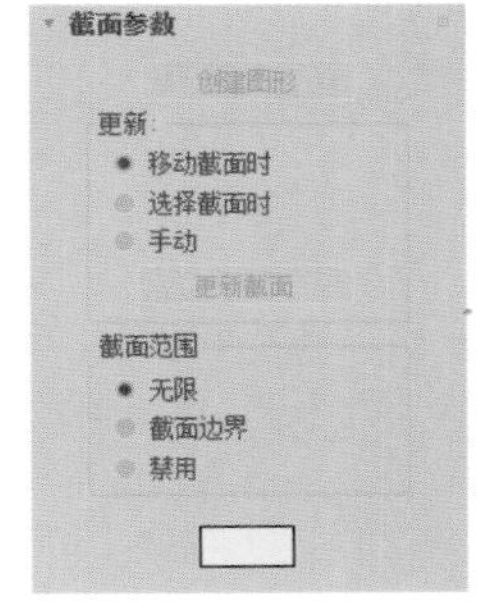

图3-18

参数解析

- “创建图形”按钮 创建图形 ：基于当前显示的相交线创建图形。

（1）“更新”组

- 移动截面时：在移动或调整截面图形时更新相交线。
- 选择截面时：在选择截面图形但未移动时，更新相交线。
- 手动：仅在单击“更新截面”按钮时更新相交线。
- “更新截面”按钮 更新截面 ：单击该按钮更新相交点，以便与截面对象的当前位置匹配。

（2）“截面范围”组

- 无限：截面平面在所有方向上都是无限的，从而使横截面位于其平面中的任意网格几何体上。
- 截面边界：仅在截面图形边界内或与其接触的对象中生成横截面。
- 禁用：不显示或生成横截面。

3.2.7 其他样条线

在“样条线”的创建命令中，3ds Max 2018 除了上述所讲解的6种按钮，还有“椭圆”按钮 椭圆 、“弧”按钮 弧 、“圆环”按钮 圆环 、“多边形”按钮 多边形 、“螺旋线”按钮 螺旋线 和“卵形”按钮 卵形 这6个按钮。由于这些按钮所创建对象的方法及参数设置与前面所讲述的内容基本相同，故不在此重复讲解，这6个按钮所对应的图形形态如图3-19所示。

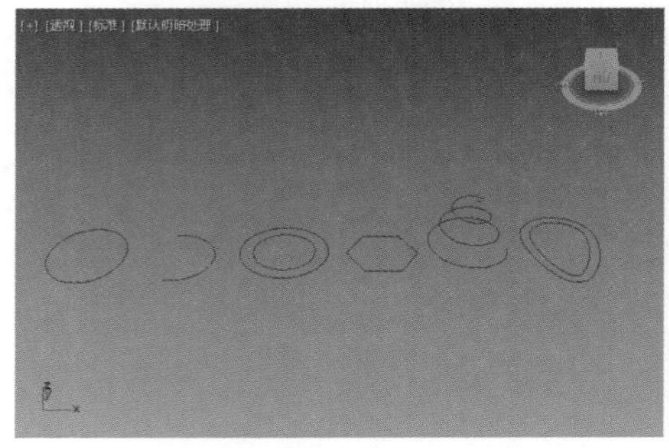

图3-19

3.3 编辑样条线

3ds Max 2018提供的样条线对象，不管是规则图形还是不规则图形，都可以被塌陷成一个可编辑样条线对象。在执行了塌陷操作之后，参数化的图形将不能再访问之前的创建参数，其属性名称在堆栈中会变为“可编辑样条线”，并拥有了3个子对象层级，分别是“顶点”“线段”和“样条线”，如图3-20所示。另外，在使用“线”按钮创建线后，在“修改”面板中可以直接查看这3个层级的命令。

图3-20

3.3.1 转换可编辑样条线

将一个图形转换为可编辑的样条线主要有3种方法。

一是选择图形，然后右击，在弹出的快捷菜单上选择并执行“转换为>转换为可编辑样条线”命令，如图3-21所示。

二是选择图形，然后为其添加“编辑样条线”修改器来进行曲线编辑，如图3-22所示。

三是选择图形，直接在“修改”面板中，在对象名称上右击，在弹出的快捷菜单中选择并执行“转换为：可编辑样条线”命令即可，如图3-23所示。

可编辑样条线一共有5个卷展栏，分别是“渲染”卷展栏、“插值”卷展栏、“选择”卷展栏、“软选择”卷展栏和“几何体”卷展栏，如图3-24所示。

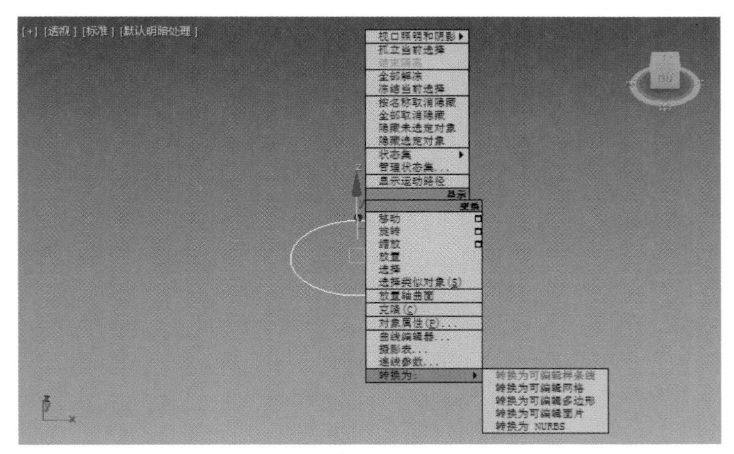

图3-21

图3-22

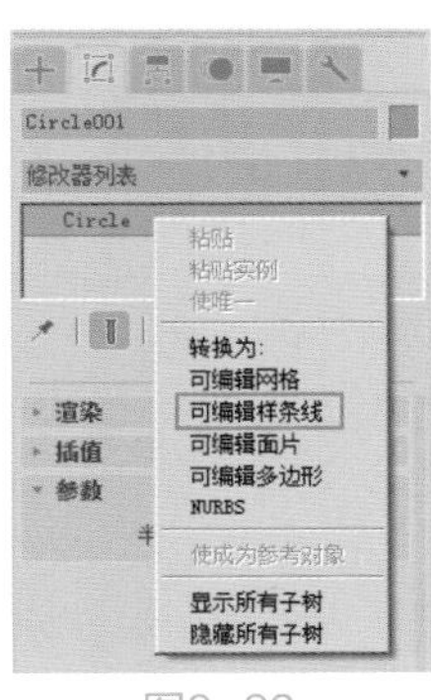

图3-23

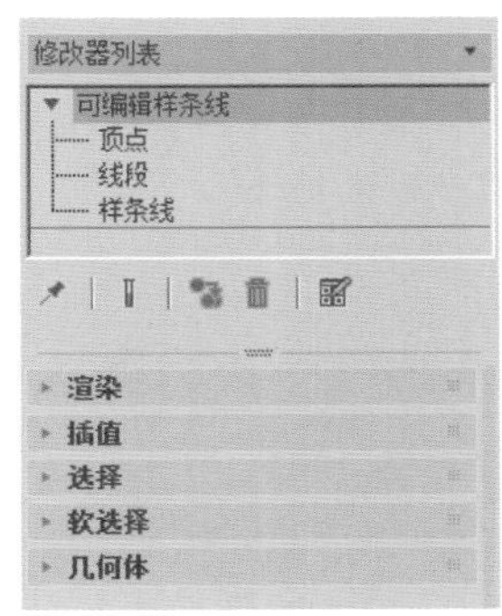

图3-24

3.3.2 “渲染”卷展栏

“渲染”卷展栏展开效果如图3-25所示。

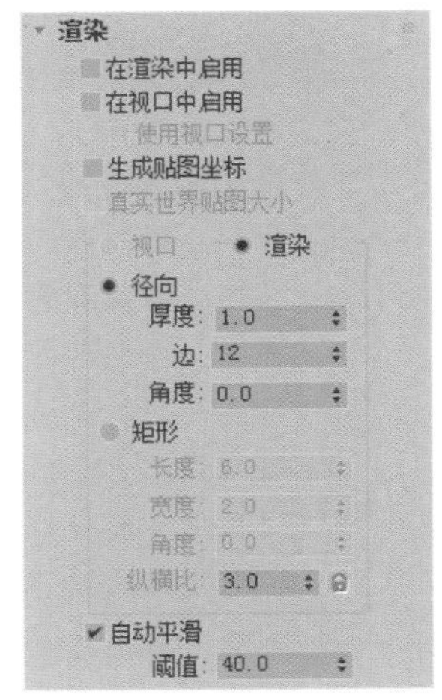

图3-25

参数解析

- 在渲染中启用：启用该选项后，使用为渲染器设置的径向或矩形参数将图形渲染为3D网格，在该程序的以前版本中，可渲染开关执行相同的操作。
- 在视口中启用：启用该选项后，使用为渲染器设置的径向或矩形参数将图形作为3D网格显示在视口中，在该程序的以前版本中“显示渲染网格”执行相同的操作。
- 使用视口设置：用于设置不同的渲染参数，并显示“视口”设置所生成的网格，只有勾选“在视口中启用”复选框时，此选项才可用。
- 生成贴图坐标：启用此项可应用贴图坐标。
- 真实世界贴图大小：控制应用于该对象的纹理贴图材质所使用的缩放方法，缩放值由位于应用材质的“坐标”卷展栏中的“使用真实世界比例”选项设置控制。
- 视口：启用该选项为该图形指定径向或矩形参数，当启用“在视图中启用”时，它将显示在视图中。

- 渲染：启用该选项为该图形指定径向或矩形参数，当启用“在视图中启用”时，渲染或查看后它将显示在视图中。
- 径向：将3D网格显示为圆柱形对象。
- 厚度：指定视图或渲染样条线网格的直径。默认设置为1.0，范围为0.0至100,000,000.0，图3-26所示分别为“厚度”值是0.5和3的图形显示结果对比。

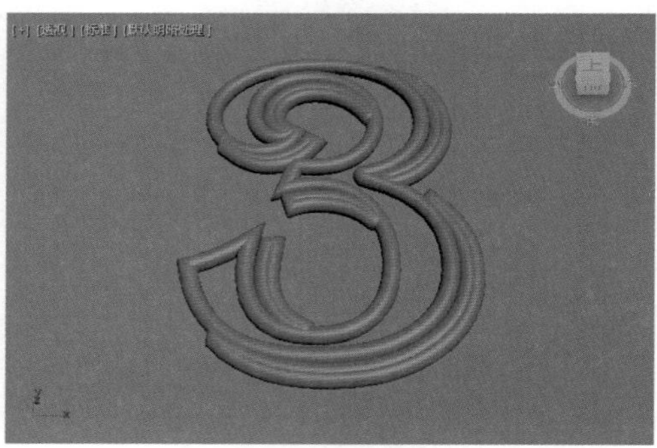

图3-26

- 边：设置样条线网格在视图或渲染器中的边（面）数，图3-27所示分别为“边”值是3和8的图形显示结果对比。

图3-27

- 角度：调整视图或渲染器中横截面的旋转位置。
- 矩形：将样条线网格图形显示为矩形。
- 长度：指定沿着局部Y轴的横截面大小。
- 宽度：指定沿着X轴横截面的大小。
- 角度：调整视图或渲染器中横截面的旋转位置。
- 纵横比：长度到宽度的比率。
- “锁定”按钮：可以锁定纵横比，启用“锁定”按钮之后，将宽度锁定为宽度与深度之比为恒定比率的深度。
- 自动平滑：勾选“自动平滑”复选框后，则可使用“阈值”设置指定的阈值自动平滑样条线。
- 阈值：以度数为单位指定阈值角度，如果它们之间的角度小于阈值角度，则可以将任何两个相接的样条线分段放到相同的平滑组中。

3.3.3 “插值”卷展栏

“插值”卷展栏展开效果如图3-28所示。

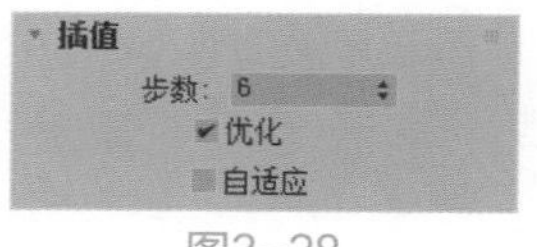

图3-28

参数解析

- 步数：用来设置程序在每个顶点之间使用的划分的数量，图3-29所示分别为“步数”值是1和6的图形显示结果对比。

图3-29

- 优化：启用此选项后，可以从样条线的直线线段中删除不需要的步数。
- 自适应：可以自动设置每个样条线的步长数，以生成平滑曲线。

3.3.4 “选择”卷展栏

“选择”卷展栏展开效果如图3-30所示。

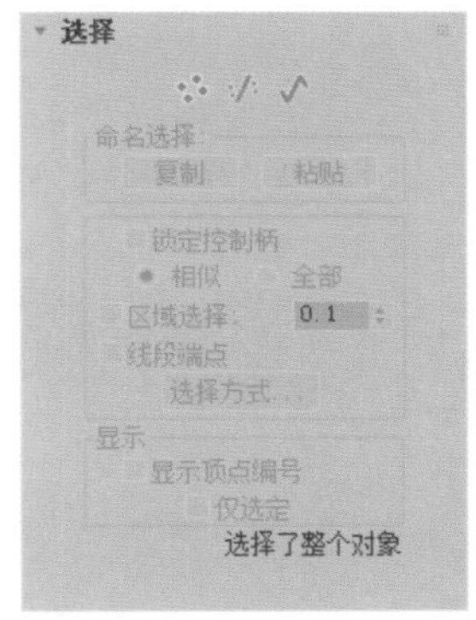

图3-30

参数解析

- “顶点”按钮：定义点的位置。
- “线段”按钮：连接两个顶点中间的分段。
- “样条线”按钮：一个或多个相连线段的组合。

（1）“命名选择”组

- “复制”按钮：将命名选择放置到复制缓冲区。
- “粘贴”按钮：从复制缓冲区中粘贴命名选择。
- 锁定控制柄：通常每次只能变换一个顶点的切线控制柄，使用“锁定控制柄”控件可以同时变换多个Bezier和Bezier角点控制柄。
- 相似：拖曳传入向量的控制柄时，所选顶点的所有传入向量将同时移动。同样，移动某个顶点上的传出切线控制柄，将移动所有所选顶点的传出切线控制柄。
- 全部：移动的任何控制柄将影响选择中的所有控制柄，无论它们是否已断裂。处理单个Bezier角点顶点并且想要移动两个控制柄时，可以使用此选项。
- 区域选择：允许用户自动选择所单击顶点的特定半径中的所有顶点。
- 线段端点：通过单击线段选择顶点。
- “选择方式”按钮 选择方式...：选择所选样条线或线段上的顶点。

（2）“显示”组

- 显示顶点编号：启用后，程序将在任何子对象层级的所选样条线的顶点旁边显示顶点编号，如图3-31所示。
- 仅选定：启用后，仅在所选顶点旁边显示顶点编号，如图3-32所示。

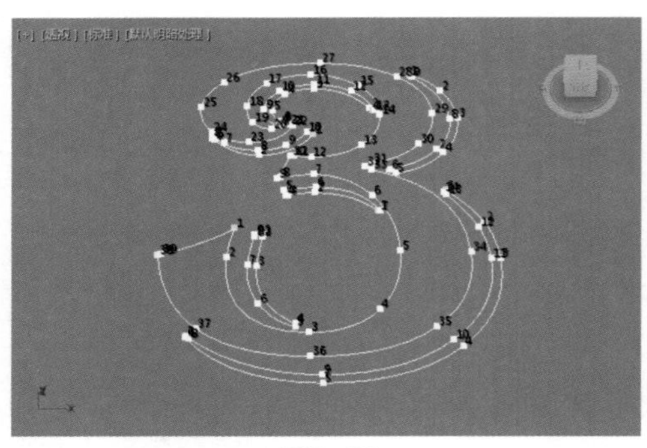

图3-31

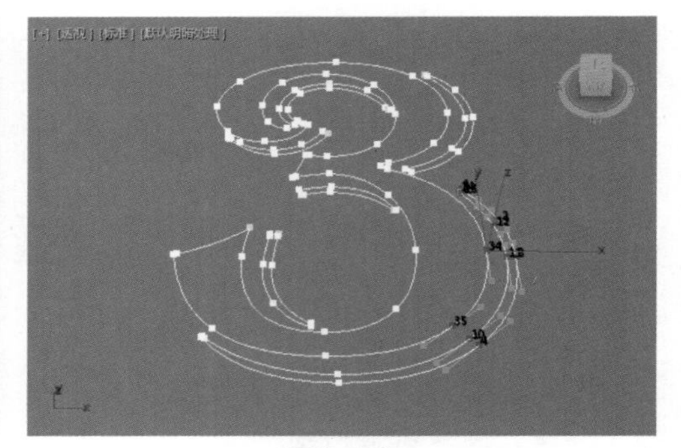

图3-32

3.3.5 “软选择”卷展栏

“软选择”卷展栏展开效果如图3-33所示。

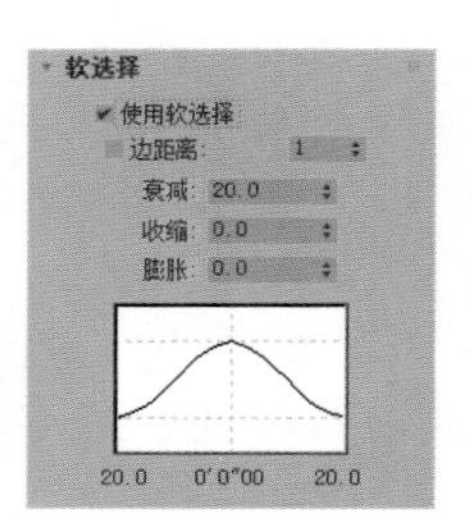

图3-33

参数解析

- 使用软选择：在可编辑对象或“编辑”修改器的子对象层级上影响“移动”“旋转”和“缩放”功能的操作。
- 边距离：启用该选项后，将软选择限制到指定的面数，该选择在进行选择的区域和软选择的最大范围之间。影响区域根据“边距离”空间沿着曲面进行测量，而不是真实空间。
- 衰减：用以定义影响区域的距离，它是用当前单位表示的从中心到球体的边的距离。
- 收缩：沿着垂直轴提高并降低曲线的顶点。
- 膨胀：沿着垂直轴展开和收缩曲线。

3.3.6 “几何体”卷展栏

“几何体”卷展栏展开效果如图3-34所示。

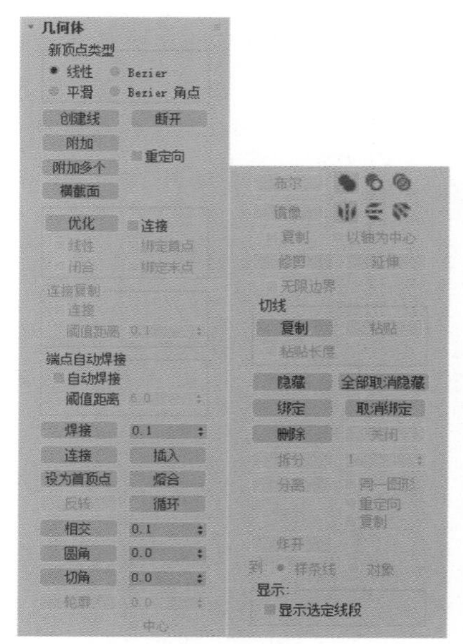

图3-34

参数解析

（1）“新顶点类型”组

- 线性：新顶点将具有线性切线。
- 平滑：新顶点将具有平滑切线。
- Bezier：新顶点将具有Bezier切线。
- Bezier角点：新顶点将具有Bezier角点切线。
- “创建线”按钮 创建线 ：将更多样条线添加到所选样条线。
- “断开”按钮 断开 ：在选定的一个或多个顶点拆分样条线。
- “附加”按钮 附加 ：允许用户将场景中的另一个样条线附加到所选样条线。
- “附加多个”按钮 附加多个 ：单击此按钮，可以显示“附加多个”对话框，它包含场景中所有其他图形的列表，选择要附加到当前可编辑样条线的形状，然后单击“确定”按钮即可完成操作。

- “横截面”按钮 横截面 ：在横截面形状外面创建样条线框架。

（2）“端点自动焊接”组

- 自动焊接：启用“自动焊接”后，会自动焊接在与同一样条线的另一个端点的阈值距离内放置和移动的端点顶点，此功能可以在对象层级和所有子对象层级使用。
- 阈值距离：“阈值距离”微调器是一个近似设置，用于控制在自动焊接顶点之前，顶点可以与另一个顶点接近的程度，默认设置为6.0。
- “焊接”按钮 焊接 ：将两个端点顶点或同一样条线中的两个相邻顶点转化为一个顶点。
- “连接”按钮 连接 ：连接两个端点顶点以生成一个线性线段，而无论端点顶点的切线值是多少。
- “插入”按钮 插入 ：插入一个或多个顶点，以创建其他线段。
- “设为首顶点”按钮 设为首顶点 ：指定所选形状中的哪个顶点是第一个顶点。
- “熔合”按钮 熔合 ：将所有选定顶点移至它们的平均中心位置，如图3-35所示。

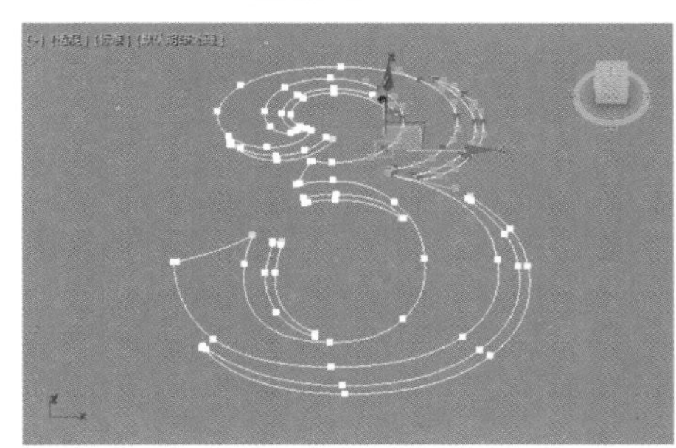
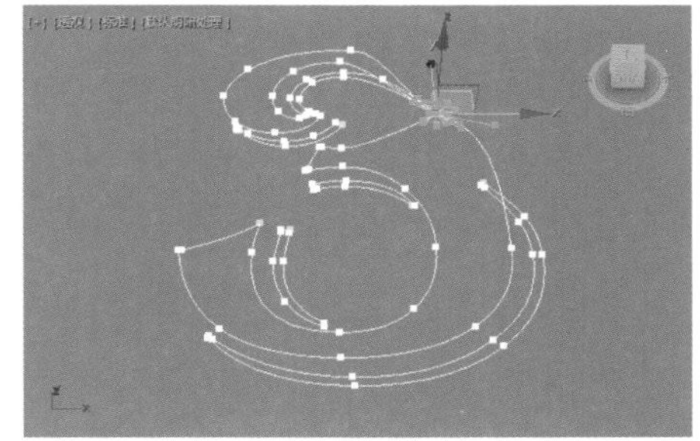

图3-35

- “反转”按钮 反转 ：反转所选样条线的方向，从图3-36可以看到反转曲线后，每个点的ID发生了变化。

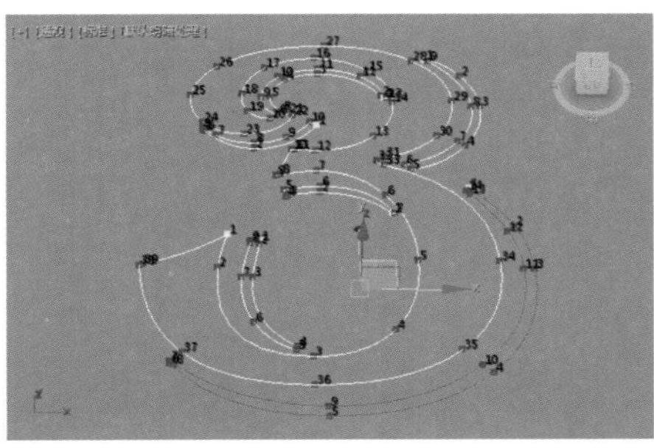
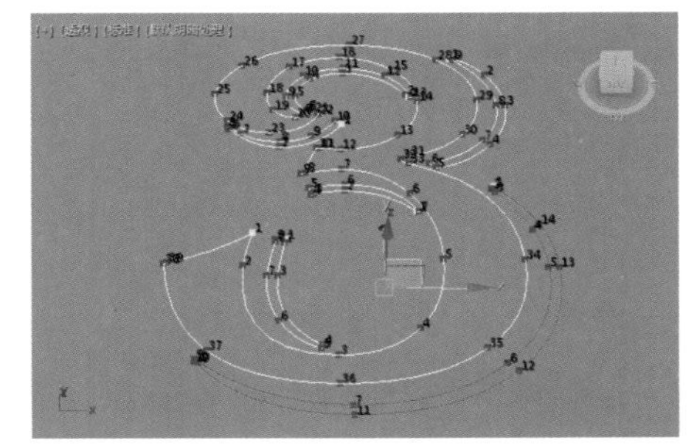

图3-36

- “圆角”按钮 圆角 ：在线段会合的地方设置圆角并添加新的控制点，如图3-37所示。

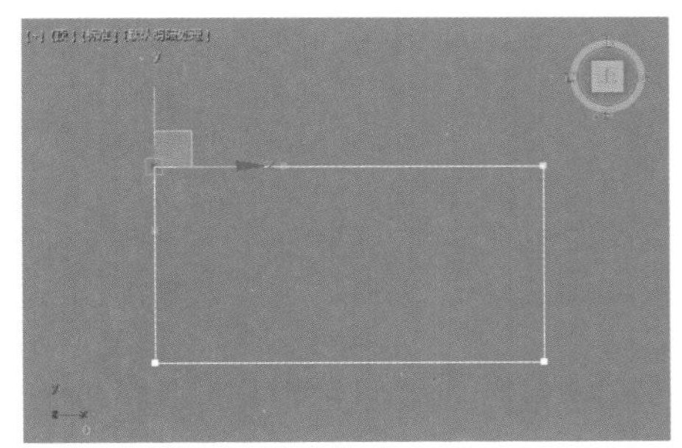
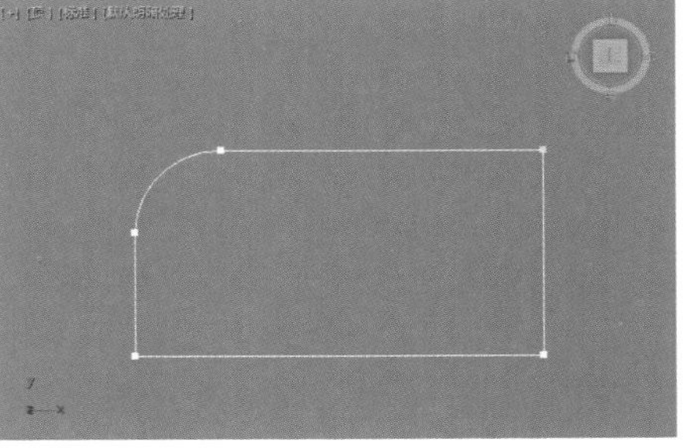

图3-37

- “切角”按钮切角：在线段会合的地方设置直角，添加新的控制点，如图3-38所示。

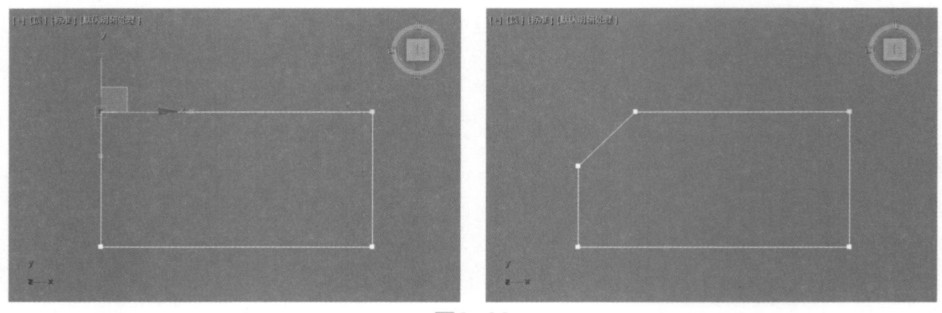

图3-38

- “轮廓”按钮轮廓：制作样条线的副本，所有侧边上的距离偏移量由“轮廓宽度”微调器指定，如图3-39所示。

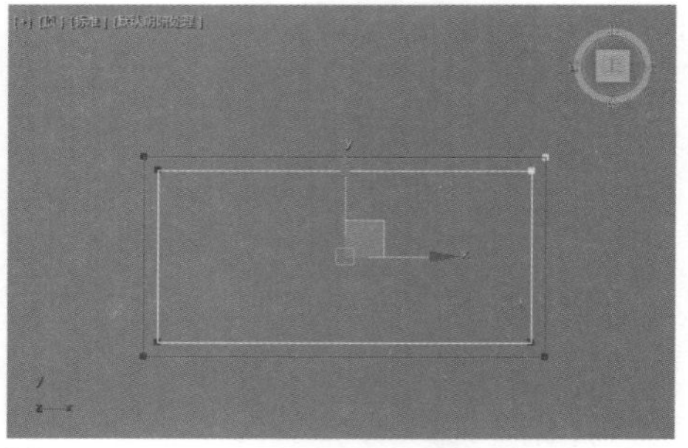

图3-39

- “布尔”按钮布尔：通过执行更改用户选择的第一个样条线并删除第二个样条线的2D布尔操作，将两个闭合多边形组合在一起。有“并集”按钮、“交集”按钮和“差集”按钮3种可选。
- “镜像”按钮镜像：沿长、宽或对角方向镜像样条线。有“水平镜像”按钮、“垂直镜像”按钮和“双向镜像”按钮3种可选。
- “修剪”按钮修剪：清理形状中的重叠部分，使端点接合在一个点上。
- “延伸”按钮延伸：清理形状中的开口部分，使端点接合在一个点上。
- 无限边界：为了计算相交，启用此选项将开口样条线视为无穷长。
- “隐藏”按钮隐藏：隐藏选定的样条线。
- “全部取消隐藏”按钮全部取消隐藏：显示任何隐藏的子对象。
- “删除”按钮删除：删除选定的样条线。
- “关闭”按钮关闭：通过将所选样条线的端点顶点与新线段相连，来闭合该样条线。
- “拆分”按钮拆分：通过添加由微调器指定的顶点数来细分所选线段。
- “分离”按钮分离：将所选样条线复制到新的样条线对象，并从当前所选样条线中删除复制的样条线。
- “炸开”按钮炸开：通过将每个线段转化为一个独立的样条线或对象，来分裂任何所选样条线。

3.4 放样

“放样”命令位于“创建”面板中下拉列表的“复合对象”里，该命令只针对样条线有效，如图3-40所示。通过“放样”命令，可以通过两个或两个以上的图形结合来生成三维的立体模型。其建模原理是以一根线作路径，通过拾取其他的一根或多根曲线来作为横截面生成模型，此按钮需先选择场景中的一个图形对象才可以激活使用。

“放样”的“参数”面板如图3-41所示，分为“创建方法”卷展栏、“曲面参数”卷展栏、“路径参数”卷展栏、“蒙皮参数”卷展栏和“变形”卷展栏5个部分。

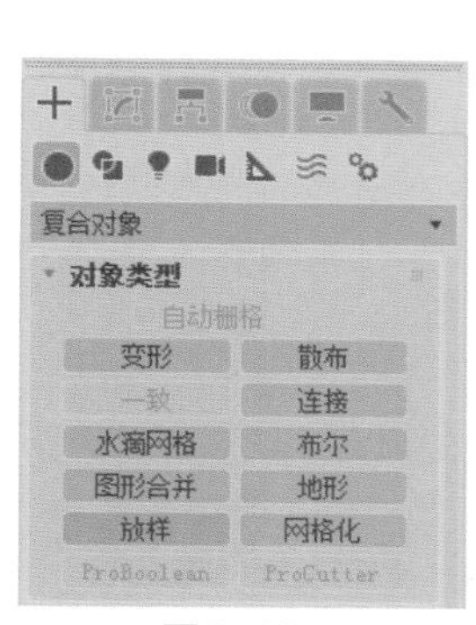

图3-40

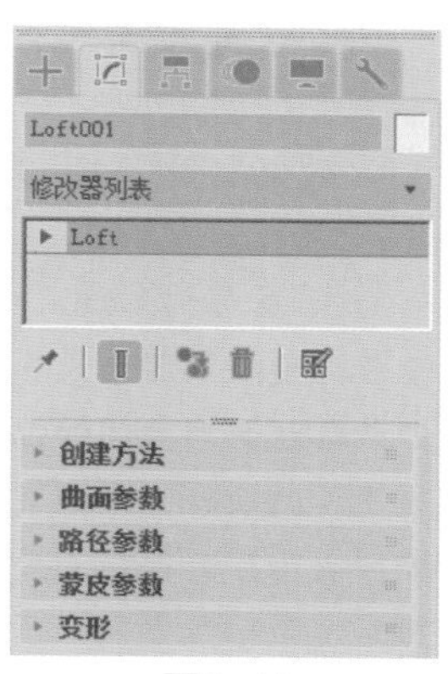

图3-41

3.4.1 “创建方法”卷展栏

图3-42

“创建方法”卷展栏展开效果如图3-42所示。

参数解析

- 获取路径：将路径指定给选定图形或更改当前指定的路径。
- 获取图形：将图形指定给选定路径或更改当前指定的图形。
- 移动/复制/实例：用于指定路径或图形转换为放样对象的方式。

3.4.2 “曲面参数”卷展栏

“曲面参数”卷展栏展开效果如图3-43所示。

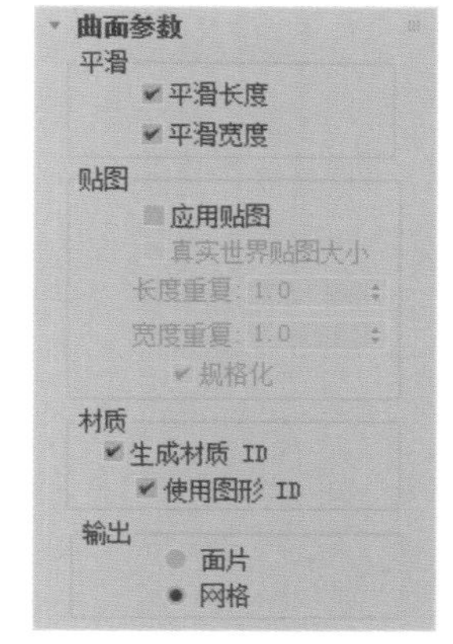

图3-43

参数解析

（1）“平滑”组

- 平滑长度：沿着路径的长度提供平滑曲面。
- 平滑宽度：围绕横截面图形的周界提供平滑曲面。

（2）“贴图”组

- 应用贴图：启用和禁用放样贴图坐标，必须启用“应用贴图”才能访问其余的项目。
- 真实世界贴图大小：控制应用于该对象的纹理贴图材质所使用的缩放方法。
- 长度重复：设置沿着路径的长度重复贴图的次数，贴图的底部放置在路径的第一个顶点处。
- 宽度重复：设置围绕横截面图形的周界重复贴图的次数，贴图的左边缘将与每个图形的第一个顶点对齐。
- 规格化：决定沿着路径长度和图形宽度路径顶点间距如何影响贴图。

（3）“材质”组

- 生成材质ID：在放样期间生成材质ID。
- 使用图形ID：提供使用样条线材质ID来定义材质ID的选择。

3.4.3 “路径参数”卷展栏

“路径参数”卷展栏展开效果如图3-44所示。

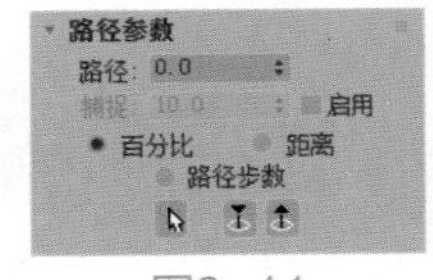

图3-44

参数解析

- 路径：通过输入值或拖曳微调器来设置路径的级别。
- 捕捉：用于设置沿着路径图形之间的恒定距离。
- 启用：当启用“启用”选项时，“捕捉”处于活动状态，默认设置为禁用状态。
- 百分比：将路径级别表示为路径总长度的百分比。
- 距离：将路径级别表示为路径第一个顶点的绝对距离。
- 路径步数：将图形置于路径步数和顶点上，而不是作为沿着路径的一个百分比或距离。
- “拾取图形”按钮：将路径上的所有图形设置为当前级别。
- “上一个图形”按钮：从路径级别的当前位置上沿路径跳至上一个图形上。
- “下一个图形”按钮：从路径层级的当前位置上沿路径跳至下一个图形上。

3.4.4 “蒙皮参数”卷展栏

“蒙皮参数”卷展栏展开效果如图3-45所示。

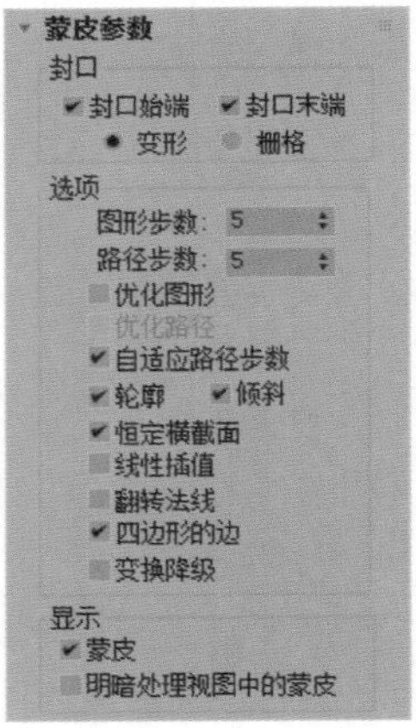

图3-45

参数解析

（1）“封口”组

- 封口始端：如果启用，则路径第一个顶点处的放样端被封口。如果禁用，则放样端为打开或不封口状态。默认设置为启用。
- 封口末端：如果启用，则路径最后一个顶点处的放样端被封口。如果禁用，则放样端为打开或不封口状态。默认设置为启用。
- 变形：按照创建变形目标所需的可预见且可重复的模式排列封口面。变形封口能产生细长的面，与那些采用栅格封口创建的面一样，这些面也不进行渲染或变形。
- 栅格：在图形边界处修剪的矩形栅格中排列封口面。

（2）“选项”组

- 图形步数：设置横截面图形的每个顶点之间的步数，该值会影响围绕放样周界的边的数目。
- 路径步数：设置路径的每个主分段之间的步数，该值会影响沿放样长度方向的分段的数目。
- 自适应路径步数：如果启用，则自动调整路径上的分段数目，以生成最佳蒙皮。主分段将沿路径出现在路径顶点、图形位置和变形曲线顶点处。如果禁用，则主分段将沿路径只出现在路径顶点处。默认设置为启用。
- 轮廓：如果启用，则每个图形都将遵循路径的曲率。
- 倾斜：如果启用，则只要路径弯曲并改变其局部Z轴的高度，图形便围绕路径旋转。
- 恒定横截面：如果启用，则在路径中的角处缩放横截面，以保持路径宽度一致。

- 线性插值：如果启用，则使用每个图形之间的直边生成放样蒙皮；如果禁用，则使用每个图形之间的平滑曲线生成放样蒙皮。
- 翻转法线：如果启用该选项，则可以将法线翻转180°，可使用此选项来修正内部外翻的对象。
- 四边形的边：如果启用该选项，且放样对象的两部分具有相同数目的边，则将两部分缝合到一起的面将显示为四方形。具有不同边数的两部分之间的边将不受影响，仍与三角形连接。
- 变换降级：使放样蒙皮在子对象图形/路径变换过程中消失。

3.4.5 “变形”卷展栏

“变形”卷展栏展开效果如图3-46所示。

变形
缩放
扭曲
倾斜
倒角
拟合

图3-46

参数解析

- “缩放”按钮 缩放 ：可以从单个图形中放样对象，该图形在其沿着路径移动时只改变其缩放。
- “扭曲”按钮 扭曲 ：使用变形扭曲可以沿着对象的长度创建盘旋或扭曲的对象，“扭曲”将沿着路径指定旋转量。
- “倾斜”按钮 倾斜 ：“倾斜”变形围绕局部X轴和Y轴旋转图形。
- “倒角”按钮 倒角 ：可以制作出具有倒角效果的对象。
- “拟合”按钮 拟合 ：使用拟合变形可以使用两条“拟合”曲线来定义对象的顶部和侧剖面。

3.5 技术实例

3.5.1 实例：使用样条线制作衣架

在本实例中，为大家讲解如何使用样条线内的命令按钮来快速制作衣架模型，衣架模型的渲染效果如图3-47所示。

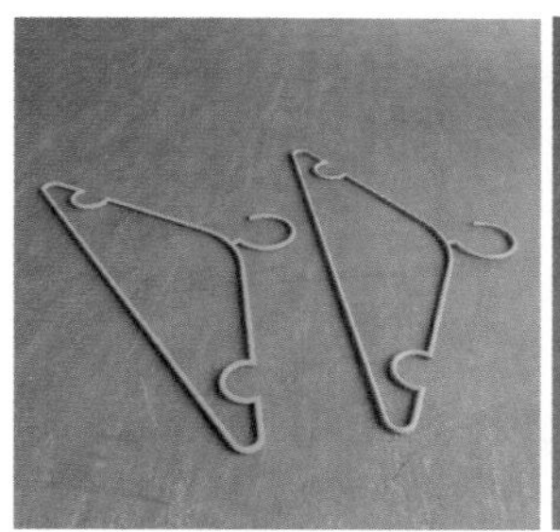
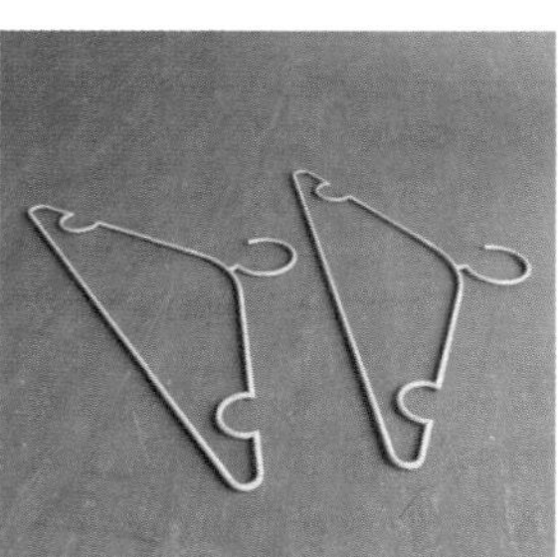

图3-47

01 启动3ds Max软件，单击“创建”面板中的“圆”按钮，在“前”视图中创建一个圆形，如图3-48所示。

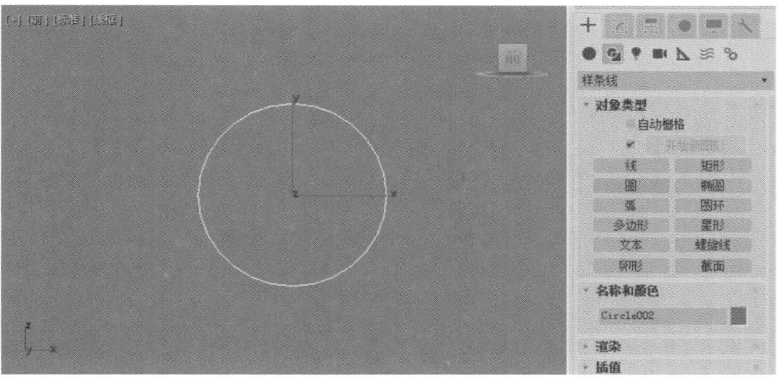

图3-48

02 单击“创建”面板中的“矩形”按钮，在“前”视图中创建一个矩形，如图3-49所示。

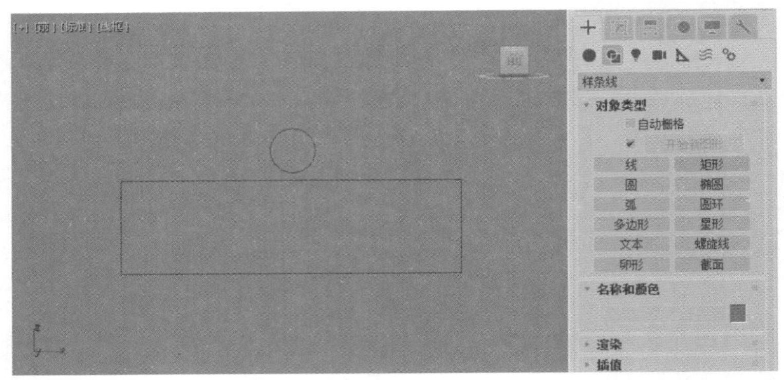

图3-49

03 单击“创建”面板中的“线”按钮，按住Shift键在“前”视图中创建一根直线，如图3-50所示。

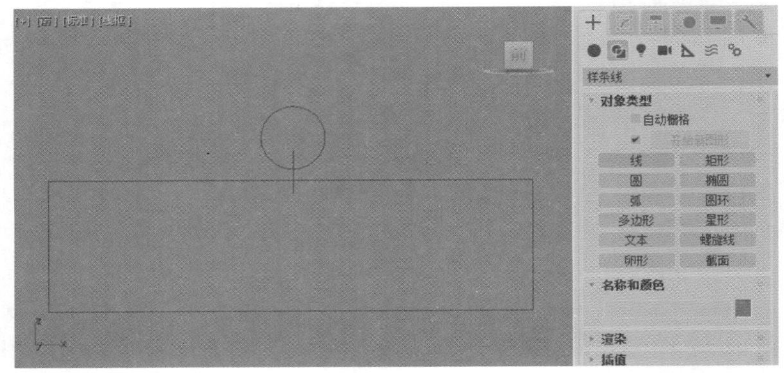

图3-50

04 选择直线，在“修改”面板中，展开“几何体”卷展栏，单击“附加”按钮，将场景中的矩形和圆形分别合并为一个图形，如图3-51所示。

05 选择图3-52所示的两个顶点，单击“熔合”按钮，将这两个顶点的位置熔合为一处，再单击“焊接”按钮，将这两个顶点合并为一个顶点，如图3-53所示。

06 选择图3-54所示的顶点，右击，在弹出的快捷菜单中将所选择的顶点设置为“角点”，如图3-55所示。

07 在“几何体”卷展栏中，单击“圆角”按钮，对所选择的顶点进行圆角操作，得到图3-56所示的图形。

08 在“样条线”子层级中，单击“修剪”按钮，剪掉图3-57所示的曲线。

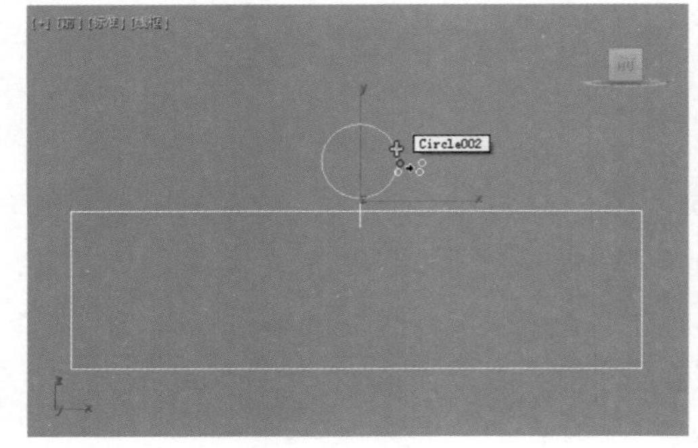

图3-51

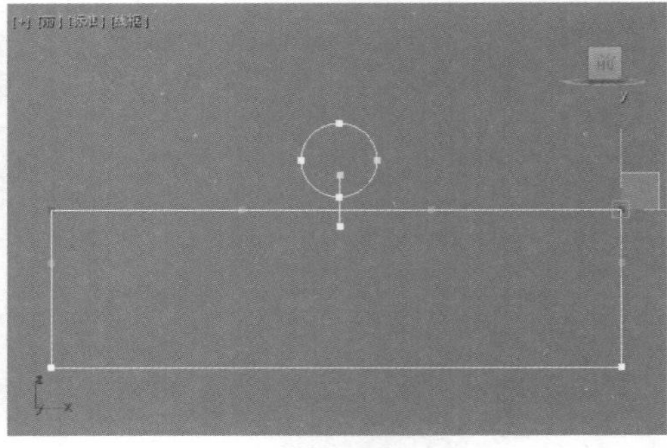

图3-52

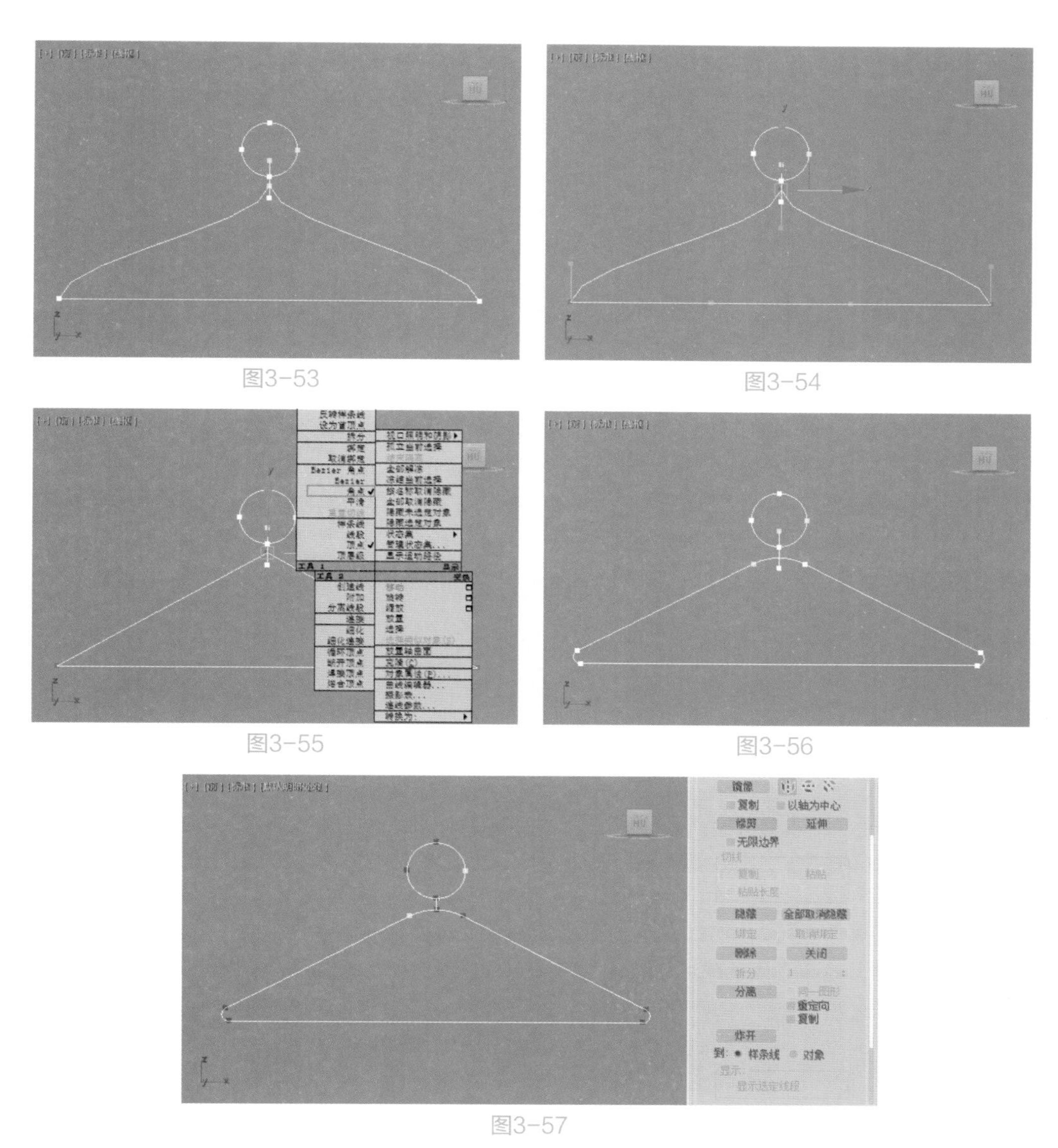

图3-53

图3-54

图3-55

图3-56

图3-57

09 在“线段”子层级中，直接选择并删除掉图3-58所示的曲线，制作出衣架的大概轮廓。

10 在“前”视图中创建一个小一点的圆形，并移动其位置至图3-59所示的位置处。

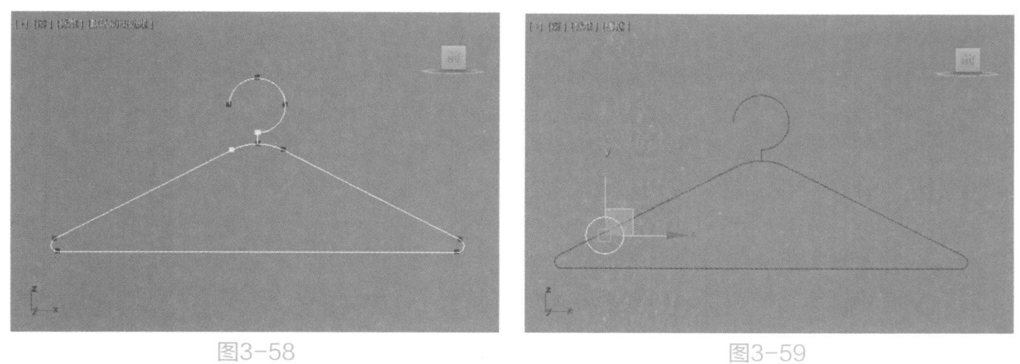

图3-58

图3-59

11 按住Shift键，以拖曳的方式复制另一个圆形至图3-60所示的位置处。

12 选择衣架曲线，将这两个圆形附加至一个图形，如图3-61所示。

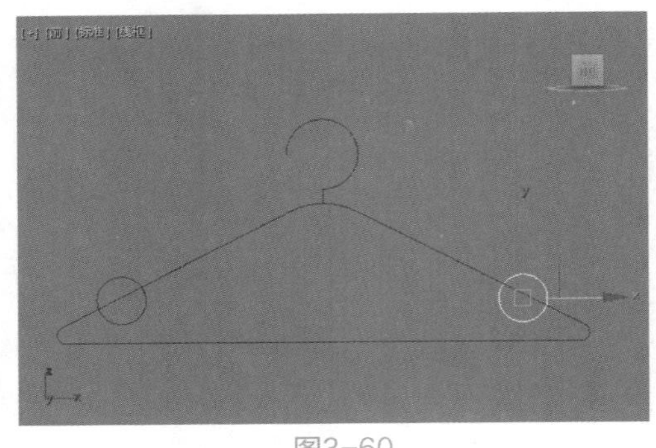

图3-60

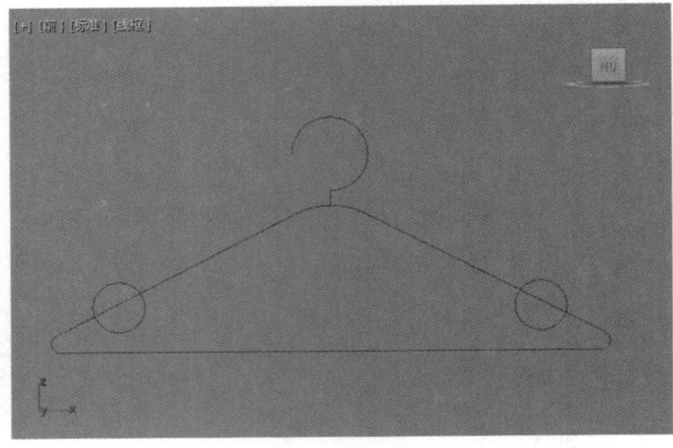

图3-61

13 再次对图形进行“修剪”操作，得到图3-62所示的图形。

14 展开“渲染”卷展栏，勾选“在渲染中启用”选项和“在视口中启用”选项，这样，可以看到衣架曲线显示出了线的粗细，如图3-63所示。

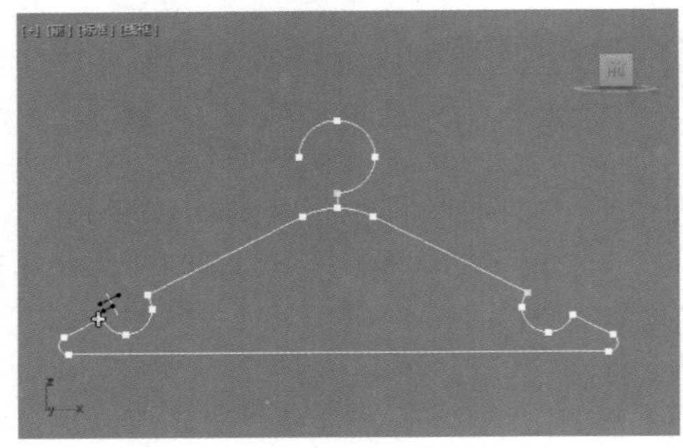

图3-62

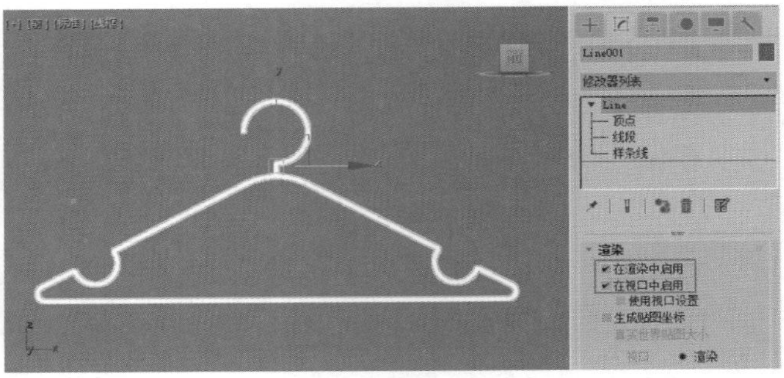

图3-63

15 调整曲线的“厚度”值为2，增加衣架的粗细，如图3-64所示。

16 本实例的最终模型效果如图3-65所示。

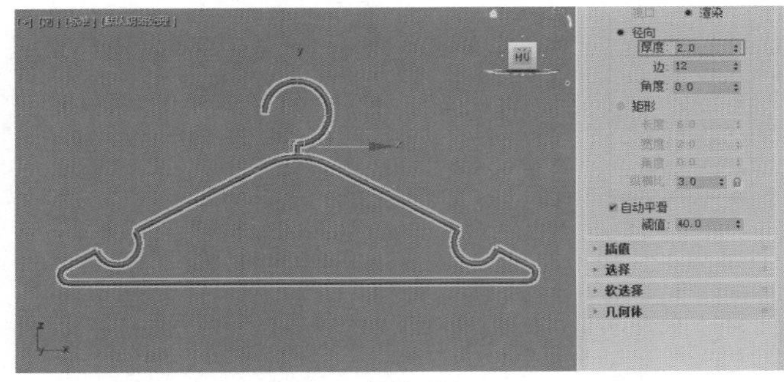

图3-64

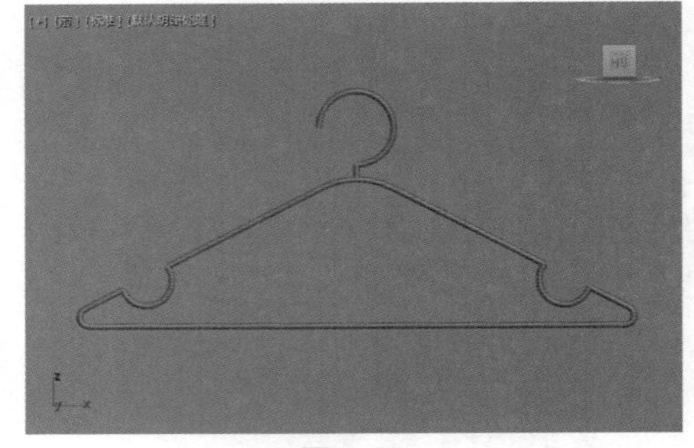

图3-65

3.5.2 实例：使用“放样”命令制作小酒壶

在本实例中，为大家讲解如何使用“放样”命令来制作一个古风的小酒壶模型，酒壶模型的渲染效果如图3-66所示。

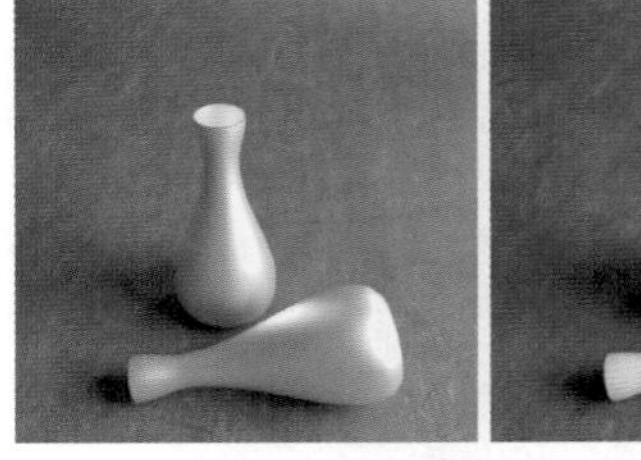

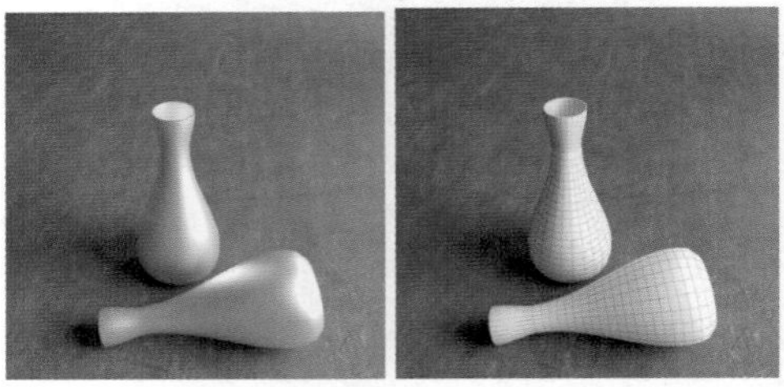

图3-66

01 启动3ds Max 软件，将“创建”面板切换至创建“图形”面板，单击“圆”按钮，在场景中分别创建3个圆形图形，如图3-67所示。

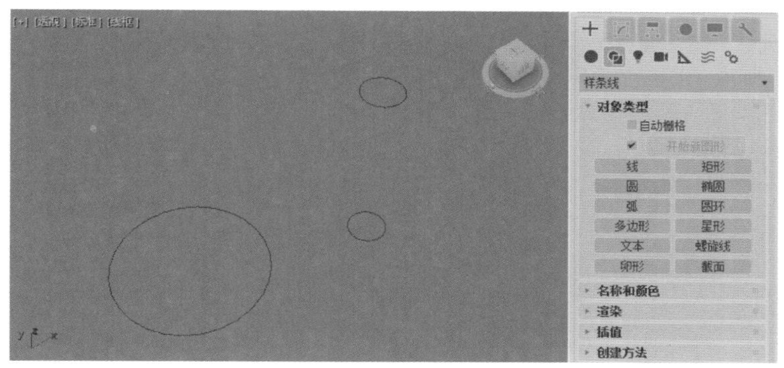

图3-67

02 单击“线”按钮，在“前”视图中创建一条直线，如图3-68所示。

图3-68

03 在“修改”面板中，调整第一个圆的半径值为4，如图3-69所示。并以相同的操作将另外两个圆的半径分别设置为6和16。

04 将创建“几何体”的下拉列表切换至“复合对象”，如图3-70所示。

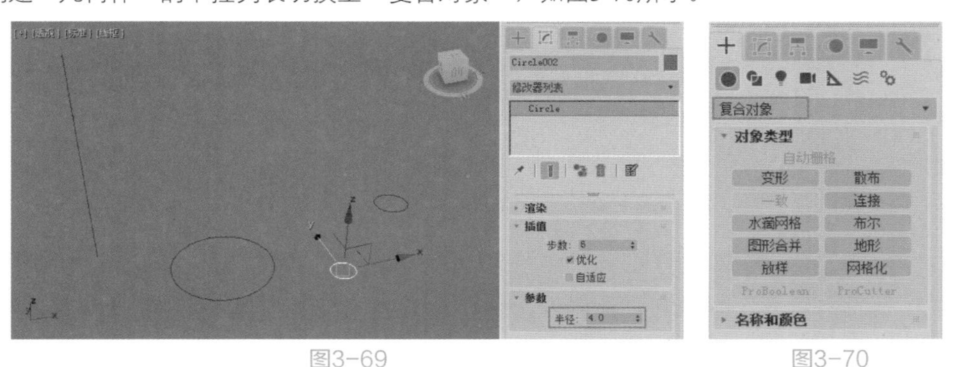

图3-69　　图3-70

05 选择场景中的直线，单击“放样”按钮，拾取场景中半径为6的圆形，如图3-71所示。

06 在“路径参数”卷展栏中，将“路径”的值设置为20，再次单击“获取图形”按钮，将场景中半径为4的圆形拾取一下，如图3-72所示。

07 在“路径参数”卷展栏中，将“路径”的值设置为100，再次单击“获取图形”按钮，将场景中半径为16的圆形拾取一下，如图3-73所示。

08 在“修改”面板中，展开“蒙皮参数”卷展栏，取消勾选“封口始端”选项，并设置“图形步数”的值为5，“路径步数”的值为20，提高放样生成对象的分段数，如图3-74所示。

图3-71

图3-72

图3-73

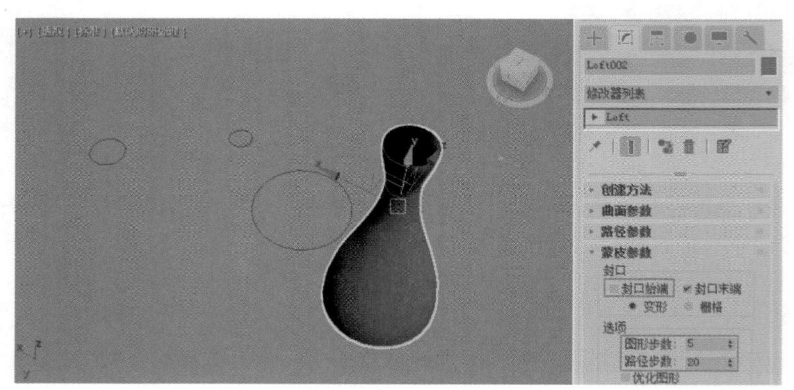

图3-74

09 展开“变形”卷展栏，单击“缩放”按钮，系统会自动弹出“缩放变形”对话框，如图3-75所示。

10 在“缩放变形”对话框中，选择图3-76的点，右击，将其设置为“Bezier-角点”。

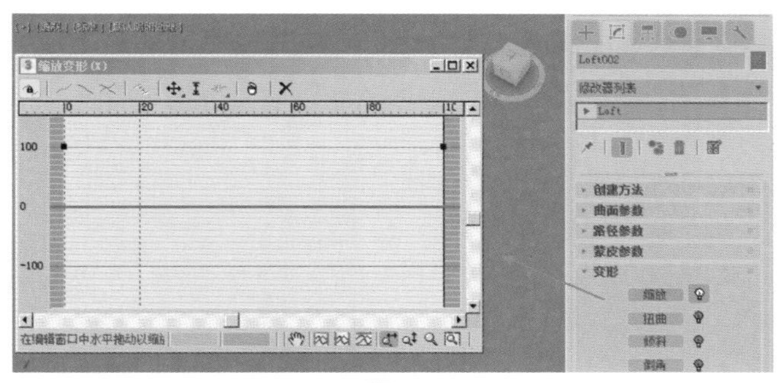

图3-75

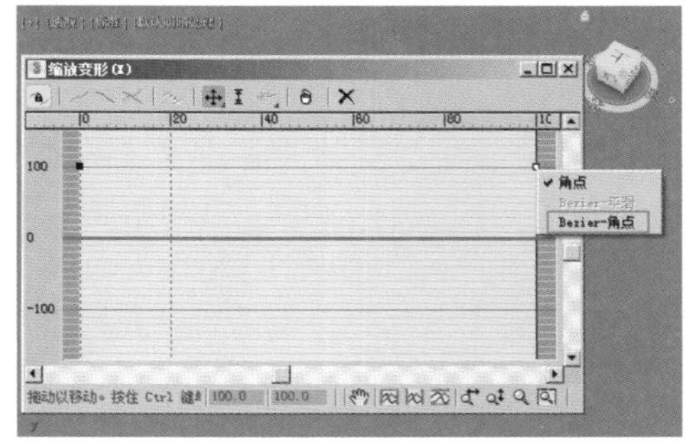

图3-76

11 设置完成后，调整曲线顶点的手柄，将曲线设置成图3-77所示。

12 设置完成后，在场景中观察酒瓶的瓶底细节，如图3-78所示。

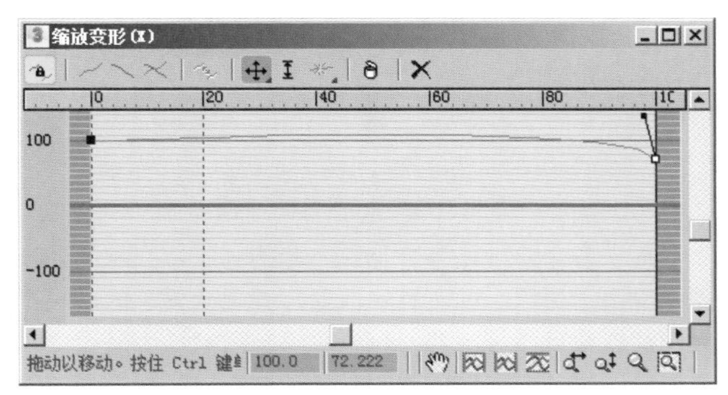

图3-77

图3-78

13 选择酒瓶，为其添加“壳”修改器，并调整其“外部量”的值为0.4，制作出酒瓶的厚度，如图3-79所示。

14 本实例的最终模型效果如图3-80所示。

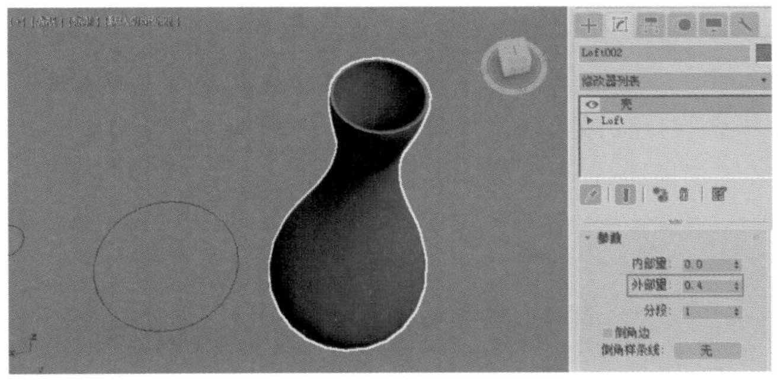

图3-79

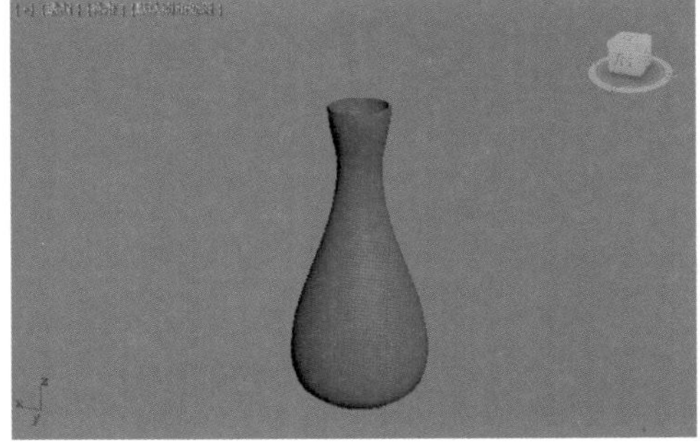

图3-80

4.1 修改器概述

在3ds Max中，使用强大的修改器可以为几何形体添加更多的编辑命令，以便重新塑性。有些修改器还可以以不同的先后顺序添加在物体上，得到不同的几何形状。修改器的添加位于“命令”面板中的“修改”面板上，也就是我们创建完物体后，修改其自身参数的地方，如图4-1所示。在操作视口中选择的对象类型不同，那么修改器的命令也会有所不同，如有的修改器是仅仅针对于图形起作用的，如果在场景中选择了几何体，那么相应的修改器命令就无法在“修改器列表”中找到。再如当我们对图形应用了修改器后，图形就转变成了几何体，这样即使仍然选择的是最初的图形对象，也无法再次添加仅对图形起作用的修改器了。

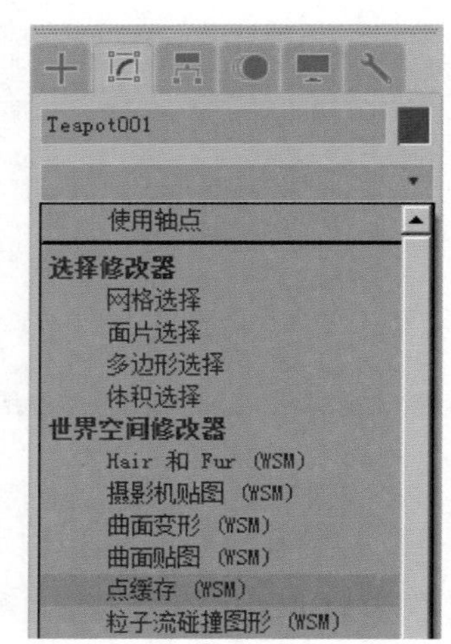

图4-1

4.1.1 修改器堆栈

修改器堆栈是“修改”面板上各个修改命令叠加在一起的列表，在修改器堆栈中，可以查看选定的对象及应用于对象上的所有修改器，并包含累积的历史操作记录。我们可以向对象应用任意数目的修改器，包括重复应用同一个修改器。当开始向对象应用对象修改器时，修改器会以应用它们时的顺序“入栈”。第一个修改器会出现在堆栈底部，紧挨着对象类型出现在它上方。

使用修改器堆栈时，单击堆栈中的项目，就可以返回到进行修改的那个点；然后可以重做决定，暂时禁用修改器，或者删除修改器，完全丢弃它；也可以在堆栈中的该点插入新的修改器。所做的更改会沿着堆栈向上摆动，更改对象的当前状态。

当场景中的物体添加了多个修改器后，若希望更改特定修改器里的参数，就必须得到修改器堆栈中查找。修改器堆栈里的修改器可以在不同的对象上应用复制、剪切和粘贴操作。修改器名称前面的图标还可以控制应用或是取消所添加修改器的效果，如图4-2所示。

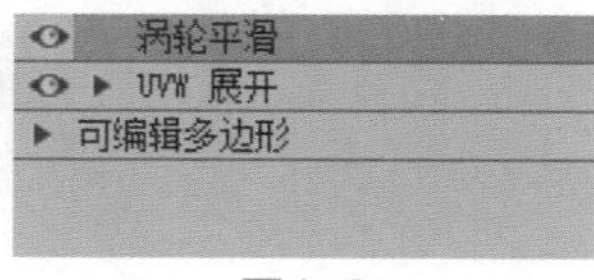

图4-2

在修改器堆栈的底部，第一个条目一直都是场景中选择物体的名字，并包含自身的属性参数。单击此条目，可以修改原始对象的创建参数，如果没有添加新的修改器，那么这就是修改器堆栈中唯一的条目。

当所添加的修改器名称前有三角符号时，说明此修改器内包含有子层级级别，子层级的数目最少为1个，最多为5个，如果没有三角符号，则无子层级，如图4-3所示。

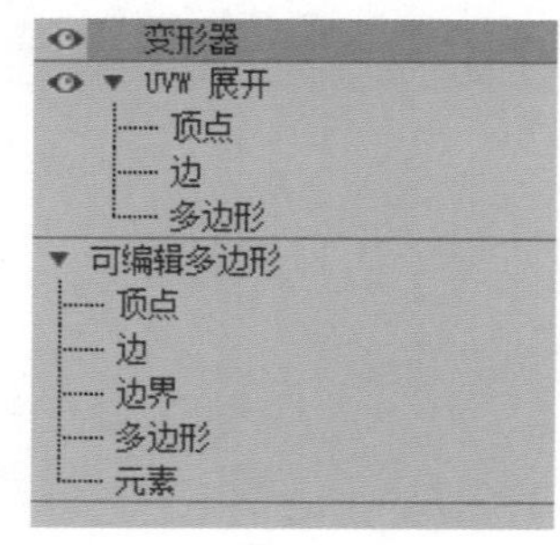

图4-3

第4章视频

第4章素材

参数解析

- “锁定堆栈”按钮：用于将堆栈锁定到当前选定的对象，无论之后是否选择该物体对象或者其他对象，修改面板始终显示被锁定对象的修改命令。
- “显示最终结果”按钮：当对象应用了多个修改器时，激活显示最终结果后，即使选择的不是最上方的修改器，但是视口中的显示结果仍然为应用了所有修改器的最终结果。
- “使唯一”按钮：当此按钮为可激活时，说明场景中可能至少有一个对象与当前所选择对象为实例化关系，或者场景中至少有一个对象应用了与当前选择对象相同的修改器。
- “从堆栈中移除修改器”按钮：删除当前所选择的修改器。
- “配置修改器集”按钮：单击可弹出“修改器集”菜单。

删除修改器不可以在选中的修改器名称上按Delete键，这样会删除选择的对象本身而不是修改器。正确的做法应该是单击修改器列表下方的“从堆栈中移除修改器”按钮来删除修改器，或者在修改器名称上右击，选择“删除”命令，如图4-4所示。

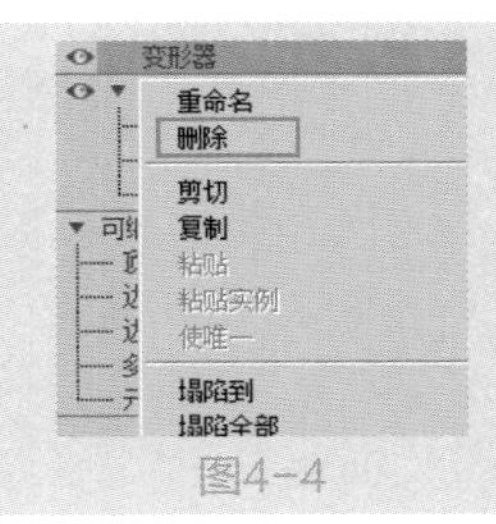

图4-4

4.1.2 拓扑

在3ds Max中，应用了某些类型的修改器，会对当前对象产生“拓扑”行为。所谓“拓扑”，即指有的修改器命令会对物体的每个顶点或者面指定一个编号，这个编号是当前修改器内部使用的，这种数值型的结构称作拓扑。当我们单击产生拓扑行为修改器下方的其他修改器时，如果可能对物体的顶点数或者面数产生影响，导致物体内部编号混乱，则非常有可能在最终模型上出现错误的结果。

举一个简单的例子。一个长方体连续添加了两个“编辑多边形”修改器后，当用户使用鼠标选择第一次添加的“编辑多边形”修改器时，3ds Max就会自动弹出“警告”对话框，来提示用户“更改参数可能产生意外的影响”，如图4-5所示。

图4-5

4.1.3 复制及粘贴修改器

修改器是可以复制的，并可以在多个不同的物体对象上粘贴，具体操作有以下两种方式。

第一种：在修改器名称上右击，然后在弹出的快捷菜单中选择“复制”命令，如图4-6所示。接着可以在场景中选择其他物体，在修改面板上右击，进行“粘贴”操作，如图4-7所示。

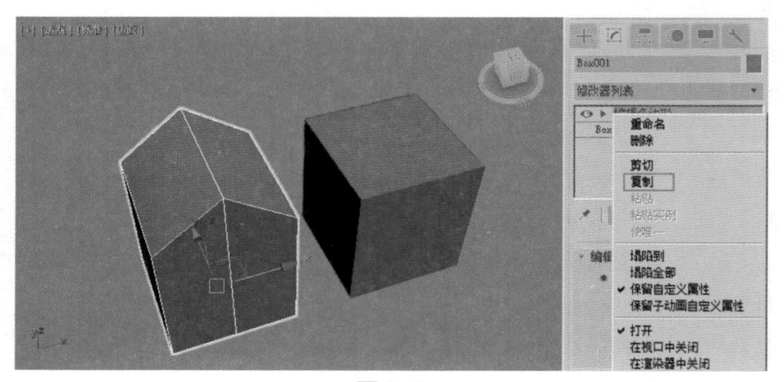

图4-6

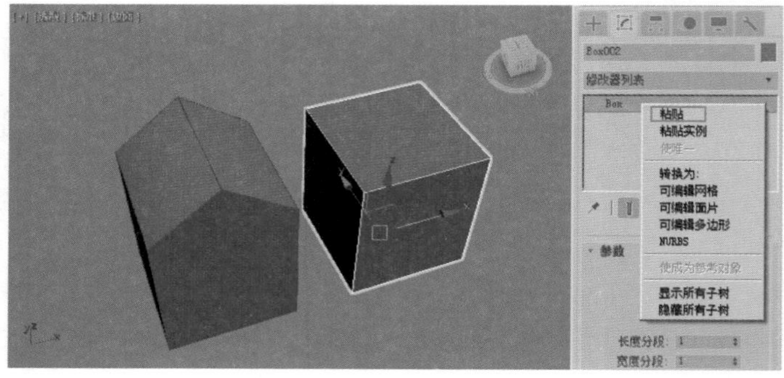

图4-7

第二种：直接将修改器以拖曳的方式拖到视口中的其他对象上即可，如图4-8所示。

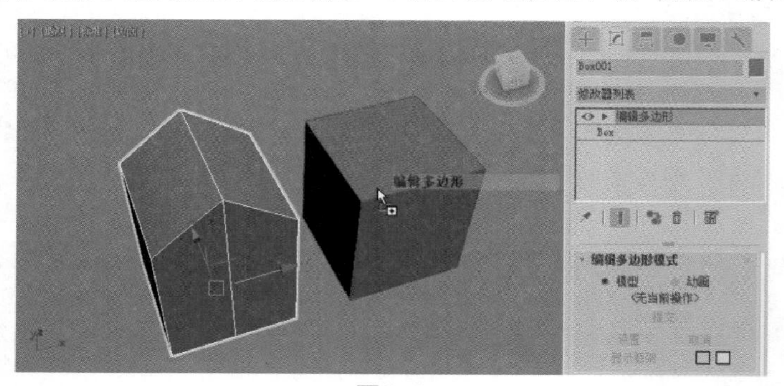

图4-8

在选中物体的某一个修改器时，如果按住Ctrl键将其拖曳到其他对象上，可以将这个修改器作为“实例”的方式粘贴到此对象上；如果按住Shift键将其拖曳到其他对象上，则是相当于将修改器“剪切”过来，并粘贴到新的对象上。

4.1.4 可编辑对象

在3ds Max 2018中进行复杂模型的创建时，可以将对象直接转换为可编辑的对象，并在其子对象层级中进行编辑修改。根据转换为可编辑对象类型的不同，其子对象层级的命令也各不相同。具体操作可以在操作视口中选择对象，右击，选择右下方的“转换为”命令，来进行不同对象类型的转换，如图4-9所示。

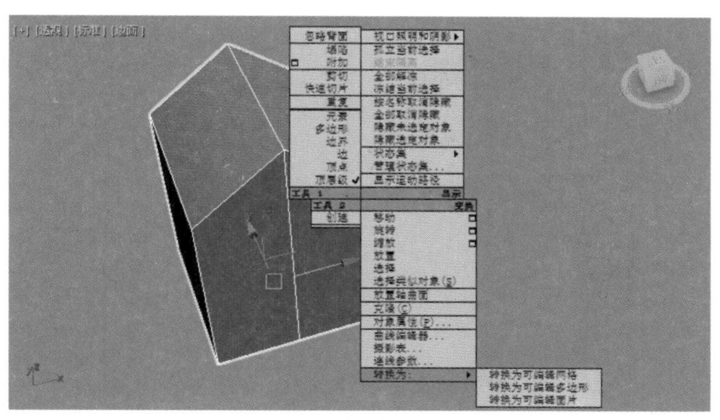

图4-9

当对象类型为可编辑网格时，其修改面板中的子对象层级为：顶点、边、面、多边形和元素，如图4-10所示。

当对象类型为可编辑多边形时，其修改面板中的子对象层级为：顶点、边、边界、多边形和元素，如图4-11所示。

当对象类型为可编辑面片时，其修改面板中的子对象层级为：顶点、边、面片、元素和控制柄，如图4-12所示。

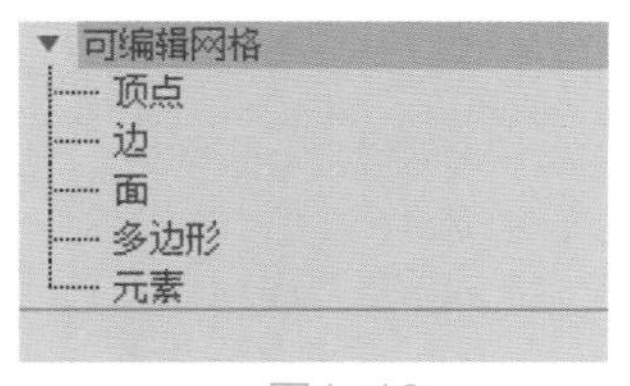

图4-10

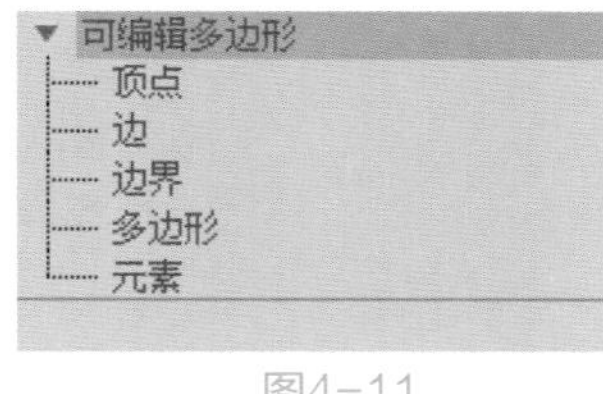

图4-11

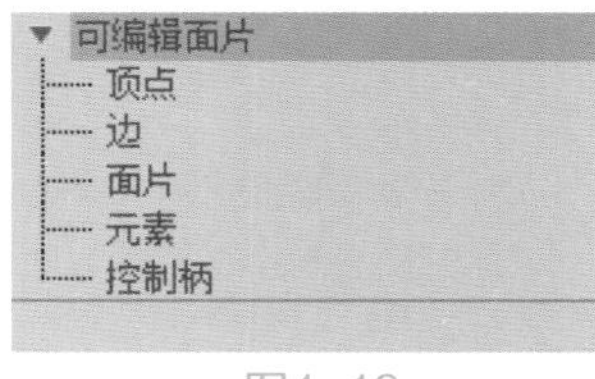

图4-12

当对象类型为可编辑样条线时，其修改面板中的子对象层级为：顶点、线段和样条线，如图4-13所示。

当对象类型为NURBS曲面时，其修改面板中的子对象层级为：曲线CV和曲线，如图4-14所示。

当对象转换为可编辑对象时，可以在视口操作中获取更有效的操作命令，缺点为丢失了对象的初始创建参数；当对象使用添加修改器时，优点为保留创建参数，但是由于命令受限，以至于工作的效率难以提高。

在多个对象一同选中的情况下，也可以为它们添加统一的修改器命令进行操作。这时，单击选择任意对象，观察其修改面板中的修改器堆栈，发现其命令为斜体字方式显示，如图4-15所示。

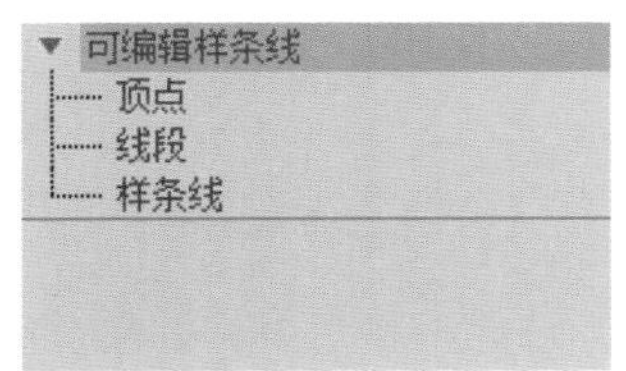

图4-13

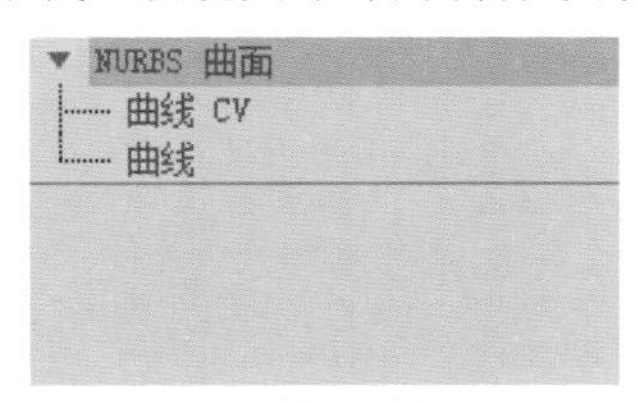

图4-14

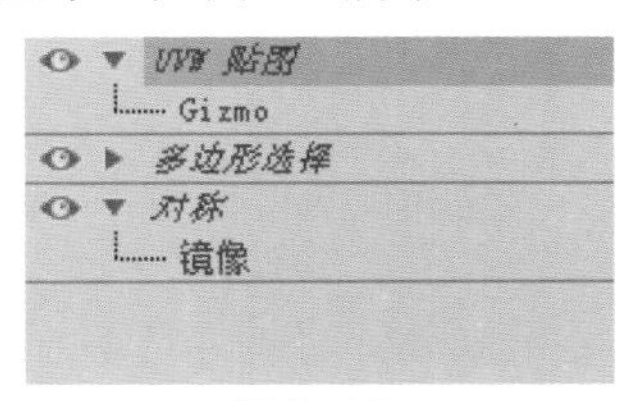

图4-15

4.1.5 塌陷修改器堆栈

当制作完成模型并确定所应用的所有修改器均不再需要进行改动时，就可以将修改器的堆栈进行塌陷。塌陷之后的对象会失去所有修改器命令及调整参数，而仅仅保留模型的最终结果。此操作的优点是简化了模型的多余数据，使得模型更加稳定，同时也节省了系统的资源。

塌陷修改器堆栈有两种方式：分别为“塌陷到”和“塌陷全部”，如图4-16所示。

图4-16

如果只是希望在其众多修改器命令中的某一个命令上塌陷该命令，则可以在当前修改器上右击，在弹出的下拉菜单中选择“塌陷到”命令，这时系统会自动弹出“警告：塌陷到”对话框，如图4-17所示。

如果希望塌陷所有的修改器命令，则可以在修改器名称上右击，在弹出的快捷菜单中选择“塌陷全部”命令，这时系统会自动弹出“警告：塌陷全部”对话框，如图4-18所示。

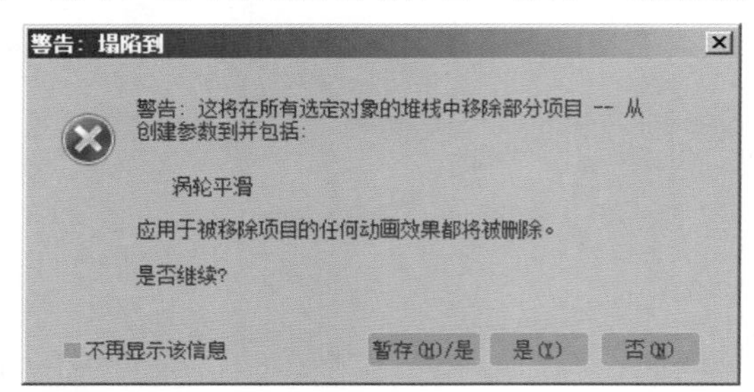

图4-17

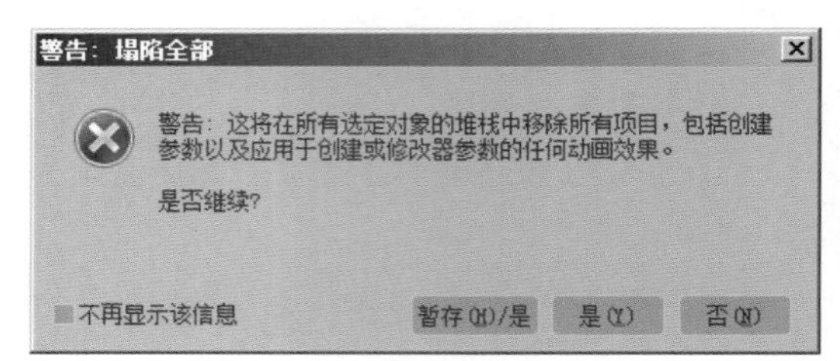

图4-18

4.2 修改器分类

修改器有很多种，在“修改”面板中的“修改器列表”里，3ds Max将这些修改器默认分为了“选择修改器”“世界空间修改器”和“对象空间修改器”这3大部分，如图4-19所示。

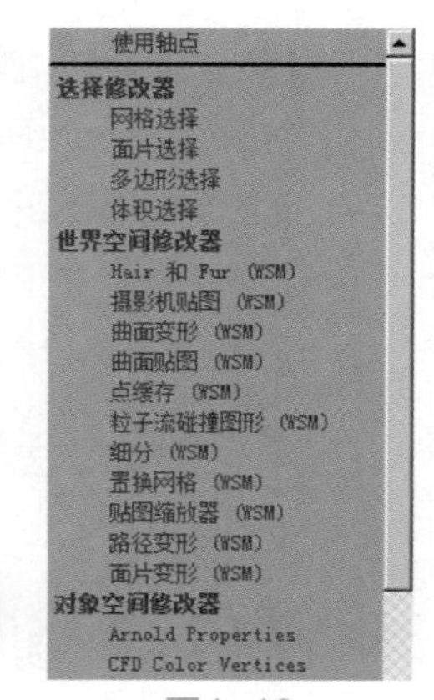

图4-19

4.2.1 选择修改器

“选择修改器”集合中包含有“网格选择”“面片选择”“多边形选择”和“体积选择”这4种修改器，如图4-20所示。

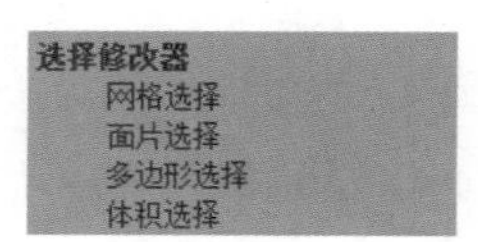

图4-20

参数解析

- 网格选择：选择网格物体的子层级对象。
- 面片选择：选择面片子对象。
- 多边形选择：选择多边形物体的子层级对象。
- 体积选择：可以选择一个对象或多个对象选定体积内的所有子对象。

4.2.2　世界空间修改器

“世界空间修改器”集合中的命令，其行为与特定对象空间扭曲一样。它们携带对象，但像空间扭曲一样对其效果使用世界空间而不使用对象空间。世界空间修改器不需要绑定到单独的空间扭曲 gizmo，使它们便于修改单个对象或选择集，如图4-21所示。

世界空间修改器
Hair 和 Fur (WSM)
摄影机贴图 (WSM)
曲面变形 (WSM)
曲面贴图 (WSM)
点缓存 (WSM)
粒子流碰撞图形 (WSM)
细分 (WSM)
置换网格 (WSM)
贴图缩放器 (WSM)
路径变形 (WSM)
面片变形 (WSM)

图4-21

参数解析

- Hair和Fur（WSM）：用于为物体添加毛发并编辑，该修改器可应用于要生长毛发的任何对象，既可以应用于网格对象，也可以应用于样条线对象。
- 摄影机贴图（WSM）：使摄影机将UVW贴图坐标应用于对象。
- 曲面变形（WSM）：该修改器的工作方式与路径变形（WSM）相似。
- 曲面贴图（WSM）：将贴图指定给 NURBS 曲面，并将其投影到修改的对象上。将单个贴图无缝地应用到同一 NURBS 模型内的曲面子对象组时，曲面贴图显得尤其有用。它也可以用于其他类型的几何体。
- 点缓存（WSM）：该修改器可以将修改器动画存储到硬盘文件中，然后再次从硬盘读取播放动画。
- 细分（WSM）：提供用于光能传递处理创建网格的一种算法。
- 置换网格（WSM）：用于查看置换贴图的效果。
- 贴图缩放器（WSM）：用于调整贴图的大小，并保持贴图的比例不变。
- 路径变形（WSM）：以图形为路径，将几何形体沿所选择的路径产生形变。
- 面片变形（WSM）：可以根据面片将对象变形。

4.2.3　对象空间修改器

对象空间修改器直接影响对象空间中对象的几何体，如图4-22所示。这个集合中的修改器主要应用于单独的对象，使用的是对象的局部坐标系，因此移动对象的时候，修改器也会跟着移动。

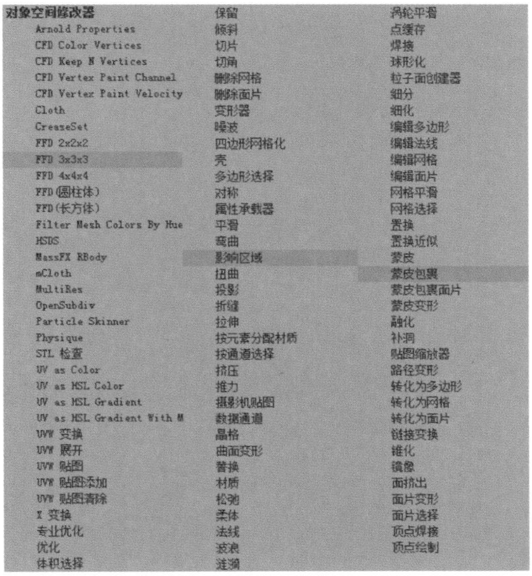

对象空间修改器
Arnold Properties
CFD Color Vertices
CFD Keep N Vertices
CFD Vertex Paint Channel
CFD Vertex Paint Velocity
Cloth
CreaseSet
FFD 2x2x2
FFD 3x3x3
FFD 4x4x4
FFD(圆柱体)
FFD(长方体)
Filter Mesh Colors By Hue
HSDS
MassFX RBody
mCloth
MultiRes
OpenSubdiv
Particle Skinner
Physique
STL 检查
UV as Color
UV as HSL Color
UV as HSL Gradient
UV as HSL Gradient With M
UVW 变换
UVW 展开
UVW 贴图
UVW 贴图添加
UVW 贴图清除
X 变换
专业优化
优化
体积选择
保留
倾斜
切片
切角
删除网格
删除面片
变形器
噪波
四边形网格化
壳
多边形选择
对称
属性承载器
平滑
弯曲
影响区域
扭曲
投影
折缝
拉伸
按元素分配材质
按通道选择
挤压
推力
摄影机贴图
数据通道
晶格
曲面变形
替换
材质
松弛
柔体
法线
波浪
涟漪
涡轮平滑
点缓存
焊接
球形化
粒子面创建器
细分
细化
编辑多边形
编辑法线
编辑网格
编辑面片
网格平滑
网格选择
置换
置换近似
蒙皮
蒙皮包裹
蒙皮包裹面片
蒙皮变形
融化
补洞
贴图缩放器
路径变形
转化为多边形
转化为网格
转化为面片
链接变换
锥化
镜像
面挤出
面片变形
面片选择
顶点焊接
顶点绘制

图4-22

4.3 常用修改器

4.3.1 “弯曲”修改器

“弯曲”修改器，顾名思义，即是对模型进行弯曲变形的一种修改器。“弯曲”修改器参数设置如图4-23所示。

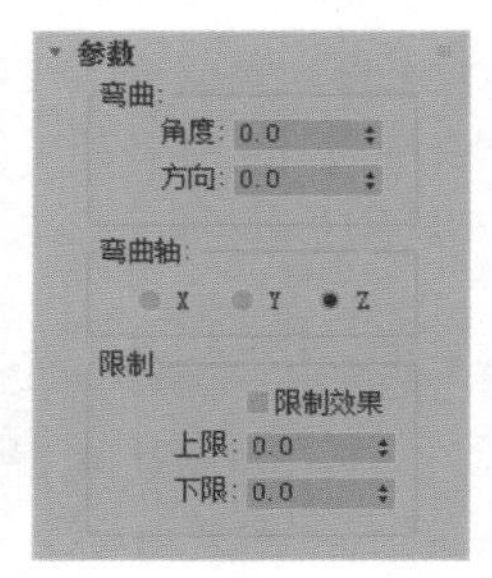

图4-23

参数解析

（1）“弯曲”组

- 角度：从顶点平面设置要弯曲的角度。范围为 -999 999.0 至 999 999.0。
- 方向：设置弯曲相对于水平面的方向。范围为 -999 999.0 至 999 999.0。

（2）“弯曲轴”组

- X/Y/Z：指定要弯曲的轴。注意此轴位于弯曲 Gizmo 并与选择项不相关。默认值为 Z 轴。

（3）“限制”组

- 限制效果：将限制约束应用于弯曲效果。默认设置为禁用状态。
- 上限：以世界单位设置上部边界，此边界位于弯曲中心点上方，超出此边界，弯曲不再影响几何体。默认值为 0。范围为 0 至 999 999.0。
- 下限：以世界单位设置下部边界，此边界位于弯曲中心点下方，超出此边界，弯曲不再影响几何体。默认值为 0。范围为 -999 999.0 至 0。

4.3.2 “拉伸”修改器

使用“拉伸”修改器，可以对模型产生拉伸效果的同时，还会产生对模型挤压的效果。“拉伸”修改器参数设置如图4-24所示。

图4-24

参数解析

（1）“拉伸”组

- 拉伸：为对象的3个轴设置基本缩放数值。
- 放大：更改应用到副轴的缩放因子。

（2）“拉伸轴”组

- X/Y/Z：可以使用“参数”卷展栏“拉伸轴”组中的选项，来选择将哪个对象局部轴作为“拉伸轴”。默认值为 Z 轴。

（3）“限制”组

- 限制效果：限制拉伸效果。在禁用“限制效果”后，就会忽略“上限”和“下限”中的值。
- 上限：沿着“拉伸轴”的正向限制拉伸效果的边界。“上限”值可以是 0，也可以是任意正数。
- 下限：沿着“拉伸轴”的负向限制拉伸效果的边界。“下限”值可以是 0，也可以是任意负数。

从修改器的参数设置上来看，“拉伸”修改器和“弯曲”修改器内的参数基本上非常相似，与这两个修改器参数相似的修改器还有“锥化”修改器、“扭曲”修改器和“倾斜”修改器。同学们可以自行尝试，并学习这几个修改器的使用方法。

4.3.3　“切片”修改器

使用“切片”修改器可以对模型产生剪切效果，常常用于制作表现工业产品的剖面结构。“切片”修改器参数设置如图4-25所示。

图4-25

参数解析

- 优化网格：沿着几何体相交处，使用切片平面添加新的顶点和边。平面切割的面可细分为新的面。
- 分割网格：沿着平面边界添加双组顶点和边，产生两个分离的网格，这样可以根据需要进行不同的修改。使用此选项将网格分为两个。
- 移除顶部：删除“切片平面”上所有的面和顶点。
- 移除底部：删除“切片平面”下所有的面和顶点。

4.3.4　“专业优化”修改器

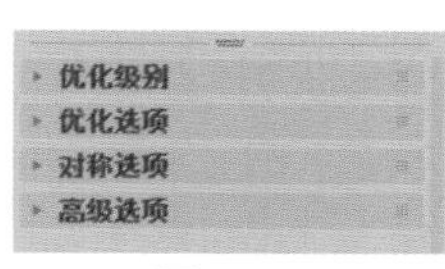

图4-26

“专业优化”修改器可用于选择对象，并以交互的方式对其进行优化，在减少模型顶点数量的同时保持模型的外观，使得优化模型减少场景的内存要求，并提高视口显示的速度和缩短渲染的时间。“专业优化”修改器参数设置如图4-26所示，有“优化级别”“优化选项”“对称选项”和“高级选项”4个卷展栏。

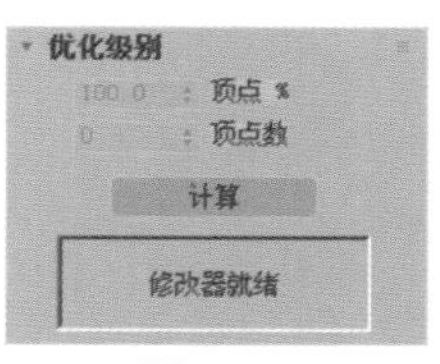

图4-27

1．“优化级别”卷展栏

“优化级别”卷展栏展开效果如图4-27所示。

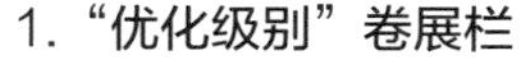

参数解析

- 顶点 %：将优化对象中的顶点数设置为原始对象中顶点数的百分比，默认设置为100.0%。单击“计算”按钮之前，此控件不可用。单击“计算”按钮后，可以交互方式调整“顶点 %”值。
- 顶点数：直接设置优化对象中的顶点数。单击“计算”按钮之前，此控件不可用。单击“计算”按钮后，此值设置为原始对象中的顶点数（因为“顶点 %”默认设置为100）。此控件可用后，即可以交互方式调整“顶点数”值。
- “计算”按钮 计算 ：单击以应用优化。
- “状态”窗口：此文本窗口显示“专业优化”状态。单击“计算”按钮之前，此窗口显示“修改器就绪”。单击“计算”按钮并调整优化级别后，此窗口显示说明操作效果的统计信息：“之前”和“之后”的顶点数和面数。

2．“优化选项”卷展栏

“优化选项”卷展栏展开效果如图4-28所示。

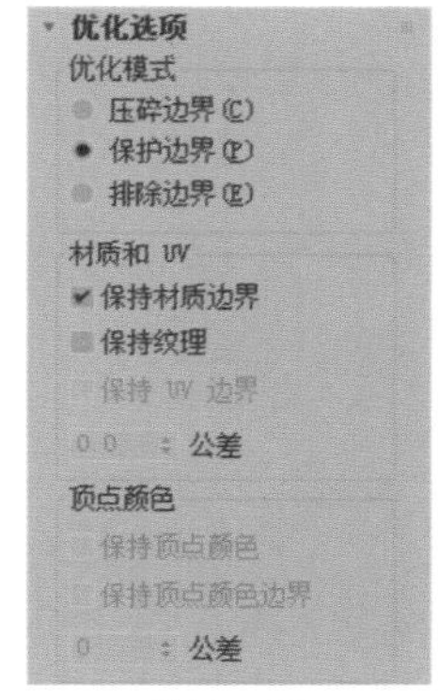

图4-28

参数解析

（1）“优化模式”组

- 压碎边界：在进行优化对象时不考虑边缘或面是否位于边界上。
- 保护边界：在进行优化对象时将保护那些边缘位于对象边界上的面。不过，高优化级别仍然可能导致边界面被移除。如果对多个相连对象进行优化，则这些对象之间可能出现间隙。
- 排除边界：在进行优化对象时从不移除带边界边缘的面。这会减少能够从模型移除的面数，但可确保在优化多个互连对象时不会出现间隙。

（2）“材质和UV”组

- 保持材质边界：启用时，“专业优化”修改器将保留材质之间的边界。属于具有不同材质的面的点将被冻结，并且在优化过程中不会被移除。默认设置为启用。
- 保持纹理：启用时，优化过程中将保留纹理贴图坐标。
- 保持 UV 边界：仅当启用“保持纹理”时，此控件才可用。启用时，优化过程中将保留 UV 贴图值之间的边界。

（3）“顶点颜色”组

- 保持顶点颜色：启用时，优化将保留顶点颜色数据。
- 保持顶点颜色边界：仅当启用“保持顶点颜色”时，此控件才可用。启用时，优化将保留顶点颜色之间的边界。

3.“对称选项”卷展栏

“对称选项”卷展栏展开效果如图4-29所示。

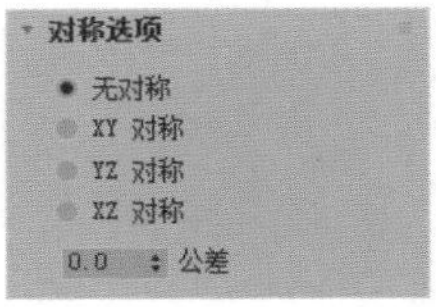

图4-29

参数解析

- 无对称：“专业优化”修改器不会尝试进行对称优化。
- XY 对称：“专业优化”修改器尝试进行围绕 XY 平面对称的优化。
- YZ 对称：“专业优化”修改器尝试进行围绕 YZ 平面对称的优化。
- XZ 对称：“专业优化”修改器尝试进行围绕 XZ 平面对称的优化。
- 公差：指定用于检测对称边缘的公差值。

4.“高级选项”卷展栏

“高级选项”卷展栏展开效果如图4-30所示。

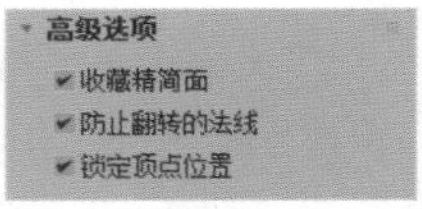

图4-30

参数解析

- 收藏精简面：当一个面所形成的三角形是等边三角形或接近等边三角形时，该面就是“精简”的。启用“收藏精简面”时，优化时将验证移除一个面不会产生尖锐的面。经过此测试后，所优化的模型会更均匀一致。默认设置为启用。
- 防止翻转的法线：启用时，“专业优化”修改器将验证移除一个顶点不会导致面法线翻转。禁用时，则不执行此测试，默认设置为启用。
- 锁定顶点位置：启用该选项后，优化不会改变从网格移除的顶点的位置。

4.3.5 “球形化”修改器

“球形化”修改器，即是对模型进行球形变形的一种修改器。其参数面板如图4-31所示。

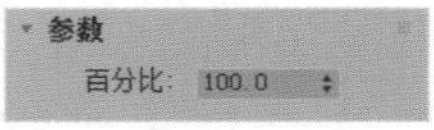

图4-31

参数解析

- 百分比：设置对象变形为球体的圆化程度。

4.3.6 “对称”修改器

“对称”修改器用来进行构建模型的另一半，其参数面板如图4-32所示。

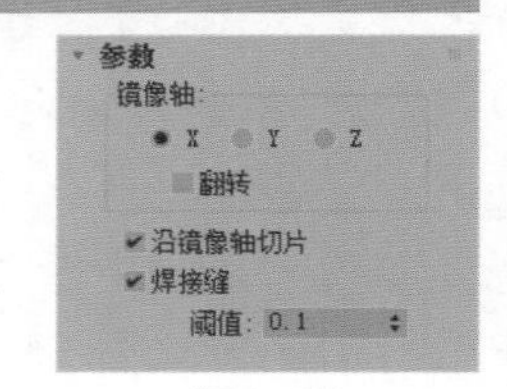

图4-32

参数解析

“镜像轴”组

- X/Y/Z：指定执行对称所围绕的轴。可以在选中轴的同时在视口中观察效果。
- 翻转：如果想要翻转对称效果的方向请启用“翻转”。
- 沿镜像轴切片：启用“沿镜像轴切片”使镜像 gizmo 在定位于网格边界内部时作为一个切片平面。当 Gizmo 位于网格边界外部时，对称反射仍然作为原始网格的一部分来处理。如果禁用“沿镜像轴切片”，对称反射会作为原始网格的单独元素来进行处理。默认设置为启用。
- 焊接缝：启用“焊接缝”确保沿镜像轴的顶点在阈值以内时会自动焊接。
- 阈值：阈值设置的值代表顶点在自动焊接起来之前的接近程度。默认设置是 0.1。

4.3.7　“平滑”修改器

“平滑”修改器用来对模型产生一定的平滑作用，通过将面组成平滑组，平滑消除几何体的面。其参数面板如图4-33所示。

图4-33

参数解析

- 自动平滑：如果选中“自动平滑”，则使用通过该选项下方的“阈值”设置指定的阈值来自动平滑对象。“自动平滑”基于面之间的角设置平滑组。如果法线之间的角小于阈值的角，则可以将任何两个相接表面输入进相同的平滑组。
- 禁止间接平滑：如果将“自动平滑”应用到对象上，不应该被平滑的对象部分变得平滑，然后启用“禁止间接平滑”来查看它是否纠正了该问题。
- 阈值：以度数为单位指定阈值角度。如果法线之间的角小于阈值的角，则可以将任何两个相接表面输入进相同的平滑组。
- “平滑组”组：32 个按钮的栅格表示选定面所使用的平滑组，并用来为选定面手动指定平滑组。

4.3.8　“涡轮平滑”修改器

“涡轮平滑”修改器允许模型在边角交错时将几何体细分，以添加面数的方式来得到较为光滑的模型效果。其参数面板如图4-34所示。

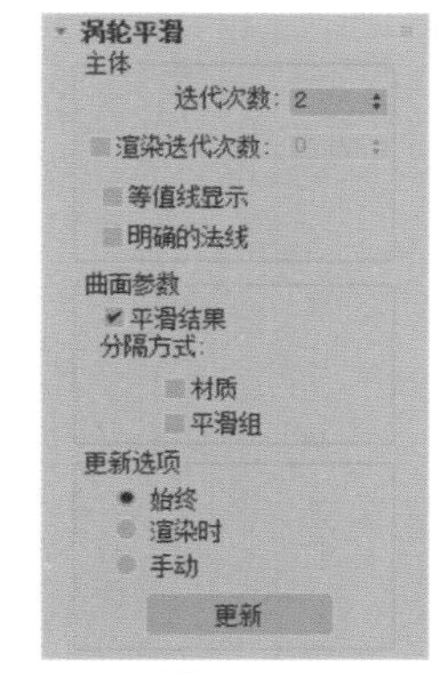

图4-34

参数解析

（1）“主体”组

- 迭代次数：设置网格细分的次数。增加该值时，每次新的迭代会通过在迭代之前对顶点、边和曲面创建平滑差补顶点来细分网格。修改器会细分曲面来使用这些新的顶点。默认值为 1。范围为 0 至 10。
- 渲染迭代次数：允许在渲染时选择一个不同数量的平滑迭代次数应用于对象。启用渲染迭代次数，并使用右边的字段来设置渲染迭代次数。
- 等值线显示：启用该选项后，3ds Max 仅显示等值线，即对象在进行光滑处理之前的原始边缘。使用此项的好处是减少混乱的显示。
- 明确的法线：允许涡轮平滑修改器为输出计算法线，此方法要比 3ds Max 用于从网格对象的平滑组计算法线的标准方法更快速。

（2）“曲面参数”组

- 平滑结果：对所有曲面应用相同的平滑组。
- 材质：防止在不共享材质ID的曲面之间的边创建新曲面。
- 平滑组：防止在不共享至少一个平滑组的曲面之间的边上创建新曲面。

（3）“更新选项”组

- 始终：更改任意“涡轮平滑”设置时自动更新对象。
- 渲染时：只在渲染时更新对象的视口显示。
- 手动：仅在单击“更新”后更新对象。
- “更新”按钮 更新 ：更新视口中的对象。仅在选择“渲染”或“手动”时才起作用。

4.3.9 “FFD”修改器

FFD修改器可以对模型进行变形修改，以较少的控制点来调整复杂的模型。在3ds Max 2018中，FFD修改器包含了5种类型，分别为FFD 2×2×2修改器、FFD 3×3×3修改器、FFD 4×4×4修改器、FFD（圆柱体）修改器和FFD（长方体）修改器，如图4-35所示。

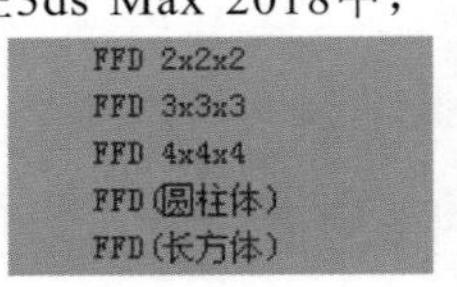

图4-35

FFD修改器的基本参数几乎都相同，因此在这里选择FFD（长方体）修改器中的参数进行讲解，其参数面板如图4-36所示。

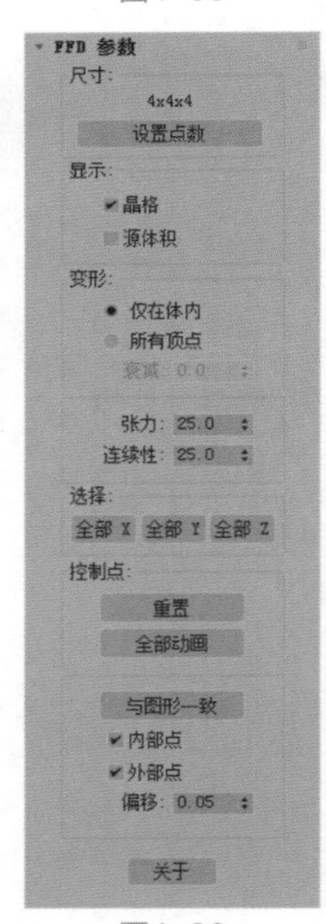

图4-36

参数解析

（1）“尺寸”组

- “设置点数”按钮 设置点数 ：弹出“设置FFD尺寸”对话框，其中包含3个标为“长度”“宽度”和“高度”的微调器、“确定”按钮和“取消”按钮，如图4-37所示。指定晶格中所需控制点数目，然后单击“确定”按钮以进行更改。

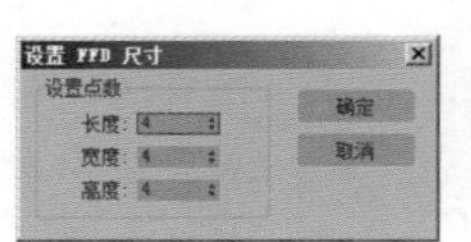

图4-37

（2）“显示”组

- 晶格：将绘制连接控制点的线条以形成栅格。
- 源体积：控制点和晶格会以未修改的状态显示。

（3）“变形”组

- 仅在体内：只变形位于源体积内的顶点。
- 所有顶点：变形所有顶点，不管它们位于源体积的内部还是外部。
- 衰减：决定着FFD效果减为零时离晶格的距离。
- 张力/连续性：调整变形样条线的张力和连续性。

（4）“选择”组

- “全部X”按钮 全部 X /“全部Y”按钮 全部 Y /“全部Z”按钮 全部 Z ：选中沿着由该按钮指定的局部维度的所有控制点。通过打开两个按钮，可以选择两个维度中的所有控制点。

（5）“控制点”组

- “重置”按钮：将所有控制点返回到它们的原始位置。
- “全部动画”按钮：默认情况下，FFD晶格控制点将不在“轨迹视图”中显示出来，因为没有给它们指定控制器。但是在设置控制点动画时，给它指定了控制器，则它在“轨迹视图”中可见。

- “与图形一致”按钮：在对象中心控制点位置之间沿直线延长线，将每一个FFD控制点移到修改对象的交叉点上，这将增加一个由“补偿”微调器指定的偏移距离。
- 内部点：仅控制受“与图形一致”影响的对象内部点。
- 外部点：仅控制受“与图形一致”影响的对象外部点。
- 偏移：受“与图形一致”影响的控制点偏移对象曲面的距离。
- “关于”按钮 关于 ：单击此按钮，可以弹出显示版权和许可信息的About FFD对话框，如图4-38所示。

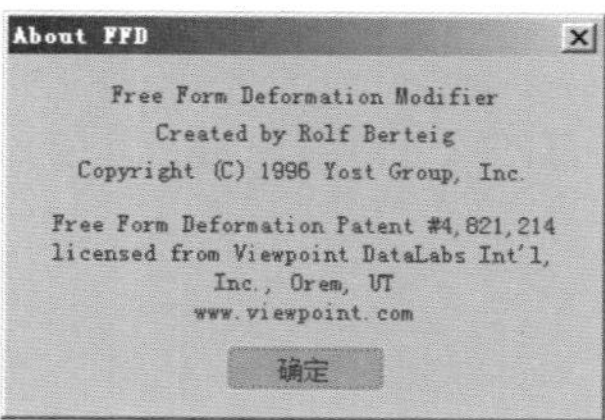

图4-38

4.4 多边形建模技术

多边形建模是目前最为流行的三维建模方式，无论制作复杂的工业产品、造型古朴的建筑，还是生动的人物角色，都需要三维用户深入学习，并熟练掌握该技术。图4-39和图4-40所示分别为使用多边形建模技术制作出来的三维模型。

图4-39

图4-40

“编辑多边形”修改器的子层级包含了“顶点”“边”“边界”“多边形”和“元素”这5个层级，如图4-41所示。并且，在每个子层级中，又分别包含不同的针对多边形及子层级的建模修改命令。

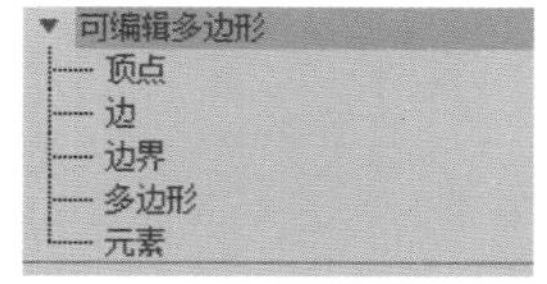

图4-41

4.4.1 多边形对象的创建

多边形对象的创建方法主要有两种，一种为选择要修改的对象直接塌陷转换为“可编辑多边形”，另一种为在“修改”面板的下拉列表中为对象添加“编辑多边形”修改器命令。下面，我们一起学习创建多边形对象的这几种方式。

第一种方式：在视图中选择所要塌陷的对象，右击，并在弹出的快捷菜单上执行“转换为>转换为可编辑多边形”命令，这样，该物体则被快速塌陷为多边形对象，如图4-42所示。

第二种方式：选择视图中的物体，打开“修改”面板，将鼠标移动至修改堆栈的命令上，单击鼠标右键，在弹出的菜单中执行“可编辑多边形”命令，即可完成塌陷，如图4-43所示。

第三种方式：单击选择视图中的模型，在“修改器列表”中找到并添加“编辑多边形”修改器，如图4-44所示。

可编辑多边形为用户提供了使用子对象的功能，通过使用不同的子对象，来配合子对象内不同的命令，可以更加方便、直观地进行模型的修改工作。这使得我们在开始对模型进行修改之前，一定要先单击以选定这些独立的子对象。只有处于一种特定的子对象模式时，才能选择视口中模型的对应子对象。比如说，要选择模型上的点来进行操作，那么就一定要先进入“顶点”子对象层级才可以。我们将通过下面的章节来为读者详细讲解多边形这5个子对象层级。

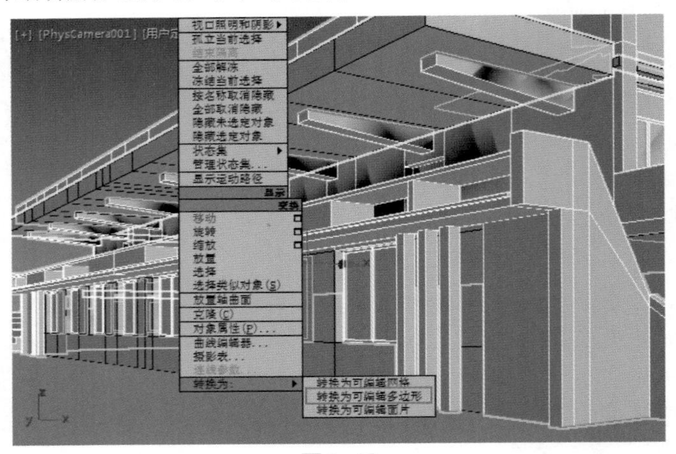

图4-42

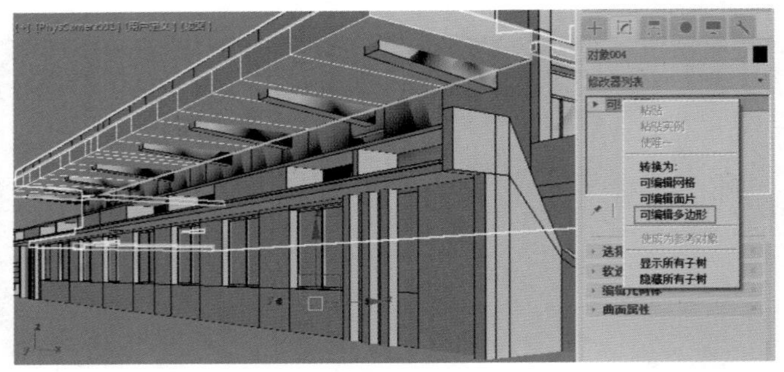

图4-43

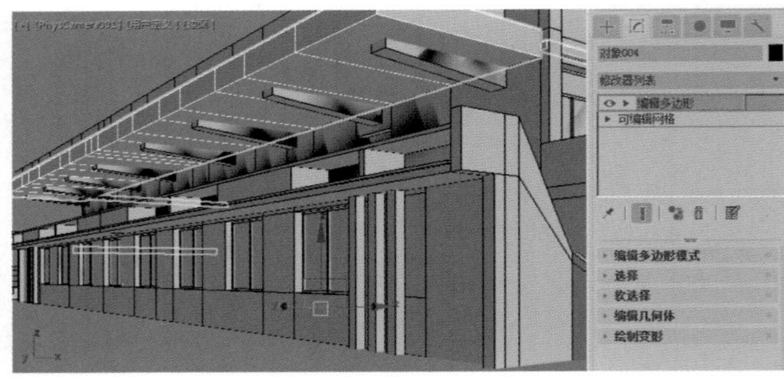

图4-44

4.4.2 “顶点”子对象层级

“顶点” 是位于相应位置的点，它们定义构成多边形对象的其他子对象的结构。当移动或编辑顶点时，它们形成的几何体也会受影响。顶点可以独立存在，这些孤立的顶点可以用来构建其他几何体，但在渲染时，它们是不可见的，如图4-45所示。

在多边形对象中，每一个顶点均有自己的ID号。这个ID号的编号可以通过单击模型上的任意点，再通过“修改”面板中的“选择”卷展栏下方的提示观察到，如图4-46所示。

在可编辑多边形的顶点子层级中，如果选择了多个顶点，则提示具体选择了多少个顶点，如图4-47所示。

进入“可编辑多边形”的“顶点”子层级后，在“修改”面板中会出现“编辑顶点”卷展栏，如图4-48所示。

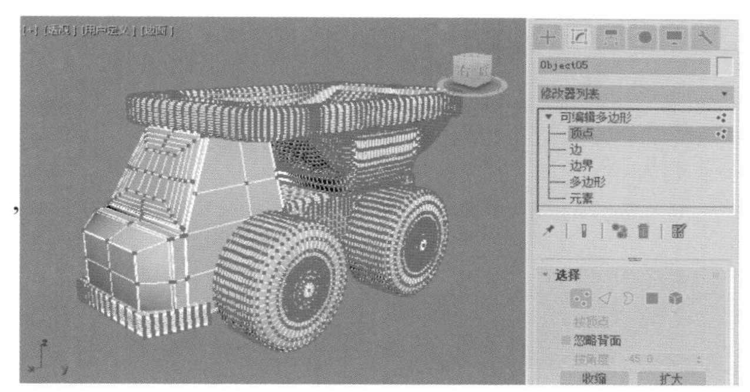

图4-45

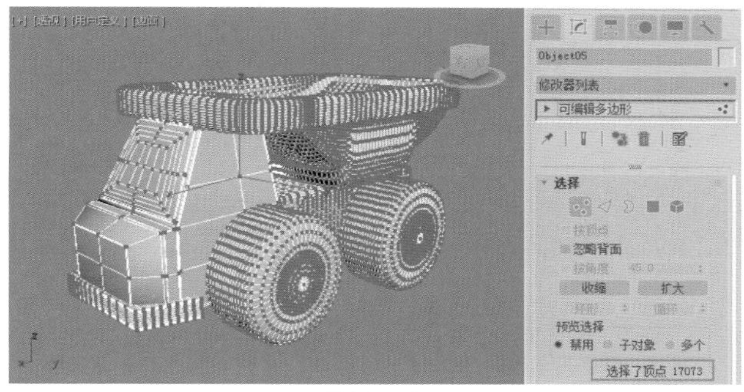

图4-46

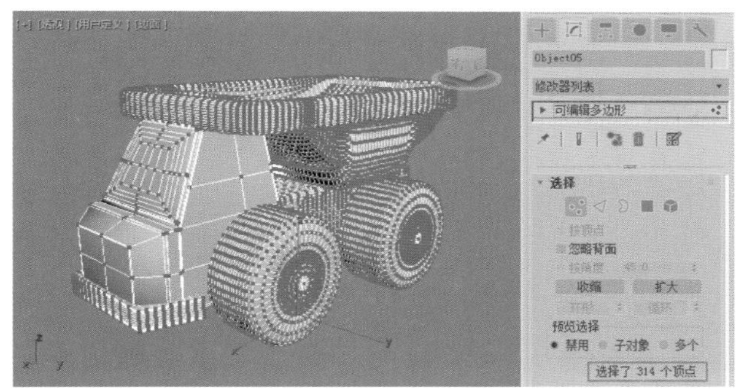

图4-47

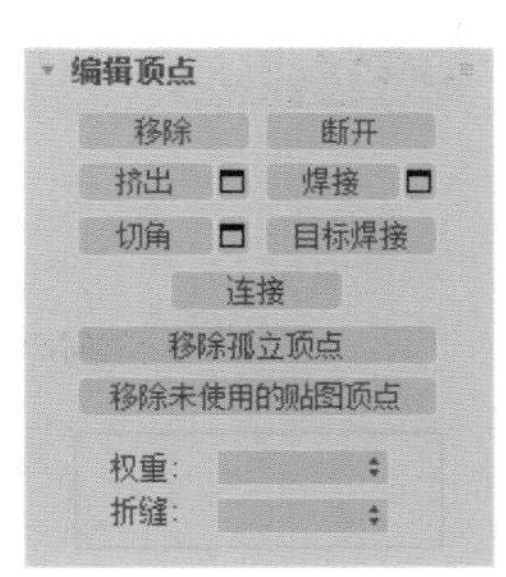

图4-48

参数解析

- 移除：删除选中的顶点，并接合起使用它们的多边形，快捷键是Backspace，如图4-49所示。

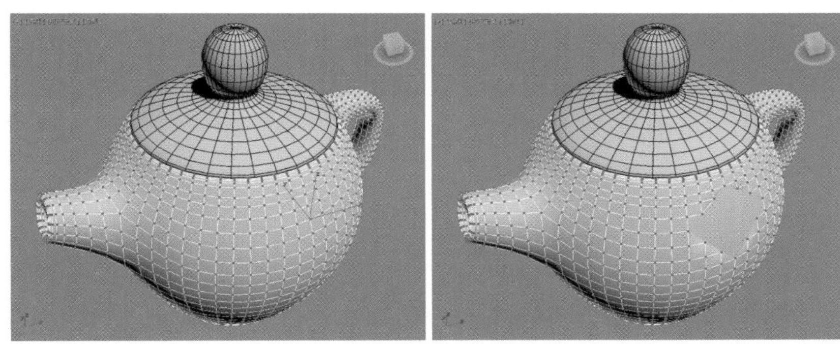

图4-49

- 断开：在与选定顶点相连的每个多边形上，都创建一个新顶点，这可以使多边形的转角相互分开，使它们不再相连于原来的顶点上，如果顶点是孤立的，或者只有一个多边形使用，则顶点将不受影响。
- 挤出：可以手动挤出顶点，方法是在视图中直接操作。单击此按钮，然后垂直拖曳到任何顶点上，就可以挤出此顶点。
- 焊接：对“焊接”助手中指定的公差范围内选定的连续顶点进行合并，所有边都会与产生的单个顶点连接，如图4-50所示。

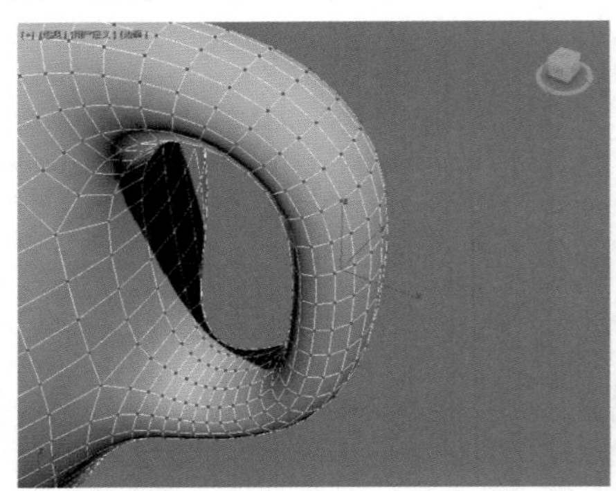
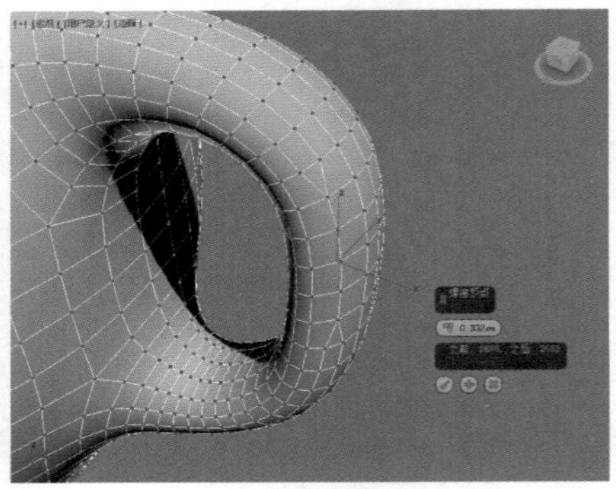

图4-50

- 切角：单击此按钮，然后在活动对象中拖动顶点。要用数字切角顶点，请单击“切角设置”按钮，然后使用“切角量”值，如图4-51所示。

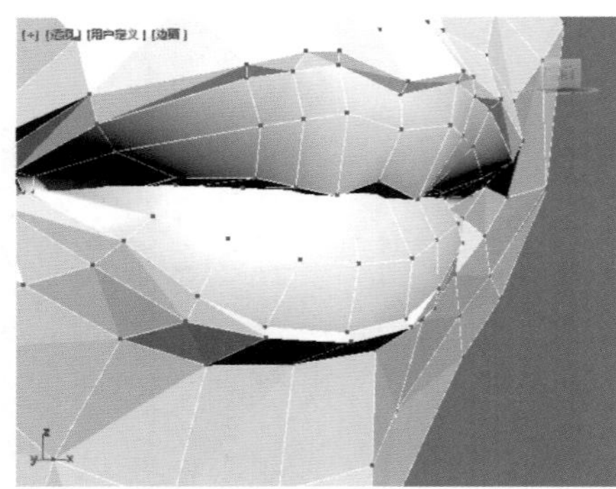
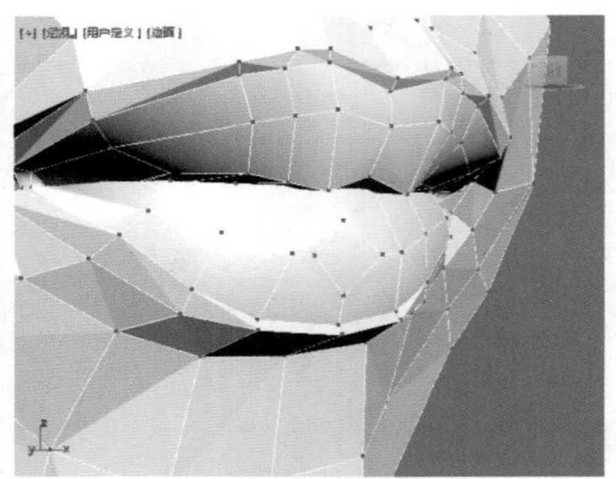

图4-51

- 目标焊接：可以选择一个顶点，并将它焊接到相邻的目标顶点。“目标焊接”只焊接成对的连续顶点，也就是说，顶点有一个边相连。
- 连接：在选中的顶点对之间创建新的边。
- 移除孤立顶点：将不属于任何多边形的所有顶点删除。
- 移除未使用的贴图顶点：某些建模操作会留下未使用的（孤立）贴图顶点，它们会显示在“展开UVW”编辑器中，但是不能用于贴图，可以使用这一按钮，来自动删除这些贴图顶点。
- 权重：设置选定顶点的权重。
- 折缝：设置选定顶点的折缝值。

4.4.3 “边”子对象层级

“边” 是连接两个顶点的直线，它可以形成多边形的边，如图4-52所示。

同顶点一样，多边形的每一条边也都有唯一的ID编号，这个ID编号我们可以通过单击模型上的任意边，再通过“修改”面板中的“选择”卷展栏下方的提示观察到，如图4-53所示。

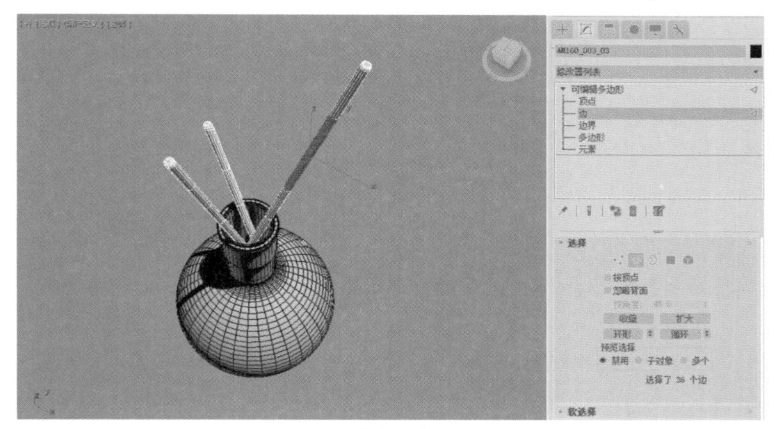

图4-52

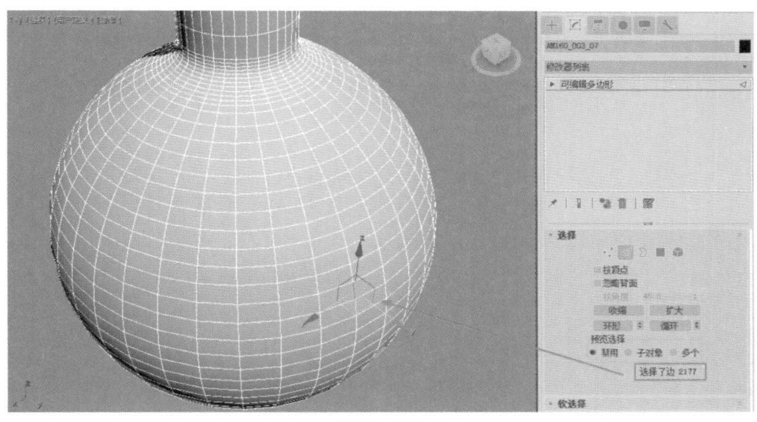

图4-53

在“可编辑多边形”的“边”子层级中，如果选择了多个边，则提示具体选择了多少条边，如图4-54所示。

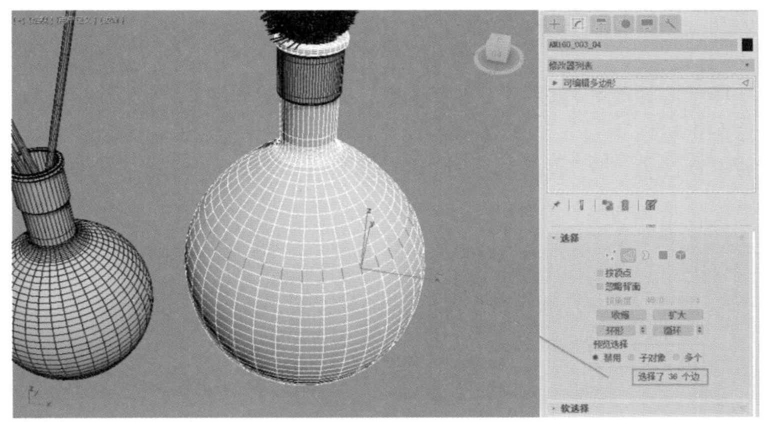

图4-54

选择边时，可以对边进行循环选择操作。在模型上双击任意一条边，即可选中一圈循环结构的边，如图4-55所示。

进入“可编辑多边形”的“边”子层级后，在“修改”面板中会出现“编辑边”卷展栏，如图4-56所示。

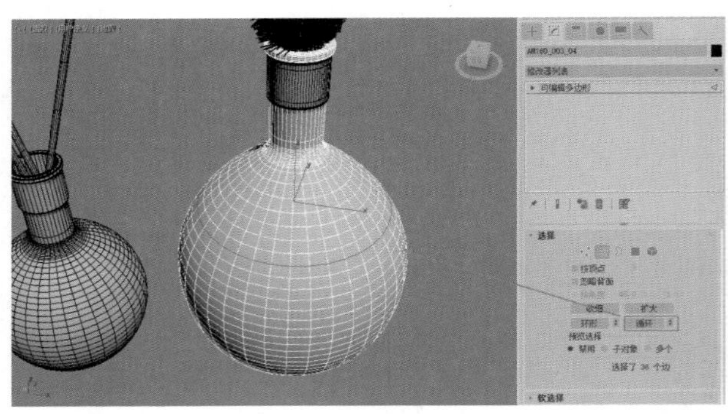

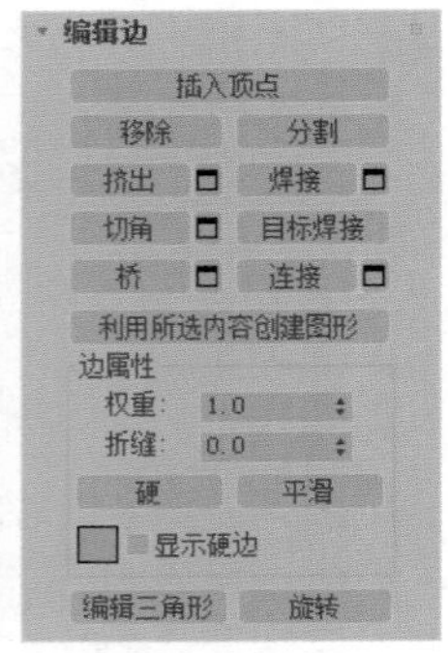

图4-55

图4-56

参数解析

- 插入顶点：用于手动细分可视的边。
- 移除：删除选定边并组合使用这些边的多边形。
- 分割：沿着选定边分割网格。
- 挤出：直接在视图中操纵时，可以手动挤出边。单击此按钮，然后垂直拖动任何边，以便将其挤出。
- 焊接：对指定的阈值范围内的选定边进行合并。
- 切角：边切角可以“砍掉”选定边，从而为每个切角边创建两个或更多新边。它还会创建一个或多个连接新边的多边形，如图4-57所示。

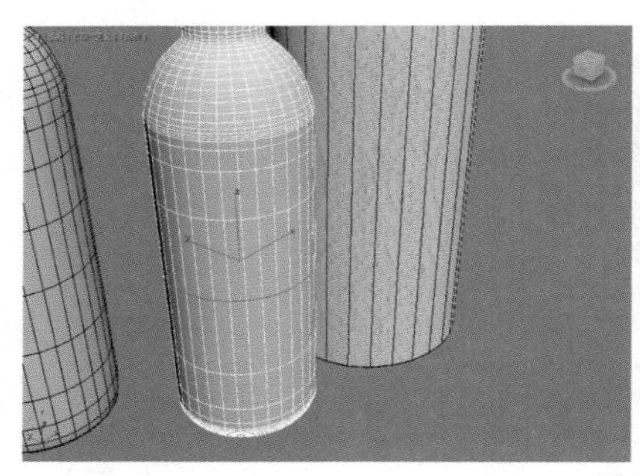

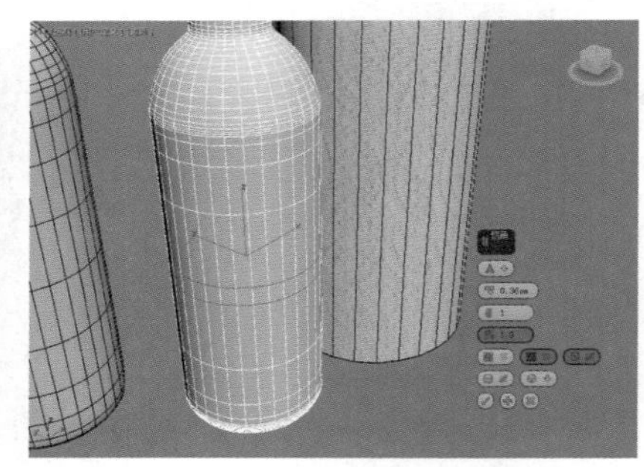

图4-57

- 目标焊接：用于选择边并将其焊接到目标边。将光标放在边上时，光标会变为“+”光标。单击并移动鼠标会出现一条虚线，虚线的一端是顶点，另一端是箭头光标。将光标放在其他边上，如果光标再次显示为“+”形状，请单击鼠标。此时，第一条边将会移动到第二条边的位置，从而将这两条边焊接在一起，如图4-58所示。

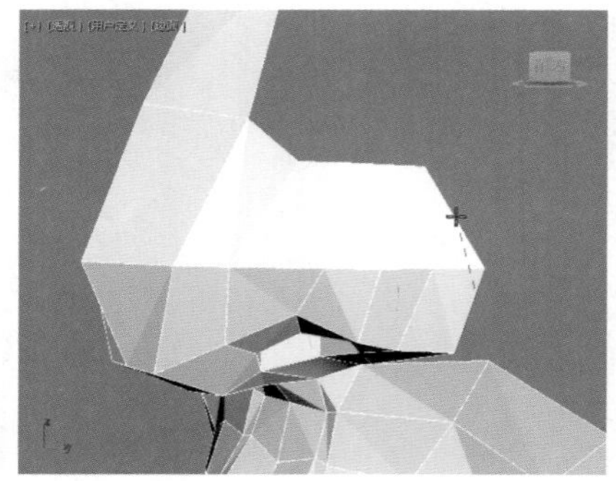

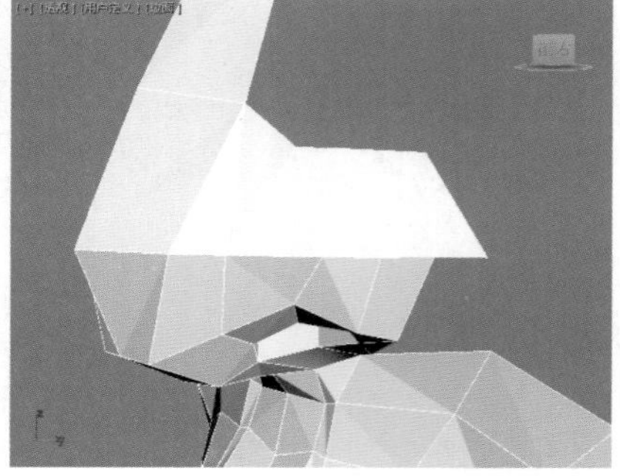

图4-58

- 桥：使用多边形的“桥”连接对象的边，桥只连接边界边，也就是只在一侧有多边形的边。在创建边循环或剖面时，该工具特别有用，如图4-59所示。

图4-59

- 连接：使用当前的“连接边”设置在选定边对之间创建新边。连接对于创建或细化边循环特别有用，如图4-60所示。

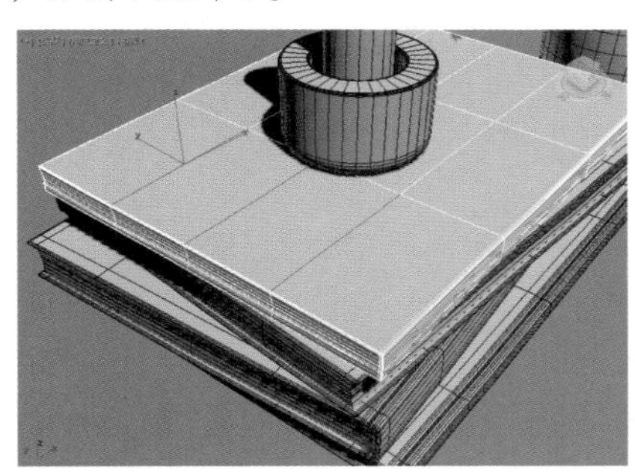
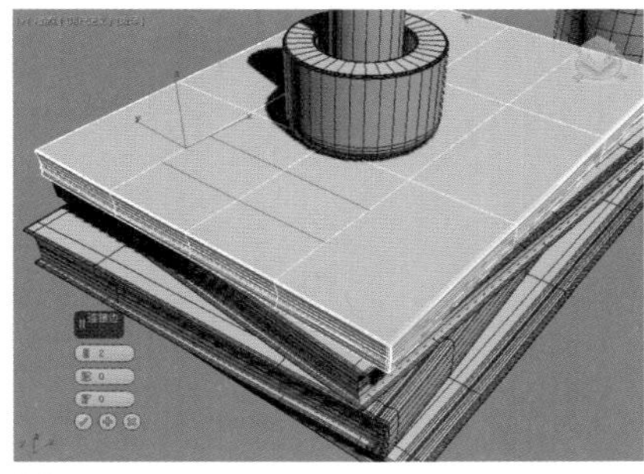

图4-60

- 利用所选内容创建图形：选择一条或多条边后，单击此按钮可使用选定边，使用“创建图形设置”对话框中的当前设置，创建一个或多个样条线形状。
- 编辑三角形：用于修改绘制内边或对角线时多边形细分为三角形的方式。
- 旋转：用于通过单击对角线修改多边形细分为三角形的方式。激活“旋转”时，对角线可以在线框和边面视图中显示为虚线，在“旋转”模式下，单击对角线可更改其位置。要退出“旋转”模式，可以在视图中右击或再次单击“旋转”按钮。

4.4.4 “边界”子对象层级

“边界”是网格的线性部分，通常可以描述为孔洞的边缘。它通常是多边形仅位于一面时的边序列。简单来说“边界”即是指一个完整闭合的模型上因缺失了部分的面而产生了开口的地方，所以我们常常使用边界来检查模型是否有破面的情况。当进入到编辑多边形的边界子层级，在模型上框选一下，如果可以选中，则代表模型有破面。例如，长方体没有边界，但茶壶对象有若干边界，即壶盖、壶身和壶嘴上有边界，还有两个壶把上，如果创建角色模型，那么眼睛的部位就会形成一个边界，如图4-61所示。

进入“可编辑多边形”的“边界”子层级后，在“修改”面板中会出现“编辑边界”卷展栏，如图4-62所示。

参数解析

- 挤出：通过直接在视图中操纵对边界进行手动挤出处理。单击此按钮，然后垂直拖动任何边界，以便将其挤出。

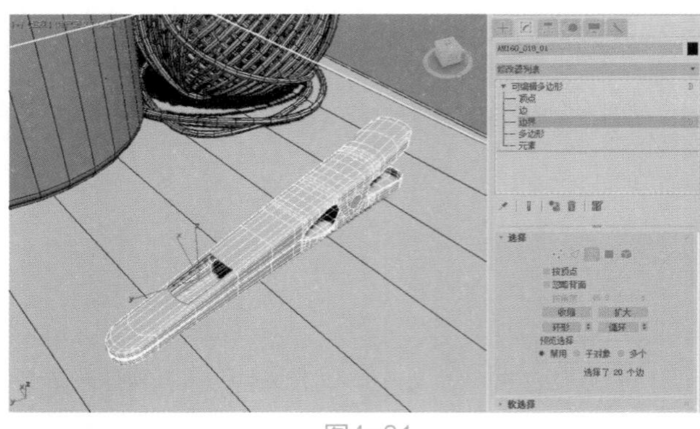

图4-61

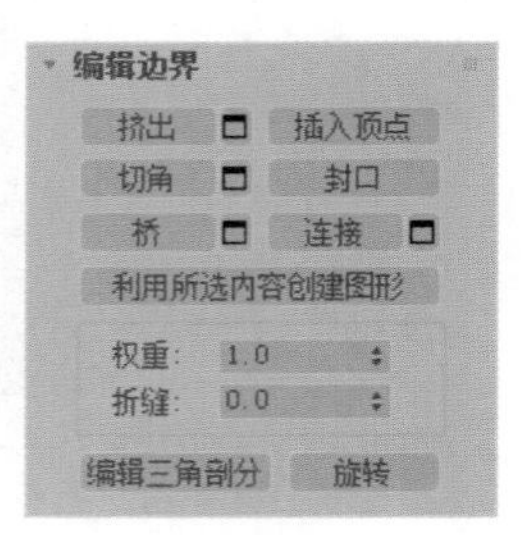

图4-62

- 插入顶点：用于手动细分边界。
- 切角：单击该按钮，然后拖动活动对象中的边界，不需要先选中该边界。
- 封口：使用单个多边形封住整个边界环，如图4-63所示。

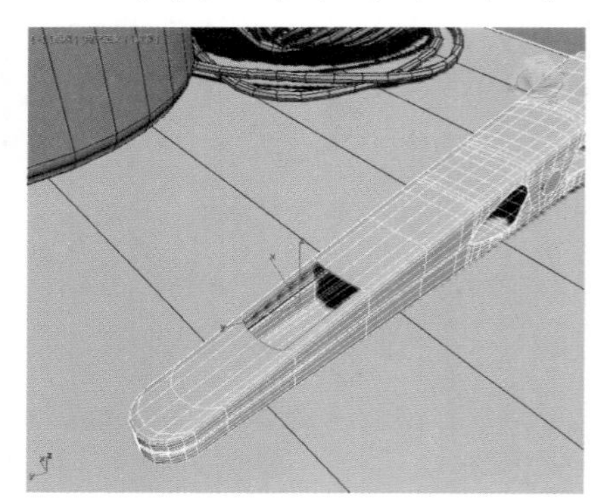

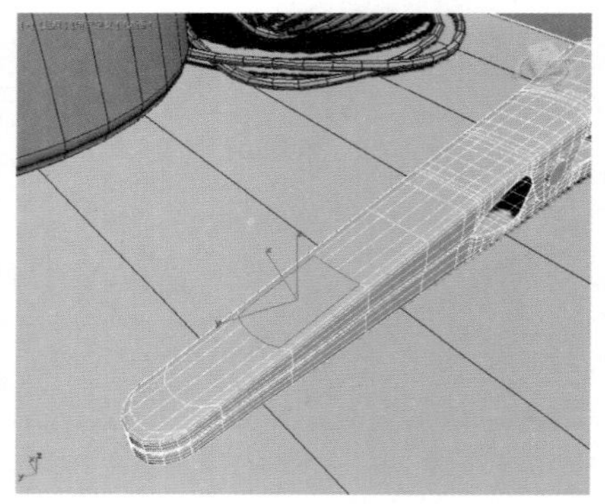

图4-63

- 桥：用“桥”多边形连接对象上的边界对，如图4-64所示。

图4-64

- 连接：在选定边界边对之间创建新边，这些边可以通过其中点相连。
- 利用所选内容创建图形：选择一个或多个边界后，单击此按钮可使用选定边，使用“创建图形设置”对话框中的当前设置，创建一个或多个样条线图形。

4.4.5 “多边形”子对象层级

“多边形”■指模型上由3条或3条以上边所构成的面，如图4-65所示。

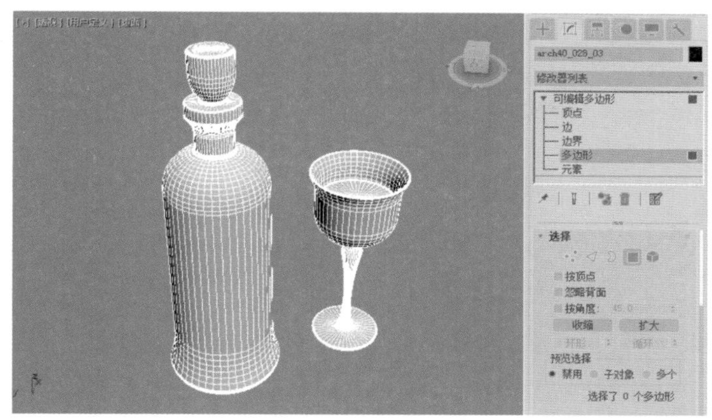

图4-65

选择多边形的一个面时，按下Shift键，单击位于已选择面的同一循环面上的其他任意面，则可以选中一圈的循环多边形，如图4-66所示。

进入“可编辑多边形”的“多边形”子层级后，在“修改”面板中会出现“编辑多边形”卷展栏，如图4-67所示。

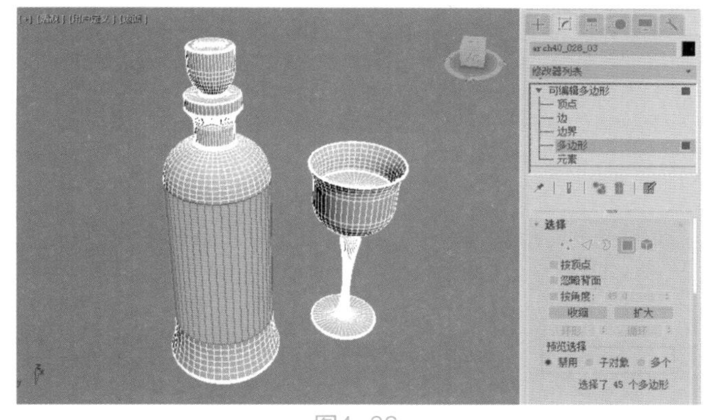

图4-66

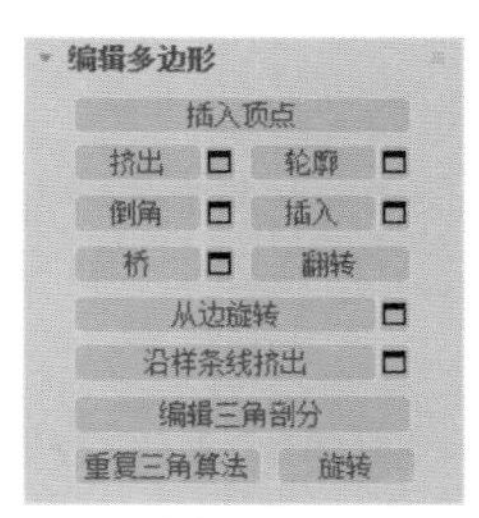

图4-67

参数解析

- 插入顶点：用于手动细分多边形。
- 挤出：直接在视图中操纵时，可以执行手动挤出操作。单击此按钮，然后垂直拖动任何多边形，以便将其挤出。
- 轮廓：用于增加或减少每组连续的选定多边形的外边。
- 倒角：通过直接在视图中操纵执行手动倒角操作。单击此按钮，然后垂直拖动任何多边形，以便将其挤出。释放鼠标按钮，然后垂直移动鼠标光标，以便设置挤出的轮廓，单击鼠标完成操作。
- 插入：执行没有高度的倒角操作，即在选定多边形的平面内执行该操作。单击此按钮，然后垂直拖动任何多边形，以便将其插入，如图4-68所示。
- 桥：使用多边形的“桥”连接对象上的两个多边形或选定多边形。
- 翻转：反转选定多边形的法线方向。
- 从边旋转：通过在视图中直接操纵执行手动旋转操作。选择多边形，并单击该按钮，然后沿着垂直方向拖动任何边，以便旋转选定的多边形，如果鼠标光标在某条边上，将会更改为十字形状。
- 沿样条线挤出：沿样条线挤出当前的选定内容，如图4-69所示。

图4-68

图4-69

- 编辑三角剖分：可以通过绘制内边修改多边形细分为三角形的方式。
- 重复三角算法：允许3ds Max对当前选定的多边形自动执行最佳的三角剖分操作。
- 旋转：用于通过单击对角线修改多边形细分为三角形的方式。

4.4.6 “元素”子对象层级

“可编辑多边形”中的“元素”子层级，可以选中多边形内部整个的几何体，如图4-70所示。

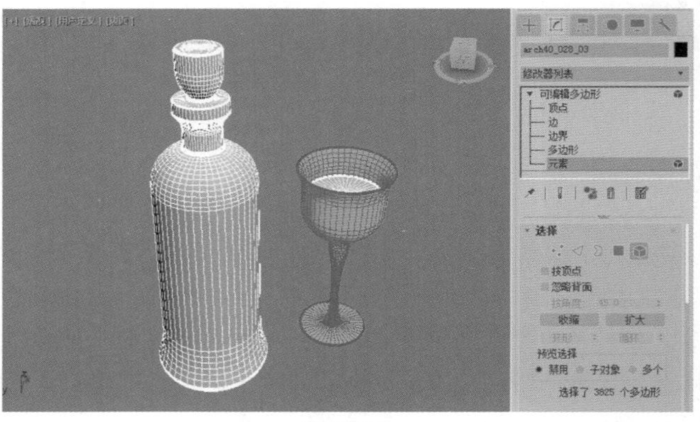

图4-70

当进入到“元素”子层级中，选中任意元素时，在“选择”卷展栏下方会直接显示选择了多少个多边形，如图4-71所示。

进入“可编辑多边形”的“元素”子层级后，在“修改”面板中会出现“编辑元素”卷展栏，如图4-72所示。

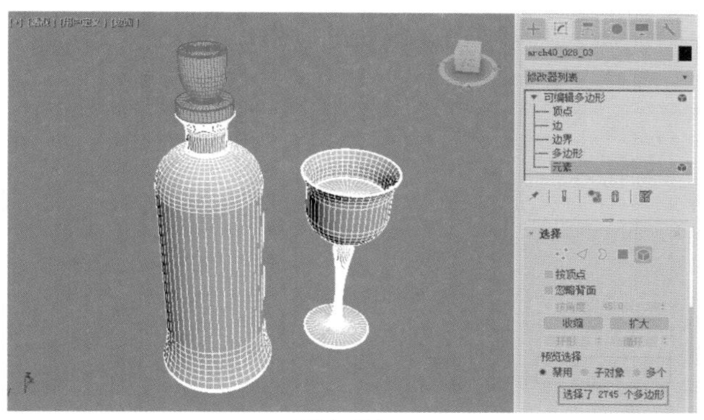

图4-71

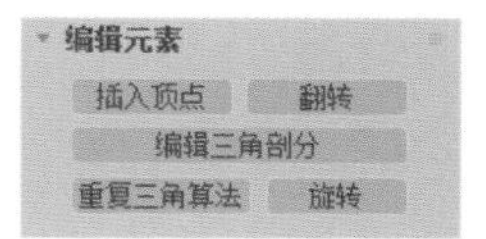

图4-72

参数解析

- 插入顶点：用于手动细分多边形。
- 翻转：反转选定多边形的法线方向。
- 编辑三角剖分：可以通过绘制内边修改多边形细分为三角形的方式。
- 重复三角算法：允许3ds Max对当前选定的多边形自动执行最佳的三角剖分操作。
- 旋转：用于通过单击对角线修改多边形细分为三角形的方式。

4.5 技术实例

4.5.1 实例：使用多边形建模技术来制作柜子模型

在本实例中，为大家讲解如何使用多边形建模技术来制作一个极简风格的柜子模型，柜子模型的渲染效果如图4-73所示。

图4-73

01 启动3ds Max软件，在“创建”面板中单击“长方体”按钮，在场景中绘制一个长方体模型，如图4-74所示。

02 在“修改”面板中，调整长方体的“长度”值为40，“宽度”值为120，“高度”值为65，如图4-75所示。

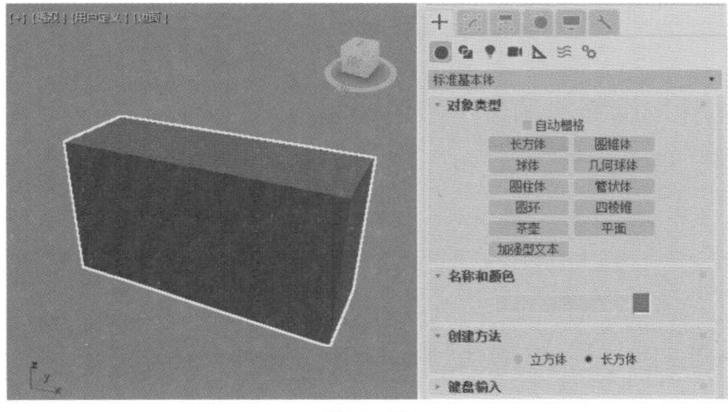

图4-74

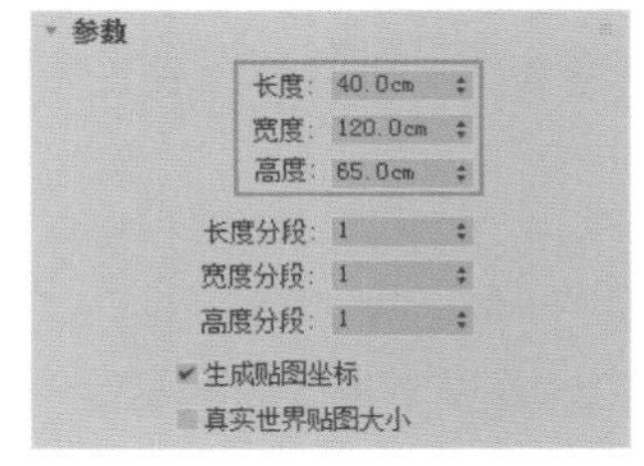

图4-75

03 选择长方体模型，将其转换为可以编辑的多边形后，进入“多边形”层级，选择图4-76所示的两个面，对其进行“插入”操作，如图4-77所示。

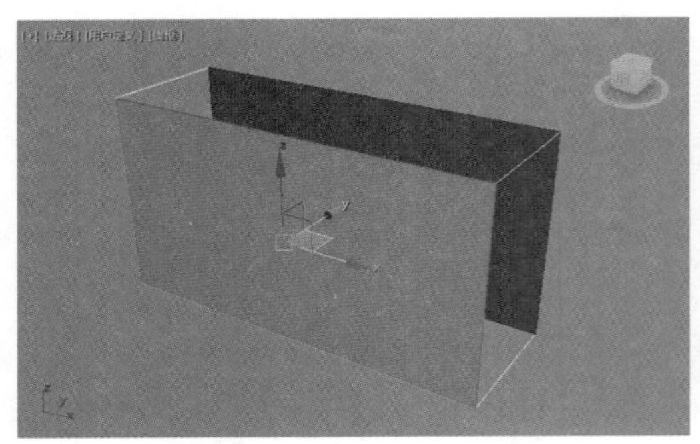
图4-76

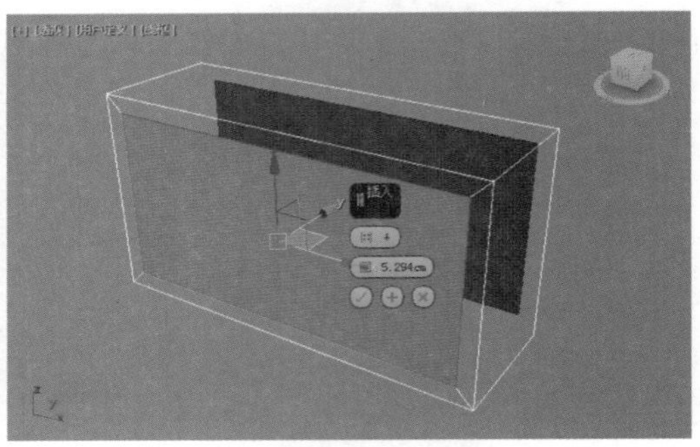

图4-77

04 在“修改”面板中，展开“编辑多边形”卷展栏，单击“桥”按钮，模型结果如图4-78所示。

05 进入“边”层级，选择图4-79所示的边，对其进行“切角”操作，制作出柜子的边角结构，如图4-80所示。

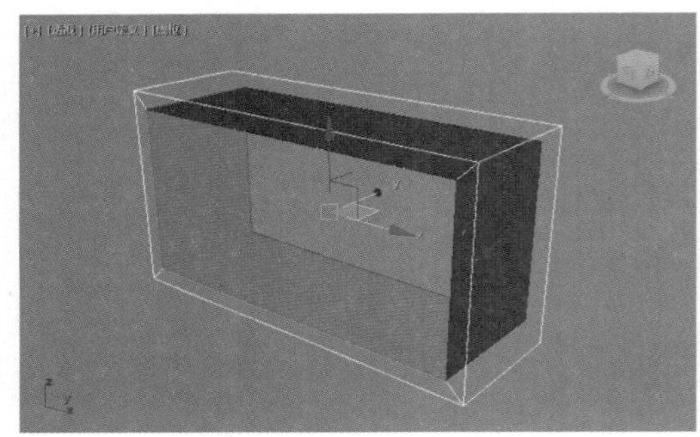
图4-78

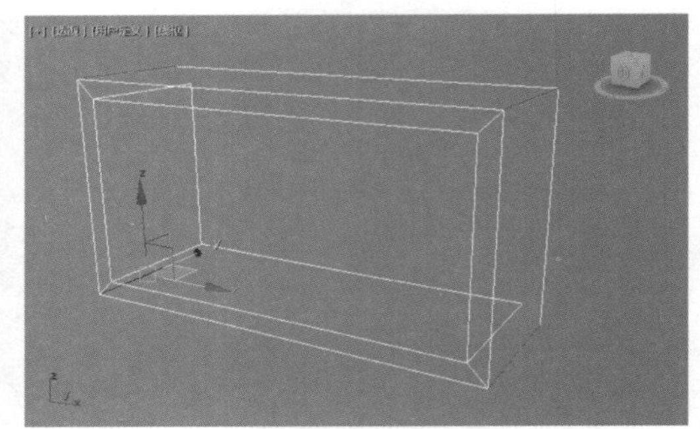
图4-79

06 选择图4-81所示的面，按住Shift键，向上进行复制，制作出柜子的隔板结构，如图4-82所示。

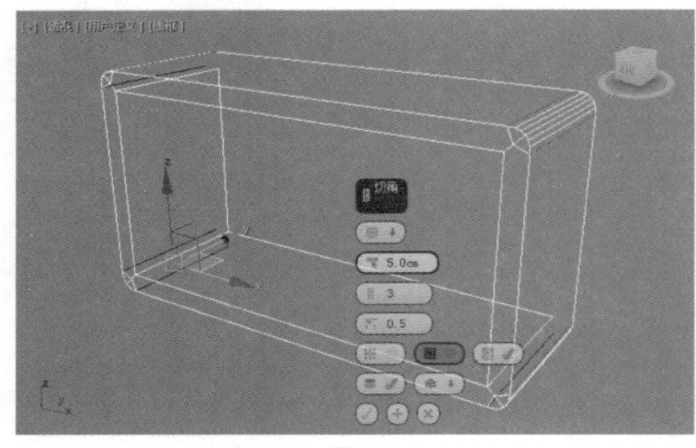

图4-80

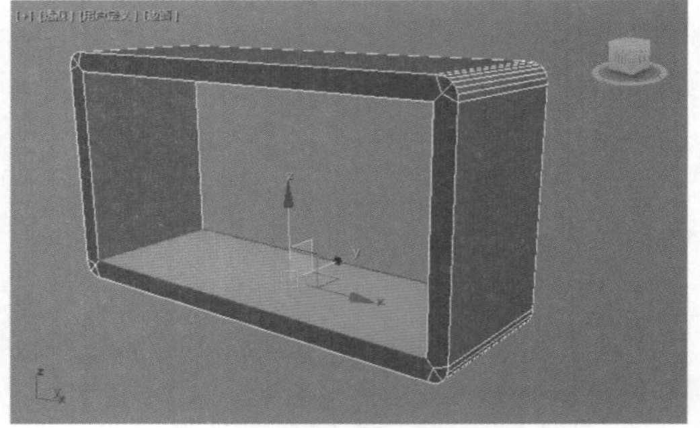
图4-81

07 对复制出来的面进行“挤出”操作，制作出隔板的厚度，如图4-83所示。

08 在“前”视图中，单击“长方体”按钮，绘制出一个新的长方体，准备制作柜子的柜门结构，如图4-84所示。

09 在“修改”面板中，调整长方体的“长度”值为64，“宽度”值为50，“高度”值为1，并调整其位置至图4-85所示。

10 将其转换为可以编辑的多边形后，选择图4-86所示的边，对其进行“切角”操作，如图4-87所示。

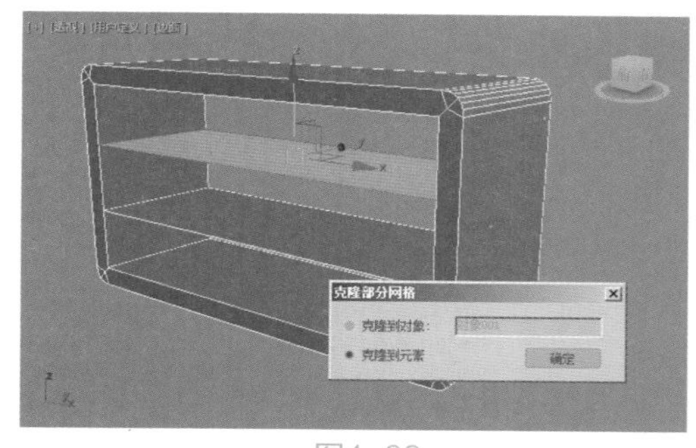

图4-82

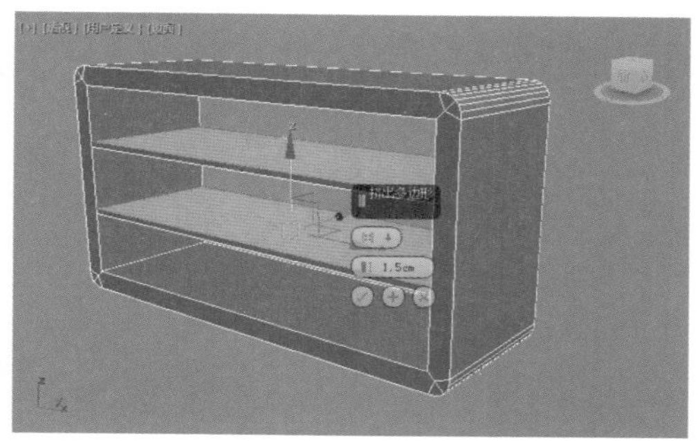

图4-83

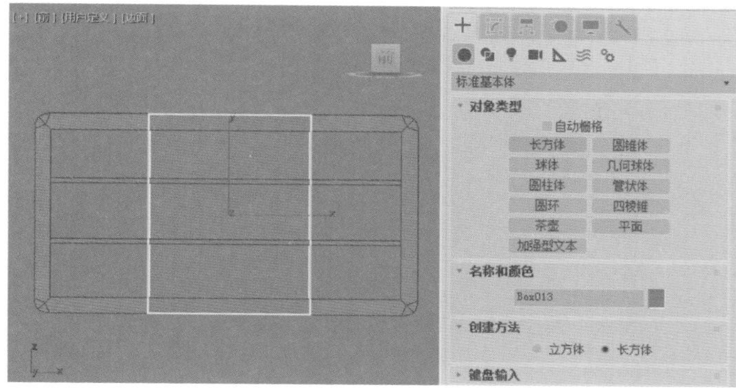

图4-84

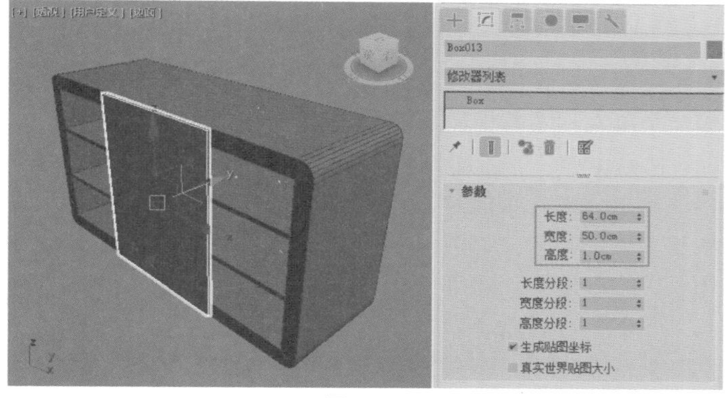

图4-85

图4-86

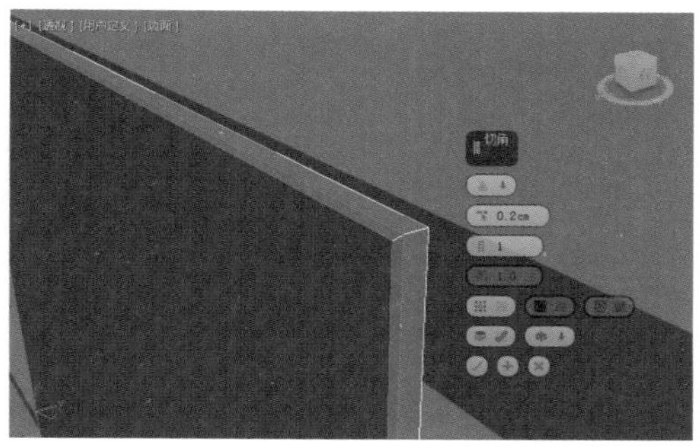

图4-87

11 选择图4-88所示的边，再次进行“切角”操作，制作出柜门的边角细节，如图4-89所示。

12 本实例的最终模型效果如图4-90所示。

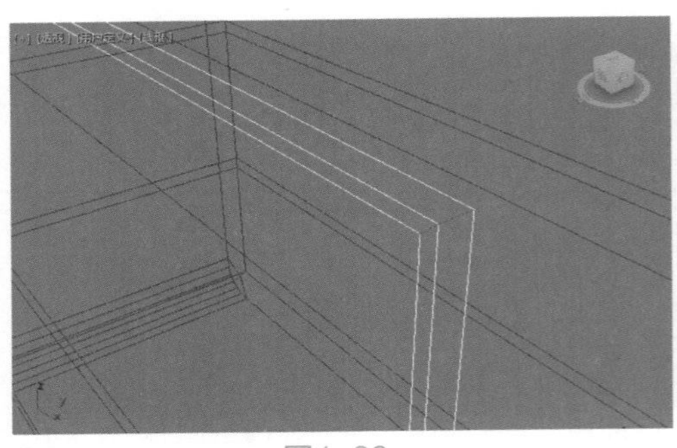

图4-88

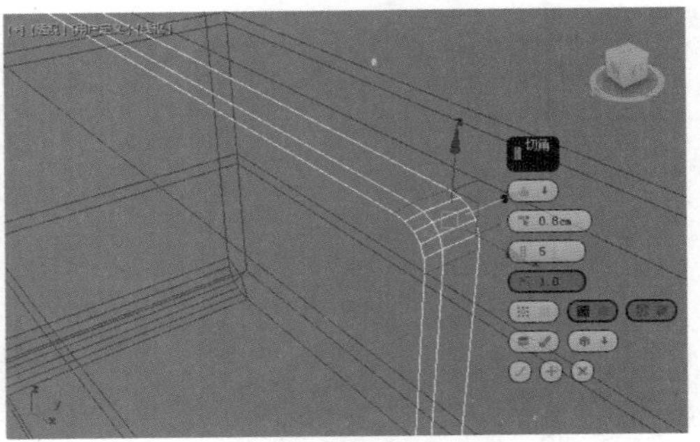

图4-89

图4-90

4.5.2 实例：使用修改器技术制作单人沙发

在本实例中，为大家讲解如何使用“切角长方体”按钮来快速制作一个单人沙发的模型，沙发模型的渲染效果如图4-91所示。

图4-91

01 启动3ds Max 软件，将“创建”面板的下拉列表切换至“扩展基本体”，单击“切角长方体”按钮，在场景中绘制出一个切角长方体，如图4-92所示。

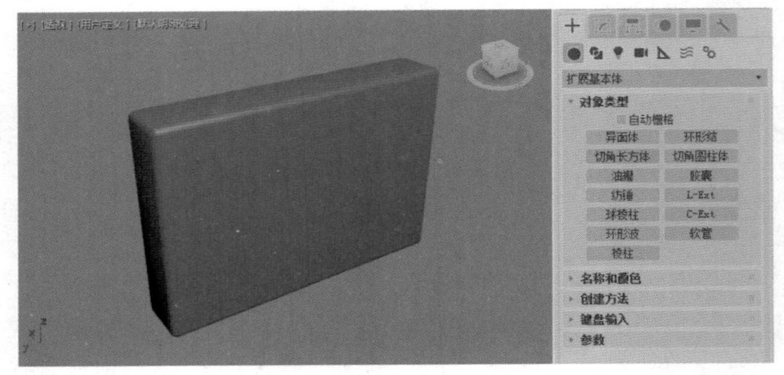

图4-92

02 在“修改”面板中，调整“长度”值为80，“宽度”值为15，“高度”值为55，“圆角”值为1.727，并设置“圆角分段”的值为3，如图4-93所示。

03 按住Shift键，以拖曳的方式复制出一个新的切角长方体，用来制作出沙发两侧的扶手结构，如图4-94所示。

图4-93

图4-94

04 新建一个切角长方体模型，在“修改”面板中调整“长度”的值为80，“宽度”的值为15，“高度”的值为55，“圆角”的值为1.727，“圆角分段”的值为3，如图4-95所示，制作出沙发的坐垫部分。

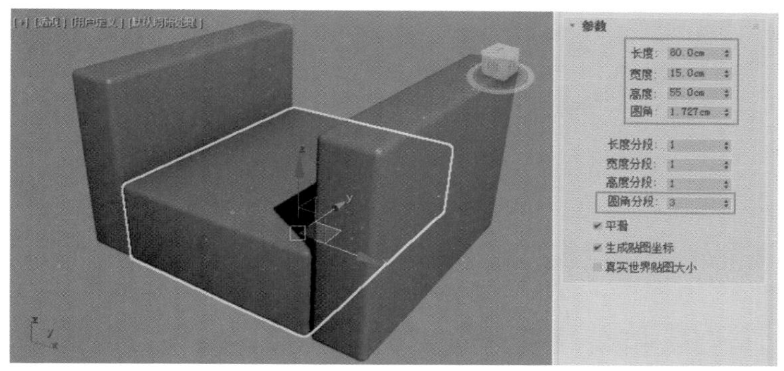

图4-95

05 新建一个切角长方体模型，在“修改”面板中调整“长度”的值为15，“宽度”的值为60，“高度”的值为25，“圆角”的值为1.7，“圆角分段”的值为3，并调整其位置至图4-96所示，制作出沙发的靠背部分。

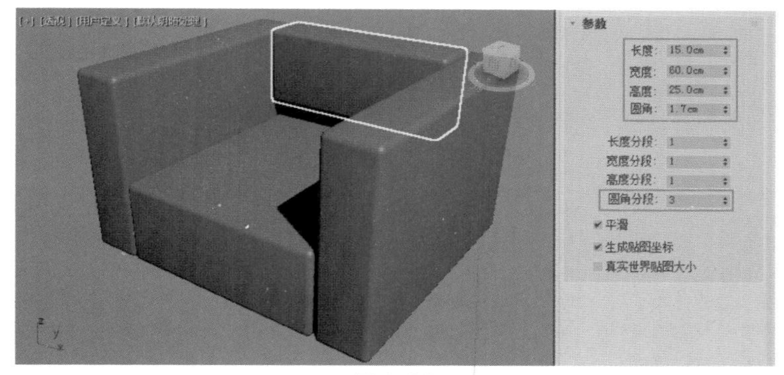

图4-96

06 在“创建”面板中，单击L-Ext按钮，在场景中创建一个L型对象，如图4-97所示。

07 在“修改”面板中，调整“侧面长度”的值为15，“前面长度”的值为12，“侧面宽度”的值为0.3，“前面宽度”的值为0.3，“高度”的值为15，制作出沙发的支撑结构，如图4-98所示。

08 选择L型对象，为其添加一个“对称”修改器，制作出另一侧的支撑结构，如图4-99所示。

09 再次添加“对称”修改器，以相同的方式制作出沙发的支撑结构，如图4-100所示。

10 本实例的最终模型效果如图4-101所示。

图4-97

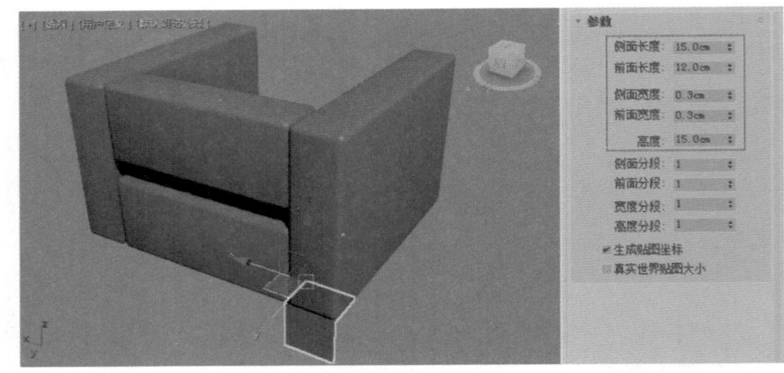

图4-98

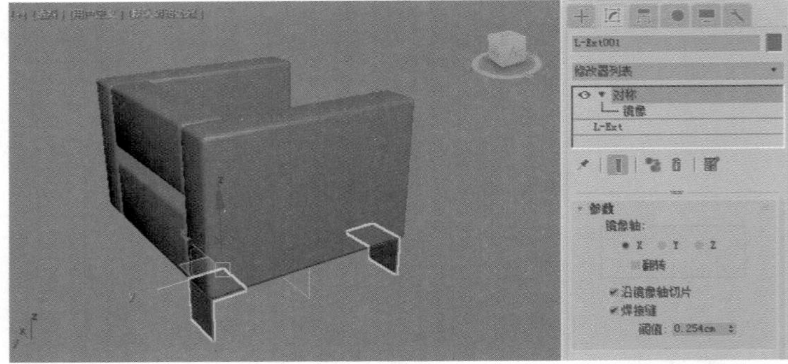

图4-99

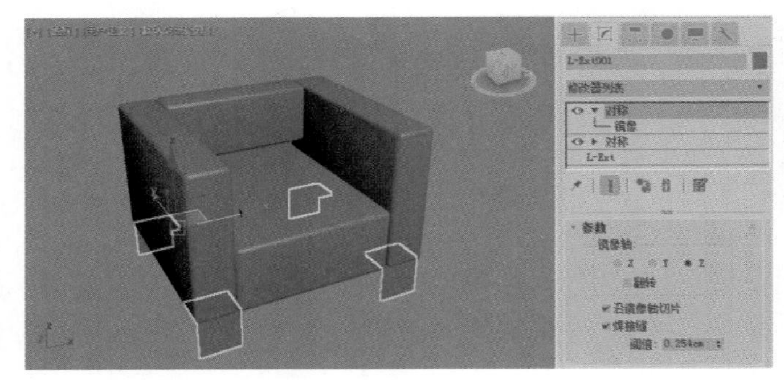

图4-100

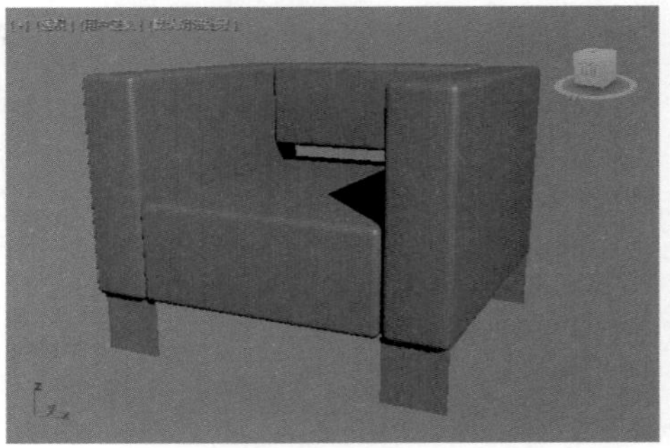

图4-101

5.1 材质概述

“材质”，就像颜料一样，通过给我们的三维模型添加色彩及质感，为我们的作品注入活力。材质可以反映出对象的纹理、光泽、通透程度、反射及折射属性等特性，使得三维模型看起来不再色彩单一，而是更加的真实和自然，图5-1分别为场景添加了材质前后的渲染对比效果。

图5-1

5.2 材质编辑器

3ds Max所提供的“材质编辑器”对话框非常重要，里面不但包含了所有的材质及贴图命令，还提供了大量预先设置好的材质以供用户选择使用，打开“材质编辑器”有以下几种方法。

第一种：执行“渲染＞材质编辑器”菜单命令，可以看到3ds Max 2018为用户所提供的“精简材质编辑器”命令和“Slate材质编辑器”命令，如图5-2所示。

第二种：在主工具栏上，单击图标“精简材质编辑器＞Slate材质编辑器”也可以打开对应类型的材质编辑器，如图5-3所示。

第三种：按下快捷键M，可以显示上次打开的“材质编辑器”版本（“精简材质编辑器”或“Slate材质编辑器”）。

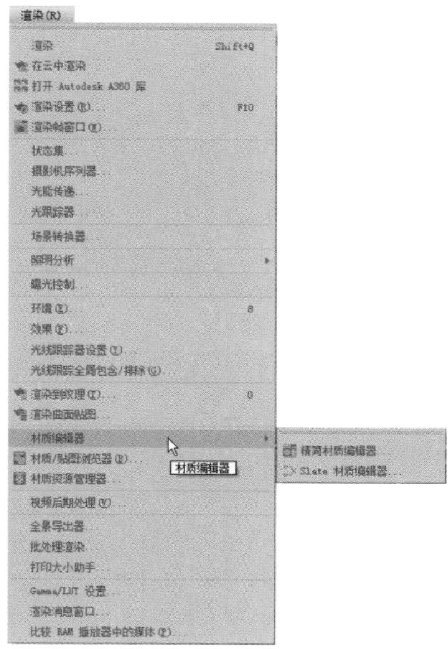

图5-2

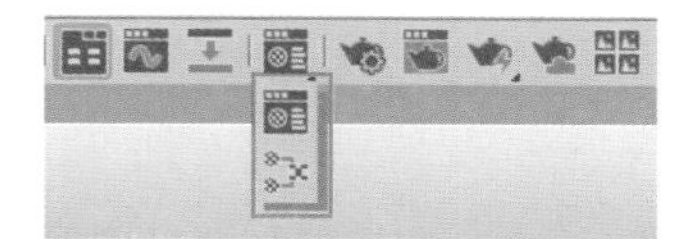

图5-3

5.2.1 精简材质编辑器

“精简材质编辑器”的界面是3ds Max软件从早期一直延续下来的，深受广大资

第5章视频

第5章素材

深3ds Max用户的喜爱，其面板如图5-4所示。

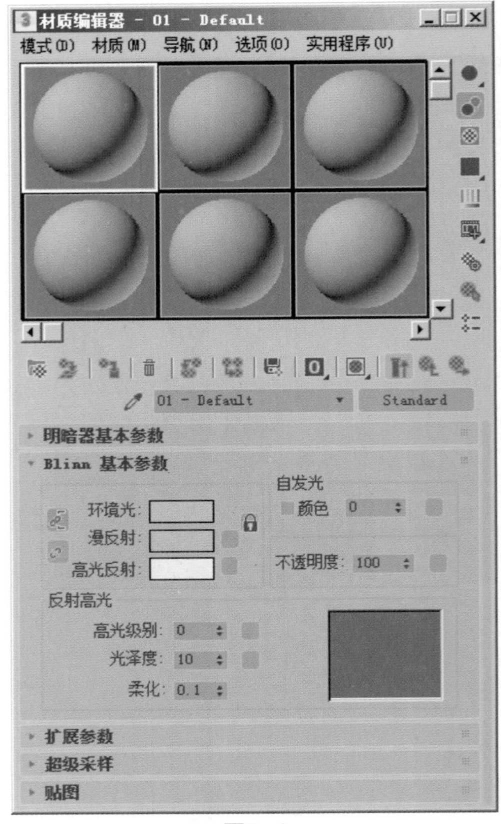

图5-4

由于在实际的工作中，精简材质编辑器更为常用，故本书以“精简材质编辑器”来进行讲解。

5.2.2 Slate材质编辑器

“Slate材质编辑器”的界面允许用户通过直观的节点式命令操作来调试自己喜欢的材质，其面板如图5-5所示。

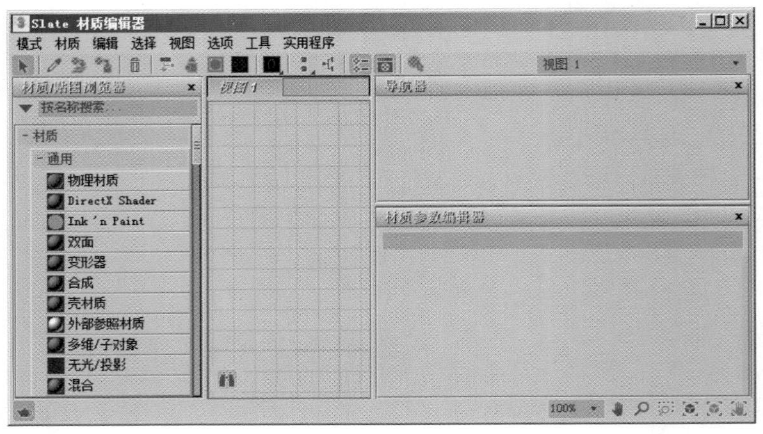

图5-5

5.2.3　菜单栏

“材质编辑器”对话框的菜单栏中包含了“模式”“材质”“导航”“选项”和“实用程序”这5个菜单，如图5-6所示。

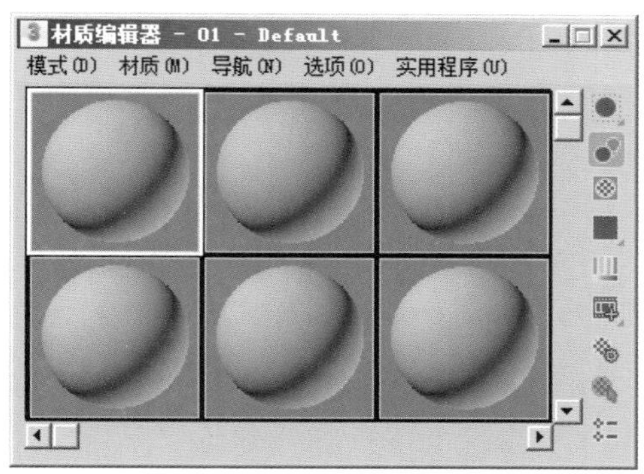

图5-6

1. 模式

“模式”内仅有两个命令，用户可以通过这里来快速切换“精简材质编辑器”与“Slate材质编辑器”，如图5-7所示。

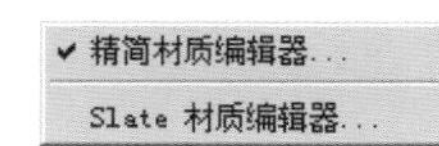

图5-7

参数解析

- 精简材质编辑器：如果用户在3ds Max 2011发布之前使用过3ds Max软件，“精简材质编辑器”应当是用户最为熟悉的界面，它是一个相当小的对话框，其中包含各种材质的快速预览。如果用户要指定已经设计好的材质，那么“精简材质编辑器”仍是一个实用的界面。
- Slate 材质编辑器：“Slate 材质编辑器”是一个较大的对话框，在其中，材质和贴图显示为可以关联在一起以创建材质树的节点，包括 MetaSL明暗器产生的现象。如果用户要设计新材质，则“Slate 材质编辑器”尤其有用，它包括搜索工具以帮助您管理具有大量材质的场景。

2. 材质

“材质”菜单主要用来获取材质、从对象选取材质等，如图5-8所示。

图5-8

参数解析

- 获取材质：执行该命令可以打开“材质/贴图浏览器”对话框，在该对话框中可以选择材质或者贴图。
- 从对象选取：可以从场景中的对象上选择材质。
- 按材质选择：根据所选材质球来选择被赋予该材质球的物体。
- 在ATS对话框中高亮显示资源：如果材质使用的是已跟踪资源的贴图，那么执行该命令，可以打开“资源跟踪”对话框，同时资源会高亮显示。
- 指定给当前选择：执行该命令，可以将当前材质应用于场景中的选定对象。
- 放置到场景：在编辑材质完成后，执行该命令，可以更新场景中的材质效果。
- 放置到库：执行该命令，可以将选定的材质添加到材质库中。

- 更改材质/贴图类型：执行该命令，可以更改材质或贴图的类型。
- 生成材质副本：通过复制自身的材质，生成一个材质副本以供使用。
- 启动放大窗口：将材质实例窗口放大，并在一个单独的窗口中进行显示。
- 另存为FX文件：将材质另存为FX文件。
- 生成预览：使用动画贴图为场景添加运动，并生成预览。
- 查看预览：使用动画贴图为场景添加运动，并查看预览。
- 保存预览：使用动画贴图为场景添加运动，并保存预览。
- 显示最终结果：查看所在级别的材质。
- 视口中的材质显示为：选择在视口中显示材质的方式，共有“没有贴图的明暗处理材质”“有贴图的明暗处理材质”“没有贴图的真实材质”和“有贴图的真实材质”4种可选。
- 重置示例窗旋转：使活动的示例窗对象恢复到默认方向。
- 更新活动材质：更新示例窗中的活动材质。

3. 导航

“导航”菜单主要用来切换材质或贴图的层级，如图5-9所示。

图5-9

参数解析

- 转到父对象：在当前材质中向上移动一个层级，快捷键为向上键。
- 前进到同级：移动到当前材质中的相同层级的下一个贴图或材质，快捷键为向右键。
- 后退到同级：与“前进到同级”类似，只是导航到前一个同级贴图，而不是导航到后一个同级贴图，快捷键为向左键。

4. 选项

“选项”菜单主要用来切换材质球的显示背景等，如图5-10所示。

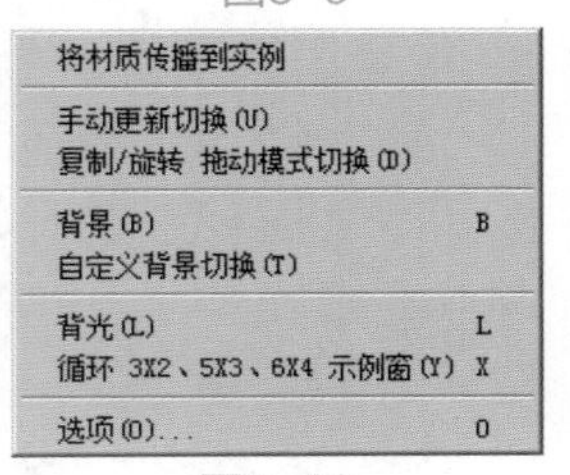

图5-10

参数解析

- 将材质传播到实例：将指定的任何材质传播到场景中对象的所有实例。
- 手动更新切换：使用手动的方式进行更新切换。
- 复制/旋转 拖动模式切换：切换复制/旋转拖动的模式。
- 背景：将多颜色的方格背景添加到活动示例窗中。
- 自定义背景切换：如果已经指定了自定义背景，该命令可以用来切换自定义背景的显示效果。
- 背光：将背光添加到活动示例窗中。
- 循环3×2、5×3、6×4示例窗：用来切换材质球的显示方式。
- 选项：打开“材质编辑器选项”对话框，如图5-11所示，在该对话框中可以启用材质动画、加载自定义背景、定义灯光亮度等命令。

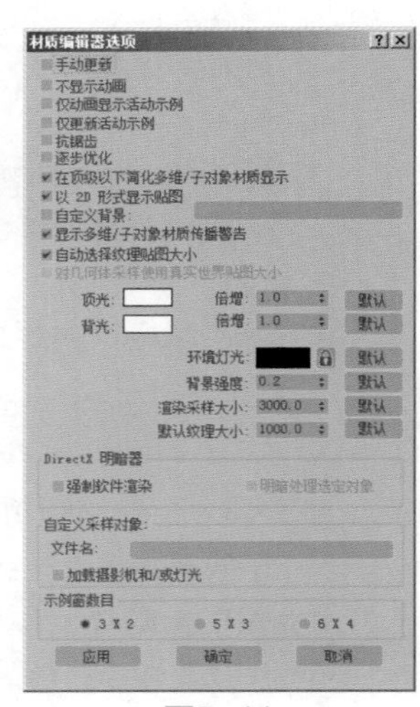

图5-11

5. 实用程序

“实用程序”菜单主要用来执行清理多维材质、重置材质编辑器窗口等操作，如图5-12所示。

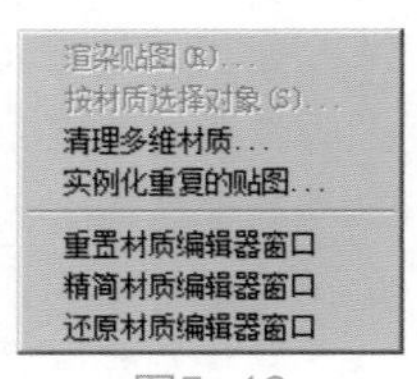

图5-12

参数解析

- 渲染贴图：对贴图进行渲染。
- 按材质选择对象：可以基于“材质编辑器”对话框中的活动材质来选择对象。

- 清理多维材质：对“多维/子对象”材质进行分析，然后在场景中显示所有包含未分配任何材质ID的材质。
- 实例化重复的贴图：在整个场景中查找具有重复位图贴图的材质，并提供将它们实例化的选项。
- 重置材质编辑器窗口：用默认的材质类型替换“材质编辑器”中的所有材质球。
- 精简材质编辑器窗口：将“材质编辑器”对话框中所有未使用的材质设置为默认类型。
- 还原材质编辑器窗口：利用缓冲区的内容还原编辑器的状态。

5.2.4 材质球示例窗口

“材质球示例窗口”主要用来显示材质的预览效果，通过观察示例窗口中的材质球，可以很方便地查看我们调整相应参数对材质的影响结果，如图5-13所示。

在材质球示例窗口中，选择任意材质球，可以通过双击的方式打开独立的材质球显示窗口，并可以随意调整大小以便观察，如图5-14所示。

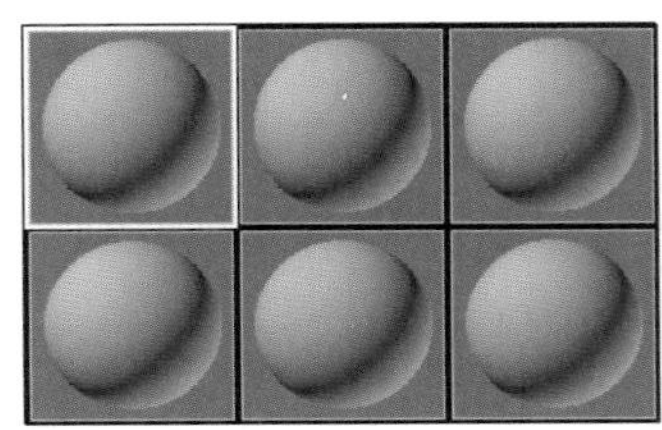

图5-13

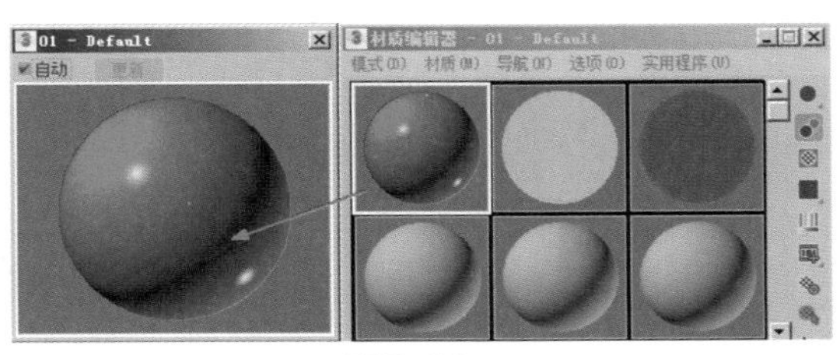

图5-14

在默认情况下，材质球示例窗内共有12个材质球，通过拖曳滚动条的方式可以显示出其他的材质球，也可以通过在材质球上单击鼠标右键来选择材质球显示为不同数目，如图5-15所示。

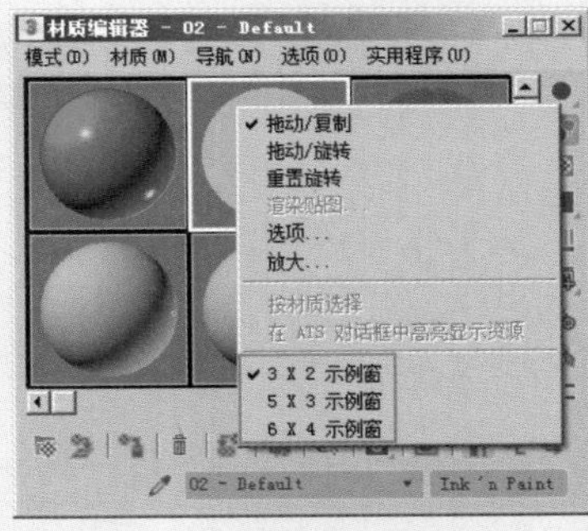

图5-15

5.2.5 工具栏

材质编辑器中含有两个工具栏，如图5-16所示。

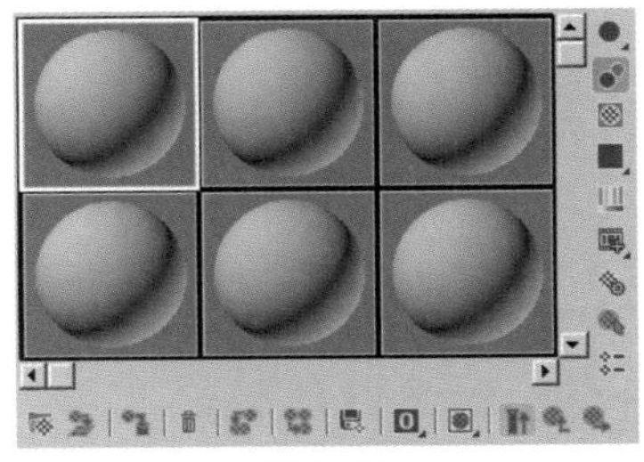

图5-16

参数解析

- “获取材质”按钮：为选定的材质打开“材质/贴图浏览器”对话框。
- “将材质放入场景”按钮：在编辑好材质后，单击该按钮，可以更新已应用于对象的材质。
- “将材质指定给选定对象”按钮：将材质指定给选定的对象。

- “重置贴图/材质为默认设置”按钮 ：删除修改的所有属性，将材质属性恢复到默认值。
- “生成材质副本”按钮 ：在选定的示例图中创建当前材质的副本。
- “使唯一”按钮 ：将实例化的材质设置为独立的材质。
- “放入库”按钮 ：重新命名材质并将其保存到当前打开的库中。
- “材质ID通道”按钮 ：为应用后期制作效果设置唯一的ID通道，单击该按钮可弹出ID数字选项，如图5-17所示。
- “在视图中显示明暗处理材质”按钮 ：在视图对象上显示2D材质贴图。
- “显示最终结果”按钮：在实例图中显示材质以及应用的所有层次。
- “转到父对象”按钮：将当前材质上移动一级。
- “转到下一个同级项”按钮：选定同一层级的下一贴图或材质。
- “采样类型”按钮：控制示例窗显示的对象类型，默认为球型，还有圆柱体和立方体可选，如图5-18所示。

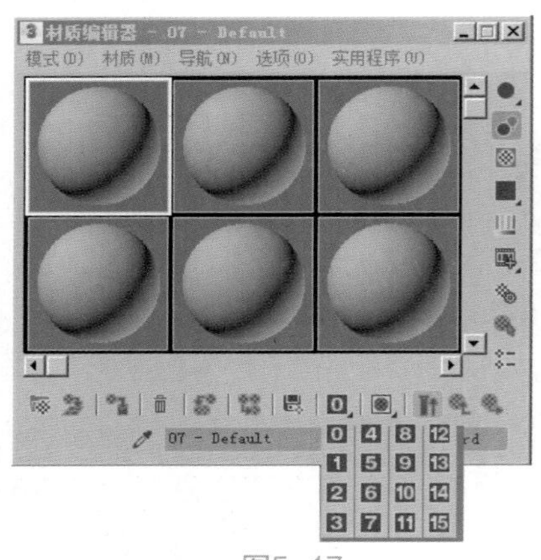

图5-17

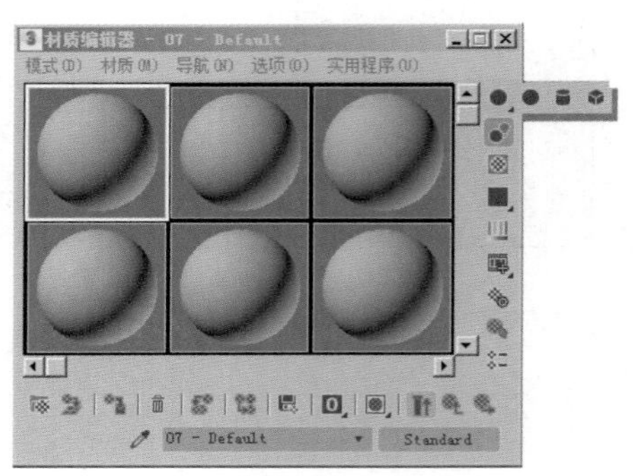

图5-18

- “背光”按钮：打开或关闭选定示例窗中的背景灯光。
- “背景”按钮：在材质后面显示方格背景图像，在观察具有透明、反射及折射属性材质时非常有用。
- “采样UV平铺”按钮：为示例窗中的贴图设置UV平铺显示。
- “视频颜色检查”按钮：检查当前材质中NTSC制式和PAL制式的不支持颜色。
- “生成预览”按钮：用于生产、浏览和保存材质预览渲染。
- “选项”按钮：打开“材质编辑器选项”对话框，在该对话框中可以启用材质动画、加载自定义背景、定义灯光亮度及颜色等。
- “按材质选择”按钮：选定使用了当前材质的所有对象。
- “材质/贴图导航器”按钮：单击此按钮，可以打开“材质/贴图导航器”对话框，在该对话框中可以显示当前材质的所有层级，如图5-19所示。

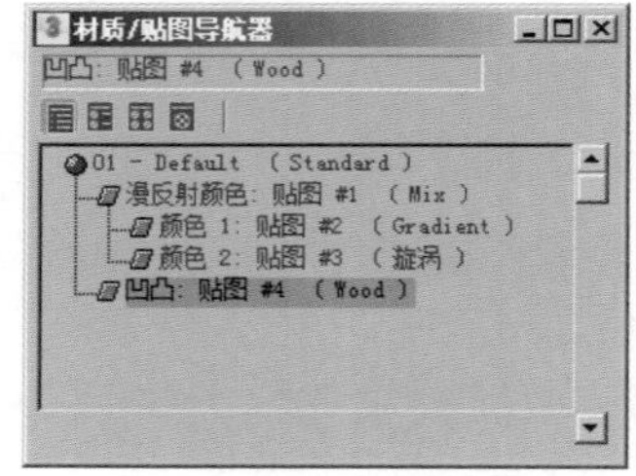

图5-19

5.2.6 参数编辑器

参数编辑器用于控制材质的参数，基本上所有的材质参数都在这里调节。注意，当使用了不同的材质时，其内部的参数也不相同。

5.3 材质资源管理器

“材质资源管理器”主要用来浏览和管理场景中的所有材质。执行“渲染/材质资源管理器”菜单命令即可打开“材质管理器”对话框，如图5-20所示。

“材质资源管理器”界面包含两个面板，上部为“场景”面板，下部为“材质”面板。“场景”面板类似于场景资源管理器，用户可以在其中浏览和管理场景中的所有材质；而利用“材质”面板可以浏览和管理单个材质的组件。

“材质管理器”对话框非常有用，可以很方便地查看当前场景中所有的材质球类型，以及该材质添加到了场景中的哪个物体上。当选择“场景”面板中的任意材质球时，下面的“材质”面板会显示出相应的属性以及加载的纹理贴图，如图5-21所示。

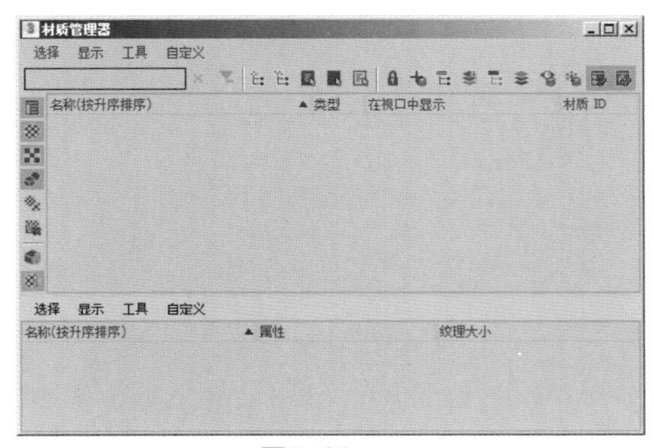

图5-20

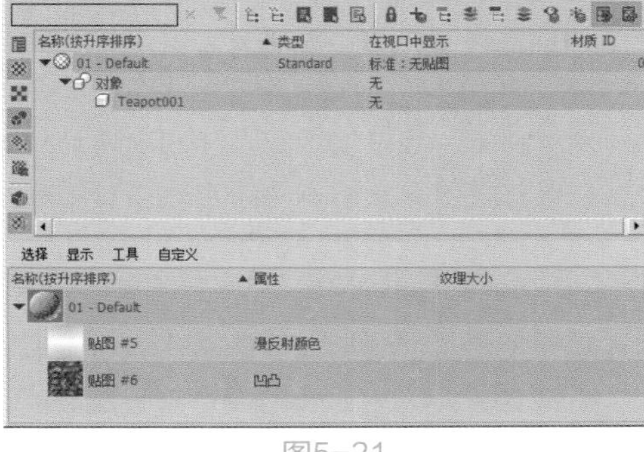

图5-21

5.3.1 “场景”面板

“场景”面板分为菜单栏、工具栏、显示按钮和列4个部分，如图5-22所示。

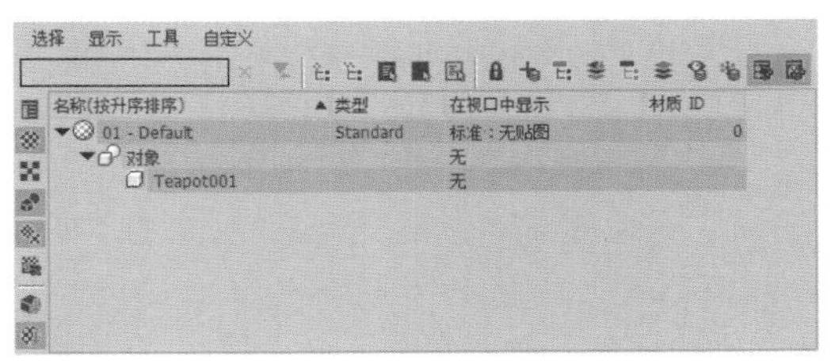

图5-22

1. 菜单栏

“选择”菜单展开后，效果如图5-23所示。

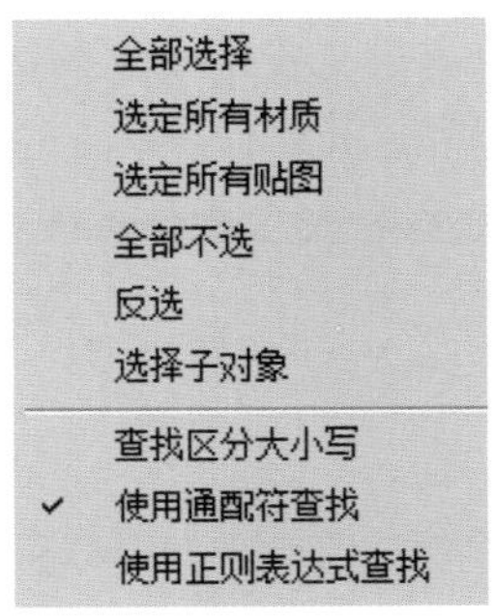

图5-23

参数解析

- 全部选择：选择场景中的所有材质和贴图。
- 选定所有材质：选择场景中的所有材质。
- 选定所有贴图：选择场景中的所有贴图。
- 全部不选：取消选择的所有材质和贴图。
- 反选：颠倒当前的选择。
- 选择子对象：该命令只起到切换作用。
- 查找区分大小写：通过搜索字符串的大小写来查处对象。
- 使用通配符查找：通过搜索字符串中的字符来查找对象。
- 使用正则表达式查找：通过搜索正则表达式的方式来查找对象。

"显示"菜单展开后，效果如图5-24所示。

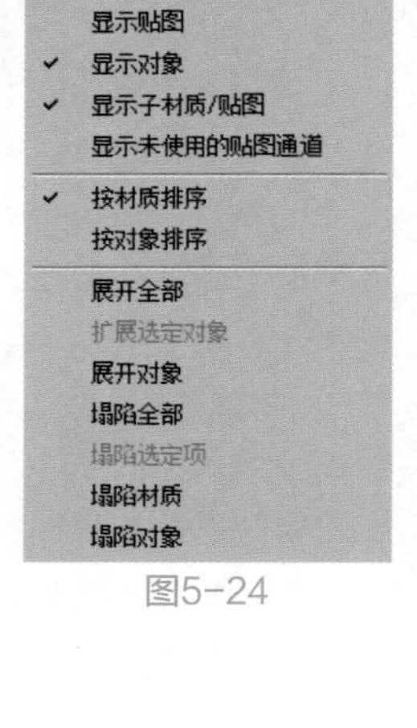

图5-24

参数解析

- 显示缩略图：默认为启用该选项，以显示"场景"面板中每个材质和贴图的缩略图。
- 显示材质：默认为启用该选项，以显示出每个对象的材质。
- 显示贴图：默认为启用该选项，以显示出每个对象的材质所使用到的贴图。
- 显示对象：默认为启用该选项，以显示出每个材质所应用到的对象。
- 显示子材质/贴图：启用该选项后，每个材质的层次下面都会显示用于材质通道的子材质和贴图。
- 显示未使用的贴图通道：启用该选项后，每个材质的层次下会显示出未使用的贴图通道。
- 按材质排序：启用该选项后，层次按材质名称进行排序。
- 按对象排序：启用该选项后，层次将按对象进行排序。
- 展开全部：展开层次以显示出所有的条目。
- 扩展选定对象：展开包含所选条目的层次。
- 展开对象：展开包含所有对象的层次。
- 塌陷全部：塌陷整个层次。
- 塌陷选定项：塌陷包含所选条目的层次。
- 塌陷材质：塌陷包含所有材质的层次。
- 塌陷对象：塌陷包含所有对象的层次。

"工具"菜单展开后，效果如图5-25所示。

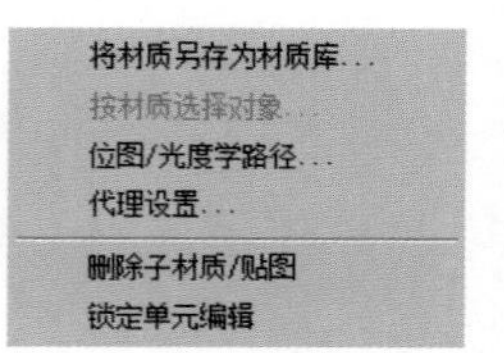

图5-25

参数解析

- 将材质另存为材质库：打开一个用于将场景中的材质另存为材质库(.mat)文件的文件对话框。
- 按材质选择对象：打开"选择对象"对话框。对象的名称与应用的活动材质一起高亮显示。单击可选择已应用了此材质的对象，如果资源管理器中未选择材质或选择了多种材质，则此选项不可用。
- 位图/光度学路径：打开"位图/光度学路径编辑器"对话框，可使用此对话框管理场景中位图的路径，如图5-26所示。
- 代理设置：打开"全局设置和位图代理的默认"对话框，可使用此对话框管理3ds Max如何创建和使用并入到材质中的位图的代理版本。此对话框是资源追踪的一项功能，如图5-27所示。

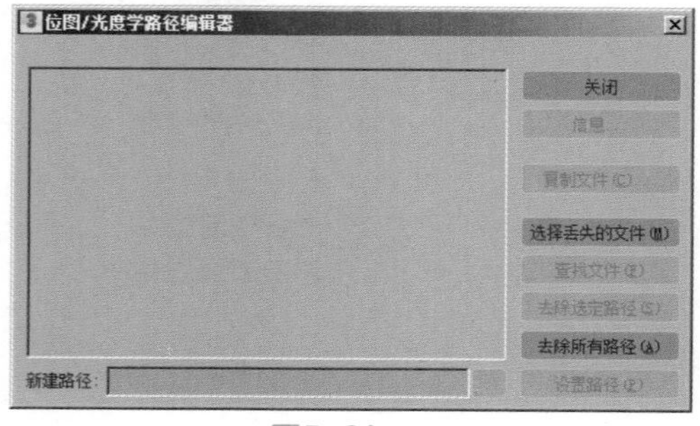

图5-26

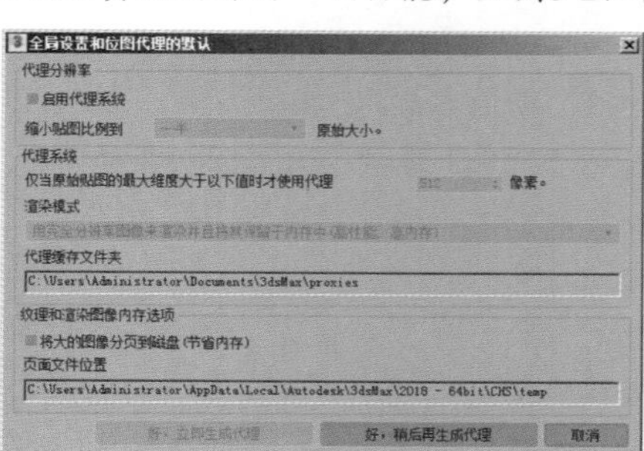

图5-27

- 删除子材质/贴图：选择应用于材质的一个或多个子材质或贴图时，删除所选的子材质或贴图。
- 锁定单元编辑：启用后，禁止在资源管理器中编辑单元，单击单元不起作用，除非高亮显示并选定它所在的行，默认设置为禁用状态。

"自定义"菜单展开后，效果如图5-28所示。

配置列
工具栏
将当前布局保存为默认设置

图5-28

参数解析

- 配置行：打开"配置行"对话框，以便向"场景"（上部）窗口中添加列。
- 工具栏：显示一个用于选择要显示哪个"材质资源管理器"工具栏的子菜单。
  - 查找：用于切换"查找"工具栏的显示。
  - 选择：用于切换"选择"工具栏的显示。
  - 工具：用于切换"工具"工具栏的显示。
- 将当前布局保存为默认设置：保存当前"材质资源管理器"布局，以便在下次启动3ds Max的会话时使它按现在这样显示。

2. 工具栏

工具栏中主要是一些对材质进行基本操作的工具，如图5-29所示。

图5-29

参数解析

- 查找：在此字段中输入文本，可在"名称"列中搜索该文本。随着用户的键入，"材质资源管理器"会高亮显示名称与搜索字符串匹配的材质或对象。如果启用了同步到材质资源管理器，则"材质"（下部）面板还会显示找到的第一种材质。如果"材质资源管理器"找到的对象不是材质，则"材质"（下部）面板会显示应用于该对象的材质。
- 选择所有材质：选择场景中的所有材质。
- 选择所有贴图：选择场景中的所有贴图，注意对于大多数场景而言，除非同时启用了"显示子材质/贴图"，否则此选项的效果不明显。
- 全选：选择场景中的所有条目。
- 全部不选：取消选择场景中的所有条目。
- 反选：颠倒当前选择，即所有选定的条目都变为未选定，所有未选定的条目都变为选定。
- 同步到材质资源管理器：启用后，将"材质"（下部）面板中所做的选择与"场景"（上部）面板同步。禁用后，更改"场景"面板中的选择时不会改变"材质"面板，"材质"面板将继续显示在禁用"同步到材质资源管理器"前选择的最后一种材质，默认设置为启用。
- 同步到材质级别：启用该选项之后，底部的"材质"面板始终显示在顶部"场景"面板中高亮显示的材质的整个层次，即使仅高亮显示材质的某个部分也是如此。禁用该选项之后，底部的"材质"面板仅显示在顶部"场景"面板中高亮显示的材质各个部分的层次，默认设置为启用。

3. "显示"按钮

"显示"按钮主要是用来控制材质和贴图的显示方式，如图5-30所示。

图5-30

参数解析

- 显示缩略图：启用后，层次显示缩略图，默认设置为启用。

- 显示材质：启用后，层次包含材质，默认设置为启用。
- 显示贴图：启用后，层次包含贴图，默认设置为启用。注意对于大多数场景而言，除非同时启用了“显示子材质/贴图”，否则此选项的效果不明显。
- 显示对象：启用后，层次包含对象，默认设置为启用。
- 显示子材质/贴图：启用后，层次包括应用于材质通道的子材质和贴图，默认设置为禁用。
- 显示未使用的贴图通道：启用后，材质包括未使用的贴图通道，默认设置为禁用。
- 按对象排序：激活此选项后，“名称”列表按对象排序。
- 按材质排序（默认设置）：激活此选项后，“名称”列表按材质名称排序。

4. 列

“列”主要用来显示场景材质的“名称”“类型”“在视图中的显示”方式，以及“材质ID”等，如图5-31所示。

图5-31

参数解析

- 名称：显示材质、对象、贴图和子材质的名称。
- 类型：显示材质、贴图或子材质的类型。
- 在视图中显示：对于材质和贴图，会显示是否已激活材质的视图显示。
- 材质ID：显示材质的ID号。

5.3.2 “材质”面板

“材质”面板分为菜单栏和列两个大部分，如图5-32所示。

图5-32

> **技巧与提示**
> “材质”面板中的命令可以参考“场景”面板中的命令，大部分命令非常相似。

5.4 标准材质及贴图

3ds Max 为我们提供了多种类型的材质球以供选择使用，单击材质编辑器上的Standard按钮，在弹出的“材质/贴图浏览器”对话框中可以查看这些材质类型，如图5-33所示。

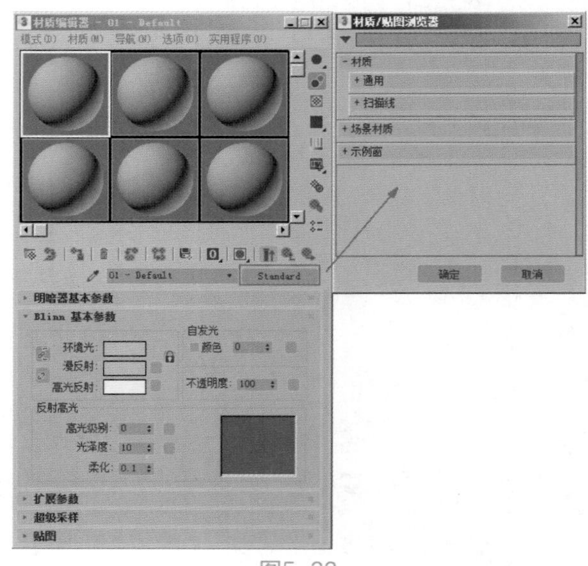

图5-33

5.4.1 “标准”材质

“标准”材质类型是3ds Max的经典材质类型，不但历史悠久，而且使用频率极高，备受广大三维艺术家的青睐。调试材质是一个技术活，秘诀在于平时多多参考现实世界中的同样的或是类似的物体对象。在3ds Max中，标准材质在默认情况下是一个单一的颜色，如果希望标准材质的表面具有细节丰富的纹理，用户可以考虑使用高清晰度的图片来进行材质制作。

“标准”材质共有“明暗器基本参数”“Blinn基本参数”“扩展参数”“超级采样”“贴图”这5个卷展栏，其参数设置面板如图5-34所示。

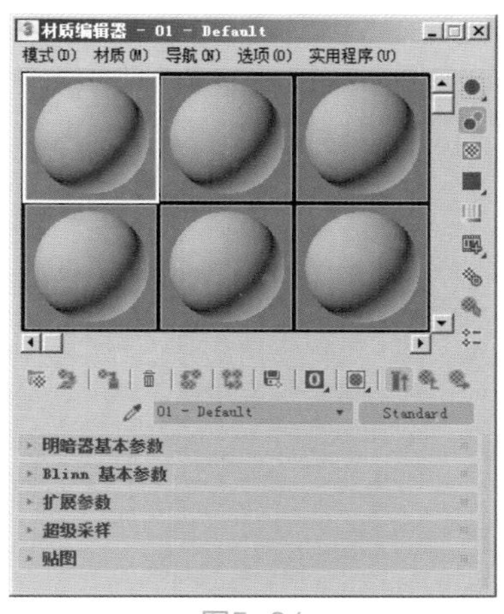

图5-34

1. “明暗器基本参数”卷展栏

在“明暗器基本参数”卷展栏中，可以设置当前材质应用明暗器的类型，以及材质是否具有“线框”“双面”“面贴图”“面状”属性，如图5-35所示。

图5-35

参数解析

- 明暗器列表：共包含8种明暗器类型，可以用来分别模拟不同质感的对象，如玻璃、金属、陶艺、车漆等，如图5-36所示。
- 各向异性：适用于椭圆形表面，这种情况有“各向异性”高光，如果为头发、玻璃或磨砂金属建模，这些高光很有用。
- Blinn：默认的明暗器类型，适用于圆形物体，这种情况高光要比 Phong明暗处理柔和。
- 金属：适用于模拟金属表面。
- 多层：适用于比各向异性更复杂的高光。
- Oren-Nayar-Blinn：用于不光滑表面，如布料或陶土。
- Phong：适用于具有强度很高的、圆形高光的表面。
- Strauss：适用于金属和非金属表面，Strauss 明暗器的界面比其他明暗器的简单。

图5-36

- 半透明明暗器：与 Blinn 明暗处理类似，“半透明明暗器”也可用于指定半透明，这种情况下光线穿过材质时会散开。
- 线框：以线框模式来渲染材质，当勾选此选项时，可以在“扩展参数”卷展栏内控制线框的“大小”值来改变渲染线框的粗细。
- 双面：使得材质成为两个面。
- 面贴图：将材质应用到几何体的各面。如果材质是贴图材质，则不需要贴图坐标，贴图会自动应用到对象的每一面。
- 面状：就像表面是平面一样，渲染表面的每一面。

2. “Blinn基本参数”卷展栏

“标准”材质的“Blinn基本参数”卷展栏包含一些控件，用来设置材质的颜色、反光度、透明度等设置，并指定用于材质各种组件的贴图，如图5-37所示。

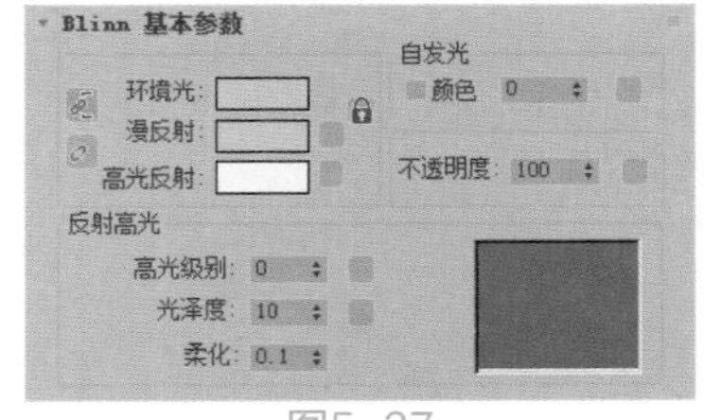

图5-37

参数解析

- 环境光：控制环境光颜色，环境光颜色是位于阴影中的颜色（间接灯光）。
- 漫反射：控制漫反射颜色，漫反射颜色是位于直射光中的颜色。
- 高光反射：控制高光反射颜色，高光反射颜色是发光物体高亮显示的颜色。可以在“反射高光”组中控制高光的大小和形状。
- 自发光：自发光使用漫反射颜色替换曲面上的阴影，从而创建白炽效果。当增加自发光时，自发光颜色将取代环境光，当设置的值为100时，材质没有阴影区域，但它可以显示反射高光。有两种方法可以指定自发光，即勾选“颜色”复选框，使用自发光颜色，或者禁用“颜色”复选框，然后使用单色微调器，这相当于使用灰度自发光颜色。

- 不透明度：控制材质是不透明还是透明。
- 高光级别：控制“反射高光”的强度。
- 光泽度：控制镜面高亮区域的大小。
- 柔化：设置反光区和无反光区衔接的柔和度，当数值为0时，表示无柔和效果；数值为1时，柔和效果最强。

3.“贴图”卷展栏

“贴图”卷展栏用于访问并为材质的各个组件指定贴图，如图5-38所示。

贴图	数量	贴图类型
环境光颜色	100	无贴图
漫反射颜色	100	无贴图
高光颜色	100	无贴图
高光级别	100	无贴图
光泽度	100	无贴图
自发光	100	无贴图
不透明度	100	无贴图
过滤色	100	无贴图
凹凸	30	无贴图
反射	100	无贴图
折射	100	无贴图
置换	100	无贴图

图5-38

5.4.2 “混合”材质

混合材质可以在曲面的单个面上将两种材质进行混合。混合具有可设置动画的“混合量”参数，该参数可以用来绘制材质变形功能曲线，以控制随时间混合两个材质的方式。

打开材质编辑器，单击Standard按钮 Standard ，在弹出的“材质/贴图浏览器”对话框中执行“材质/通用/混合”命令，即可将当前材质球类型更改为混合材质，如图5-39所示。

更换材质类型时，会弹出“替换材质”对话框，询问是否“丢弃旧材质？”还是“将旧材质保存为子材质？”，默认选择为第二项就可以，如图5-40所示。

混合材质的参数设置面板如图5-41所示。

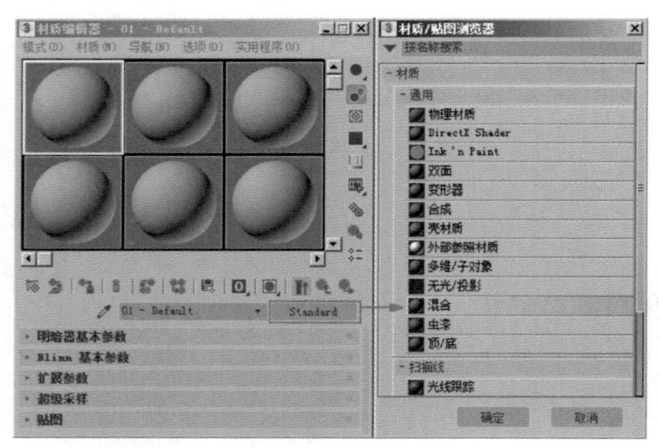

图5-39

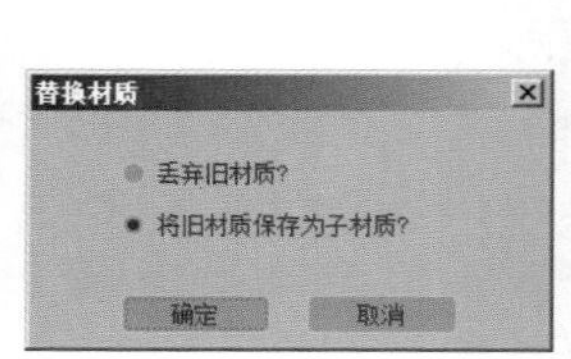

图5-40

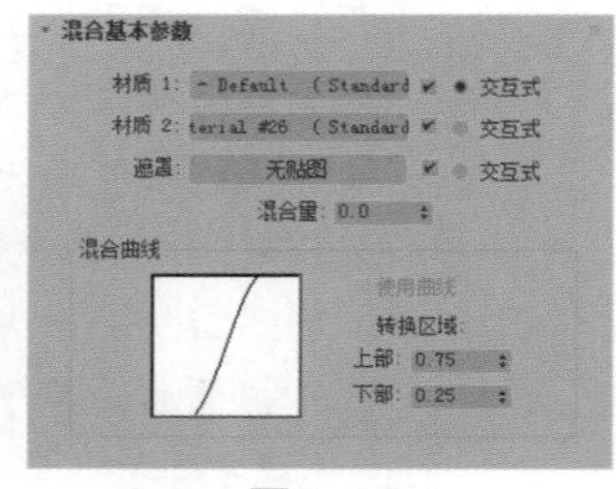

图5-41

参数解析

- 材质 1 / 材质 2：设置两个用以混合的材质，使用复选框来启用和禁用材质。
- 交互：选择由交互式渲染器显示在视图中对象曲面上的两种材质。
- 遮罩：设置用做遮罩的贴图。两个材质之间的混合度取决于遮罩贴图的强度，遮罩的明亮（较白的）区域显示的主要为“材质 1”，而遮罩的黑暗（较黑的）区域显示的主要为“材质 2”，使用复选框可启用或禁用该遮罩贴图。
- 混合量：确定混合的比例（百分比）。0 表示只有“材质 1”在曲面上可见，100 表示只有“材质 2”可见。如果已指定遮罩贴图，并且启用遮罩的复选框，则不可用。

"混合曲线"组

- 使用曲线：确定"混合曲线"是否影响混合。只有指定并激活遮罩，该控件才可用。
- 转换区域：这些值调整"上限"和"下限"的级别。如果这两个值相同，那么两个材质会在一个确定的边上接合，较大的范围能产生从一个子材质到另一个子材质更为平缓的混合，混合曲线显示更改这些值的效果。

5.4.3 "双面"材质

使用双面材质可以向对象的前面和后面指定两个不同的材质，其材质参数设置面板如图5-42所示。

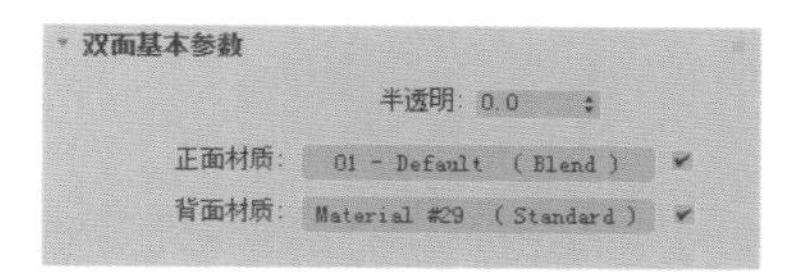

图5-42

参数解析

- 半透明：设置一个材质通过其他材质显示的数量。这是范围从0.0到100.0的百分比，设置为100% 时，可以在内部面上显示外部材质，并在外部面上显示内部材质，设置为中间的值时，内部材质指定的百分比将下降，并显示在外部面上，默认设置是0.0。
- 正面材质/背面材质：单击此选项，可显示材质/贴图浏览器，并且选择一面或另一面使用的材质，使用复选框可启用或禁用材质。

5.4.4 "多维/子对象"材质

使用多维/子对象材质可以采用几何体的子对象级别分配不同的材质。创建多维材质，将其指定给对象，并使用网格选择修改器选中面，然后选择多维材质中的子材质指定给选中的面，其材质参数设置面板如图5-43所示。

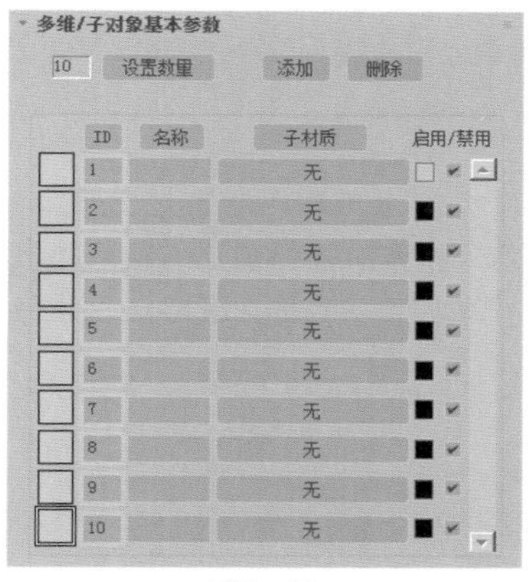

图5-43

参数解析

- 数量：此字段显示包含在多维/子对象材质中的子材质的数量。
- "设置数量"按钮 设置数量 ：设置构成材质的子材质的数量。在多维/子对象材质级别上，示例窗的示例对象显示子材质的拼凑。（在编辑子材质时，示例窗的显示取决于在"材质编辑器选项"对话框中的"在顶级下仅显示次级效果"切换。）通过减少子材质的数量，将子材质从列表的末端移除，在使用"设置数量"删除材质时可以撤销。
- "添加"按钮 添加 ：单击可将新子材质添加到列表中。默认情况下，新的子材质的ID数要大于使用中的ID的最大值。
- "删除"按钮 删除 ：单击可从列表中移除当前选中的子材质，删除子材质可以撤销。
- ID：将列表排序，其顺序开始于最低材质 ID 的子材质，结束于最高材质 ID。
- 名称：将通过输入到"名称"列的名称排序。
- 子材质：通过显示于"子材质"按钮上的子材质名称排序。

5.4.5 Ink'n Paint材质

Ink'n Paint材质即"卡通"材质，用于创建卡通效果，与其他大多数材质提供的三维真实效果不同，"卡通"提供带有"墨水"边界的平面明暗处理，图5-44所示为使用此材质渲染出来的图像效果。

其材质参数设置面板分为"基本材质扩展""绘制控制""墨水控制"和"超级采样/抗锯齿"4个卷展栏，如图5-45所示。

图5-44

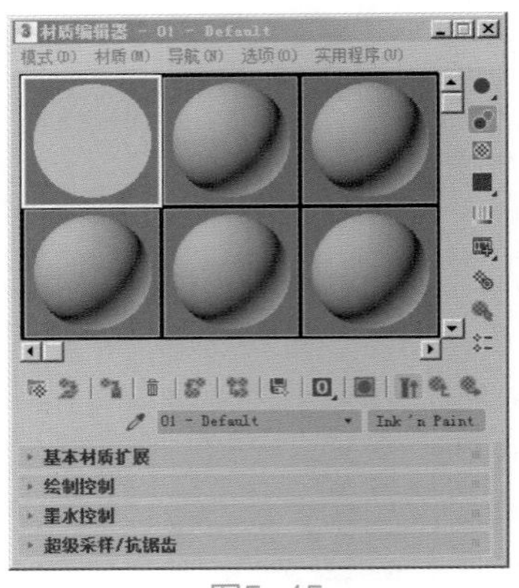

图5-45

1."基本材质扩展"卷展栏

"基本材质扩展"卷展栏展开效果如图5-46所示。

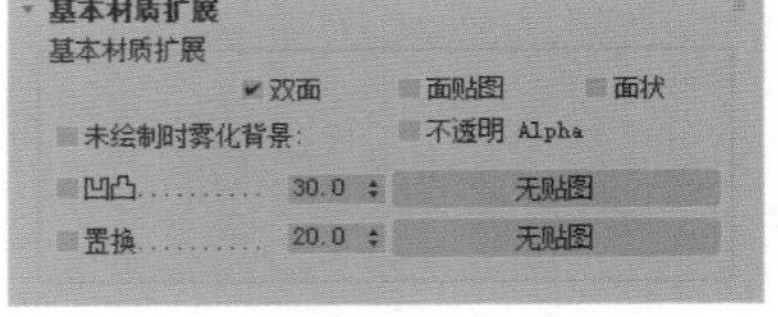

图5-46

参数解析

- 双面：使材质成为两面，将材质应用到选定面的双面。
- 面贴图：将材质应用到几何体的各面，如果材质是贴图材质，则不需要贴图坐标，贴图会自动应用到对象的每一面。
- 面状：就像表面是平面一样，渲染表面的每一面。
- 未绘制时雾化背景：禁用绘制时，材质颜色的已绘制区域与背景一致，启用此切换时，绘制区域中的背景将受到摄影机与对象之间的雾的影响，默认设置为禁用状态。
- 不透明Alpha：启用此开关时，即使禁用了墨水或绘制，Alpha 通道仍为不透明，默认设置为禁用状态。
- 凹凸：将凹凸贴图添加到材质。切换启用此选项后，会启用凹凸贴图，微调器控制凹凸贴图数量，单击此按钮，为凹凸贴图指定贴图。
- 置换：将置换贴图添加到材质。切换启用此选项后，会启用位移贴图，微调器控制位移贴图数量，单击此按钮，为位移贴图指定贴图。

2."绘制控制"卷展栏

"绘制控制"卷展栏展开效果如图5-47所示。

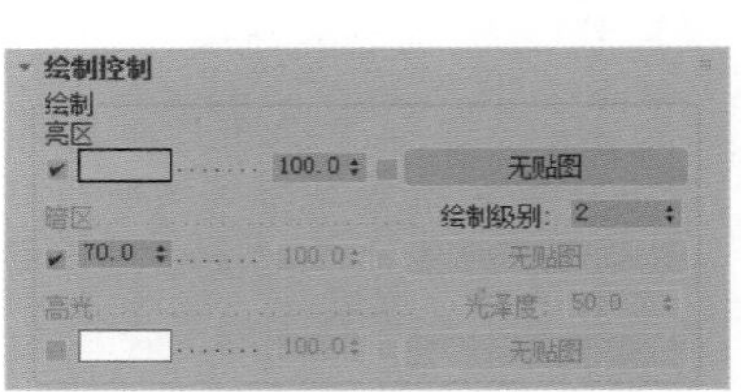

图5-47

参数解析

- 亮区：对象中亮的一面的填充颜色，默认设置为淡蓝色。
- 绘制级别：用来调整颜色的色阶。
- 暗区：控制材质的明暗度。
- 高光：控制材质高光的颜色，图5-48所示分别为启用高光和禁用高光的渲染结果。

图5-48

3.“墨水控制”卷展栏

“墨水控制”卷展栏展开效果如图5-49所示。

参数解析

- 墨水：启用时，会对渲染施墨，禁用时则不出现墨水线，默认设置为启用，图5-50所示分别为有无墨水效果的渲染结果对比。

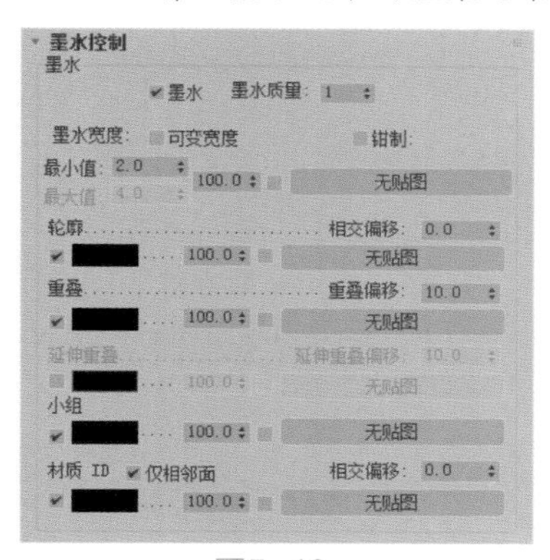

图5-49

图5-50

- 墨水质量：影响画刷的形状及其使用的示例数量。如果“质量”等于1，画刷为“+”形状，示例为5 个像素的区域。如果“质量”等于 2，画刷为八边形，示例为9×15个像素的区域。如果“质量”等于3，画刷近似为圆形，示例为30个像素的区域。范围从1到3，默认值为1。
- 墨水宽度：以像素为单位的墨水宽度。
- 可变宽度：启用此选项后，墨水宽度可以在墨水宽度的最大值和最小值之间变化。启用了“可变宽度”的墨水比固定宽度的墨水看起来更加流线化，默认设置为禁用状态。
- 钳制：启用了“可变宽度”后，有时场景照明使一些墨水线变得很细，以至于几乎不可见。如果发生这种情况，应启用“限制”，它会强制墨水宽度始终保持在“最大”值和“最小”值之间，而不受照明的影响，默认设置为禁用状态。
- 轮廓：对象外边缘处（相对于背景）或其他对象前面的墨水。默认设置为启用。
- 重叠：当对象的某部分自身重叠时所使用的墨水。
- 延伸重叠：与重叠相似，但将墨水应用到较远的曲面而不是较近的曲面。
- 小组：小组边界间绘制的墨水。换句话说，它对尚未进行平滑处理的对象的边界施墨，默认设置为启用。
- 材质ID：不同材质ID 值之间绘制的墨水。

5.4.6 位图

“位图”贴图允许用户为贴图通道指定一张硬盘中的图像文件，通常是一张高质量的纹理细节丰富的照片，或是自己精心制作的贴图。当用户指定该程序后，3ds Max会自动打开“选择位图图像文件”对话框，使用此对话框可将一个文件或序列指定为位图图像，如图5-51所示。

3ds Max支持多种图像格式，在“选择位图图像文件”对话框中的“文件类型”下拉列表中可以选择这些不同的图像格式，如图5-52所示。

“位图”贴图添加完成后，在“材质编辑器”面板中观察，可以看到“位图”贴图包含有“坐标”“噪波”“位图参数”“时间”和“输出”5个卷展栏，如图5-53所示。

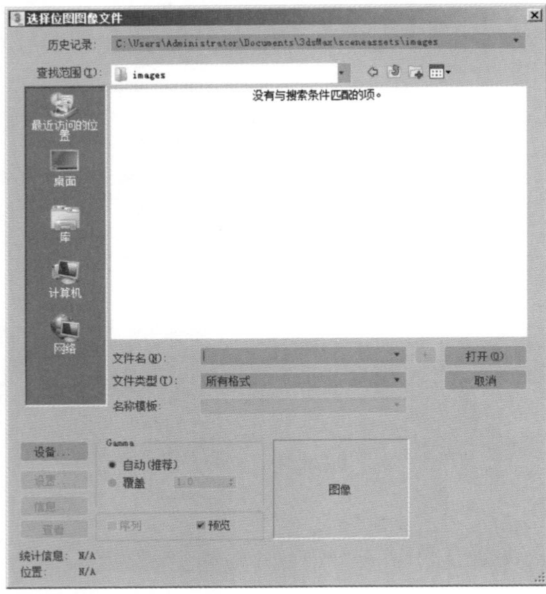

图5-51

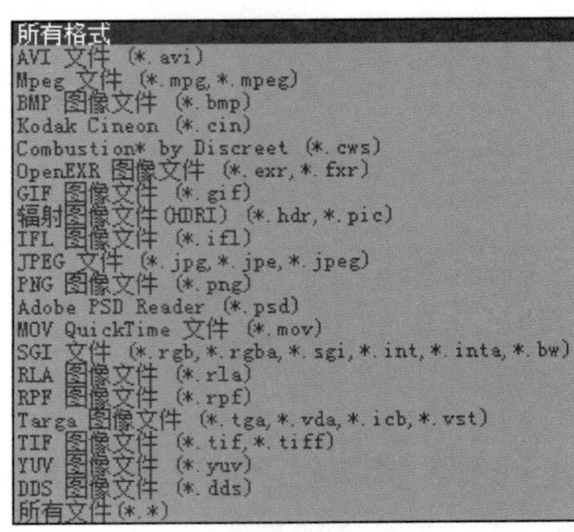

图5-52

图5-53

1.“坐标”卷展栏

“坐标”卷展栏展开效果如图5-54所示。

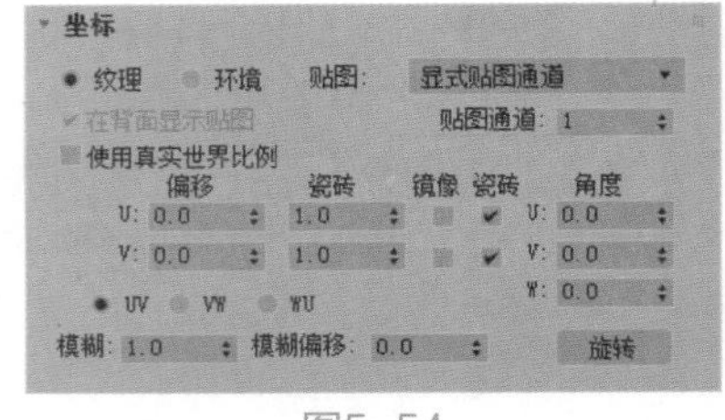

图5-54

参数解析

- 贴图类型：根据要使用贴图的方式（是应用于对象的表面还是应用于环境）做出选择，有“纹理”和“环境”两种方式可选。其中，“纹理”指将该贴图作为纹理应用于表面，而“环境”指使用该贴图作为环境贴图。
- 贴图：列表条目因选择纹理贴图或环境贴图而异，有“显式贴图通道”“顶点颜色通道”“对象 XYZ 平面”和“世界 XYZ 平面”4种方式可选，如图5-55所示。

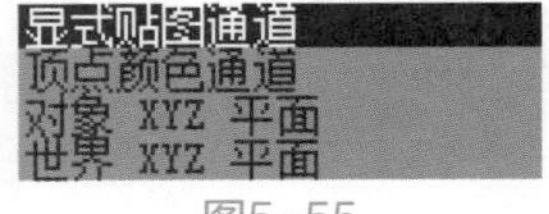

图5-55

- 在背面显示贴图：启用此选项后，平面贴图（“对象 XYZ”中的平面，或者带有“UVW 贴图”修改器）将被投影到对象的背面，并且能对其进行渲染。禁用此选项后，不能在对象背面对平面贴图进行渲染，默认设置为启用。只有在两个维度中都禁用“平铺”时，才能使用此切换。只有在渲染场景时，才能看到它产生的效果。
- 使用真实世界比例：启用此选项之后，使用真实“宽度”和“高度”值而不是UV值将贴图应用于对象。对于3ds Max，默认设置为禁用状态，对于3ds Max Design，默认设置为启用状态。

- 偏移（UV）：在UV坐标中更改贴图的位置，移动贴图以符合它的大小。
- 瓷砖：确定“瓷砖”或“镜像”处于启用状态时，沿每个轴重复贴图的次数，图5-56所示分别为“瓷砖”（UV）的值是1和2的材质球显示结果对比。
- U/V/W 角度：绕U、V或W轴旋转贴图（以度为单位）。
- 旋转：显示图解的“旋转贴图坐标”对话框，用于通过在弧形球图上拖动来旋转贴图，如图5-57所示。

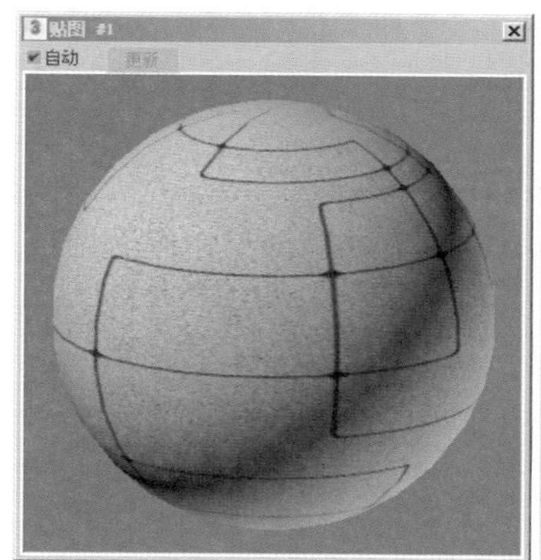

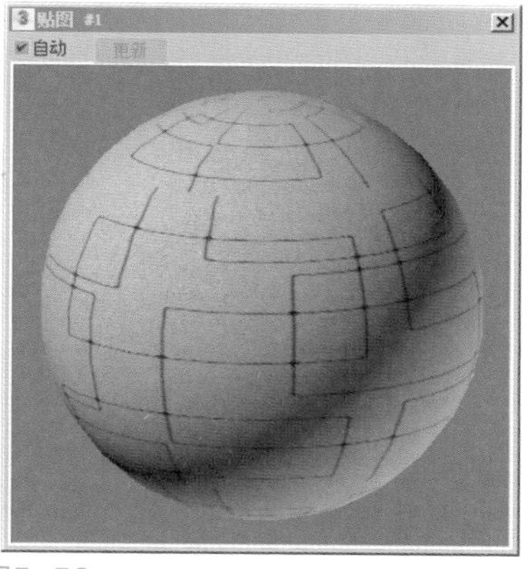

图5-56

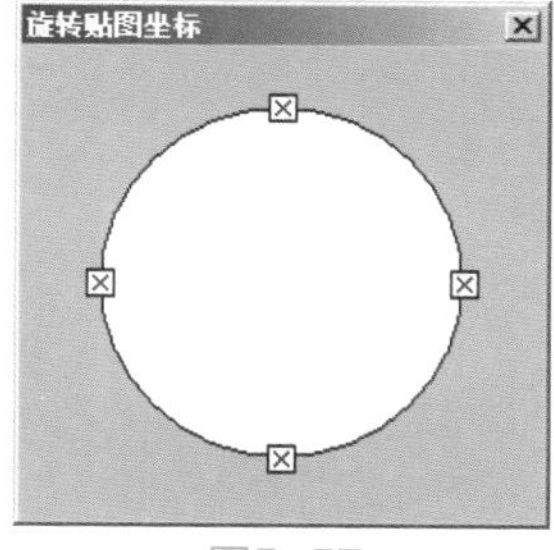

图5-57

- 模糊：基于贴图离视图的距离影响贴图的锐度或模糊度。贴图距离越远，模糊就越大，图5-58所示分别为“模糊”值是1和10的材质球显示结果对比。

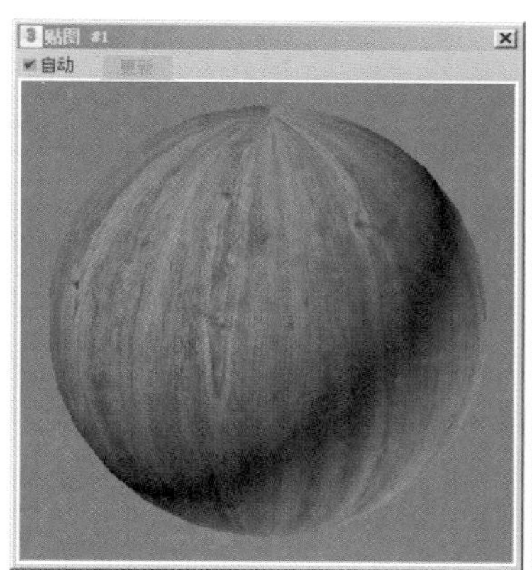

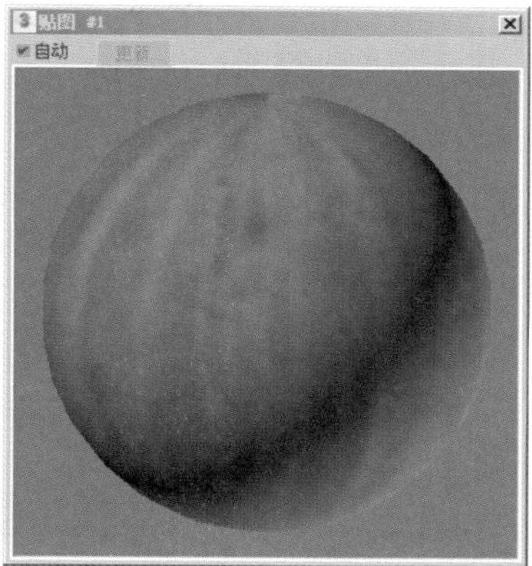

图5-58

- 模糊偏移：影响贴图的锐度或模糊度，而与贴图离视图的距离无关。“模糊偏移”模糊对象空间中自身的图像，如果需要贴图的细节进行软化处理或者散焦处理以达到模糊图像的效果时，使用此选项。

2.“噪波”卷展栏

“噪波”卷展栏展开效果如图5-59所示。

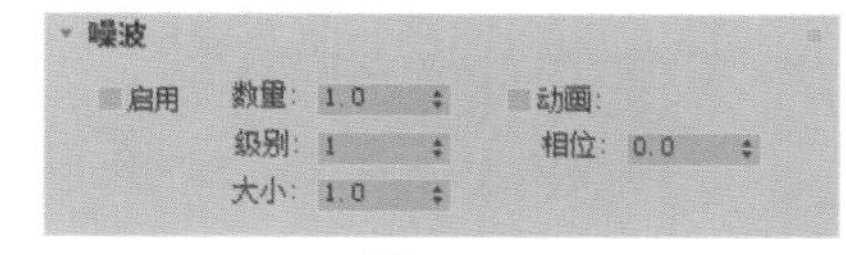

图5-59

参数解析

- 启用：决定“噪波”参数是否影响贴图。
- 数量：设置分形功能的强度值，以百分比表示。如果数量为0，则没有噪波；如果数量为 100，贴图将变为纯噪波。默认设置为1，图5-60所示分别为“数量”值是1和50的材质球显示结果对比。

图5-60

- 级别：应用函数的次数。数量值决定了层级的效果，数量值越大，增加层级值的效果就越强。范围为1 至10；默认设置为1，图5-61所示分别为该值是1和5的材质球显示结果对比。

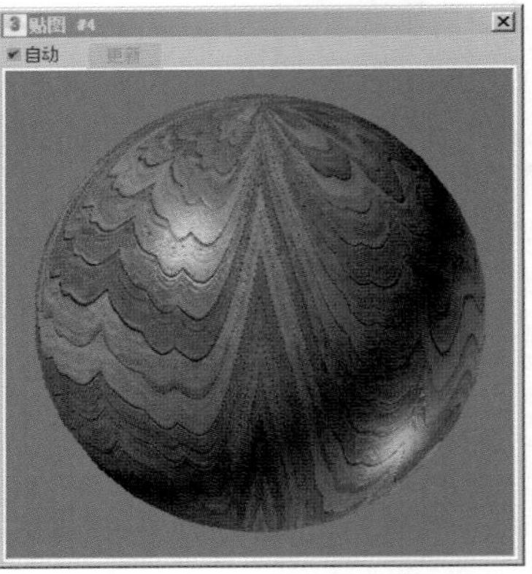

图5-61

- 大小：设置噪波函数相对于几何体的比例。如果值很小，那么噪波效果相当于白噪声；如果值很大，噪波尺度可能超出几何体的尺度，如果出现这样的情况，将不会产生效果或者产生的效果不明显。范围为0.001 至100；默认设置为1.0。
- 动画：决定动画是否启用噪波效果。如果要将噪波设置为动画，必须启用此参数。
- 相位：控制噪波函数的动画速度。

3. “位图参数”卷展栏

“位图参数”卷展栏展开效果如图5-62所示。

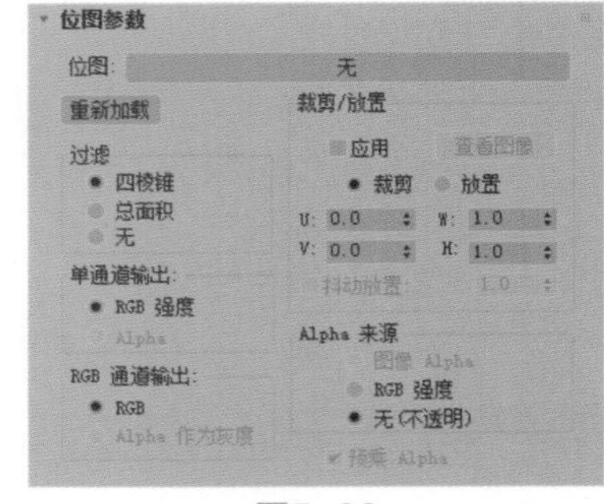

图5-62

参数解析

- 位图：使用标准文件浏览器选择位图。选中之后，此按钮上显示完整的路径名称。
- “重新加载”按钮 重新加载 ：对使用相同名称和路径的位图文件进行重新加载，在绘图程序中更新位图后，无需使用文件浏览器重新加载该位图。

（1）“过滤”组

- 四棱锥型：需要较少的内存并能满足大多数要求。
- 总面积：需要较多内存，但通常能产生更好的效果。

- 无：禁用过滤。

（2）“单通道输出”组

- RGB强度：将红、绿、蓝通道的强度用作贴图。忽略像素的颜色，仅使用像素的值或亮度，颜色作为灰度值计算，其范围是0（黑色）到255（白色）之间。
- Alpha：将Alpha通道的强度用作贴图。

（3）“RGB通道输出”组

- RGB：显示像素的全部颜色值。
- Alpha 作为灰度：基于Alpha通道级别显示灰度色调。

（4）“裁剪/放置”组

- 应用：启用此选项可使用裁剪或放置设置。
- “查看图像”按钮 查看图像 ：打开的窗口显示由区域轮廓（各边和角上具有控制柄）包围的位图。要更改裁剪区域的大小，拖曳控制柄即可。要移动区域，可将鼠标光标定位在要移动的区域内，然后进行拖动，如图5-63所示。

图5-63

- U/V：调整位图位置。
- W/H：调整位图或裁剪区域的宽度和高度。
- 抖动放置：指定随机偏移的量。0 表示没有随机偏移，范围为0.0至1.0。

（5）“Alpha来源”组

- 图像 Alpha：使用图像的Alpha通道（如果图像没有Alpha通道，则禁用）。
- RGB 强度：将位图中的颜色转化为灰度色调值，并将它们用于透明度。黑色为透明，白色为不透明。
- 无（不透明）：不使用透明度。

4. “时间”卷展栏

“时间”卷展栏展开效果如图5-64所示。

图5-64

参数解析

- 开始帧：指定动画贴图将开始播放的帧。
- 播放速率：允许对应用于贴图的动画速率加速或减速（例如，1.0为正常速度，2.0快两倍，0.333为正常速度的1/3）。
- 将帧与粒子年龄同步：启用此选项后，3ds Max会将位图序列的帧与贴图应用到的粒子的年龄同步。利用这种效果，每个粒子从出生开始显示该序列，而不是被指定于当前帧。
- 结束条件：如果位图动画比场景短，则确定其最后一帧后所发生的情况。
- 循环：使动画反复循环播放。
- 往复：反复地使动画向前播放，然后向回播放，从而使每个动画序列“平滑循环”。
- 保持：在位图动画的最后一帧冻结。

5. “输出”卷展栏

“输出”卷展栏展开效果如图5-65所示。

参数解析

- 反转：反转贴图的色调，使之类似彩色照片的底片。默认设置为禁用状态。
- 输出量：控制要混合为合成材质的贴图数量。对贴图中的饱和度和Alpha值产生影响，默认设置为1，图5-66所示分别为“输出量”是1和4的材质球显示效果对比。

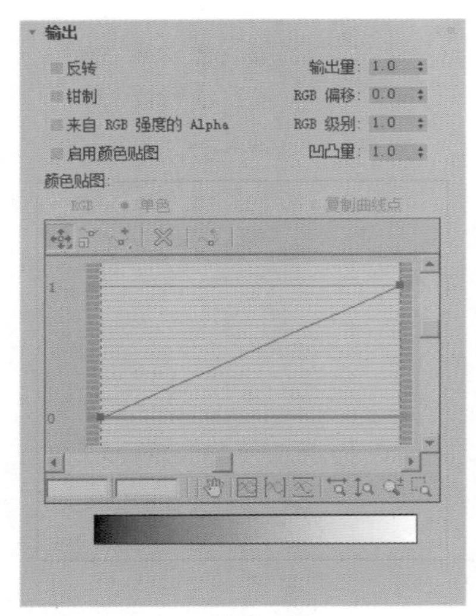

图5-65

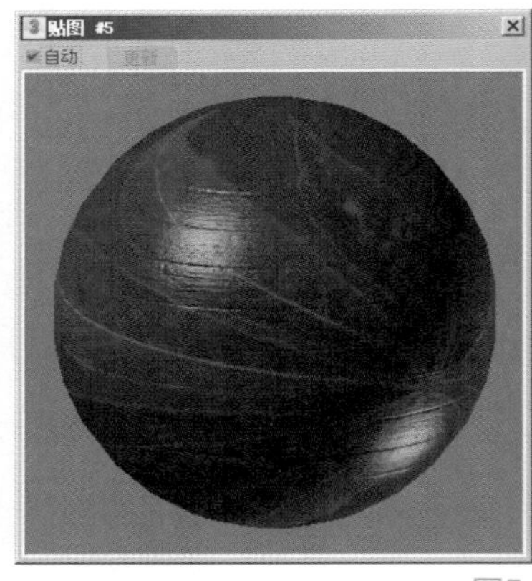

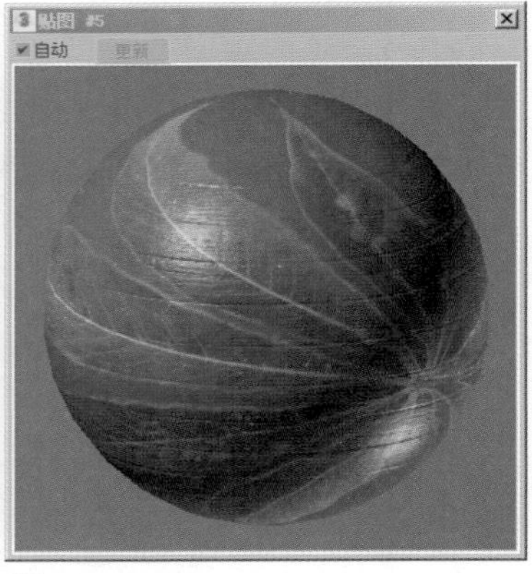

图5-66

- 钳制：启用该选项之后，此参数限制比1小的颜色值。当增加 RGB 级别时启用此选项，但此贴图不会显示出自发光，默认设置为禁用状态。
- RGB 偏移：根据微调器所设置的量增加贴图颜色的RGB值，此项对色调的值产生影响，最终贴图会变成白色并有自发光效果，降低这个值减少色调使之向黑色转变，默认设置为0。
- 来自 RGB 强度的Alpha：启用此选项后，会根据在贴图中RGB通道的强度生成一个Alpha通道。黑色变得透明而白色变得不透明，中间值根据它们的强度变得半透明，默认设置为禁用状态。
- RGB 级别：根据微调器所设置的量使贴图颜色的RGB值加倍，此项对颜色的饱和度产生影响。最终贴图会完全饱和并产生自发光效果。降低这个值减少饱和度使贴图的颜色变灰。默认设置为1，图5-67所示分别为“RGB 级别”是1和3的材质球显示效果对比。

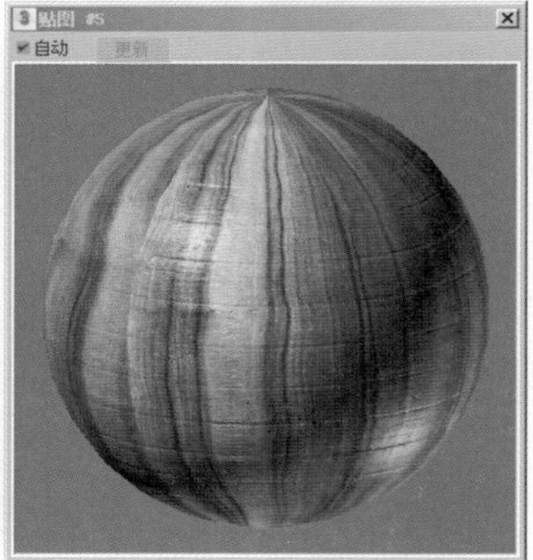

图5-67

- 启用颜色贴图：启用此选项来使用颜色贴图。
- 凹凸量：调整凹凸的量。这个值仅在贴图用于凹凸贴图时产生效果，图5-68所示分别为“凹凸量”是1和3的材质球显示效果对比。

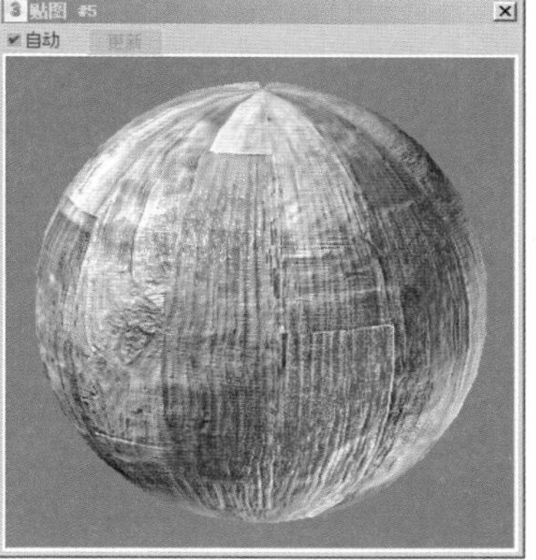

图5-68

“颜色贴图”组

- RGB/单色：将贴图曲线分别指定给每个RGB过滤通道（RGB）或合成通道（单色）。
- 复制曲线点：启用此选项后，当切换到 RGB 图时，将复制添加到单色图的点。如果是对 RGB 图进行此操作，这些点会被复制到单色图中。
- 移动：将一个选中的点向任意方向移动，在每一边都会被非选中的点所限制。
- 缩放点：在保持控制点相对位置的同时改变它们的输出量。在 Bezier角点上，这种控制与垂直移动一样有效。在 Bezier 平滑点上，可以缩放该点本身或任意的控制柄。通过这种移动控制，缩放每一边都被非选中的点所限制。
- 添加点：在图形线上的任意位置添加一个点。
- 删除点：删除选定的点。
- 重置曲线：将图返回到默认的直线状态。
- 平移：在视图窗口中向任意方向拖曳图形。
- 最大化显示：显示整个图形。
- 水平方向最大化显示：显示图形的整个水平范围，曲线的比例将发生扭曲。
- 垂直方向最大化显示：显示图形的整个垂直范围，曲线的比例将发生扭曲。
- 水平缩放：在水平方向上缩小或放大曲线显示。
- 垂直缩放：在垂直方向上缩小或放大曲线显示。
- 缩放：围绕光标进行放大或缩小。
- 缩放区域：围绕图上任何区域绘制长方形区域，然后缩放到该视图。

当我们为场景中的物体添加贴图时，如果对现有图像的色彩感觉不理想，可以通过“输出”卷展栏内的“颜色贴图”曲线来控制添加的贴图颜色。比如更改地板贴图的颜色，如图5-69和图5-70所示。

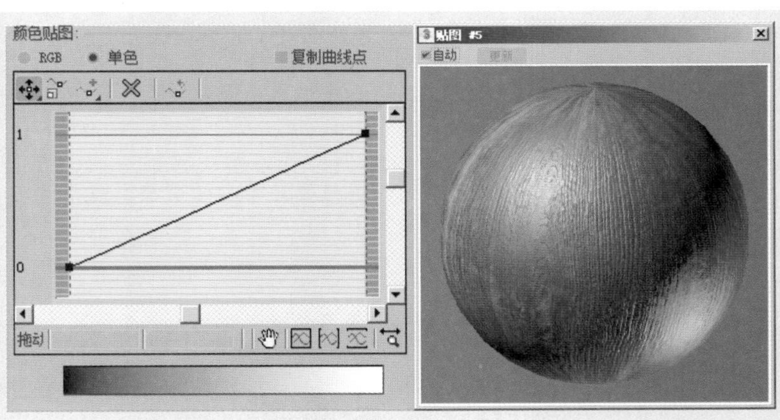

图5-69

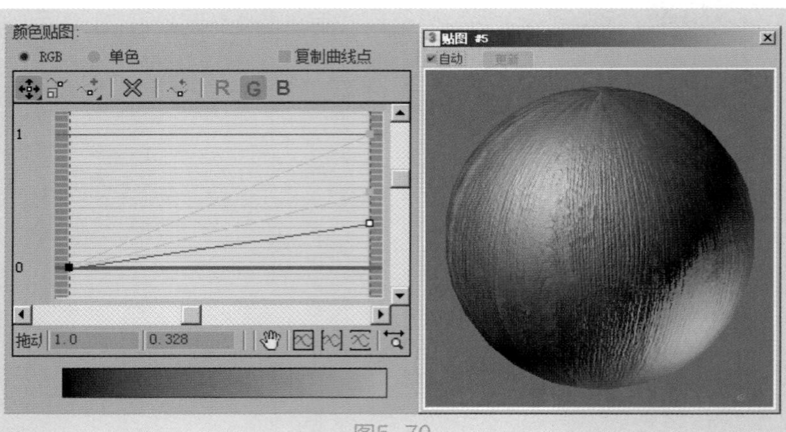

图5-70

5.4.7 渐变

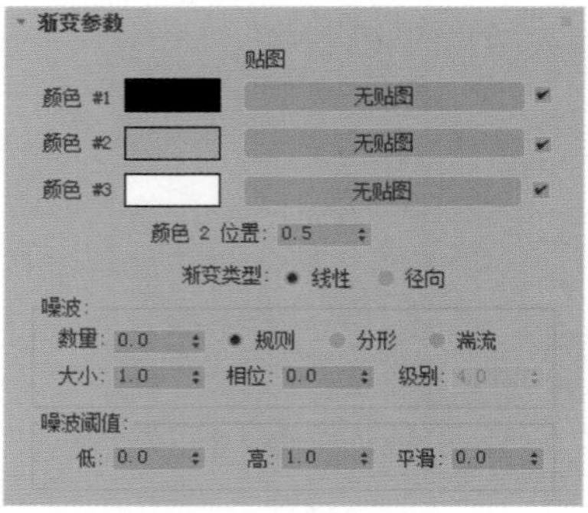

仔细观察现实世界中的对象，可以发现很多时候单一的颜色并不能描述出大自然中物体对象的表面色彩，比如天空，无论何时何地我们仰望天空都可以发现天空的色彩是如此的美丽而又多彩。在3ds Max 软件里，用户则可以使用“渐变”贴图来模拟制作这种渐变效果，其参数面板如图5-71所示。

图5-71

参数解析

- 颜色#1/颜色#2/颜色#3：设置渐变在中间进行插值的3个颜色。显示颜色选择器，可以将颜色从一个色样中拖放到另一个色样中。
- 贴图：显示贴图而不是颜色，贴图采用混合渐变颜色相同的方式来混合到渐变中。
- 渐变类型：有“线性”和“径向”两种。其中，“线性”基于垂直位置（V 坐标）插补颜色，而“径向”基于与贴图中心（中心为U=0.5、V=0.5）的距离进行插补。

（1）“噪波”组

- 数量：当该值为非零时（范围为 0 到 1），应用噪波效果。
- 大小：缩放噪波功能。此值越小，噪波碎片也就越小。
- 相位：控制噪波函数的动画速度。3D噪波函数用于噪波，前两个参数是U和V，第3个参数是相位。
- 级别：设置湍流（作为一个连续函数）的分形迭代次数。

（2）“噪波阈值”组

- 低：设置低阈值。
- 高：设置高阈值。
- 平滑：用以生成从阈值到噪波值较为平滑的变换。当平滑为 0 时，没有应用平滑；当平滑为1时，应用最大数量的平滑。

5.4.8 平铺

当用户想要制作纹理规则的图案，比如砖墙纹理时，则可以考虑使用“平铺”贴图，其参数面板主要由两部分组成，分别为“标准控制”卷展栏和“高级控制”卷展栏，如图5-72所示。

1. “标准控制”卷展栏

“标准控制”卷展栏内的参数面板如图5-73所示。

图5-72

图5-73

参数解析

- 预设类型：3ds Max 2018为用户提供了多种不同类型的预设，如图5-74所示。

图5-74

  - 连续砌合：选择该预设后，生成的砖墙纹理如图5-75所示。
  - 常见的荷兰式砌合：选择该预设后，生成的砖墙纹理如图5-76所示。
  - 英式砌合：选择该预设后，生成的砖墙纹理如图5-77所示。
  - 1/2连续砌合：选择该预设后，生成的砖墙纹理如图5-78所示。
  - 堆栈砌合：选择该预设后，生成的砖墙纹理如图5-79所示。
  - 连续砌合（Fine）：选择该预设后，生成的砖墙纹理如图5-80所示。
  - 堆栈砌合（Fine）：选择该预设后，生成的砖墙纹理如图5-81所示。

图5-75

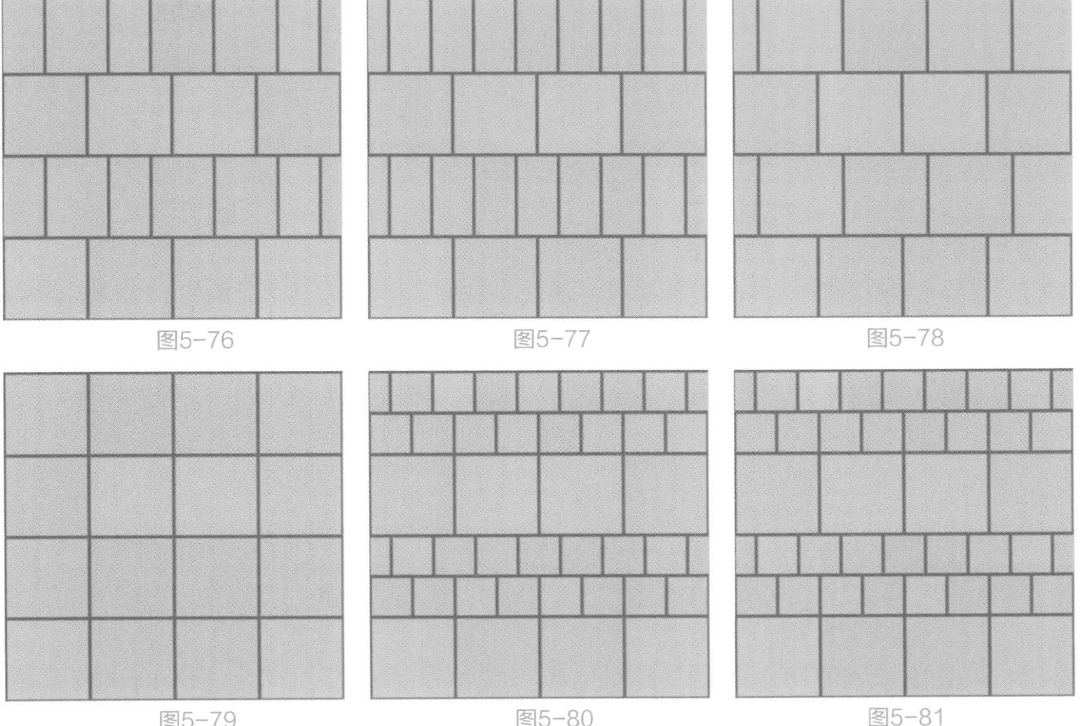

图5-76　图5-77　图5-78

图5-79　图5-80　图5-81

2. “高级控制”卷展栏

“高级控制”卷展栏内的参数面板如图5-82所示。

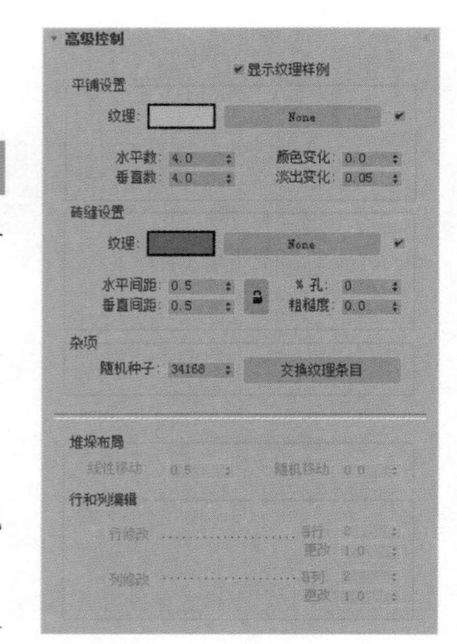

图5-82

参数解析

- 显示纹理样例：启用此选项后，“平铺”或“砖缝”的纹理样例将更新为显示用户指定的贴图。

（1）“平铺设置”组

- 纹理：控制用于平铺的当前纹理贴图的显示。
- 水平数：控制行的平铺数。
- 垂直数：控制列的平铺数。
- 颜色变化：该参数值越大，颜色在各个平铺的砖纹之间的变化就越大。范围在0到100之间，默认值为0。
- 淡出变化：该参数值越大，各个瓷砖的颜色淡出或稀释的程度就越大。

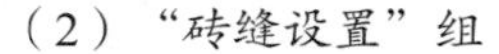

（2）“砖缝设置”组

- 纹理：控制砖缝的当前纹理贴图的显示。
- 水平间距：控制瓷砖间的水平砖缝的大小。在默认情况下，将此值锁定给垂直间距，因此当其中的任一值发生改变时，另外一个值也将随之改变，单击“锁定”图标，可将其解锁。
- 垂直间距：控制瓷砖间的垂直砖缝的大小。在默认情况下，将此值锁定给水平间距，因此当其中的任一值发生改变时，另外一个值也将随之改变。单击“锁定”图标，可将其解锁。
- % 孔：设置由丢失的瓷砖所形成的孔占瓷砖表面的百分比，砖缝穿过孔显示出来。
- 粗糙度：控制砖缝边缘的粗糙度。

5.4.9 混合

“混合”贴图可以用来制作出多个材质之间的混合效果，其参数设置面板如图5-83所示。

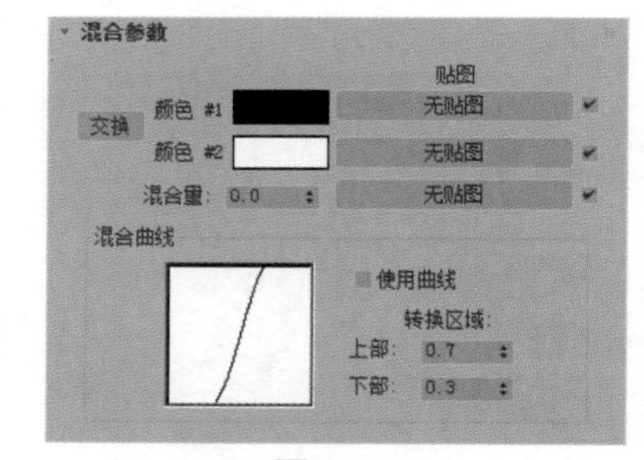

图5-83

参数解析

- 交换：交换两种颜色或贴图。
- 颜色#1/颜色#2：可以用来设置颜色或贴图。
- 混合量：确定混合的比例。其值为0时意味着只有颜色1在曲面上可见，其值为1时意味着只有颜色 2 为可见。也可以使用贴图而不是混合值，两种颜色会根据贴图的强度以大一些或小一些的程度混合。
- 使用曲线：确定“混合曲线”是否对混合产生影响。
- 转换区域：调整上限和下限的级别。如果两个值相等，两个材质会在一个明确的边上相接，加宽的范围提供更渐变的混合。

5.5 VRay材质及贴图

将3ds Max的渲染器切换为VRay渲染器后，就可以在“材质编辑器”面板中使用VRay所提供的专业材质球及贴图了，下面我们来学习一下VRay的常用材质。

5.5.1　VRayMtl材质

VRayMtl材质是使用最为频繁的一种材质球，几乎可以用来制作日常生活中的各种材质，如玻璃、金属、陶瓷等，其参数设置面板如图5-84所示。

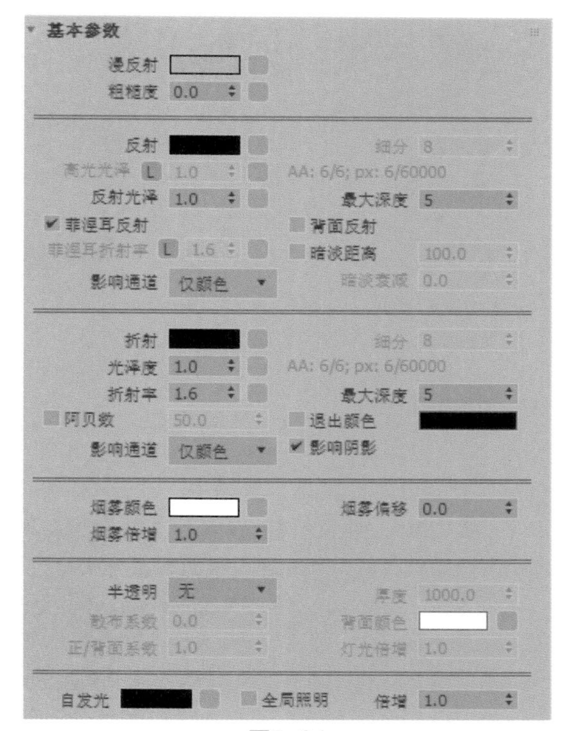

图5-84

参数解析

（1）“漫反射”组

- 漫反射：物体的漫反射用来决定物体的表面颜色，通过“漫反射”后面的方块图标可以为物体表面指定贴图，如果未指定贴图，则可以通过漫反射的色块来为物体指定表面色彩。
- 粗糙度：数值越大，粗糙程度越明显。

（2）“反射”组

- 反射：用来控制材质的反射程度，根据色彩的灰度来计算。颜色越白反射越强；颜色越黑反射越弱。当反射的颜色是其他颜色时，则控制物体表面的反射颜色。
- 高光光泽：控制材质的高光大小。
- 反射光泽：控制材质反射的模糊程度，真实世界中的物体大多有着或多或少的反射光泽度，当“反射光泽度”为1时，代表该材质无反射模糊，“反射光泽度”的值越小，反射模糊的现象越明显，计算也越慢。
- 细分：用来控制“反射光泽度”的计算品质。
- 最大深度：控制反射的次数，数值越高，反射的计算耗时越长。
- 菲涅耳反射：当勾选该选项后，反射强度会与物体的入射角度有关系，入射角度越小，反射越强烈。当垂直入射时，反射强度最弱。菲涅尔现象是指反射/折射与视点角度之间的关系。举个例子，如果你站在湖边，低头看脚下的水，你会发现水是透明的，反射不是特别强烈；如果你看远处的湖面，你会发现水并不是透明的，反射非常强烈，这就是“菲涅尔效应”。
- 菲涅耳折射率：在“菲涅耳反射”中，菲涅耳现象的强弱衰减可以使用该选项来调节。

（3）“折射”组

- 折射：和反射的控制方法一样。颜色越白，物体越透明，折射程度越高。
- 光泽度：用来控制物体的折射模糊程度。
- 折射率：用来控制透明物体的折射率。
- 细分：用来控制折射模糊的品质。值越高，品质越好，渲染时间越长。
- 最大深度：用来控制计算折射的次数。
- 影响阴影：此选项用来控制透明物体产生的通透的阴影效果。

（4）“烟雾”组

- 烟雾颜色：可以让光线通过透明物体后使得光线减少，用来控制透明物体的颜色。
- 烟雾倍增：用来控制透明物体颜色的强弱。

（5）“半透明”组

- 半透明：半透明效果的类型共有“无”“硬（蜡）模型”“软（水）模型”“混合模型”4种可

选，如图5-85所示。

无
硬(蜡)模型
软(水)模型
混合模型

图5-85

- 厚度：用来控制光线在物体内部被追踪的深度，也可以理解为光线的最大穿透能力。
- 散布系数：物体内部的散射总量。
- 背面颜色：用来控制半透明效果的颜色。
- 正/背面系数：控制光线在物体内部的散射方向。
- 灯光倍增：设置光线穿透能力的倍增值，值越大，散射效果越强。

（6）“自发光”组

- 自发光：用来控制材质的发光属性，通过色块可以控制发光的颜色。
- 全局照明：默认为开启状态，接受全局照明。

5.5.2 VRay2Side Mtl材质

VRay2Side Mtl材质可以对对象的外侧面和内侧面分别添加材质来渲染计算，其参数设置面板如图5-86所示。

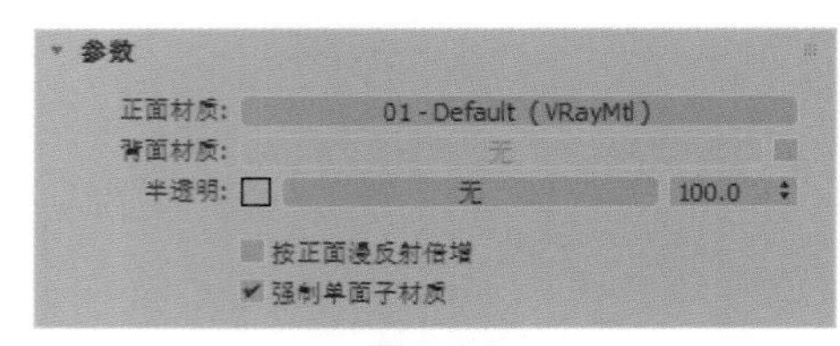

图5-86

参数解析

- 正面材质：用来设置物体外表面的材质。
- 背面材质：用来设置物体内表面的材质。
- 半透明：后面的色块用来控制双面材质的透明度，白色表示全透明，黑色表示不透明。当不透明时，背面的受光和影子投影将不可见，贴图通道则是以贴图的灰度值来控制透明的程度。

5.5.3 VR-灯光材质

“VR-灯光材质”可以用来制作灯光照明及室外环境的光线模拟，其参数设置面板如图5-87所示。

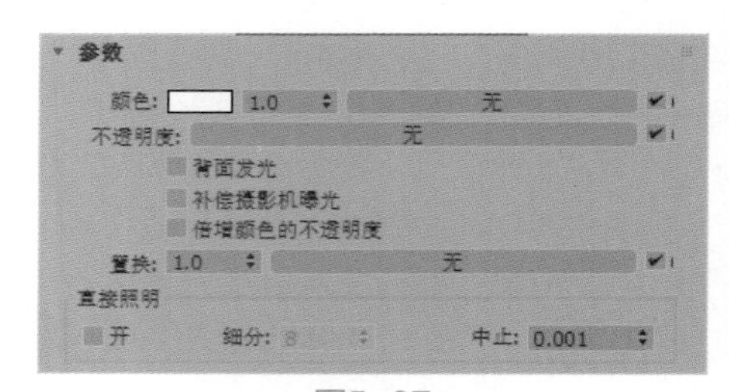

图5-87

参数解析

- 颜色：设置发光的颜色，并可以通过后面的微调器来设置发光的强度。
- 不透明度：用贴图来控制发光材质的透明度。
- 背面发光：勾选此复选框后，材质可以双面发光。

5.5.4 VR-凹凸材质

“VR-凹凸材质”为用户额外提供了一种物体表面凹凸算法，其参数设置面板如图5-88所示。

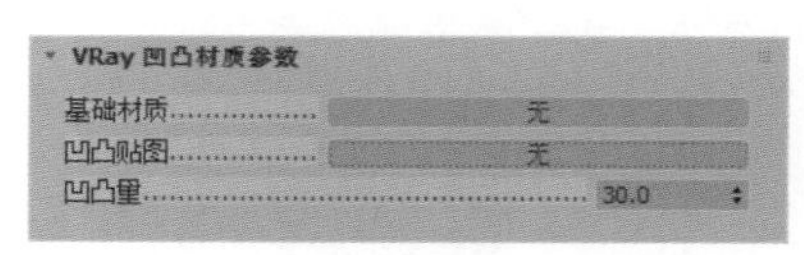

图5-88

参数解析

- 基础材质：指定VR-凹凸材质的基本材质。
- 凹凸贴图：为当前材质指定一张控制凹凸纹理的贴图。
- 凹凸量：设置凹凸的强度值。

5.5.5 VR-混合材质

"VR-混合材质"通过对多个材质的混合来模拟自然界中的复杂材质。其参数设置面板如图5-89所示。

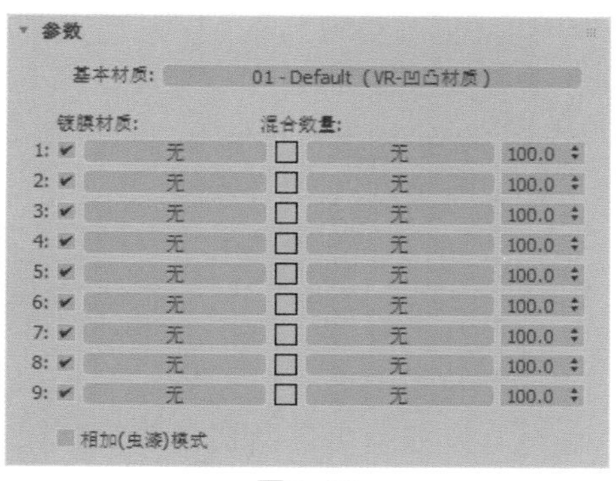

图5-89

参数解析

- 基本材质：作为混合材质的基础材质。
- 镀膜材质：添加于基础材质上的镀膜材质。
- 混合数量：控制镀膜材质影响基本材质的程度。

5.6 Arnold材质及贴图

5.6.1 Standard材质

3ds Max 2018版本正式为广大三维用户添加了著名的Arnold（阿诺德）渲染器，这套渲染器包含了完整的、全新的材质、灯光及渲染功能，使得3ds Max可以渲染出超现实的质感作品。学习这款全新的渲染器之前，我们需要先学习阿诺德的标准材质。

需要注意的是，使用Arnold Standard（阿诺德标准）材质，需要我们提前将渲染器更换为Arnold（阿诺德）渲染器，更换的方法我们会在后面的章节中为大家讲解。打开材质编辑器，单击Standard按钮 Standard ，在弹出的"材质/贴图浏览器"中执行"材质/通用/混合"命令，即可将当前材质球类型更改为混合材质，如图5-90所示。

Arnold Standard（阿诺德标准）材质的参数设置面板如图5-91所示。

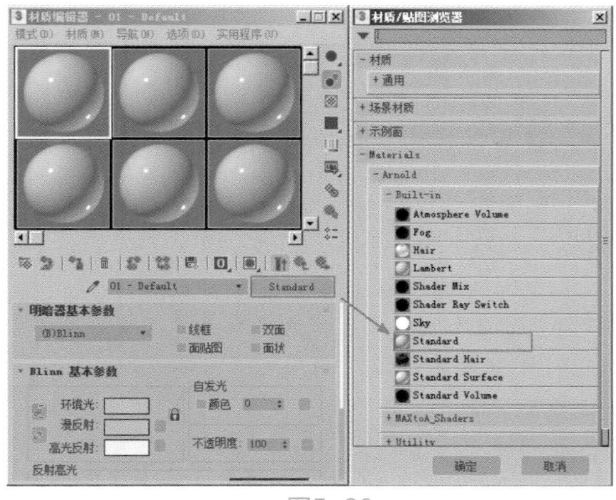
图5-90

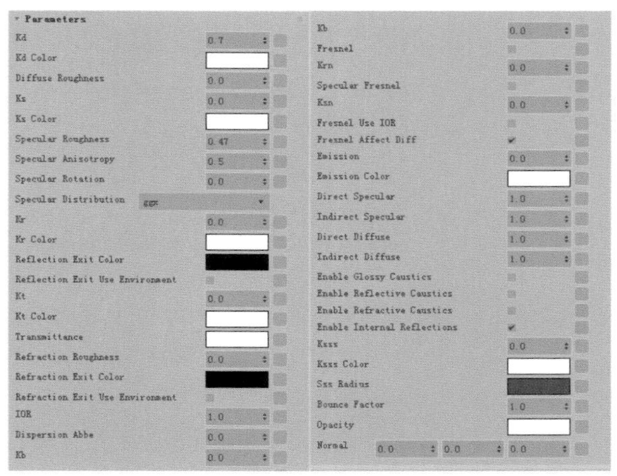

图5-91

参数解析

- Kd：用来控制漫发射的权重强度。
- Kd Color：设置标准材质的漫反射颜色。
- Diffuse Roughness：设置漫反射的粗糙度。

- Ks：用来控制标准材质的高光，调节该参数还会为材质添加反射效果。
- Ks Color：设置高光的颜色。
- Specular Roughness：用于设置高光粗糙度，值越小，高光点越小，反射越清晰；值越大，高光点越大，反射越模糊，图5-92所示分别为该值是0.05和0.5的渲染结果对比。

图5-92

- Specular Anisotropy：用于控制高光的各向异性属性，使得用户可以调整椭圆形的高光点，图5-93所示分别为该值是0.5和0.1的渲染结果对比。

图5-93

- Specular Rotation：用于控制高光的旋转效果，图5-94所示分别为该值是0和6.5的渲染结果对比。

图5-94

- Kr：用于控制材质的反射强度。虽然通过之前的Ks值可以为材质添加一定的反射效果，但是如果增加该值，则可以显著提高材质的反射程度。图5-95所示分别为该值是0和0.8的渲染结果对比。

图5-95

- Kr Color：用于控制反射的颜色，图5-96所示分别为该值调整为红色和黄色的渲染结果对比。

图5-96

- Reflection Exit Color：用于控制反射退出的颜色。
- Reflection Exit Use Environment：控制反射退出使用环境来进行控制。
- Kt：控制材质的折射效果，值为0时，材质为不透明；值越大，材质越透明。如果配合IOR（折射率）参数，可以制作出带有一定折射程度的透明效果。图5-97所示为当IOR（折射率）为默认值0时，该值是0.4和0.8的渲染结果对比。通过该对比还可以看出，当物体为半透明效果时，会自动影响阴影的深浅效果。

图5-97

- Kt Color：控制透明材质的颜色，图5-98所示分别为当Kd值为0，Kt值为0.85，IOR值为1.6时，该值调整为白色和黄色的渲染结果对比。使用该值可以制作出色彩亮丽、通透的玻璃效果。此外，通过该渲染结果，还可以看出该值对阴影的颜色有明显影响。

图5-98

- Transmittance：用于控制材质的透光率。与Kt Color的调试结果非常相似，也对控制透明材质的颜色有显著影响。图5-99所示分别为该值为默认白色和调整为红色的渲染结果对比。
- Refraction Roughness：用于控制材质的反射粗糙度，可以用来模拟磨砂玻璃效果，图5-100所示分别为该值是0和0.2的渲染结果对比。
- Refraction Exit Color：控制折射退出颜色。
- Refraction Exit Use Environment：设置折射退出颜色由环境影响。
- IOR：设置材质的折射率。制作逼真的材质质感需要用户对常见的如水、玻璃、钻石等的折射率有所了解，才能调试出正确的渲染结果。图5-101所示为IOR值为0和1.5的渲染结果对比。

图5-99

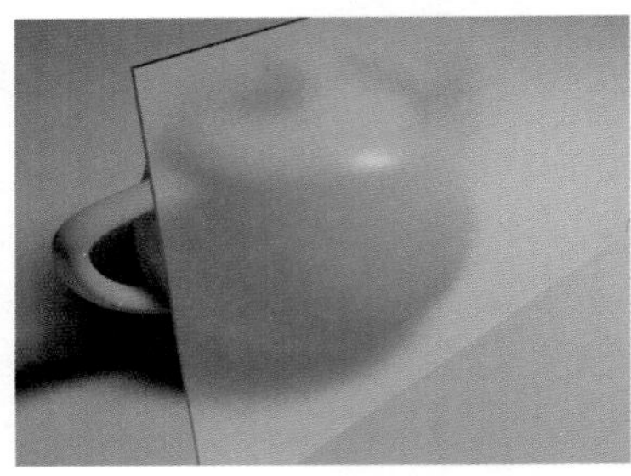

图5-100

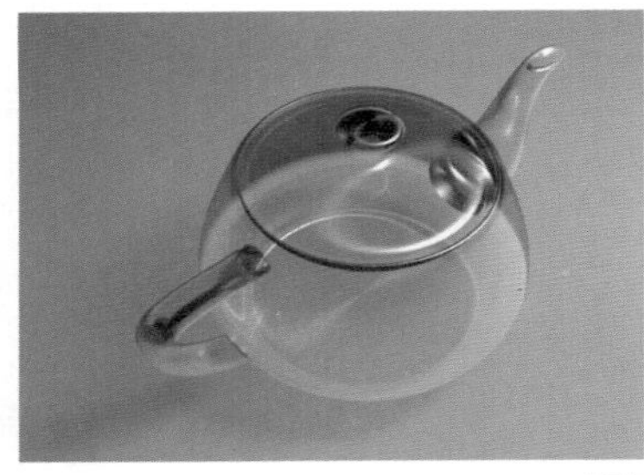

图5-101

- Dispersion Abbe：用来控制光在对象中的散射效果，图5-102所示为该值是0和0.5的渲染结果对比。

图5-102

- Fresnel：勾选该选项可以开启菲涅耳反射计算。图5-103所示分别为勾选该选项前后的渲染效果对比。
- Fresnel Use IOR：勾选该选项，菲涅耳反射受折射率计算影响。
- Fresnel Affect Diff：勾选该选项，菲涅耳计算影响物体的漫反射计算。
- Emission：用于控制材质放射计算，提高该值可以用于模拟发光材质效果。图5-104所示分别为该值是0和0.8的渲染结果对比。
- Emission Color：用于控制材质发光的颜色。

图5-103

图5-104

- Direct Diffuse：控制材质漫反射受直接照明的影响。
- Indirect Diffuse：控制材质漫反射受间接照明的影响。
- Enable Glossy Caustics：勾选该选项可以开启该材质的焦散光学计算。
- Enable Reflective Caustics：启用焦散反射计算。
- Enable Refractive Caustics：启用焦散折射计算。
- Opacity：用于控制材质的不透明程度。默认颜色为白色，代表不透明；颜色越黑，材质越透明。
- Ksss：控制将Ksss Color的颜色与材质的漫反射进行混合提亮。
- Ksss Color：用来指定要添加的发光颜色。
- Sss Radius：以色彩来控制SSS计算的采样半径。
- Bounce Factor：用来增强焦散的光线强度。
- Normal：用来给材质添加凹凸效果。

5.6.2 Lambert材质

同Maya软件类似，阿诺德渲染器为3ds Max用户也提供了一个类似的材质球，就是Arnold Lambert（阿诺德兰伯特）材质。主要用于模拟没有高光、反射、折射等效果的材质。通过该材质的参数设置，用户即可一目了然。Arnold Lambert（阿诺德兰伯特）材质的参数如图5-105所示。

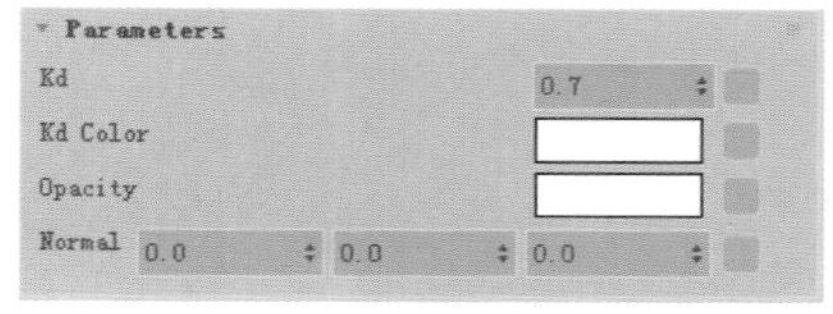

图5-105

参数解析

- Kd：用来控制漫发射的权重强度。
- Kd Color：设置标准材质的漫反射颜色。
- Opacity：用于控制材质的不透明程度。默认颜色为白色，代表不透明；颜色越黑，材质越透明。
- Normal：以数值的方式控制材质的法线。

5.6.3 Wireframe

阿诺德渲染器为用户提供了一种专门用于渲染模型线框的材质，即Wireframe（阿诺德线框）。其参数面板如图5-106所示。

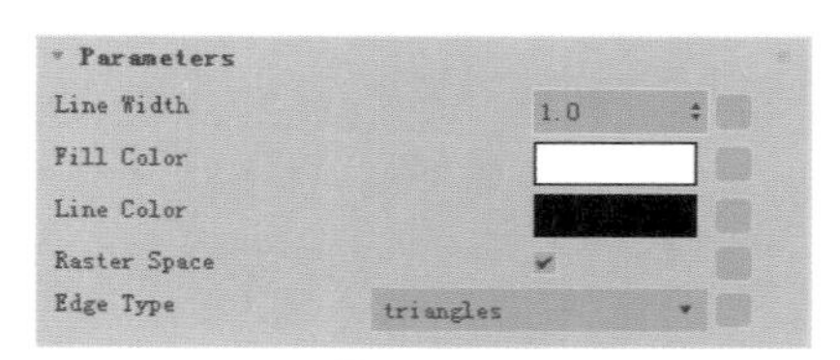

图5-106

参数解析

- Line Width：用于控制线框的宽度，图5-107所示分别为该值是1和2的渲染结果对比。

图5-107

- Fill Color：用于设置网格的填充颜色，图5-108所示分别为该颜色为默认为白色和黄色的渲染结果对比。

图5-108

- Line Color：用于设置线框线的颜色，如图5-109所示。
- Edge Type：用于设置线框的渲染类型，有triangles（三角边）、polygons（多边形）和patches（补丁）这3种可选，如图5-110所示。

图5-109

图5-110

5.7 技术实例

5.7.1 VRay实例：制作玻璃材质

在本实例中，为大家讲解如何使用VRayMtl材质来制作玻璃材质的表现效果，本场景的渲染效果如图5-111所示。虽然本实例中着重为大家讲解玻璃材质的制作，读者也可以根据该实例举一反三，学习场景中的饮料材质，它们的调试方法极为相似。

图5-111

01 3ds Max 启动后，打开本书附带的资源“杯子.max”文件，本场景中已经设置好灯光及摄影机，如图5-112所示。

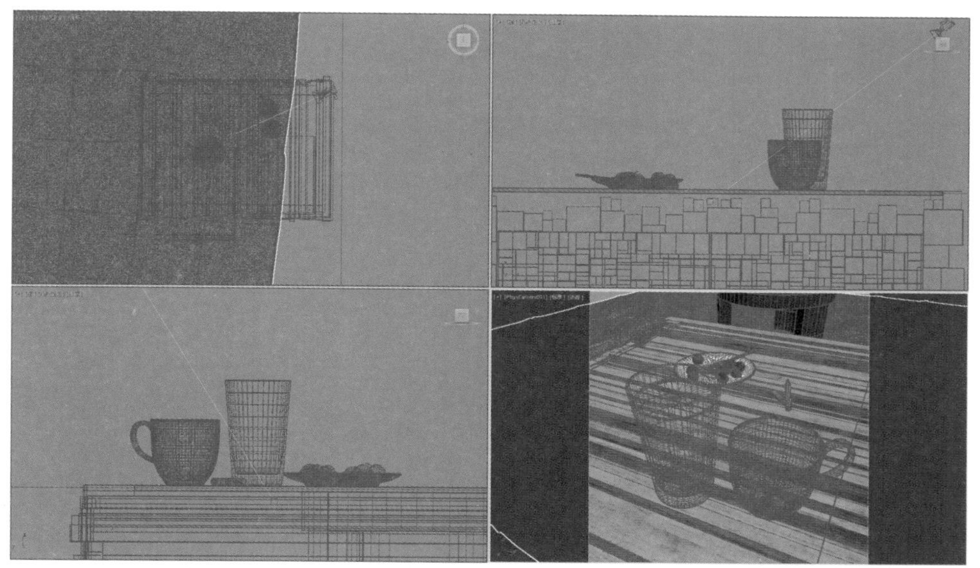

图5-112

02 选择一个空白的材质球，设置材质类型为VRayMtl，将材质的名称命名为“玻璃”，并将其以拖曳的方式添加至场景中的玻璃杯模型上，如图5-113所示。

图5-113

03 制作玻璃材质之前，思考一下玻璃的特性很重要。只有对所要制作模拟的物体进行细微的观察，才可以根据观察得到的结果来设置相应的参数以达到逼真的效果。本例中玻璃的特性主要有通透、具有一定的反射及折射效果，所以在接下来的制作过程中应注意玻璃材质的这几个特征。设置玻璃材质“反射”的颜色为白色（红：232，绿：232，蓝：232），并勾选“菲涅耳反射”选项，用来模拟玻璃的反射属性，设置“反射光泽”的值为0.95，如图5-114所示。

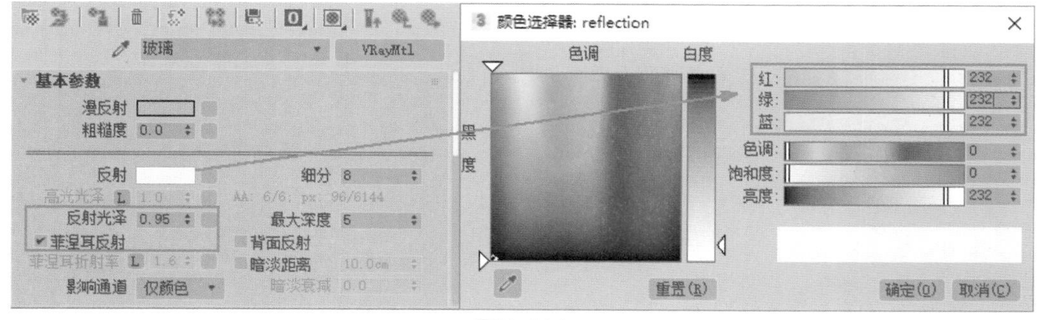

图5-114

04 设置“折射”的颜色为白色（红：255，绿：255，蓝：255），“折射率”为1.6，并勾选“影响阴影”选项，如图5-115所示。

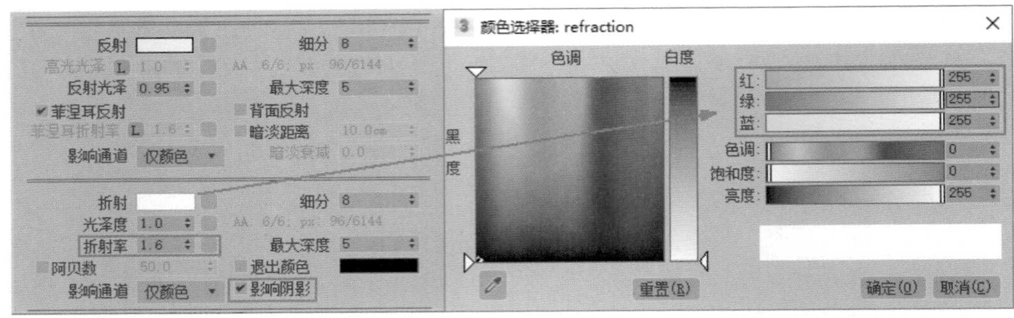

图5-115

05 设置完成后，玻璃材质球的显示效果如图5-116所示。

06 渲染场景，渲染结果如图5-117所示。

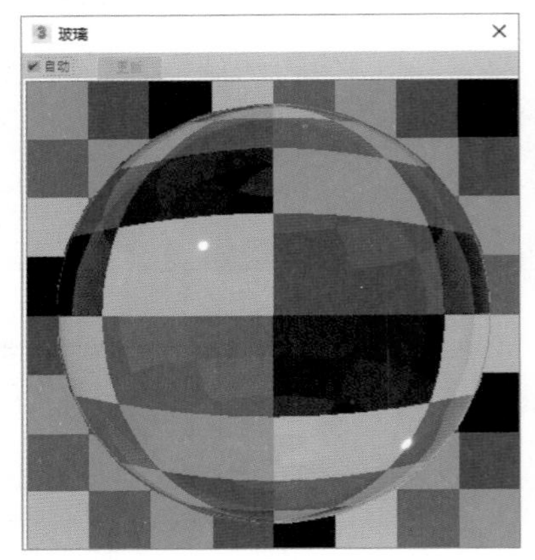

图5-116

图5-117

5.7.2 VRay实例：制作金属材质

在本实例中，为大家讲解如何使用VRayMtl材质来制作金属材质的表现效果，本场景的渲染效果如图5-118所示。

01 3ds Max启动后，打开本书配套资源“煤油灯max”文件，本场景中已经设置好灯光及摄影机，如图5-119所示。

图5-118

图5-119

02 选择一个空白的材质球，设置材质类型为“VRayMtl”材质，将材质的名称命名为“金属”，并将其以拖曳的方式添加至场景中的煤油灯模型上，如图5-120所示。

03 本例中所要模拟制作的金属为反射较强，并且带有一点铁锈效果，所以设置金属材质“漫反射”的颜色为黑色（红：0，绿：0，蓝：0），“反射”组内的“反射”颜色为灰白色（红：97，绿：97，蓝：97），如图5-121所示。

04 在“反射光泽”的贴图通道上添加一张“金属反射.jpg”贴图，并设置“细分”的值为32，如图5-122所示。

05 设置完成后，金属材质球的显示效果如图5-123所示。

06 渲染场景，本案例的最终渲染效果如图5-124所示。

图5-120

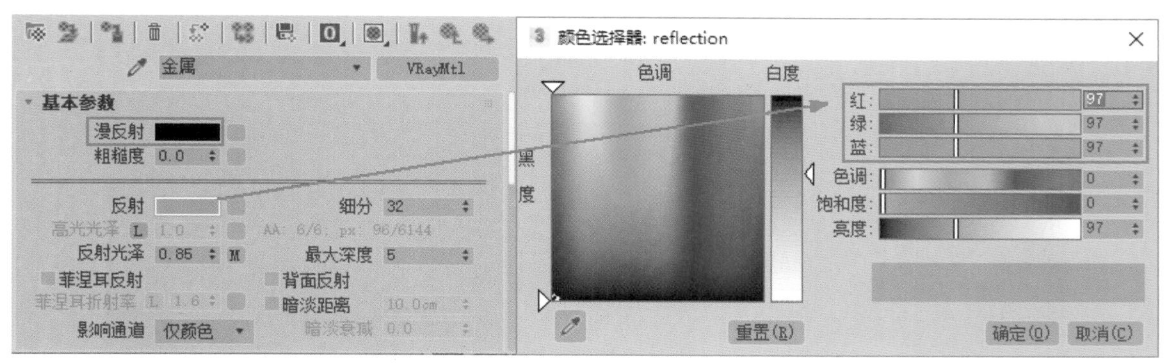

图5-121

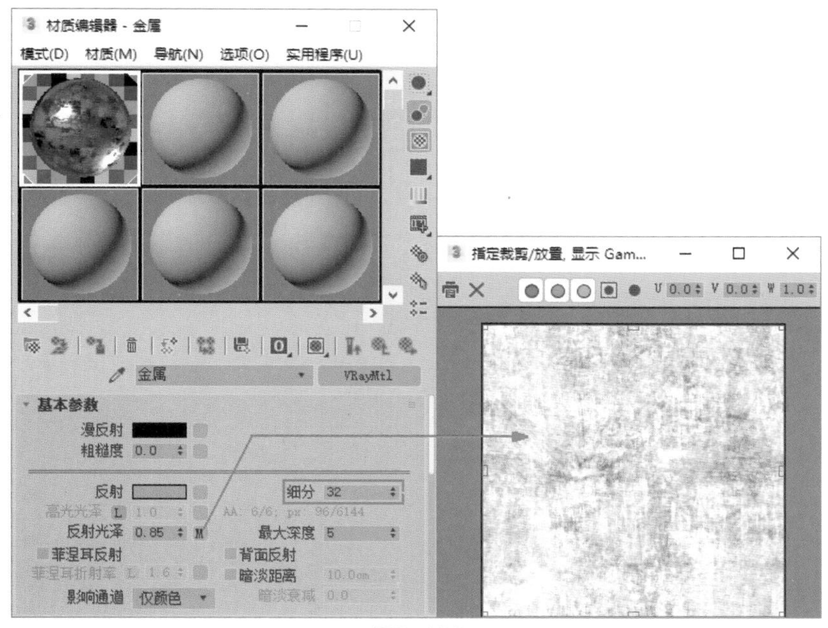

图5-122

图5-123

图5-124

5.7.3 VRay实例：制作木纹材质

在本实例中，为大家讲解如何使用VRayMtl材质来制作椅子表面的木纹材质表现效果，本场景的渲染效果如图5-125所示。

01 3ds Max启动后，打开本书配套资源“木制椅子max”文件，本场景中已经设置好灯光及摄影机，如图5-126所示。

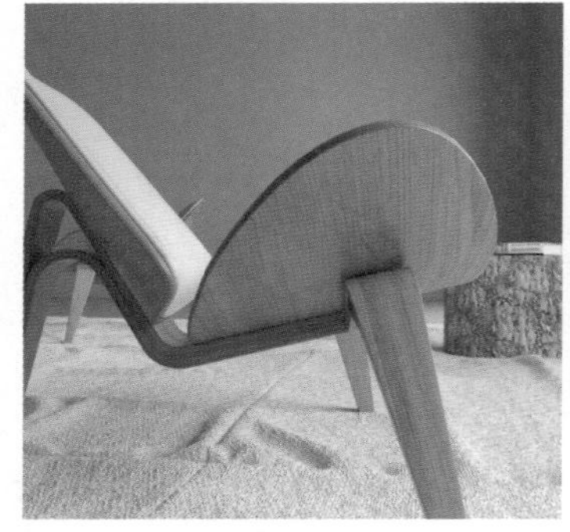

图5-125

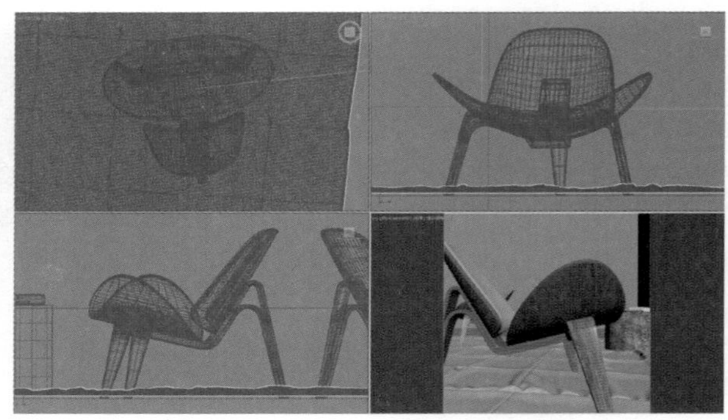

图5-126

02 选择一个空白的材质球，设置材质类型为“VRayMtl”材质，将材质的名称命名为“椅子面”，并将其以拖曳的方式添加至场景中的椅子模型上，如图5-127所示。

03 在“漫反射”的贴图通道上指定一张贴图，制作出椅子表面的木纹纹理，如图5-128所示。

图5-127

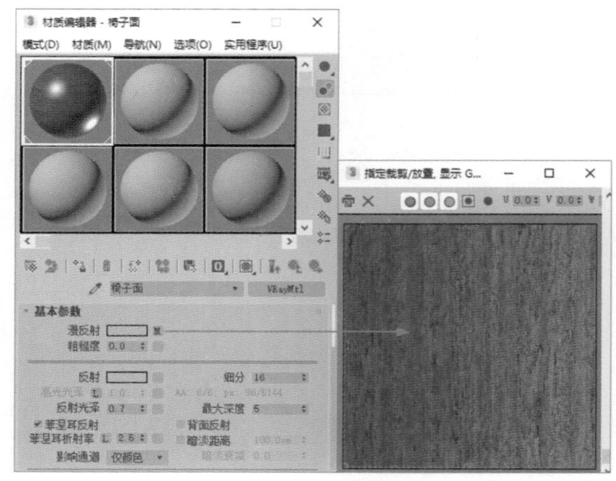

图5-128

04 调整“反射”颜色为灰白色（红：130，绿：130，蓝：130），设置“细分”的值为16，“反射光泽”的值为0.7，勾选“菲涅尔反射”选项，设置“菲涅尔折射率”的值为2.5，制作出椅子表面的高光及反射效果，如图5-129所示。

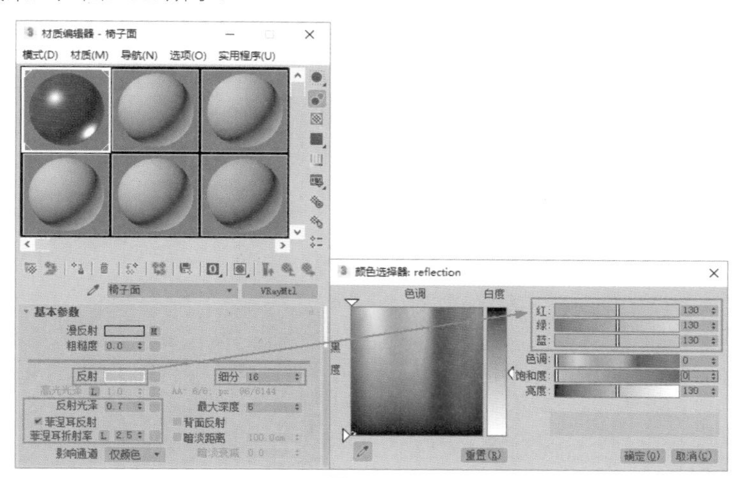

图5-129

05 制作完成后的椅子面材质球显示效果如图5-130所示。

06 渲染场景，本实例的渲染结果如图5-131所示。

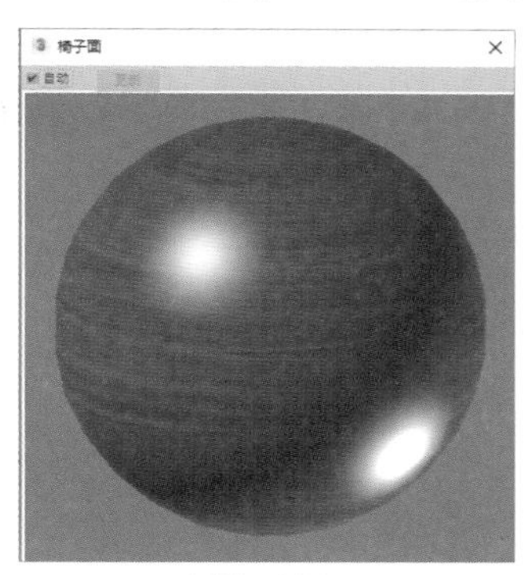

图5-130

图5-131

5.7.4 Arnold实例：制作玻璃材质

在本实例中，为大家讲解如何使用Standard（阿诺德标准）材质来制作玻璃材质效果，本实例的渲染效果如图5-132所示。

图5-132

01 启动3ds Max 2018软件，打开本书配套资源“杯子.max”文件。如图5-133所示，本场景已经设置好了灯光、摄影机及渲染基本参数。

02 打开“材质编辑器”面板。选择一个空白材质球，将其转换为Standard材质，重新命名为“玻璃”，并将其赋予给场景中的瓶子模型，如图5-134所示。

03 在Parameters（属性）卷展栏内，设置Kd的值为0，设置Ks的值为0.1，Specular Anisotropy的值为0.1，制作出玻璃材质的高光效果，如图5-135所示。

04 接下来，调整Kt的值为0.95，为材质增强折射属性，设置IOR的值为1.5，如图5-136所示。

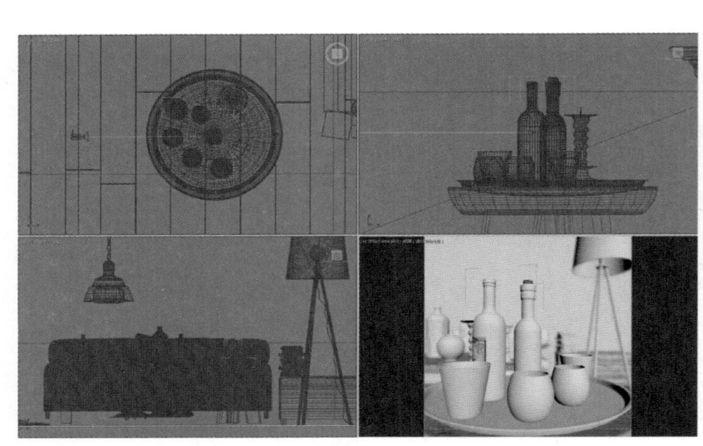

图5-133

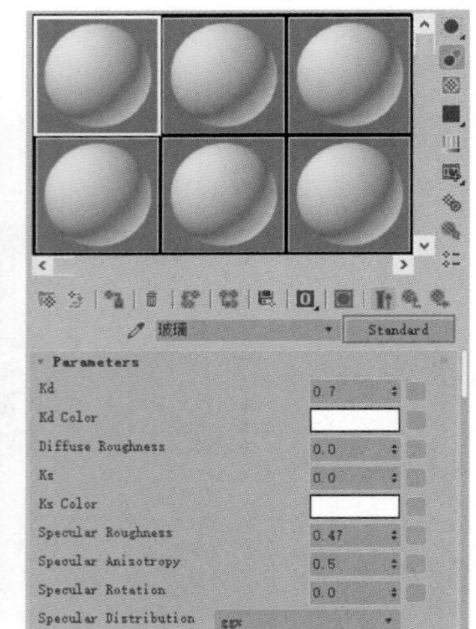

图5-134

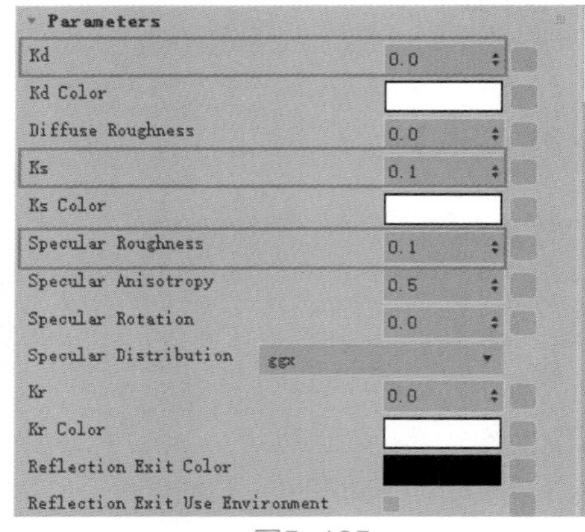

图5-135

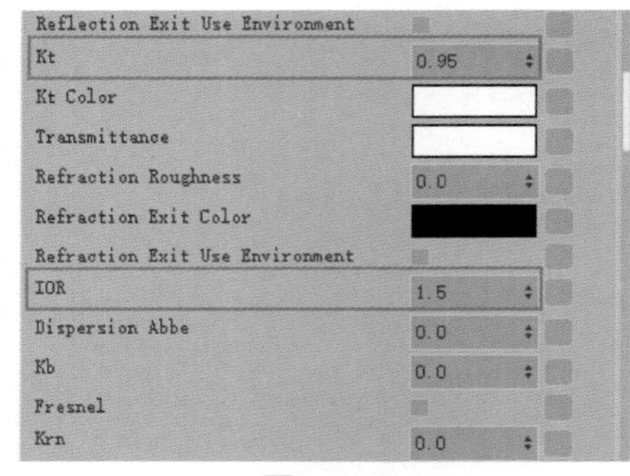

图5-136

05 设置Opacity的颜色为灰色（红：0.518，绿：0.518，蓝：0.518），设置玻璃的透明度，如图5-137所示。

06 设置完成后的玻璃材质球显示效果如图5-138所示。

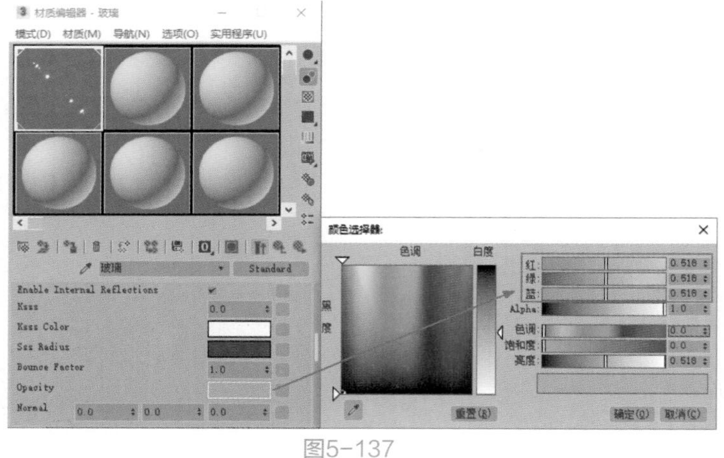

图5-137

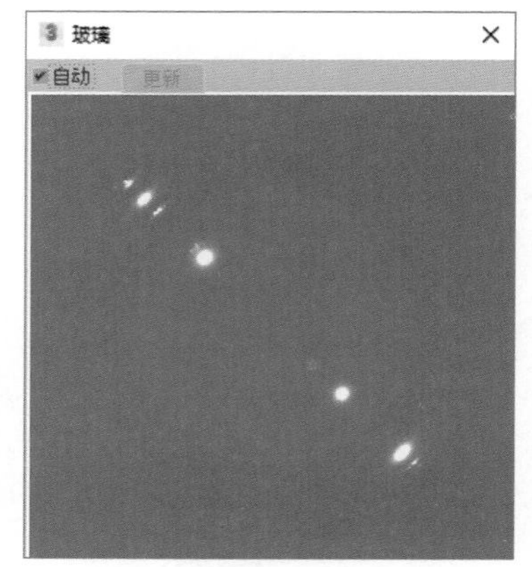

图5-138

07 本实例的最终渲染效果如图5-139所示。

图5-139

5.7.5 Arnold实例：制作金属材质

在本实例中，为大家讲解如何使用Standard（阿诺德标准）材质来制作金属的质感效果，本实例的渲染效果如图5-140所示。

01 启动3ds Max软件，打开本书配套资源“厨房用品.max”文件。如图5-141所示，本场景已经设置好了灯光、摄影机及渲染基本参数。

图5-140

图5-141

02 打开“材质编辑器”面板。选择一个空白材质球，将其转换为Standard材质，重新命名为“金属”，并将其赋予给场景中的水壶模型，如图5-142所示。

03 在Parameters（属性）卷展栏内，设置Kd的值为0，设置Ks的值为0.9，调整出金属材质的高光及反射，如图5-143所示。

04 设置完成后的金属材质球显示效果如图5-144所示。

05 本实例中的金属材质最终渲染效果如图5-145所示。

图5-142

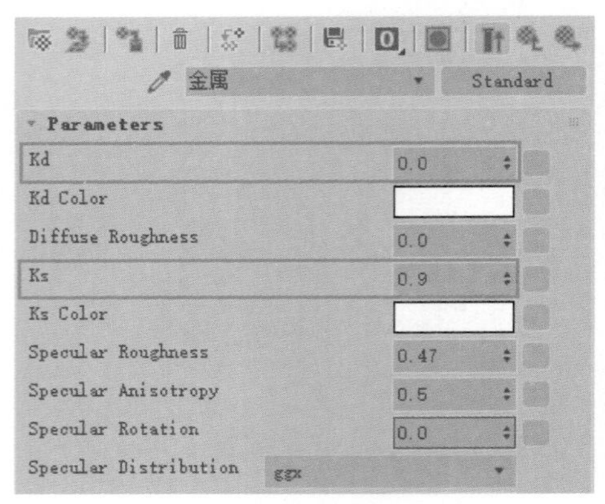

图5-143

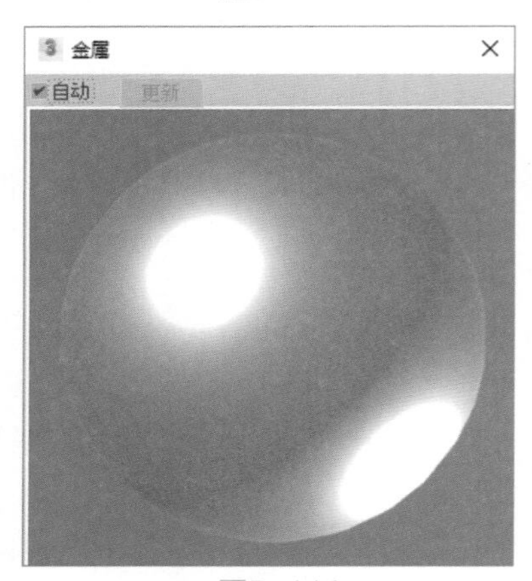

图5-144

图5-145

5.7.6 Arnold实例：制作陶瓷材质

在本实例中，为大家讲解如何使用Standard材质来制作陶瓷的质感效果，本实例的渲染效果如图5-146所示。

图5-146

01 启动3ds Max软件，打开本书配套资源“室内静物.max”文件。如图5-147所示，本场景已经设置好了灯光、摄影机及渲染基本参数。

02 打开“材质编辑器”面板。选择一个空白材质球，将其转换为Standard材质，重新命名为“陶瓷”，并将其赋予给场景中桌面上的罐子模型，如图5-148所示。

03 在Parameters（属性）卷展栏内，设置KdColor的颜色为黄色（红：0.914，绿：0.51，蓝：0.075），设置Ks的值为0.4，Specular Roughness的值为0.2，调整出陶瓷材质的表面颜色、高光以及反射效果，如图5-149所示。

04 设置完成后的陶瓷材质球显示效果如图5-150所示。

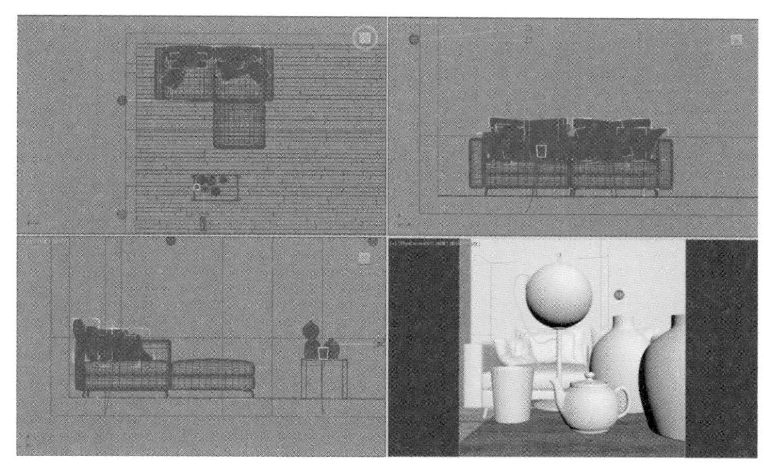

图5-147

图5-148

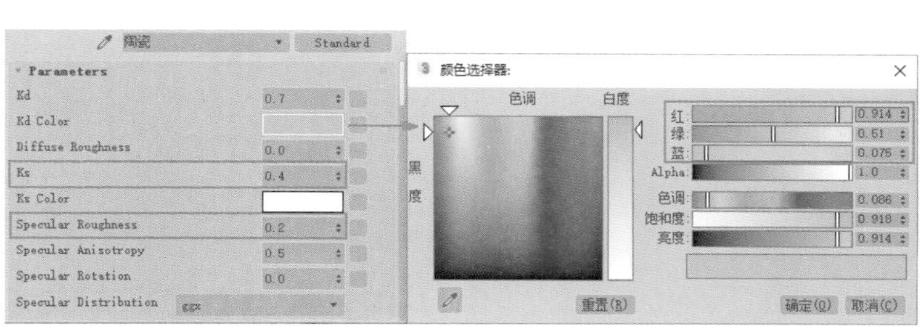

图5-149

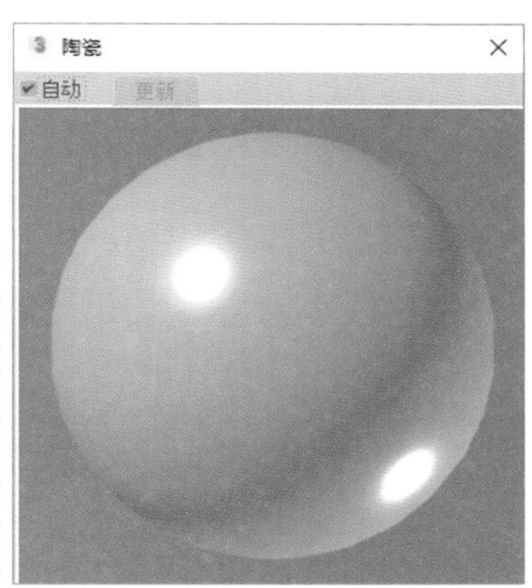

图5-150

05 渲染场景，本实例的陶瓷材质最终渲染效果如图5-151所示。

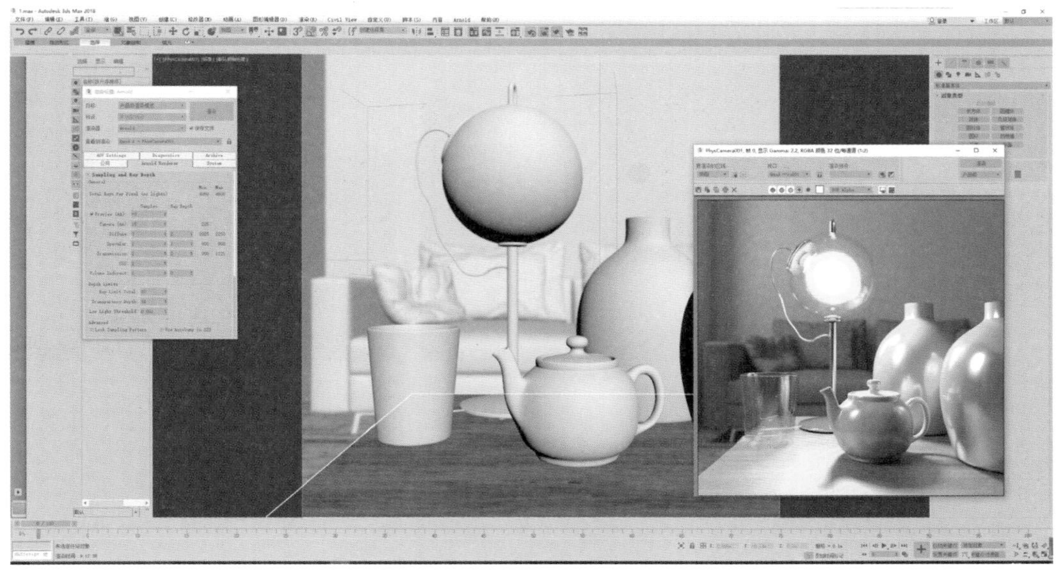

图5-151

第6章

灯光技术

6.1 灯光概述

3ds Max 为广大三维设计师所提供的灯光工具可以轻松地为制作完成的场景添加照明效果。灯光工具的命令虽然不多，但是要想随心所欲般地使用灯光也并非易事。设置灯光前，灯光师应该充分考虑作品中未来的预期照明效果，并最好参考大量的真实照片。只有认真并有计划地布置照明，才能渲染出令人满意的灯光效果。

设置灯光是三维制作表现中的点睛之笔，灯光不仅仅可以照亮物体，还可以在表现场景气氛、天气效果等方面起着至关重要的作用，给人以身临其境般的视觉感受。在设置灯光时，如果场景中的灯光过于明亮，渲染出来的画面则会处于一种曝光状态；如果场景中的灯光过于暗淡，则渲染出来的画面有可能显得比较平淡，毫无吸引力可言，甚至导致画面中的很多细节无法体现。所以说，若要制作出理想的光照效果，则需要我们去不断实践，最终将自己的作品渲染得尽可能真实。

设置灯光时，灯光的种类、颜色及位置应来源于生活。我们不可能轻松地制作出一个从未见过的类似的光照环境，所以学习灯光时，需要我们对现实中的不同光照环境处处留意。图6-1～图6-4所示分别为国外三维艺术家所渲染出来的优秀高品质图像。

图6-1

图6-2

图6-3

图6-4

灯光是3ds Max中的一种特殊对象，使用灯光不仅可以影响其周围物体表面的光泽和颜色，还可以控制物体表面的高光点和阴影的位置。灯光通常需要和环境、模型及模型的材质共同作用，才能得到丰富的色彩和明暗对比效果，从而使我们的三维图像达到犹如照片的真实感。

灯光是画面中的重要构成要素之一，其主要功能如下。

第6章视频

第6章素材

第一点：为画面提供足够的亮度。

第二点：通过光与影的关系来表达画面的空间感。

第三点：为场景添加环境气氛，塑造画面所表达的意境。

3ds Max 为我们提供了多种不同类型的灯光，分别是“光度学”灯光、“标准”灯光和新增的Arnold灯光，如果安装了VRay渲染器插件，那么还会有VRay灯光。将“命令”面板切换至创建“灯光”面板，在下拉列表中即可选择灯光的类型。图6-5所示为“光度学”灯光类型中包含的灯光按钮；图6-6所示为“标准”灯光类型中所包含的灯光按钮；图6-7所示为Arnold灯光类型所提供的灯光按钮；图6-8所示为VRay灯光类型所提供的灯光按钮。

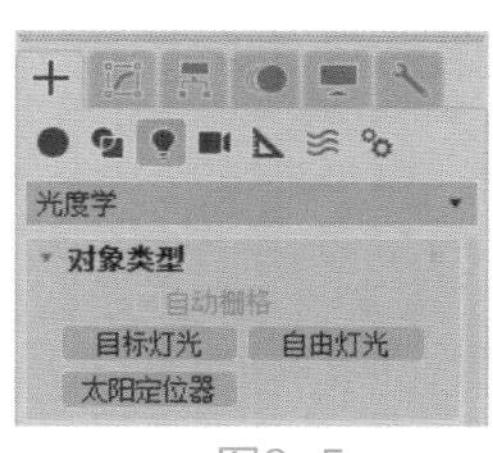

图6-5

图6-6

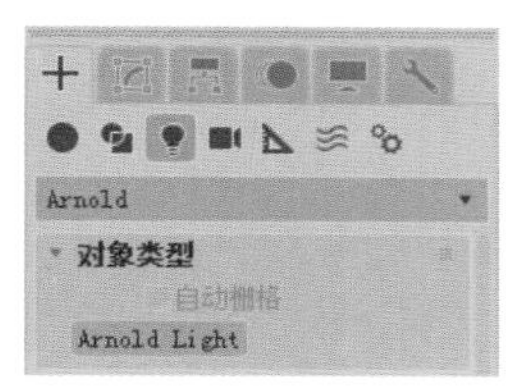

图6-7

图6-8

6.2 “光度学”灯光

当打开创建“灯光”面板时，可以看到系统默认的灯光类型就是“光度学”。其“对象类型”卷展栏内包含“目标灯光”按钮 目标灯光 、“自由灯光”按钮 自由灯光 和“太阳定位器”按钮 太阳定位器 。

6.2.1 目标灯光

“目标灯光”带有一个目标点，用来指明灯光的照射方向。通常可以用“目标灯光”来模拟灯泡、射灯、壁灯及台灯等灯具的照明效果。当用户首次在场景中创建该灯光时，系统会自动弹出“创建光度学灯光”对话框，询问用户是否使用对数曝光控制，如图6-9所示。如果用户对3ds Max 2018比较了解，可以忽略该对话框，在项目后续的制作过程中随时更改该设置。

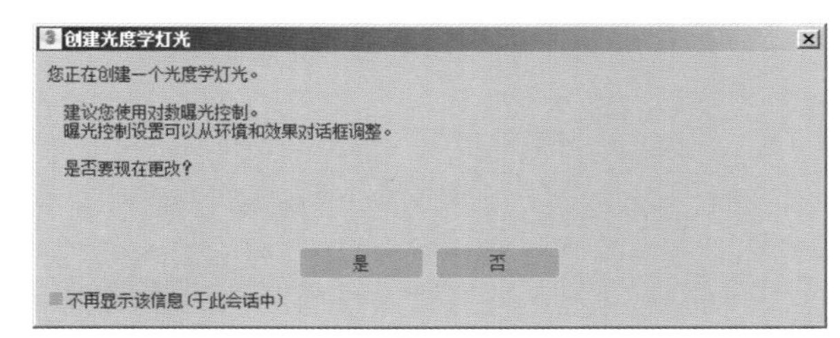

图6-9

在“修改”面板中，“目标灯光”有“模板”“常规参数”“强度/颜色/衰减”“图形/区域阴影”“阴影参数”“阴影贴图参数”“大气和效果”和“高级效果”这8个卷展栏，如图6-10所示。

1.“模板”卷展栏

3ds Max 为用户提供了多种“模板”以供选择使用。当我们展开“模板”卷展栏时，可以看到“选择模板”的命令提示，如图6-11所示。

单击“选择模板”旁边的黑色箭头图标，即可看到3ds Max 的“模板”库，如图6-12所示。

当我们选择列表中的不同灯光模板时，场景中的灯光图标及“修改”面板中的卷展栏分布都会发生相应的变化，同时，模板的文本框内会出现该模板的简单使用提示，如图6-13所示。

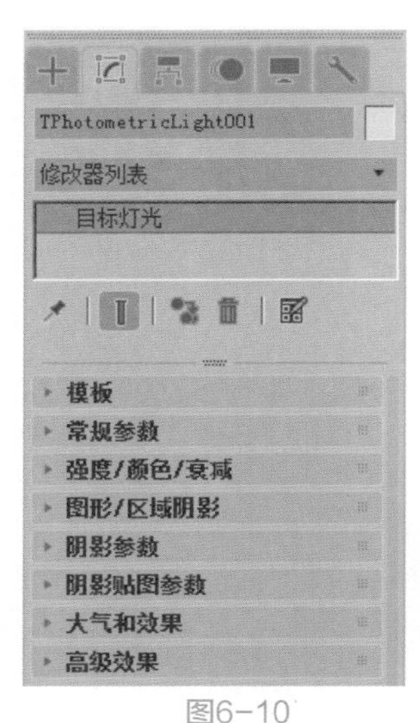

图6-10

图6-11

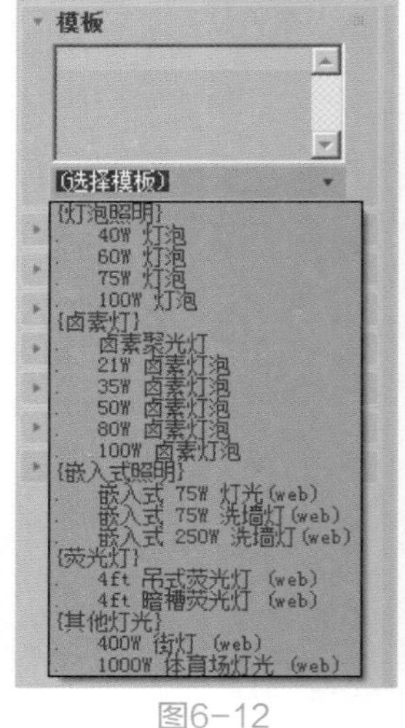

图6-12

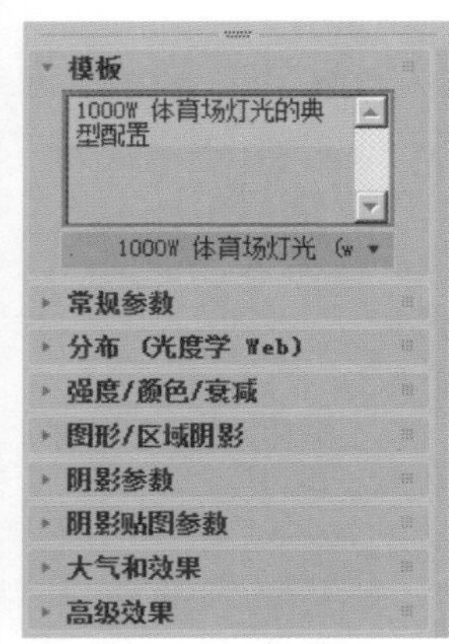

图6-13

2.“常规参数”卷展栏

“常规参数”卷展栏展开效果如图6-14所示。

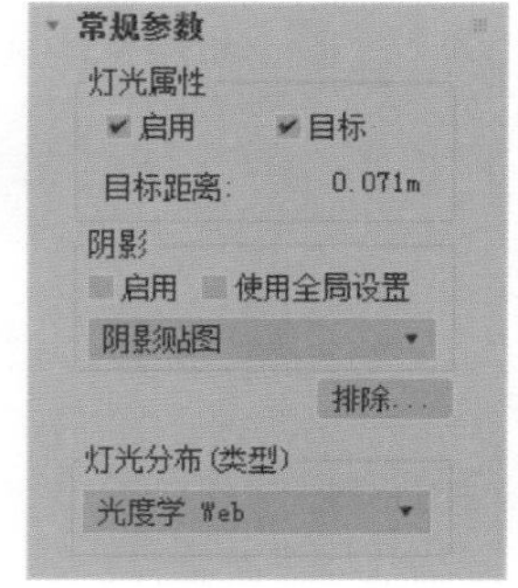

图6-14

参数解析

（1）“灯光属性”组

- 启用：用于控制选择的灯光是否开启照明。
- 目标：控制所选择的灯光是否具有可控的目标点。
- 目标距离：显示灯光与目标点之间的距离。

（2）“阴影”组

- 启用：决定当前灯光是否投射阴影。
- 使用全局设置：启用此选项以使用该灯光投射阴影的全局设置。禁用此选项以启用阴影的单个控件。如果未选择“使用全局设置”，则必须选择渲染器使用哪种方法来生成特定灯光的阴影。
- “阴影”方法的下拉列表：决定渲染器是否使用“高级光线跟踪”“区域阴影”“阴影贴图”或“光线跟踪阴影”生成该灯光的阴影，如图6-15所示。
- “排除”按钮 排除... ：将选定对象排除于灯光效果之外。单击此按钮，可以显示“排除/包含”对话框，如图6-16所示。

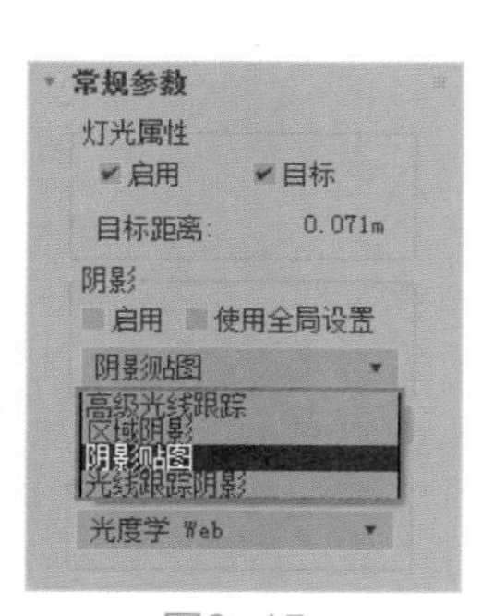

图6-15

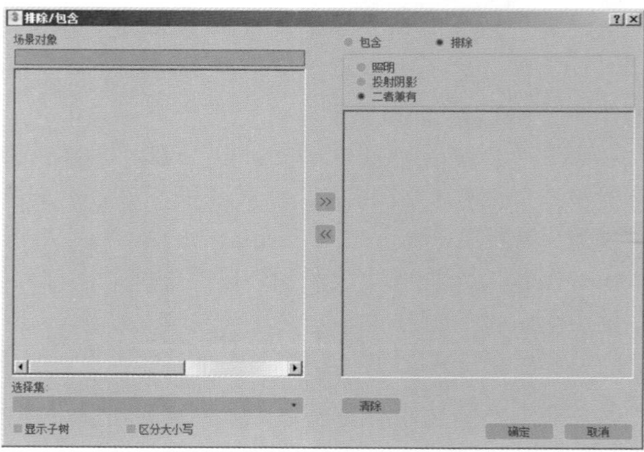

图6-16

（3）“灯光分布（类型）”组

- 灯光分布类型列表中可以设置灯光的分布类型，包含“光度学Web”“聚光灯”“统一漫反射”和“统一球形”4种类型，如图6-17所示。

图6-17

3.“强度/颜色/衰减”卷展栏

“强度/颜色/衰减”卷展栏展开效果如图6-18所示。

参数解析

（1）“颜色”组

- 灯光：取自于常见的灯具照明规范，使之近似于灯光的光谱特征。3ds Max 2016中提供了多种预先设置好的选项以供选择，如图6-19所示。

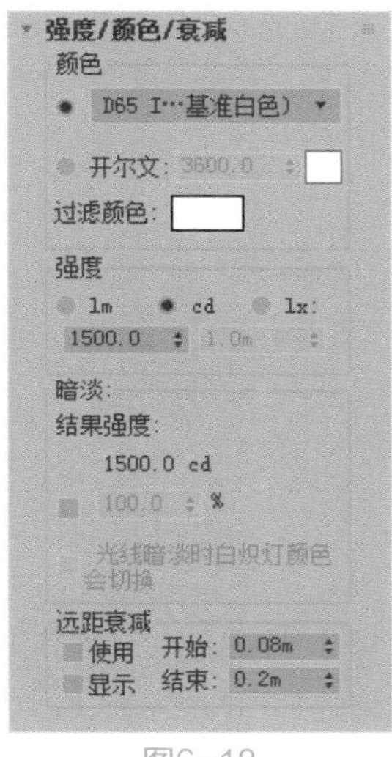

图6-18

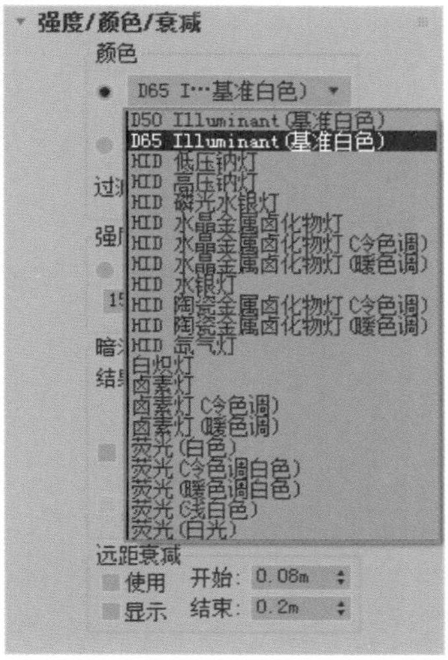

图6-19

- 开尔文：通过调整色温微调器设置灯光的颜色，色温以开尔文度数显示，相应的颜色在温度微调器旁边的色样中可见。设置“开尔文”的值为1800时，灯光的颜色为橙色；设置“开尔文”的值为20000时，灯光的颜色为淡蓝色。
- 过滤颜色：使用颜色过滤器模拟置于光源上的过滤色的效果。

（2）“强度”组

- lm（流明）：测量灯光的总体输出功率（光通量）。100 瓦的通用灯泡约有 1750 lm 的光通量。
- cd（坎得拉）：用于测量灯光的最大发光强度，通常沿着瞄准发射。100 瓦通用灯泡的发光强度约为 139 cd。
- lx (lux)：测量以一定距离并面向光源方向投射到表面上的灯光所带来的照射强度。

（3）“暗淡”组

- 结果强度：用于显示暗淡所产生的强度，并使用与“强度”组相同的单位。
- 暗淡百分比：启用该切换后，该值会指定用于降低灯光强度的“倍增”。如果值为100%，则灯光具有最大强度。百分比较低时，灯光较暗。
- 光线暗淡时白炽灯颜色会切换：启用此选项之后，灯光可在暗淡时通过产生更多黄色来模拟白炽灯。

（4）“远距衰减”组

- 使用：启用灯光的远距衰减。
- 显示：在视口中显示远距衰减范围设置。对于聚光灯分布，衰减范围看起来好像圆锥体的镜头形部分。这些范围在其他的分布中呈球体状。默认情况下，“远距开始”为浅棕色，并且“远距结束”为深棕色。

- 开始：设置灯光开始淡出的距离。
- 结束：设置灯光减为0的距离。

4.“图形/区域阴影”卷展栏

“图形/区域阴影”卷展栏展开效果如图6-20所示。

参数解析

- 从（图形）发射光线：选择阴影生成的图像类型，其下拉列表中提供了“点光源”“线”“矩形”“圆形”“球体”和“圆柱体”6种方式可选，如图6-21所示。
- 灯光图形在渲染中可见：启用此选项后，如果灯光对象位于视野内，则灯光图形在渲染中会显示为自供照明（发光）的图形。关闭此选项后，将无法渲染灯光图形，而只能渲染它投影的灯光。此选项默认设置为禁用。

5.“阴影参数”卷展栏

“阴影参数”卷展栏展开效果如图6-22所示。

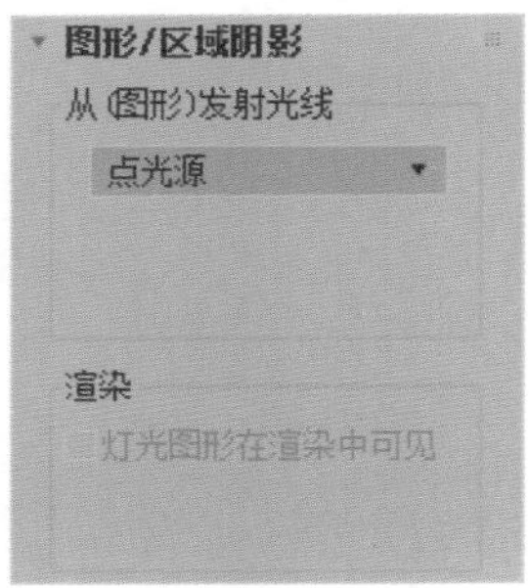

图6-20

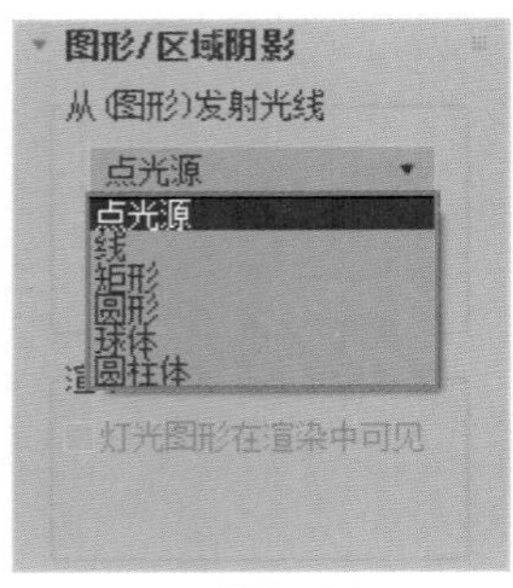

图6-21

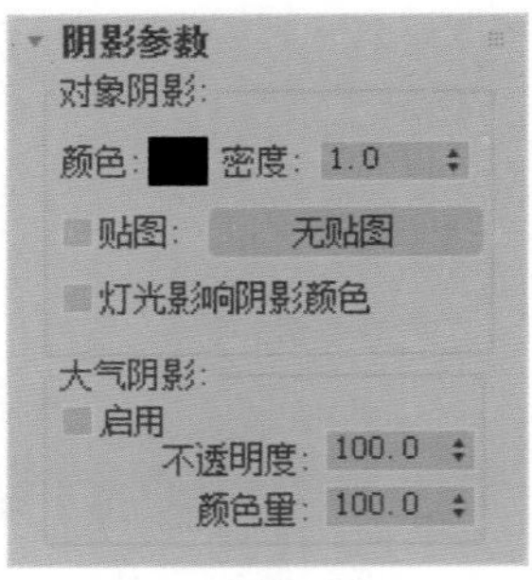

图6-22

参数解析

（1）“对象阴影”组

- 颜色：设置灯光阴影的颜色，默认为黑色。
- 密度：设置灯光阴影的密度。
- 贴图：可以通过贴图来模拟阴影。
- 灯光影响阴影颜色：可以将灯光颜色与阴影颜色混合起来。

（2）“大气阴影”组

- 启用：启用该选项后，大气效果如灯光穿过它们一样投影阴影。
- 不透明度：调整阴影的不透明度百分比。
- 颜色量：调整大气颜色与阴影颜色混合的量。

6.“阴影贴图参数”卷展栏

“阴影贴图参数”卷展栏展开效果如图6-23所示。

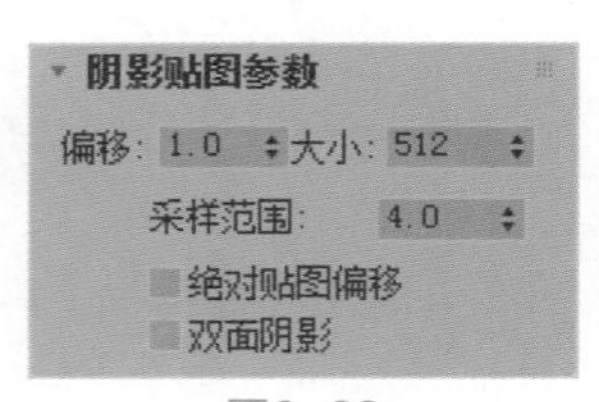

图6-23

参数解析

- 偏移：将阴影移向或移开投射阴影的对象。
- 大小：设置用于计算灯光的阴影贴图的大小，值越高，阴影越清晰。
- 采样范围：决定阴影的计算精度，值越高，阴影的虚化效果越好。

- 绝对贴图偏移：启用该选项后，阴影贴图的偏移是不标准化的，但是该偏移在固定比例的基础上会以3ds Max的单位来表示。
- 双面阴影：启用该选项后，计算阴影时，物体的背面也可以产生投影。

注意，此卷展栏的名称根据“常规参数”卷展栏内的阴影类型来决定，不同的阴影类型将影响此卷展栏的名称及内部参数。

7.“大气和效果”卷展栏

“大气和效果”卷展栏展开效果如图6-24所示。

参数解析

- “添加”按钮 添加 ：单击此按钮，可以打开“添加大气或效果”对话框，如图6-25所示。在该对话框中可以将大气或渲染效果添加到灯光上。
- “删除”按钮 删除 ：添加大气或效果之后，在“大气或效果”列表中选择大气或效果，然后单击此按钮进行删除操作。
- “设置”按钮 设置 ：单击此按钮，可以打开“环境和效果”面板，如图6-26所示。

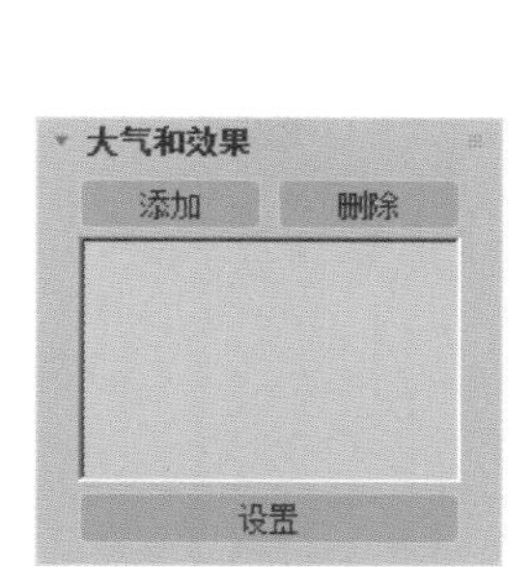

图6-24

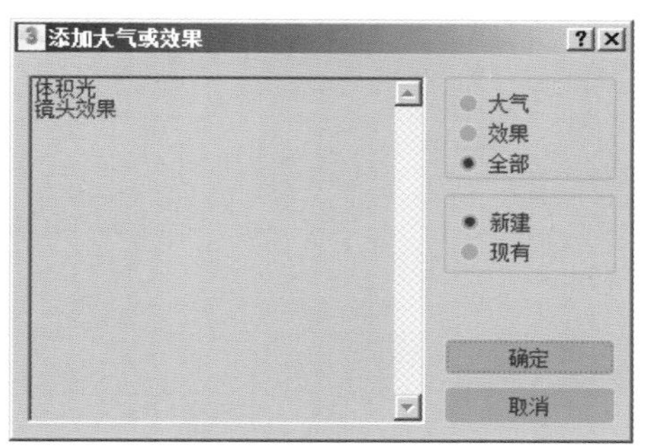

图6-25

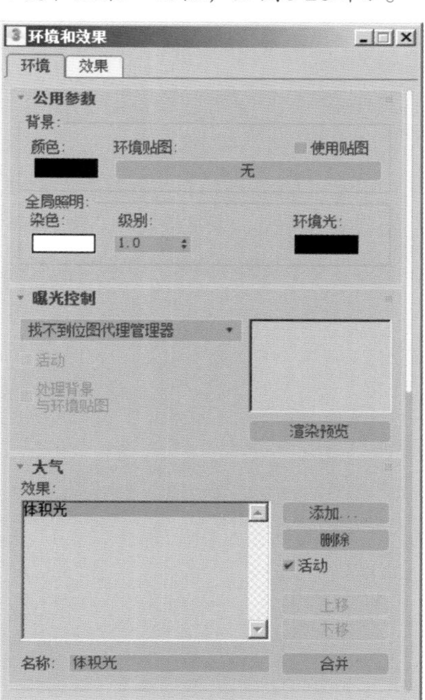

图6-26

6.2.2　自由灯光

“自由灯光”无目标点，在创建“灯光”面板中单击“自由灯光”按钮 自由灯光 ，即可在场景中创建出一个自由灯光，如图6-27所示。

“自由灯光”的参数与上一节所讲的“目标灯光”的参数完全一样，它们的区别仅仅在于是否具有目标点。并且“自由灯光”创建完成后，目标点又可以在“修改”面板通过其“常规参数”卷展栏内的“目标”复选框来进行切换，如图6-28所示。

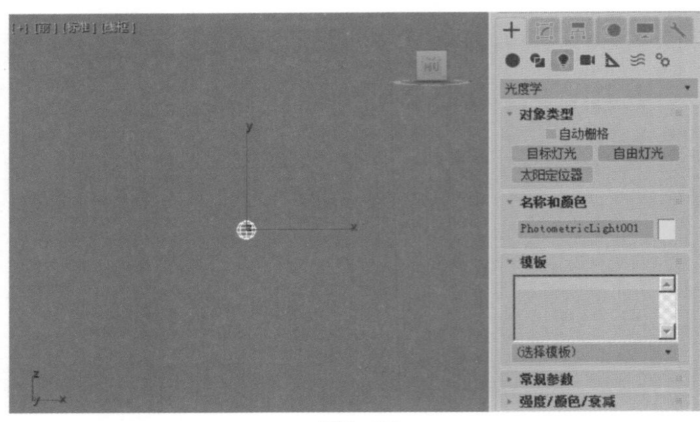

图6-27

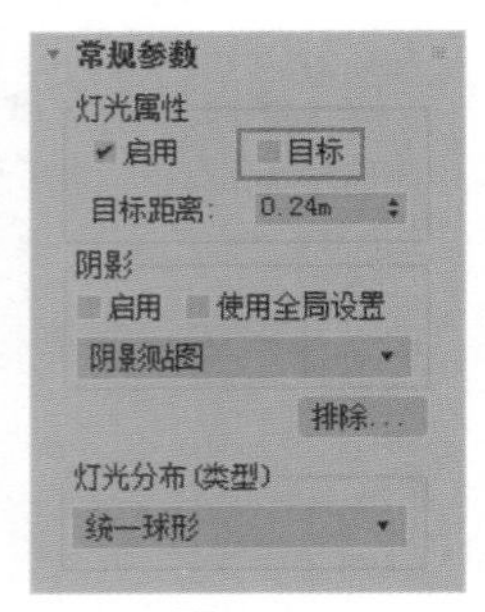

图6-28

6.2.3 太阳定位器

“太阳定位器”是3ds Max 2018版本中使用频率较高的一种灯光，配合Arnold渲染器使用，可以非常方便地模拟出自然的室内及室外光线照明。在创建“灯光”面板中单击“太阳定位器”按钮 太阳定位器 ，即可在场景中创建出该灯光，如图6-29所示。

创建完该灯光系统后，打开“环境和效果”面板。在“环境”选项卡中，展开“公用参数”卷展栏，可以看到系统自动为“环境贴图”通道上加载了“物理太阳和天空环境”贴图，如图6-30所示。这样，我们渲染场景后，还可以看到逼真的天空环境效果。同时，在“曝光控制”卷展栏内，系统还为用户自动设置了“物理摄影机曝光控制”选项。

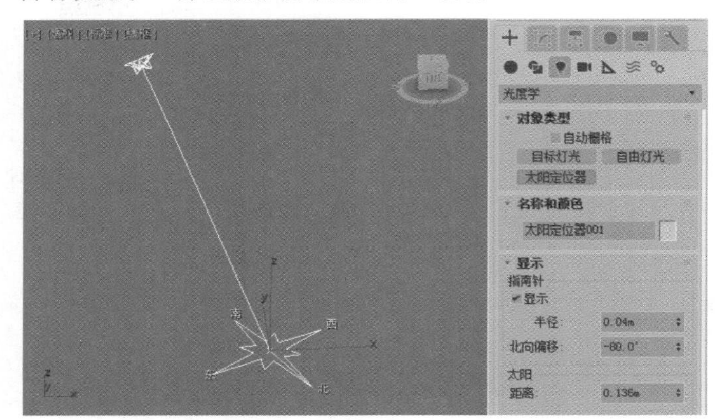

图6-29

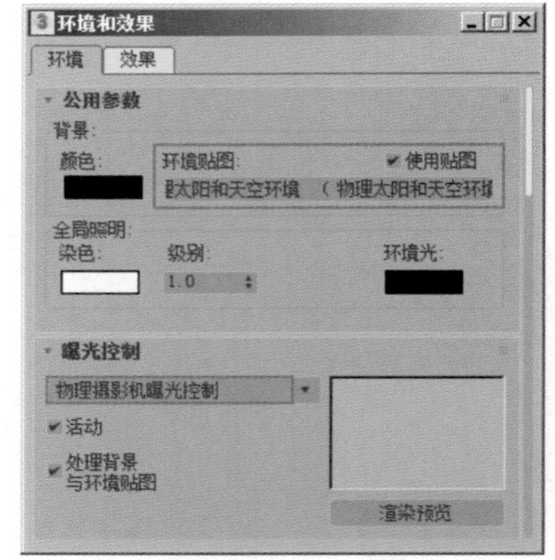

图6-30

在“修改”面板中，可以看到“太阳定位器”灯光分为“显示”和“太阳位置”这两个卷展栏，如图6-31所示。

1.“显示”卷展栏

“显示”卷展栏展开效果如图6-32所示。

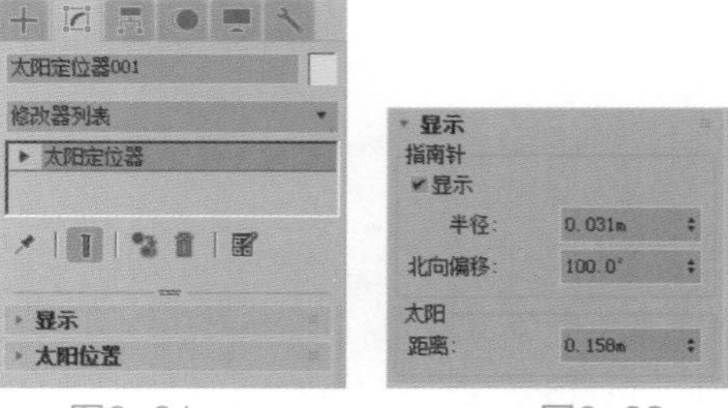

图6-31　图6-32

参数解析

（1）“指南针”组

- 显示：控制“太阳定位器”中指南针的显示。

- 半径：控制指南针图标的大小。
- 北向偏移：调整“太阳定位器”的灯光照射方向。

（2）“太阳”组

- 距离：控制灯光与指南针之间的距离。

2.“太阳位置”卷展栏

“太阳位置”卷展栏展开效果如图6-33所示。

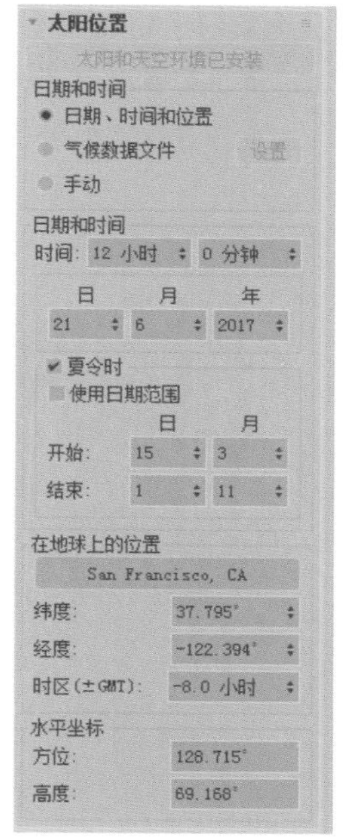

图6-33

参数解析

（1）“日期和时间”组

- 日期、时间和位置：是“太阳定位器”的默认选项。用户可以精准地设置太阳的具体照射位置、照射时间及年月日。
- 气候数据文件：选择该选项，用户可以单击该命令后方的“设置”按钮，读取“气候数据”文件来控制场景照明。
- 手动：激活该选项，用户可以手动调整太阳的方位和高度。

（2）“日期和时间”组

- 时间：用于设置“太阳定位器”所模拟的年、月、日，以及当天的具体时间，图6-34所示分别为建筑在不同时间内的渲染结果对比。

图6-34

- 使用日期范围：用于设置“太阳定位器”所模拟的时间段。

（3）“在地球上的位置”组

- “选择位置”按钮：单击该按钮，系统会自动弹出“地理位置”对话框。用户可以选择所要模拟的地区来生成当地的光照环境，如图6-35所示。

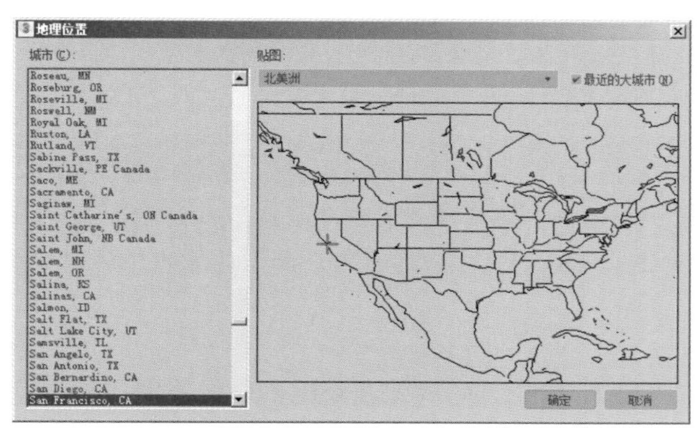

图6-35

- 维度：用于设置太阳的维度。
- 经度：用于设置太阳的经度。
- 时区：用于GMT的偏移量来表示时间。

（4）“水平坐标”组

- 方位：用于设置太阳的照射方向。
- 高度：用于设置太阳的高度。

6.2.4 “物理太阳和天空环境”贴图

“物理太阳和天空环境”贴图虽然是属于材质贴图方面的知识，其功能却是在场景中控制天空照明环境。当我们在场景中创建“太阳定位器”灯光时，这个贴图会自动添加到“环境和效果”面板的“环境”选项卡中，所以笔者把这个较为特殊的贴图命令放置于本章内为读者进行详细讲解。

同时打开“环境和效果”面板及“材质编辑器”面板，以“实例”的方式将“环境和效果”面板中的“物理太阳和天空环境”贴图拖曳至一个空白的材质球上，即可对其进行编辑操作，如图6-36所示。

“物理太阳和天空环境”贴图的参数命令如图6-37所示。

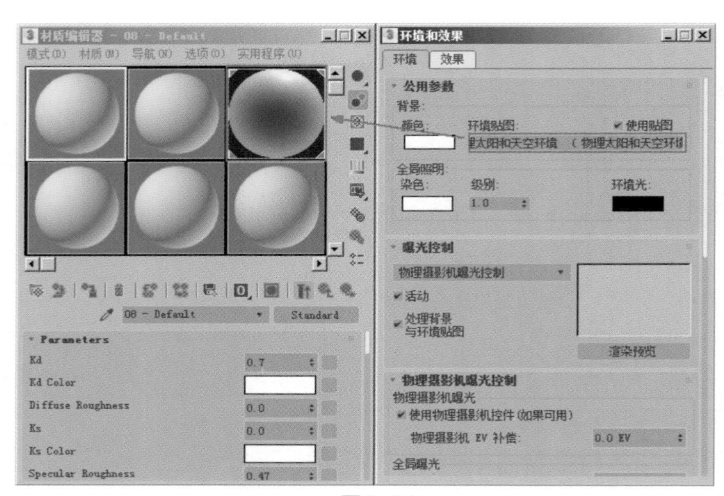

图6-36

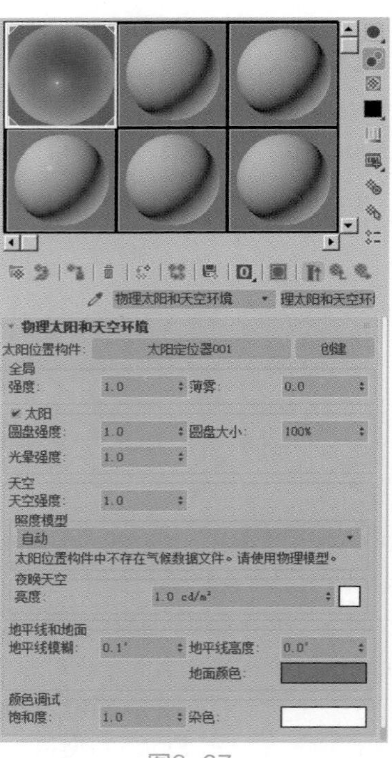

图6-37

参数解析

- 太阳位置构件：默认显示为当前场景已经存在的太阳定位器，如果我们是在“环境和效果”面板先添加的该贴图，那么则可以通过单击该命令后方的“创建”按钮，在场景中创建一个太阳定位器。

（1）“全局”组

- 强度：控制太阳定位器所产生的整体光照强度。
- 薄雾：用于模拟大气对阳光所产生的散射影响，图6-38所示分别为该值是0.2和0.6的天空渲染结果对比。

（2）“太阳”组

- 圆盘强度：用于控制场景中太阳的光线强弱，较高的值可以对建筑物产生明显的投影；较小的值可以用于模拟阴天的环境照明效果。图6-39所示分别为该值是1和0时的渲染结果对比。

图6-38

图6-39

- 圆盘大小：用于控制阳光对场景投影的虚化程度。
- 光晕强度：用于控制天空中太阳的渲染大小，图6-40所示分别为该值是10和50的材质球显示结果对比。

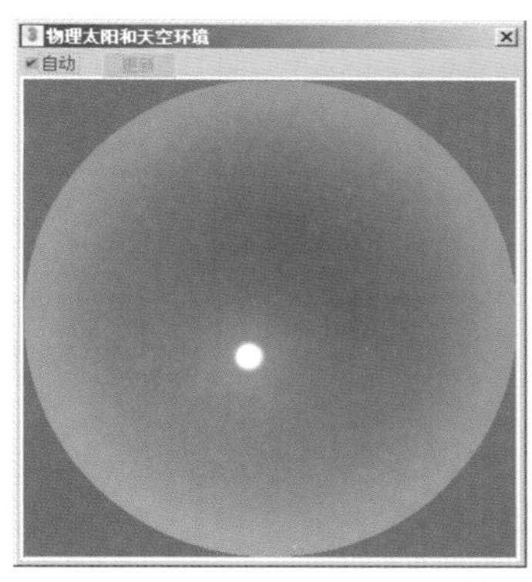

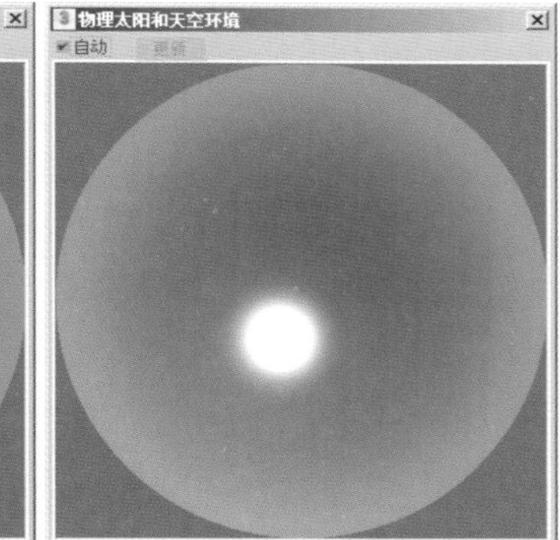

图6-40

（3）“天空”组

- 天空强度：控制天空的光线强度。图6-41所示为该值分别是1和0.5的渲染结果对比。
- 照度模型：有“自动”“物理”和“测量”3种方式可选，如果太阳位置构件中不存在气候数据文件，则使用物理模型，如图6-42所示。

图6-41

图6-42

（4）“地平线和地面”组

- 地平线模糊：用于控制地平线的模糊程度。
- 地平线高度：用于设置地平线的高度。
- 地面颜色：设置地平线以下的颜色。

（5）“颜色调试”组

- 饱和度：通过调整太阳和天空环境的色彩饱和度，进而影响整个渲染计算的画面色彩。图6-43所示分别是该值为0.5和1.5的渲染结果对比。
- 染色：控制天空的环境染色。

图6-43

6.3 标准灯光

“标准”灯光包括6个灯光按钮，分别为“目标聚光灯”按钮 目标聚光灯 、“自由聚光灯”按钮 自由聚光灯 、“目标平行光”按钮 目标平行光 、“自由平行光”按钮 自由平行光 、“泛光”按钮 泛光 和“天光”按钮 天光 ，如图6-44所示。

图6-44

6.3.1 目标聚光灯

“目标聚光灯”的光线照射方式与手电筒、舞台光束灯等的照射方式非常相似，都是从一个点光源向一个方向发射光线。目标聚光灯有一个可控的目标点，无论怎样移动聚光灯的位置，光线始终照射目标所在的位置。在“修改”面板中，“目标聚光灯”有“常规参数”“强度/颜色/衰减”“聚光灯参数”“高级效果”“阴影参数”“光线跟踪阴影参数”和“大气和效果”这7个卷展栏，如图6-45所示。

1.“常规参数”卷展栏

“常规参数”卷展栏展开效果如图6-46所示。

参数解析

（1）“灯光类型”组

- 启用：用于控制选择的灯光是否开启照明。后面的下拉列表里可以选择灯光的3种类型，有“聚光灯”“平行光”和“泛光”。
- 目标：控制所选择的灯光是否具有可控的目标点，同时显示灯光与目标点之间的距离。

（2）“阴影”组

- 启用：决定当前灯光是否投射阴影。
- 使用全局设置：启用此选项以使用该灯光投射阴影的全局设置。禁用此选项以启用阴影的单个控件。如果未选择“使用全局设置”，则必须选择渲染器使用哪种方法来生成特定灯光的阴影。
- 阴影方法下拉列表：决定渲染器是否使用“高级光线跟踪”“区域阴影”“阴影贴图”或“光线跟踪阴影”生成该灯光的阴影。如图6-47所示。
- “排除”按钮 排除... ：将选定对象排除于灯光效果之外。单击此按钮可以显示“排除/包含”对话框，如图6-48所示。

图6-45

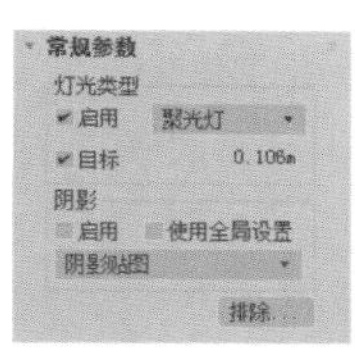

图6-46

图6-47

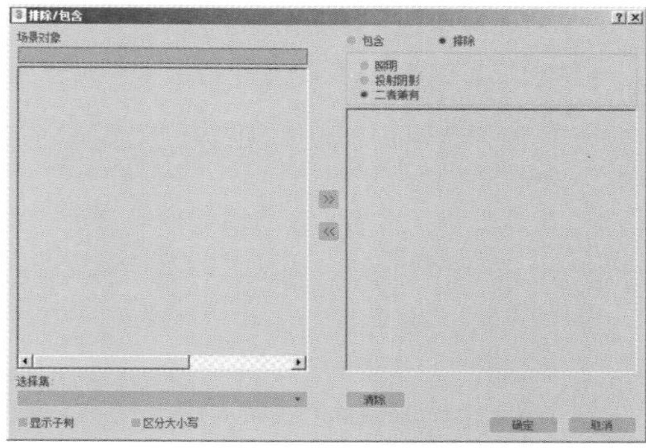

图6-48

2.“强度/颜色/衰减”卷展栏

“强度/颜色/衰减”卷展栏展开效果如图6-49所示。

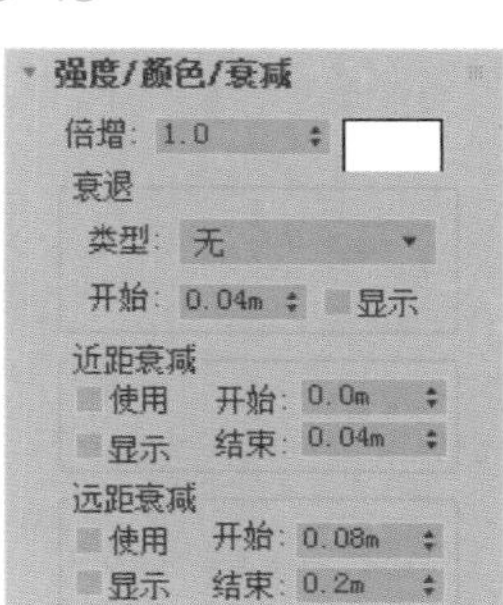

图6-49

参数解析

- 倍增：将灯光的功率放大一个正或负的量。例如，如果将倍增设置为2，灯光将亮两倍。负值可以减去灯光，这对于在场景中有选择地放置黑暗区域非常有用。默认值为1.0。

（1）“衰退”组

- 衰退：衰退的类型有3种，分别为“无”“反向”和“平方反比”。其中，“无”指不应用衰退；“反向”指应用反向衰退；“平方反比”指应用平方反比衰退。
- 开始：如果不使用衰退，则设置灯光开始衰退的距离。
- 显示：在视口中显示衰退范围。

（2）“近距衰减”组

- 使用：启用灯光的近距衰减。
- 显示：在视口中显示近距衰减范围设置。图6-50所示为显示了近距衰减的聚光灯。
- 开始：设置灯光开始淡入的距离。
- 结束：设置灯光达到其全值的距离。

（3）“远距衰减”组

- 使用：启用灯光的远距衰减。
- 显示：在视口中显示远距衰减范围设置。图6-51所示为显示了远距衰减的聚光灯。
- 开始：设置灯光开始淡出的距离。
- 结束：设置灯光为0的距离。

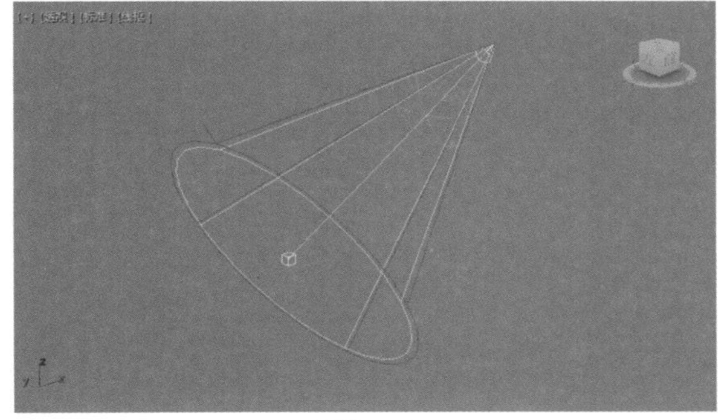

图6-50

图6-51

3.“聚光灯参数”卷展栏

“聚光灯参数”卷展栏展开效果如图6-52所示。

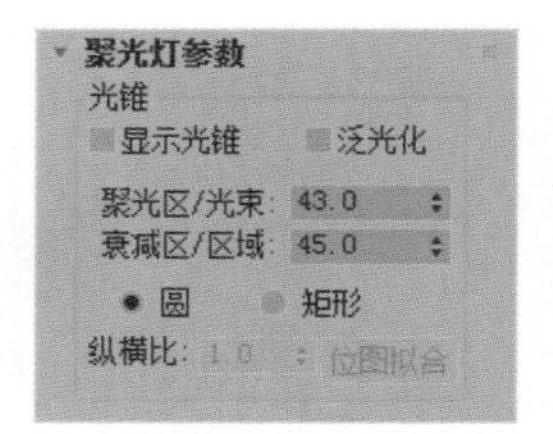

图6-52

参数解析

- 显示光锥：启用或禁用圆锥体的显示。当勾选“显示光锥”复选框时，即使不选择该灯光，仍然可以在视口中看到其光锥效果。如图6-53所示。
- 泛光化：启用泛光化后，灯光在所有方向上投影灯光。但是，投影和阴影只发生在其衰减圆锥体内。

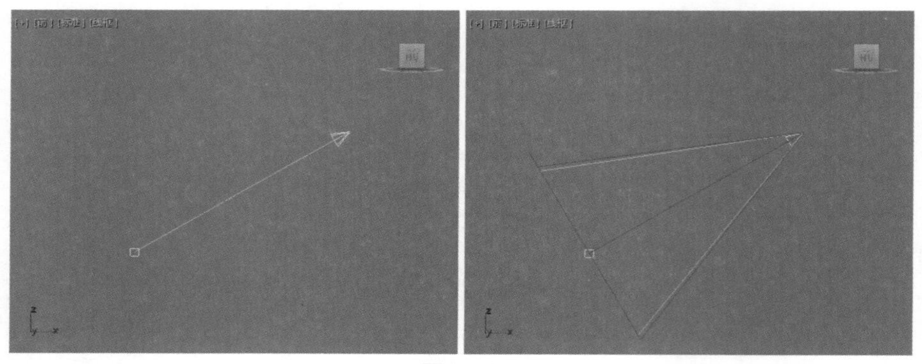
图6-53

- 聚光区/光束：调整灯光圆锥体的角度。聚光区值以度为单位进行测量。默认值为43.0。
- 衰减区/区域：调整灯光衰减区的角度。衰减区值以度为单位进行测量。默认值为45.0。
- 圆/矩形：确定聚光区和衰减区的形状。如果想要一个标准圆形的灯光，应设置为“圆形”。如果想要一个矩形的光束（如灯光通过窗户或门口投影），应设置为“矩形”。
- 纵横比：设置矩形光束的纵横比。使用“位图适配”按钮可以使纵横比匹配特定的位图。默认值为1.0。
- 位图拟合：如果灯光的投影纵横比为矩形，应设置纵横比以匹配特定的位图。当灯光用作投影灯时，该选项非常有用。

4.“高级效果”卷展栏

“高级效果”卷展栏展开效果如图6-54所示。

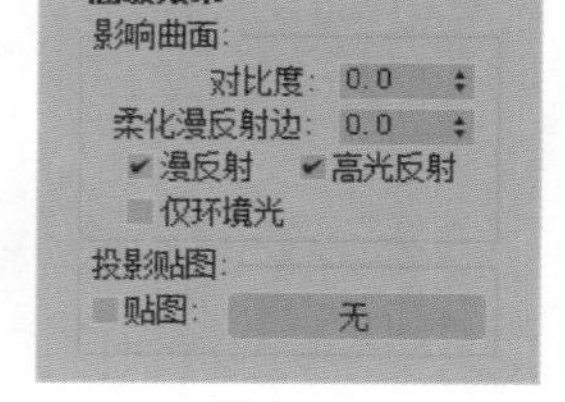

图6-54

参数解析

（1）“影响曲面”组

- 对比度：调整曲面的漫反射区域和环境光区域之间的对比度。
- 柔化漫反射边：增加“柔化漫反射边”的值可以柔化曲面的漫反射部分与环境光部分之间的边缘。这样有助于消除在某些情况下曲面上出现的边缘。默认值为50。
- 漫反射：启用此选项后，灯光将影响对象曲面的漫反射属性。禁用此选项后，灯光在漫反射曲面上没有效果。默认设置为启用。
- 高光反射：启用此选项后，灯光将影响对象曲面的高光属性。禁用此选项后，灯光在高光属性上没有效果。默认设置为启用。
- 仅环境光：启用此选项后，灯光仅影响照明的环境光组件。

（2）“投影贴图”组

- 贴图：可以使用后面的拾取按钮来为投影设置贴图。

6.3.2 目标平行光

“目标平行光”的参数及使用方法与“目标聚光灯”基本完全一样，唯一的区别就在于照射的区域上。“目标聚光灯”的灯光是从一个点照射到一个区域范围上，而“目标平行光”的灯光是从一个区域平行照射到另一个区域，如图6-55所示。

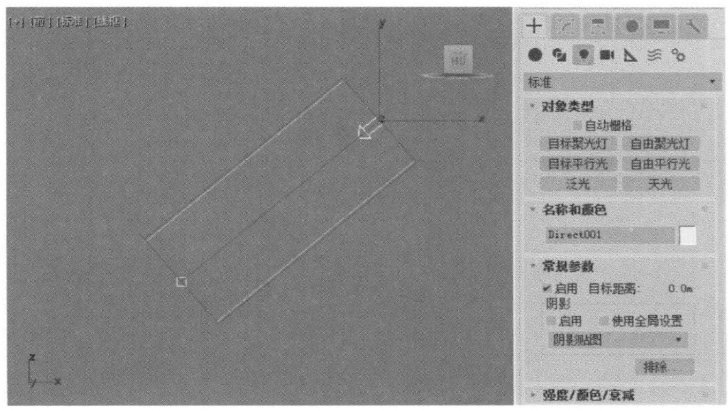

图6-55

6.3.3 泛光

泛光是模拟单个光源向各个方向投影光线，优点在于方便创建而不必考虑照射范围。泛光灯用于将“辅助照明”添加到场景中，或模拟点光源，如灯泡、烛光等，如图6-56所示。

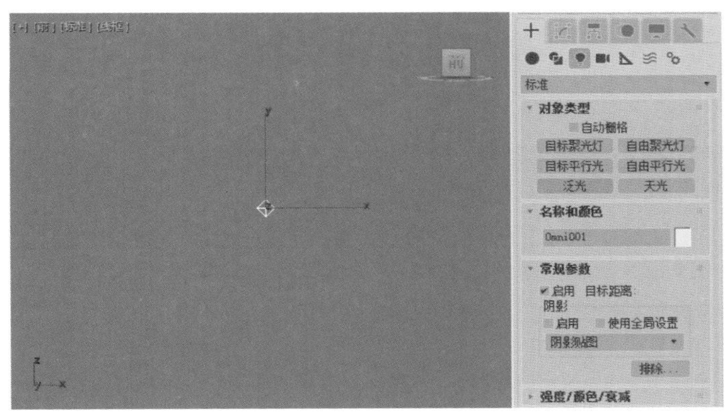

图6-56

泛光的参数及使用方法与“目标聚光灯”基本完全一样，泛光没有目标点，在其“修改”面板中“目标”选项为不可用状态。通过在“修改”面板中的“常规参数”卷展栏内，将灯光类型切换为“聚光灯”或者“平行光”后，才可以勾选“目标”选项。

6.3.4 天光

天光主要用来模拟天空光，常常用来作为环境中的补光。天光也可以作为场景中的唯一光源，这样可以模拟阴天环境下，无直射阳光的光照场景，如图6-57所示。

天光的参数命令如图6-58所示。

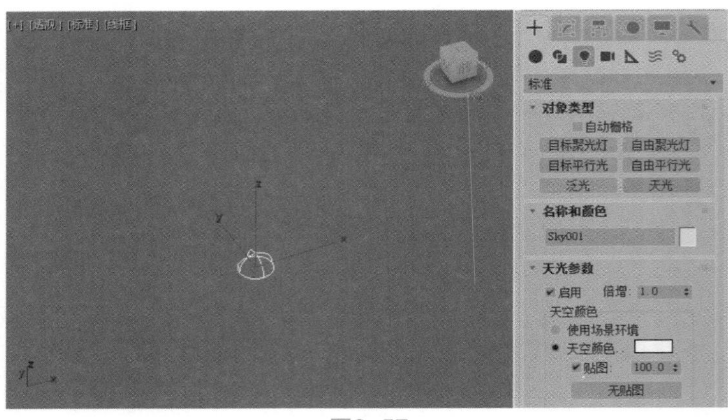

图6-57

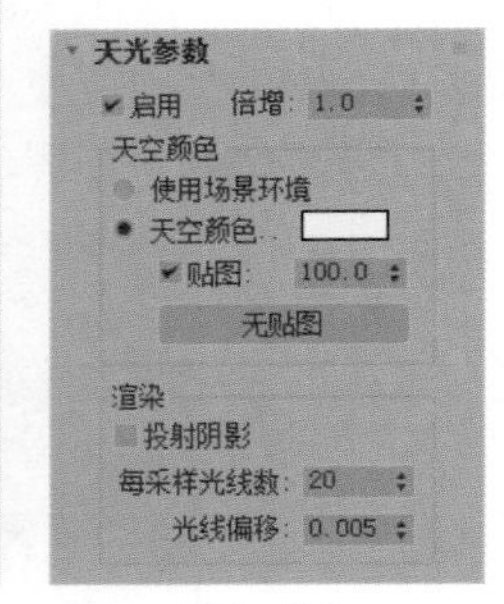

图6-58

参数解析

- 启用：控制是否开启天光。
- 倍增：控制天光的强弱强度。

（1）“天空颜色”组

- 使用场景环境：使用“环境与特效”对话框中设置的“环境光”颜色来作为天光的颜色。
- 天空颜色：设置天光的颜色。
- 贴图：指定贴图来影响天光的颜色。

（2）“渲染”组

- 投射阴影：控制天光是否投射阴影。
- 每采样光线数：计算落在场景中每个点的光子数目。
- 光线偏移：设置光线产生的偏移距离。

6.4 VRay灯光

VRay提供了独立的灯光系统供用户选择使用，同时，VRay所提供灯光与3ds Max所提供的灯光亦可相互配合使用。

6.4.1 VR-灯光

“VR-灯光”是制作室内空间表现使用频率最高的灯光，可以模拟灯泡、灯带、面光源等光源的照明效果，其自身的网格属性还允许用户拾取任何形状的几何体模型来作为“VR-灯光”的光源。

“VR-灯光”的主要参数如图6-59所示。

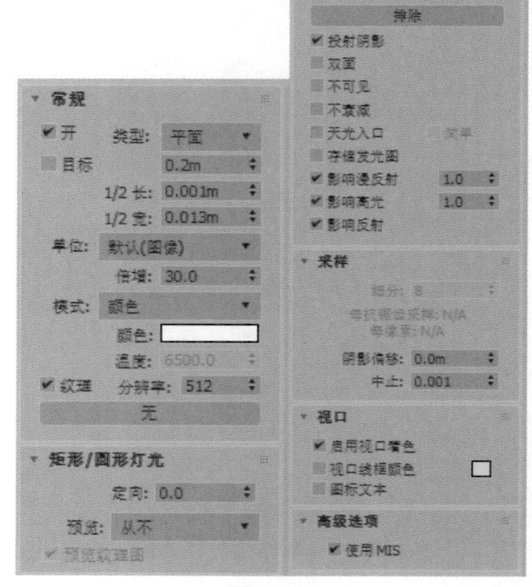

图6-59

参数解析

（1）“常规”组

- 开：控制“VR-灯光”的开启与关闭。

- “排除”按钮：用来排除灯光对物体的影响。
- 类型：设置VR-灯光的类型，有“平面”“穹顶”“球体”“网格”和“圆形”5种类型可选，如图6-60所示。
  - 平面：默认的VR-灯光类型。其中包括“1/2长”和“1/2宽”属性可以设置，是一个平面形状的光源。
  - 穹顶：将“VR-灯光”设置为穹顶形状，类似于3ds Max的“天光”灯光的照明效果。
  - 球体：将“VR-灯光”设置为球体，通常可以用来模拟灯泡之类的“泛光”效果。
  - 网格：当“VR-灯光”设置为网格，可以通过拾取场景内任意几何体来根据其自身形状创建灯光，同时，“VR-灯光”的图标将消失，而所选择的几何体则在其“修改”面板上添加了“VR-灯光”修改器。
  - 圆形：当“VR-灯光”设置为圆形时，则可以用来模拟圆形的发光源。
- 单位：用来设置“VR-灯光”的发光单位，有“默认（图像）”“发光率（lm）”“亮度（lm/m?/sr）”“辐射率（w）”和“辐射（W/m?/sr）”5种单位可选，如图6-61所示。
  - 默认（图像）：“VR-灯光”的默认单位。依靠灯光的颜色和亮度来控制灯光的强弱，如果忽略曝光类型等的因素，那么灯光颜色为对象表面受光的最终色彩。
  - 发光率（lm）：当选择此单位时，灯光的亮度将和灯光的大小无关。（100W的亮度大约等于1500lm）
  - 亮度（lm/m? /sr）：当选择此单位时，灯光的亮度将和灯光的大小有关系。
  - 辐射率（w）：当选择此单位时，灯光的亮度将和灯光的大小无关，同时，此瓦特与物理上的瓦特有显著差别。
  - 辐射（W/m? /sr）：当选择此单位时，灯光的亮度将和灯光的大小有关系。
  - 倍增：控制“VR-灯光”的强度。
- 模式：设置“VR-灯光”的颜色模式，有“颜色”和“温度”两种可选，如图6-62所示。当选择“颜色”时，“温度”为不可设置状态；当选择“温度”时，可激活“温度”参数，并通过设置“温度”数值来控制“颜色”的色彩。

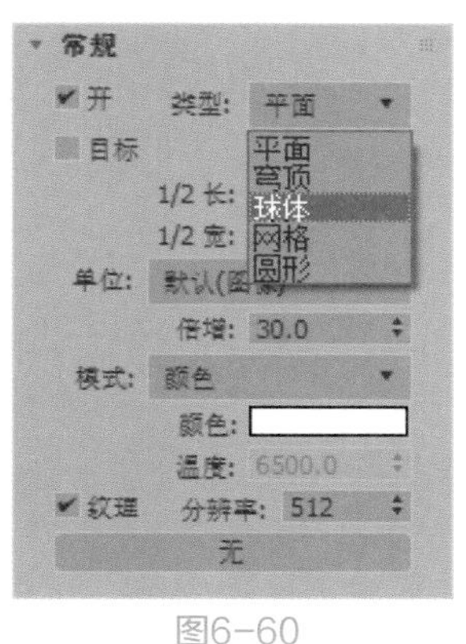

图6-60

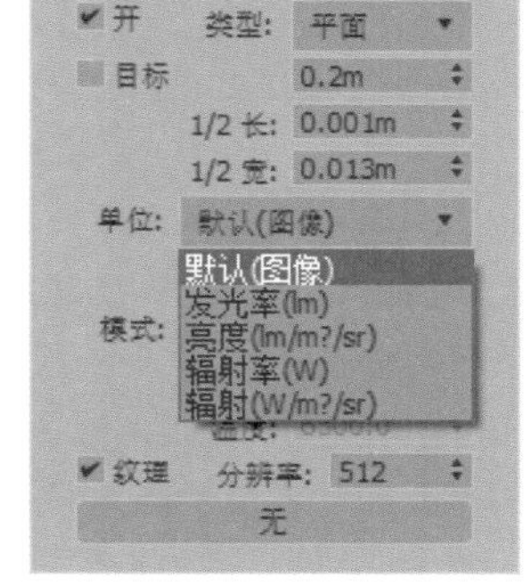

图6-61

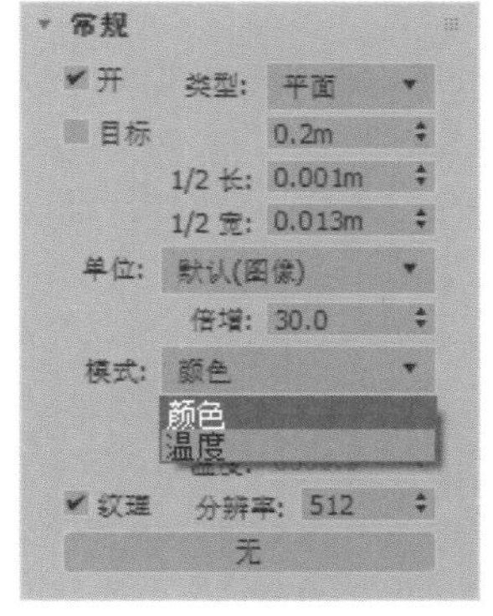

图6-62

（2）“矩形/圆形灯光”组

- 定向：设置VRay灯光的方向。
- 预览：默认为“从不”，可以提高3ds Max的视图显示速度。

（3）“选项”组

- 投射阴影：控制是否对物体产生投影。
- 双面：勾选此复选框后，当“VR-灯光”为“平面”类型时，可以向两个方向发射光线。

- 不可见：此选项可以用来控制是否渲染出“VR-灯光”的形状。
- 不衰减：勾选此复选框后“VR-灯光”将不计算灯光的衰减程度。
- 天光入口：此选项将“VR-灯光”转换为“天光”，当勾选“天光入口”复选框时，“VR-灯光”中的“投射阴影”“双面”“不可见”和“不衰减”这4个复选框将不可用。
- 存储发光图：勾选此复选框，同时将“全局照明（GI）”里的“首次引擎”设置为“发光图”，“VR-灯光”的光照信息将保存在“发光图”中。在渲染光子的时候渲染速度将变得更慢，但是在渲染出图时，渲染速度可以提高很多。光子图渲染完成后，即可关闭此选项，渲染效果不会对结果产生影响。
- 影响漫反射：此选项决定了“VR-灯光”是否影响物体材质属性的漫反射。
- 影响高光：此选项决定了“VR-灯光”是否影响物体材质属性的高光。
- 影响反射：勾选此复选框后，灯光将对物体的反射区进行光照，物体可以将光源进行反射。

（4）“采样”组

- 细分：此参数控制“VR-灯光”光源的采样细分。当设置值较低时，虽然渲染速度快，但是图像会产生很多杂点，参数设置值较高时，虽然渲染速度慢，但是图像质量会有显著提升。
- 阴影偏移：此参数用来控制物体与投影之间的偏移距离。

6.4.2 VRayIES

VRayIES可以用来模拟射灯、筒灯等光照，与3ds Max所提供的“光度学”类型中的“目标灯光”很接近。

VRayIES灯光的主要参数如图6-63所示。

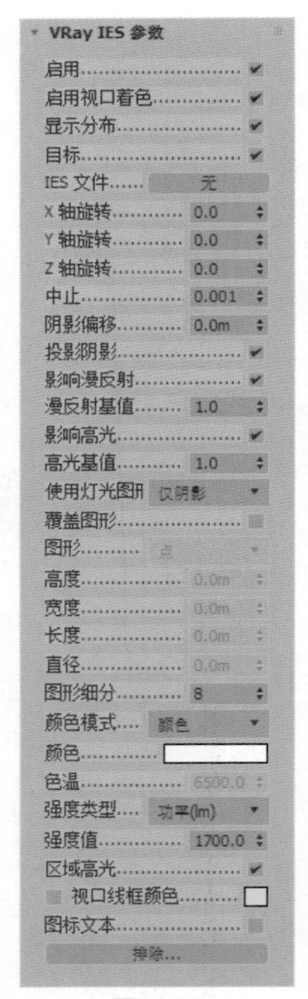

图6-63

参数解析

- 启用：控制是否开启VRay IES灯光。
- 启用视口着色：控制是否在视口中显示灯光对物体的影响。
- 目标：控制VRay IES灯光是否具有目标点。
- IES文件：可以通过“IES文件”后面的按钮来选择硬盘中的IES文件，以设置灯光所产生的光照投影。
- X/Y/Z轴旋转：分别控制VRay IES灯光沿着各个轴向的旋转照射方向。
- 阴影偏移：此参数用来控制物体与投影之间的偏移距离。
- 投影阴影：控制灯光对物体是否产生投影。
- 影响漫反射：此选项决定了VRay IES灯光是否影响物体材质属性的漫反射。
- 影响高光：此选项决定了VRay IES灯光是否影响物体材质属性的高光。
- 使用灯光图形：有“否”“仅阴影”和“照明和阴影”3种选项可选。
- 覆盖图形：勾选该选项，可以激活“图形”选项以及相关命令。
- 图形：VRay为用户提供了多种选项可选，如图6-64所示。

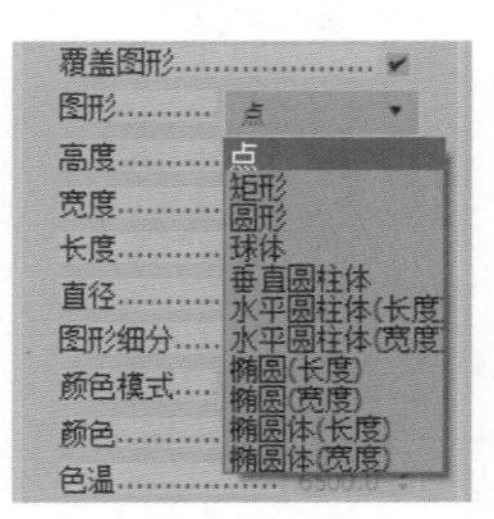

图6-64

- 高度/宽度/长度/直径：分别用来设置灯光的高度/宽度/长度/直径属性。
- 图形细分：设置灯光的图形计算精度。
- 颜色模式：有“颜色”和“色温”两种方式可选。
- 颜色：设置灯光的颜色。
- 色温：设置灯光的颜色由色温决定。

- 强度值：设置灯光的照明亮度。
- 视口线框颜色：设置灯光的线框颜色。
- 图标文本：勾选该选项，则在视图中显示灯光的名称。
- “排除”按钮：用来设置灯光不需要照明的对象。

6.4.3 VR-太阳

“VR-太阳”主要用来模拟真实的室内外阳光照明。

“VR-太阳”灯光的主要参数如图6-65所示。

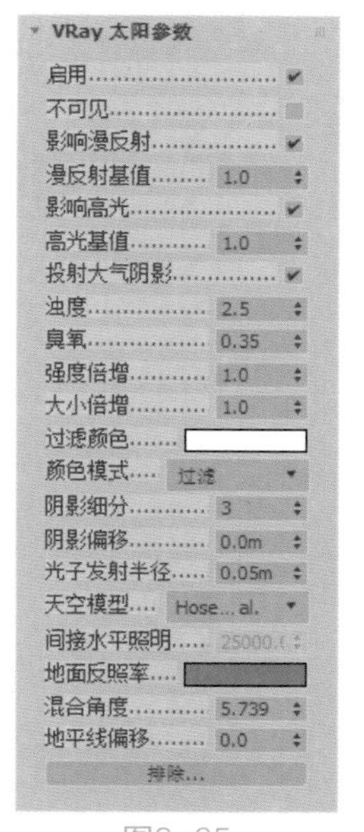

图6-65

参数解析

- 启用：开启“VR-太阳”灯光的照明效果。
- 不可见：勾选此复选项后，将不会渲染出太阳的形态。
- 影响漫反射：此选项决定了“VR-太阳”灯光是否影响物体材质属性的漫反射，默认为开启状态。
- 影响高光：此选项决定了“VR-太阳”灯光是否影响物体材质属性的高光，默认为开启状态。
- 投射大气阴影：开启此选项后，可以投射大气的阴影，得到更加自然的光照效果。
- 浊度：控制大气的混浊度，影响“VR-太阳”以及“VR-天空”的颜色。
- 臭氧：控制大气中臭氧的含量。
- 强度倍增：设置“VR-太阳”光照的强度。
- 大小倍增：设置渲染天空中太阳的大小，“大小倍增”的值越小，渲染出的太阳半径越小，同时地面上的阴影越实；“大小倍增”的值越大，渲染出的太阳半径越大，同时地面上的阴影越虚。
- 阴影细分：用于控制渲染图像的阴影质量。
- 阴影偏移：用于控制阴影和物体之间的偏移距离。
- 天空模型：用于控制渲染的天空环境，有Preetham et al、“CIE清晰”“CIE阴天”和Hosek et al这4种模式可选择，如图6-66所示。

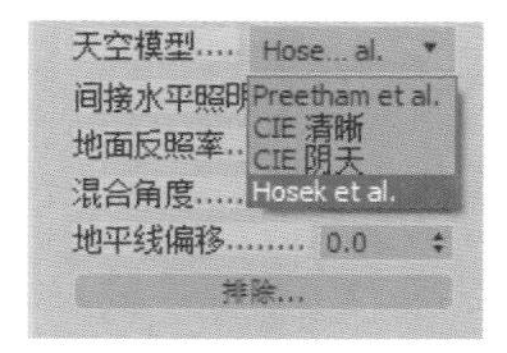

图6-66

6.5 Arnold Light

3ds Max 2018版本整合了Arnold 5.0渲染器，同时，一个新的灯光系统也随之被添加进来，那就是Arnold Light，如图6-67所示。如果三维用户习惯使用Arnold渲染器渲染作品，那么仅仅使用该灯光就几乎可以模拟各种常见照明环境了。

在“修改”面板中，我们可以看到Arnold Light的卷展栏分布如图6-68所示。

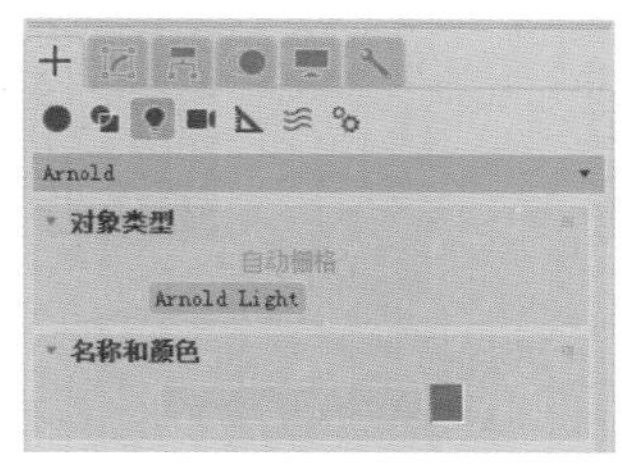

图6-67

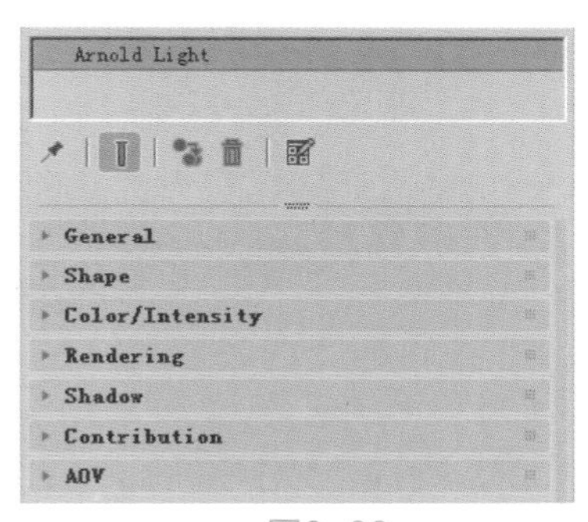

图6-68

6.5.1 General（常规）卷展栏

General（常规）卷展栏主要用于设置Arnold Light的开启及目标点等相关命令，General（常规）卷展栏展开效果如图6-69所示。

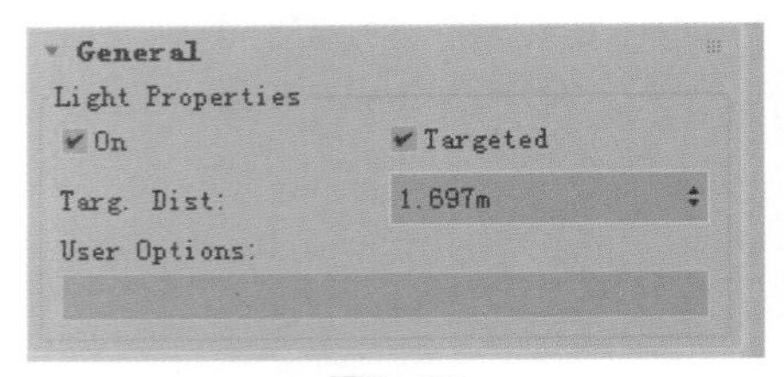

图6-69

参数解析

- On：用于控制选择的灯光是否开启照明。
- Targeted：用于设置灯光是否需要目标点。
- Targ Dist：设置目标点与灯光的间距。

6.5.2 Shape（形状）卷展栏

Shape（形状）卷展栏主要用于设置灯光的类型，Shape（形状）卷展栏展开效果如图6-70所示。

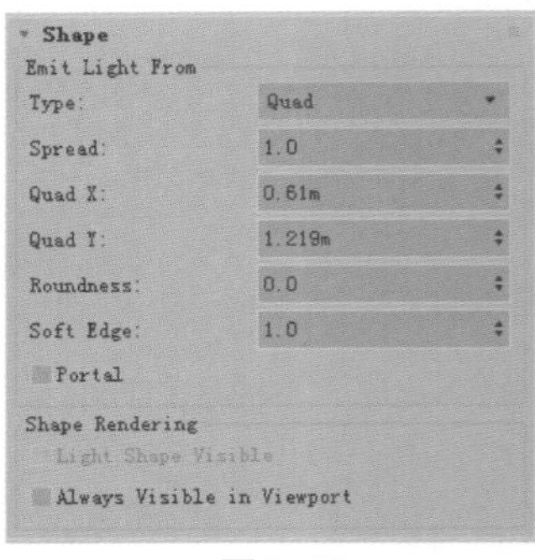

图6-70

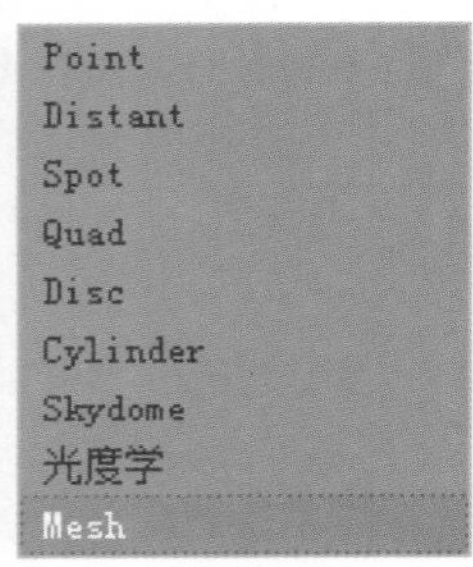

图6-71

参数解析

- Type：用于设置灯光的类型，3ds Max 2018为用户提供了图6-71所示的9种灯光类型，以帮助用户分别解决不同的照明环境模拟需求。从这些类型上看，仅仅是一个Arnold Light（阿诺德灯光）命令，就可以模拟出点光源、聚光灯、面光源、天空环境、光度学、网格灯光等多种不同的灯光照明。
- Spread：用于控制Arnold Light（阿诺德灯光）的扩散照明效果。当该值为默认值1时，灯光对物体的照明效果会产生散射状的投影，如图6-72所示。当该值设置为0时，灯光对物体的照明效果会产生清晰的投影，如图6-73所示。

图6-72

图6-73

- Quad X/Quad Y：用于设置灯光的长度或宽度。
- Soft Edge：用于设置灯光产生投影的边缘虚化程度，图6-74所示分别为该值是0和1的渲染结果对比。

图6-74

6.5.3 Color/Intensity（颜色/强度）卷展栏

Color/Intensity（颜色/强度）卷展栏主要用于控制灯光的色彩及照明强度，Color/Intensity（颜色/强度）卷展栏展开效果如图6-75所示。

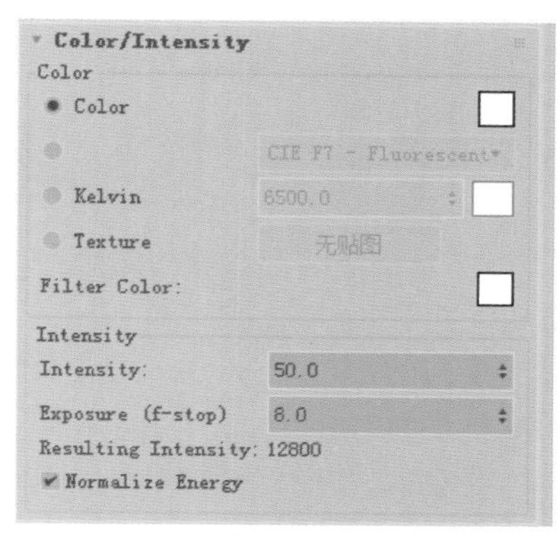

图6-75

参数解析

（1）Color（颜色）组

- Color：用于设置灯光的颜色。
- Kelvin：使用色温值来控制灯光的颜色。
- Texture：使用贴图来控制灯光的颜色。
- Filter Color：设置灯光的过滤颜色。

（2）Intensity（强度）组

- Intensity：设置灯光的照明强度。
- Exposure：设置灯光的曝光值。

6.5.4 Rendering（渲染）卷展栏

Rendering（渲染）卷展栏展开效果如图6-76所示。

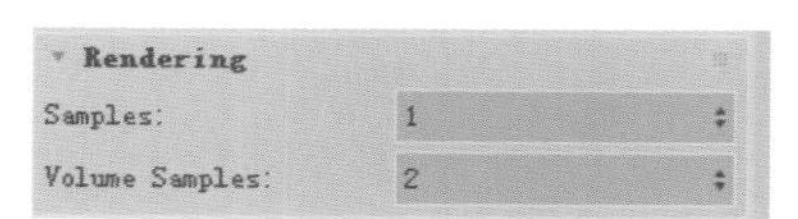

图6-76

参数解析

- Samples：设置灯光的采样值。
- Volume Samples：设置灯光的体积采样值。

6.5.5 Shadow（阴影）卷展栏

Shadow（阴影）卷展栏展开效果如图6-77所示。

图6-77

参数解析

- Cast Shadows：设置灯光是否投射阴影。
- Atmospheric Shadows：设置灯光是否投射大气阴影。
- Color：设置阴影的颜色。
- Density：设置阴影的密度值。

6.6 技术实例

6.6.1 VRay实例：使用VR-太阳制作客厅日光照明效果

本实例使用了一个客厅的场景来为读者详细介绍“VR-太阳”灯光的使用方法，最终的渲染效果如图6-78所示。

01 启动3ds Max 软件，打开本书配套资源“阳光客厅.max”文件。本场景中为一个已经设置好摄影机角度及材质相关参数的客厅室内场景，如图6-79所示。

图6-78

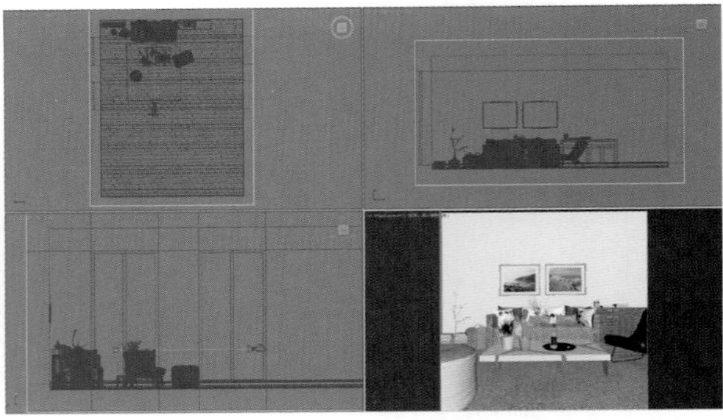

图6-79

02 在“前”视图中，单击“VR-太阳”按钮，在场景中创建一个“VR-太阳”灯光，如图6-80所示。同时，系统会自动弹出“VRay太阳”对话框，询问用户是否想添加环境贴图，单击“是”按钮后，即可完成“VR-太阳”灯光的创建，如图6-81所示。

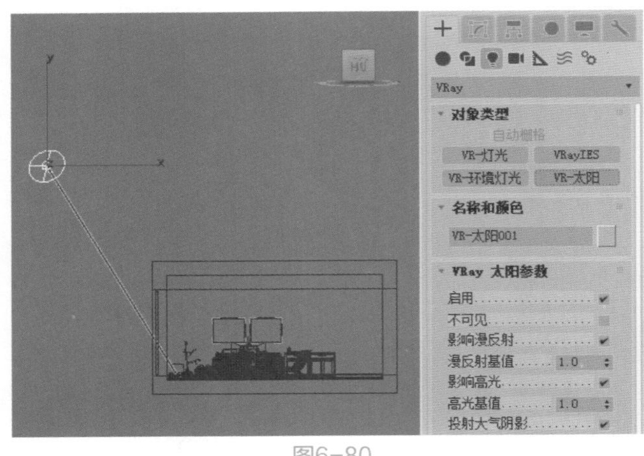

图6-80

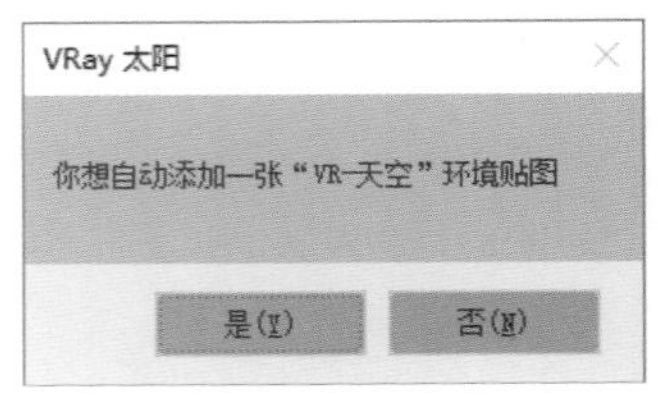

图6-81

03 在“顶”视图中，调整灯光的位置至图6-82所示。

04 在“修改”面板中，设置灯光的“强度倍增”值为0.01，如图6-83所示。

05 设置完成后，将“摄影机”视图切换至“高质量”显示状态，即可观察出“VR-太阳”灯光对场景所产生的照明影像，如图6-84所示。

06 打开“渲染设置”面板，在GI选项卡中，展开“全局照明”卷展栏。勾选“启用全局照明”选项，设置“首次引擎”的选项为“发光图”，并设置“饱和度”的值为0.35，如图6-85所示。

07 展开“发光图”卷展栏，设置“最小速率”和“最大速率”的值均为-1，如图6-86所示。

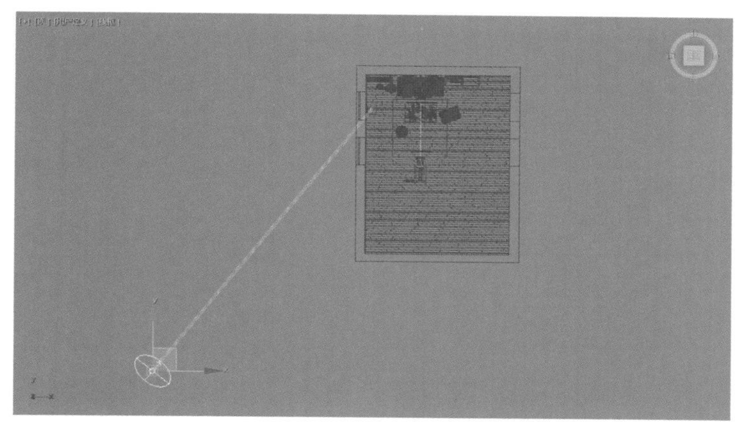
图6-82

图6-83

图6-84

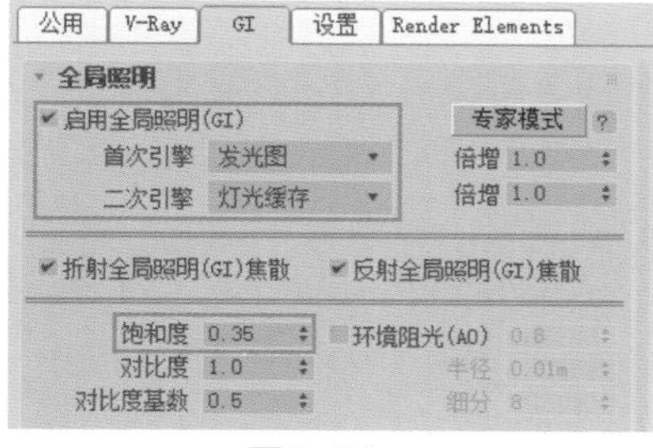

图6-85

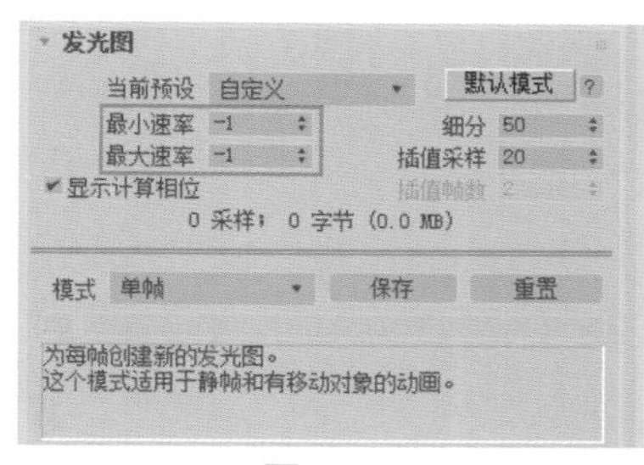

图6-86

08 在V-Ray选项卡中，展开“图像采样器（抗锯齿）”卷展栏。设置“类型”的选项为“渲染块”，如图6-87所示。

09 展开“全局确定性蒙特卡洛”卷展栏。勾选“使用局部细分”选项，设置“细分倍增”的值为8，如图6-88所示。

图6-87

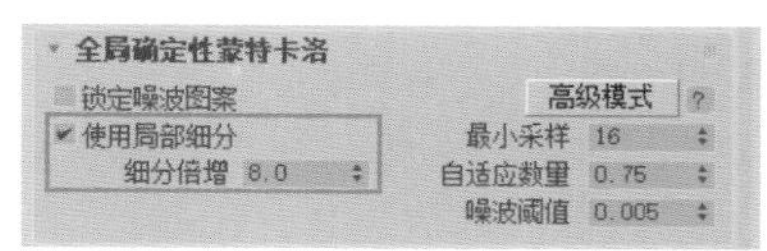

图6-88

10 设置完成后，渲染场景。本实例的最终渲染结果如图6-89所示。

图6-89

6.6.2 VRay实例：使用VR-灯光制作室内环境照明

在本实例中，以室内一角的三维场景来为读者讲解使用VR-灯光来模拟室内照明环境的方法，本实例的渲染效果如图6-90所示。

01 启动3ds Max软件，打开本书配套资源“室内一角.max”文件。本场景中为室内一个角落的模型，并已经设置好材质和摄影机，如图6-91所示。

图6-90

图6-91

02 在创建“灯光”面板中，单击“VR-灯光”按钮，在场景中图6-92所示位置处创建一个与窗口大小相似的“VR-灯光”。

03 在“顶”视图中，调整“VR-灯光”的位置至图6-93所示。

04 在“修改”面板中，调整灯光的“倍增”值为1，如图6-94所示。

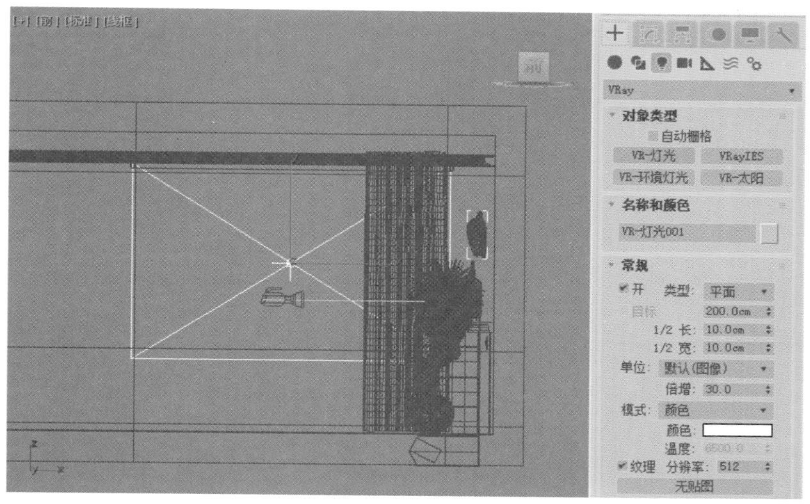

图6-92

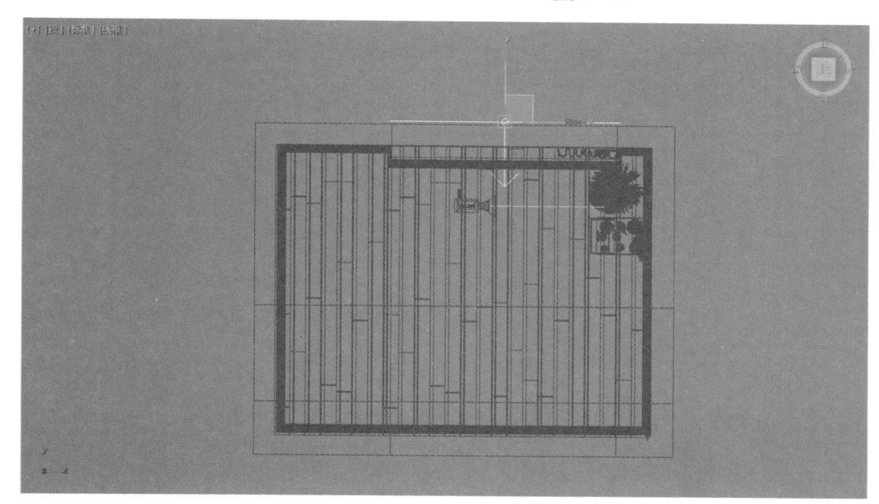

图6-93

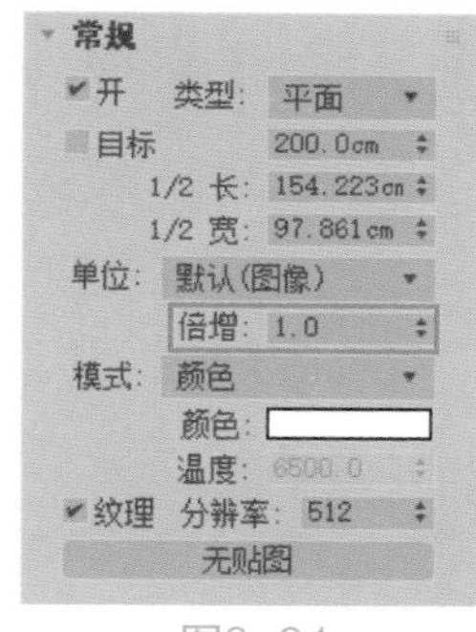

图6-94

05 打开“渲染设置”面板，在GI选项卡中，展开“全局照明”卷展栏。勾选“启用全局照明”选项，设置“首次引擎”的选项为“发光图”，设置“二次引擎”的选项为“灯光缓存”。在“发光图”卷展栏中，设置“最小速率”和“最大速率”的值均为-2，如图6-95所示。

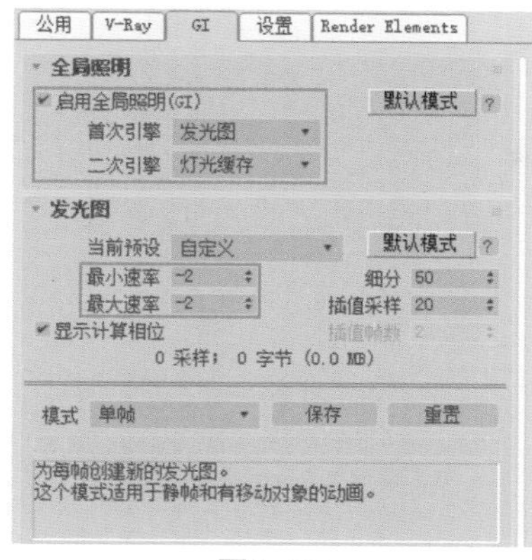

图6-95

06 在V-Ray选项卡中，展开“图像采样器（抗锯齿）”卷展栏。设置“类型”的选项为“渲染块”，如图6-96所示。

07 设置完成后，渲染场景，本实例的最终渲染效果如图6-97所示。

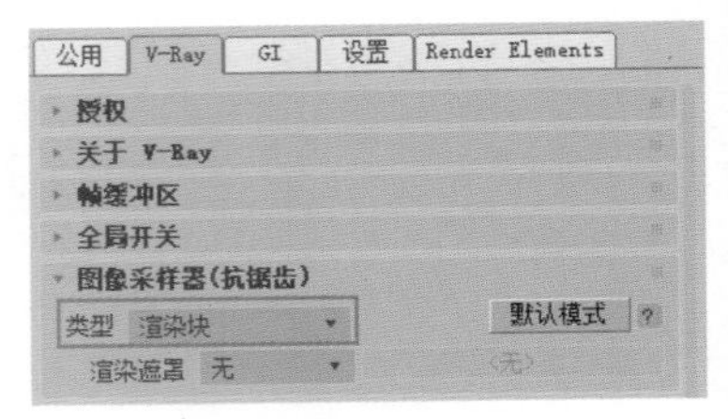

图6-96

图6-97

6.6.3 Arnold实例：使用Arnold Light制作客厅场景照明

在本实例中，为大家讲解如何使用Arnold Light来制作室内照明效果，本实例的渲染效果如图6-98所示。

01 启动3ds Max 2018，打开本书配套资源“客厅.max”文件。如图6-99所示，本场景为一个北欧风格的客厅室内模型，并设置好了材质及摄影机。

图6-98

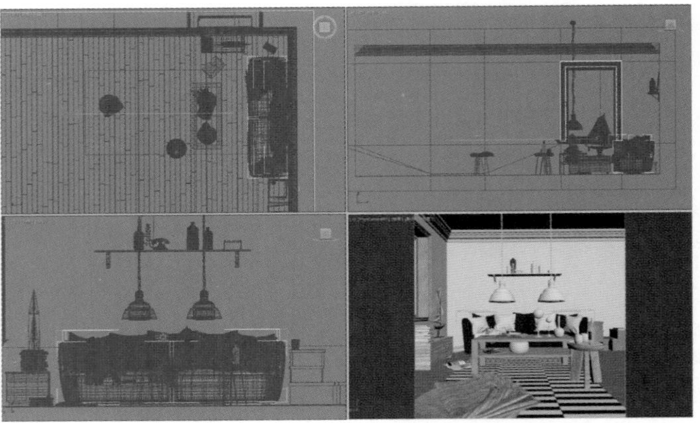

图6-99

02 在场景中的窗户位置处创建一个Arnold灯光，如图6-100所示。

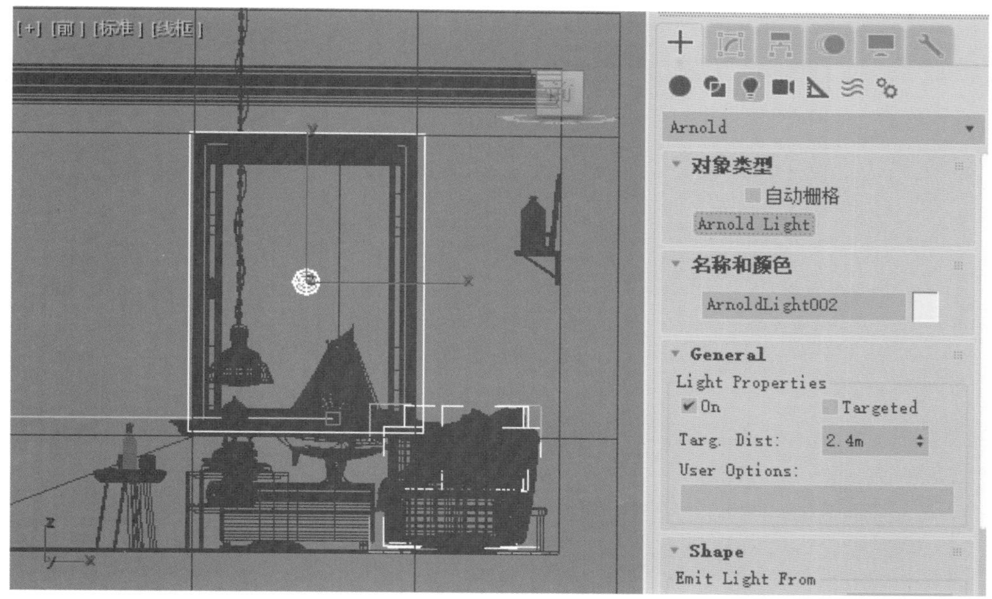

图6-100

03 在“顶”视图中，移动灯光的位置至图6-101所示，使得灯光刚刚好从窗户外面照射向室内空间。

图6-101

04 在“修改”面板中，设置灯光的Color为黄色（红：250，绿：236，蓝：200），设置Intensity的值为300，Exposure值为8，增加灯光的照明强度，如图6-102所示。

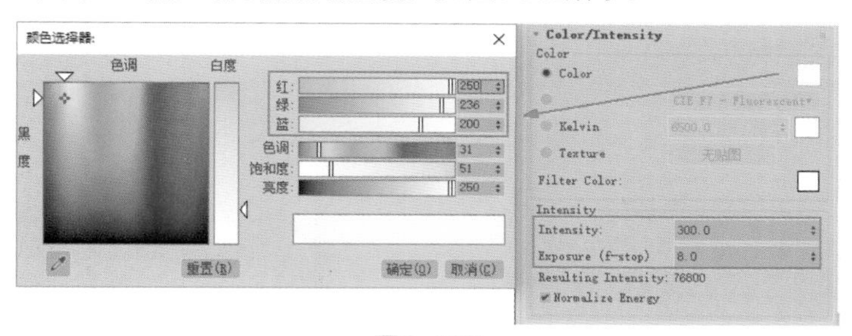

图6-102

05 复制刚刚创建的灯光至房屋模型的另一边窗户位置处，如图6-103所示，作为场景的辅助灯光。

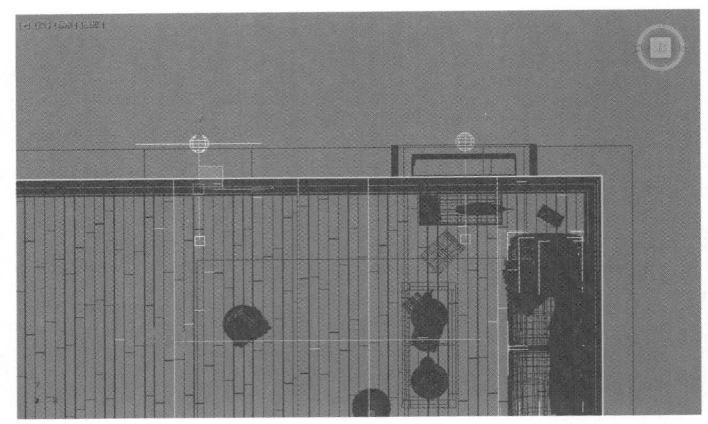

图6-103

06 再次复制一个灯光，并调整其位置至图6-104所示。调整其Intensity的值为50，Exposure值为8，降低灯光的照明强度。

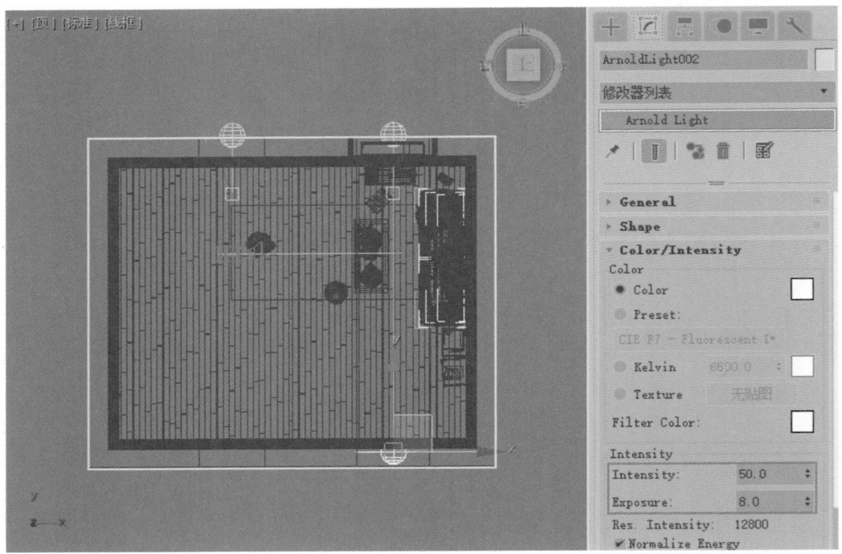

图6-104

07 打开“渲染设置”面板，在Arnold Renderer选项卡中，设置Camera的值为12，Diffuse的Samples值为3，Diffuse的Ray Depth的值为2；设置Specular的Samples值为2，Specular的Ray Depth的值为1，如图6-105所示，提高渲染的精度。

08 设置完成后，渲染场景，最终渲染效果如图6-106所示。

AOV Settings | Diagnostics | Archive
公用 | Arnold Renderer | System

Sampling and Ray Depth

General

	Samples	Ray Depth	Min	Max
Total Rays Per Pixel (no lights)			2592	2880
Preview (AA):	-3			
Camera (AA):	12		144	
Diffuse:	3	2	1296	1440
Specular:	2	1	576	576
Transmission:	2	2	576	720
SSS:	2			
Volume Indirect:	2	0		

图6-105

图6-106

6.6.4　Arnold实例：使用Arnold Light制作灯丝照明效果

在本实例中，为大家讲解如何使用Arnold Light来制作灯泡的照明效果，本实例的渲染效果如图6-107所示。

01 启动3ds Max 2018软件，打开本书配套资源“灯泡.max”文件，场景内已经设置好模型的基本材质，如图6-108所示。

图6-107

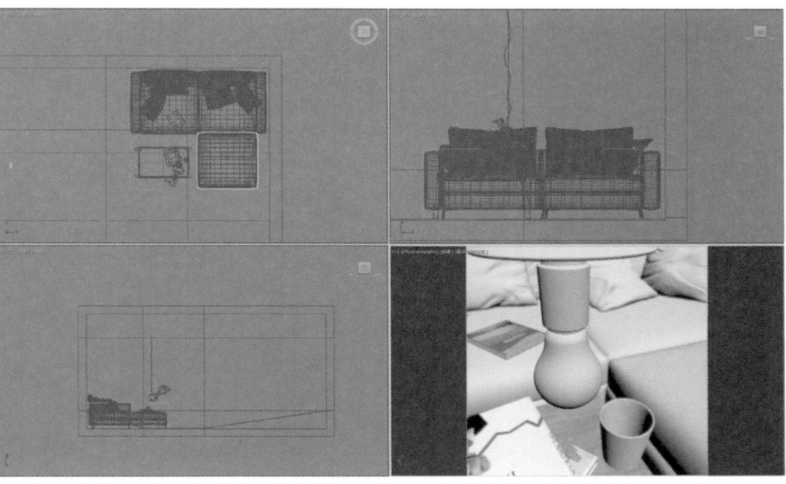

图6-108

02 在“左”视图中，按下Arnold Light按钮，在场景中窗户位置处创建一个Arnold灯光，如图6-109所示。

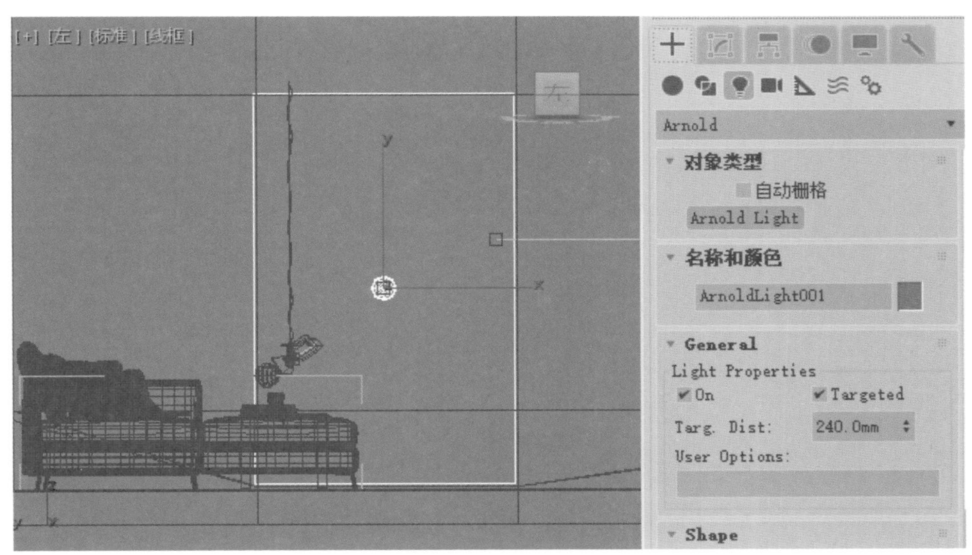

图6-109

03 在“顶”视图中，调整灯光的位置至室内模型的窗户位置处，如图6-110所示。

04 在“修改”面板中，调整灯光Intensity的值为1000，Exposure值为12，提高灯光的亮度，如图6-111所示。

05 再次创建一个Arnold Light，并调整其位置至图6-112所示。

06 在“修改”面板中，调整灯光Intensity的值为500，Exposure值为12，如图6-113所示。

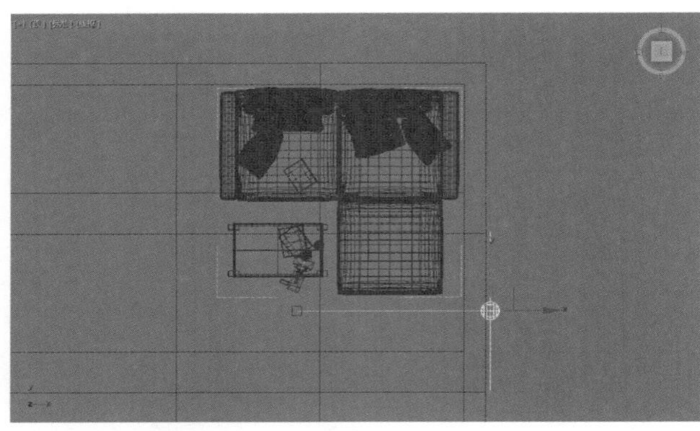

图6-110

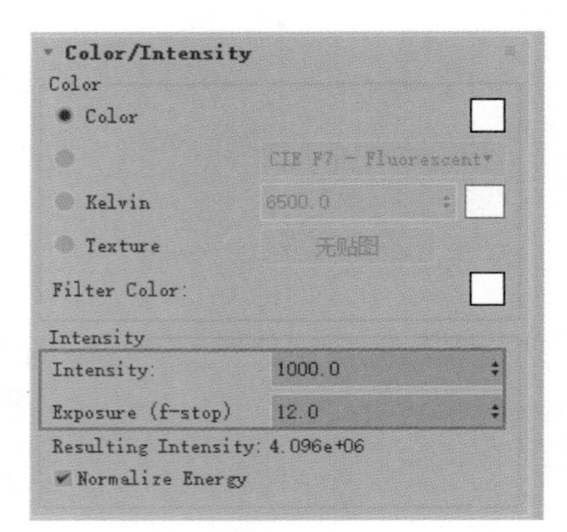

图6-111

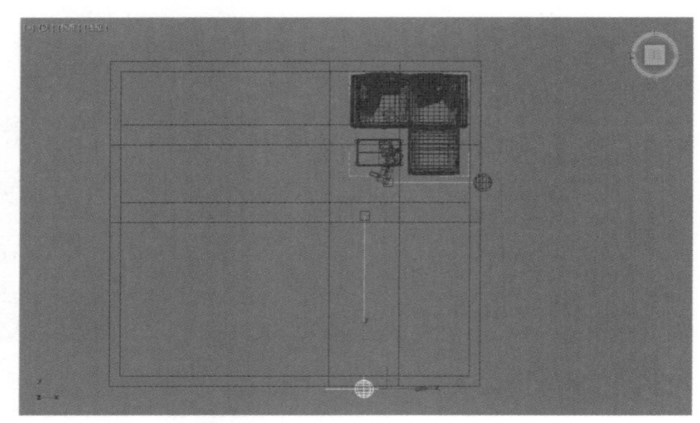

图6-112

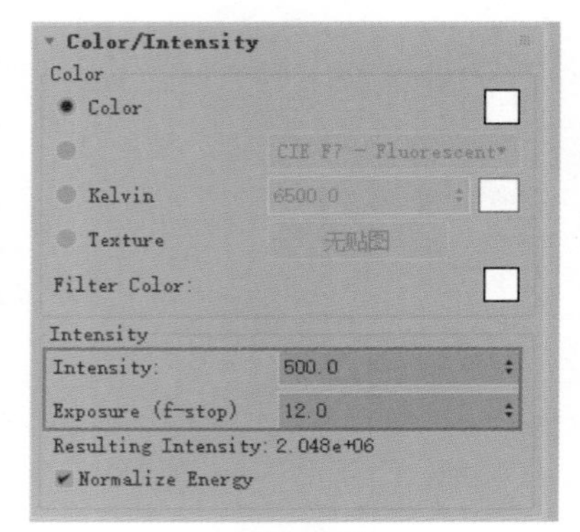

图6-113

07 在场景任意位置处创建一个Arnold Light，如图6-114所示。

08 在“修改”面板中，设置该灯光的Type为Mesh，并将Mesh设置为场景中的灯丝线模型，如图6-115所示。

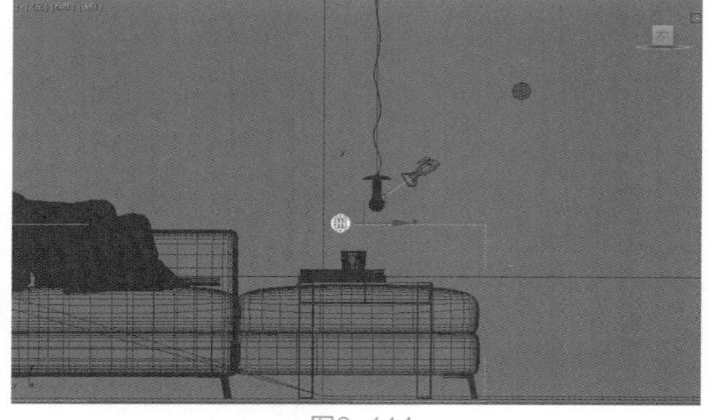

图6-114

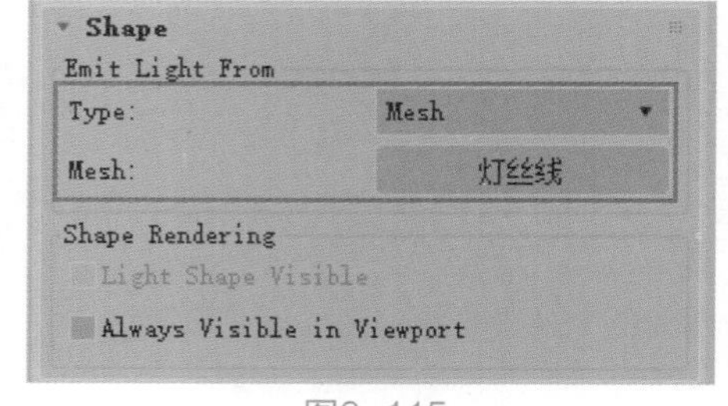

图6-115

09 调整灯光的Color为橙色（红：240，绿：147，蓝：0），设置灯光的Intensity的值为35，Exposure值为8，如图6-116所示。

10 打开“渲染设置”面板，在Arnold Renderer选项卡中，设置Camera的值为15，Diffuse的Samples值为3，Diffuse的Ray Depth的值为2；设置Specular的Samples值为2，Specular的Ray Depth的值为2，如图6-117所示，提高渲染的精度。

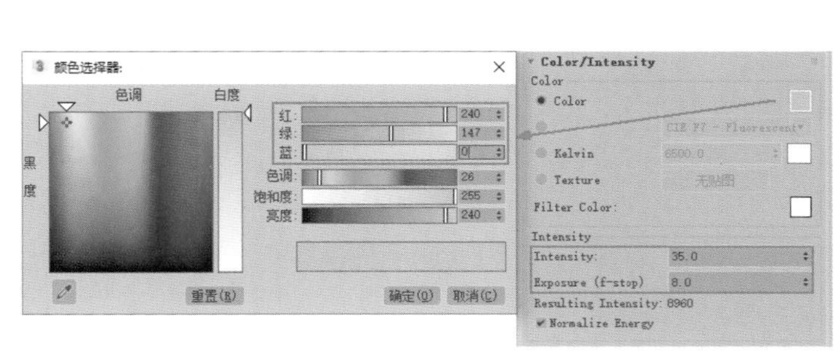

图6-116

图6-117

11 调整完成后，渲染场景，本实例的渲染结果如图6-118所示，灯丝的照明效果就制作完成了。

图6-118

第7章

摄影机技术

7.1 摄影机基本知识

在讲解3ds Max的摄影机技术之前，了解一下真实摄影机的结构和相关术语是非常有必要的。从公元前400多年前墨子记述针孔成像开始，到现在众多高端品牌的相机产品出现，摄影机无论是在外观、结构、还是功能上都发生了翻天覆地的变化。最初的相机结构相对简单，仅仅包括暗箱、镜头和感光的材料，拍摄出来的画面效果也不尽人意。而现代的相机以其精密的镜头、光圈、快门、测距、输片、对焦等系统和融合了光学、机械、电子、化学等技术，可以随时随地地完美记录我们的生活画面，将一瞬间的精彩永久保留。图7-1所示为佳能出品的一款摄影机的内部结构透视图。

图7-1

要当一名优秀的摄影师，熟悉手中的摄影机是学习的第一步。如果说相机的价值由拍摄的效果来决定，那么为了保证这个效果，拥有一个性能出众的镜头则显得至关重要。摄影机的镜头主要有定焦镜头、标准镜头、长焦镜头、广角镜头、鱼眼镜头等。

7.1.1 镜头

镜头是由多个透镜所组成的光学装置，也是摄影机组成部分中的重要部件。镜头的品质会直接对拍摄的结果质量产生影响。同时，镜头也是划分摄影机档次的重要标准，如图7-2所示。

第7章视频

图7-2

第7章素材

7.1.2 光圈

图7-3

光圈是用来控制光线进入机身内感光面光量的一个装置，其功能相当于眼球里的虹膜。如果光圈开得比较大，就会有大量的光线进入影像感应器；如果光圈开得很小，进光量则会减少很多，如图7-3所示。

7.1.3 快门

快门是照相机用来控制感光片有效曝光时间的一种装置，与光圈不同，快门用来控制进光的时间长短。通常，快门的速度越快越好。秒数更低的快门非常适合用来拍摄运动中的景象，甚至可以拍摄到高速移动的目标。快门速度单位是“秒”，常见的快门速度有：1 、1/2 、1/4 、1/8 、1/15、 1/30、1/60、 1/125 、1/250 、1/500、 1/1000、 1/2000等。如果要拍摄夜晚车水马龙的景色，则需要拉长快门的时间，如图7-4。

图7-4

7.1.4 胶片感光度

胶片感光度即胶片对光线的敏感程度。它是采用胶片在达到一定的密度时所需的曝光量H的倒数乘以常数K来计算，即S=K/H。彩色胶片则普遍采用三层乳剂感光度的平均值作为总感光度。在光照亮度很弱的地方，可以选用超快速胶片进行拍摄。这种胶片对光十分敏感，即使在微弱的灯光下仍然可以得到令人欣喜的效果。若是在光照十分充足的条件下，则可以使用超慢速胶片进行拍摄。

7.2 标准摄影机

3ds Max 为用户提供了“物理”“目标”和“自由”这3种摄影机可选，如图7-5所示。

图7-5

7.2.1 “物理”摄影机

3ds Max 为用户提供了基于真实世界摄影机调试方法的“物理”摄影机，如果用户本身对摄影机的使用非常熟悉，那么在3ds Max中，使用起“物理”摄影机来则会有得心应手的感觉。在创建“摄影机”面板中，单击“物理”按钮，即可在场景中创建出一个物理摄影机，如图7-6所示。

在其“修改”面板中，物理摄影机包含有“基本”“物理摄影机”“曝光”“散景（景深）”“透视控制”“镜头扭曲”和“其他”这7个卷展栏，如图7-7所示。

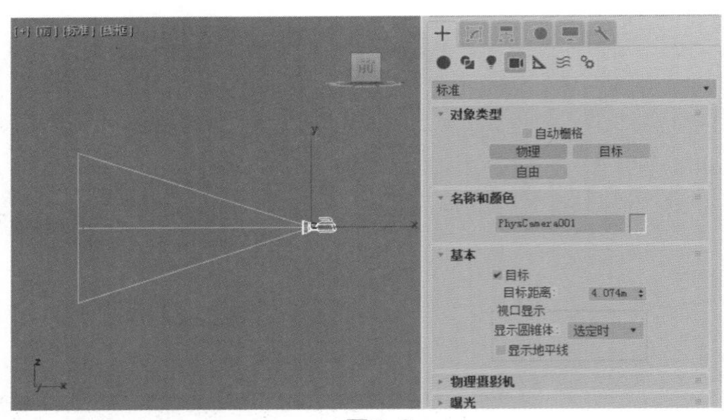

图7-6

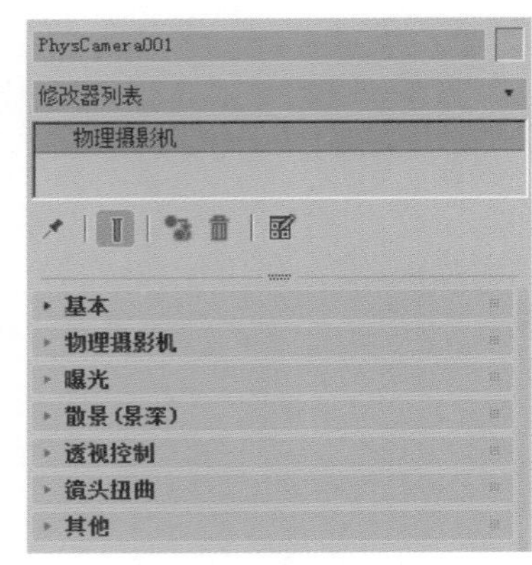

图7-7

1. “基本”卷展栏

“基本”卷展栏参数面板如图7-8所示。

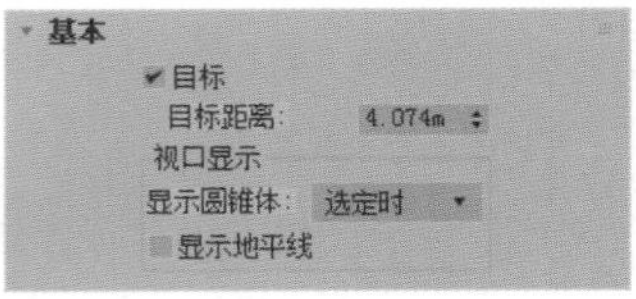

图7-8

参数解析

- 目标：启用此选项后，摄影机启动目标点功能，并与目标摄影机的行为相似。
- 目标距离：设置目标与焦平面之间的距离。

“视口显示”组

- 显示圆锥体：有“选定时”（默认设置）、“始终”或“从不”3个选项可选，如图7-9所示。

图7-9

- 显示地平线：启用该选项后，地平线在摄影机视口中显示为水平线。

2. “物理摄影机”卷展栏

“物理摄影机”卷展栏参数面板如图7-10所示。

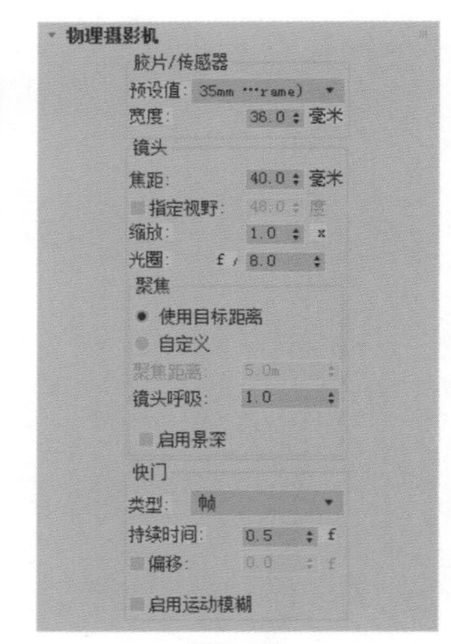

图7-10

参数解析

（1）“胶片/传感器”组

- “预设值”：3ds Max 2016为用户提供了多种预设值可选，如图7-11所示。

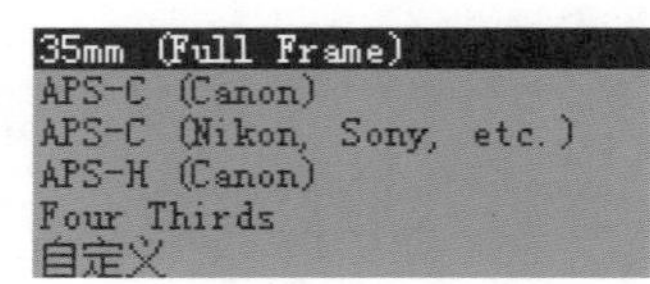

图7-11

- 宽度：可以手动调整帧的宽度。

（2）“镜头”组

- 焦距：设置镜头的焦距。
- 指定视野：启用时，可以设置新的视野（FOV）值（以度为单位）。默认的视野值取决于所选的胶片/传感器预设值。
- 缩放：在不更改摄影机位置的情况下缩放镜头。
- 光圈：将光圈设置为光圈数，或“F制光圈”。此值将影响曝光和景深。光圈数越低，光圈越大并且景深越窄。
- 启用景深：启用时，摄影机在不等于焦距的距离上生成模糊效果。景深效果的强度基于光圈设置。

（3）“快门”组

- 类型：选择测量快门速度使用的单位。

- 持续时间：根据所选的单位类型设置快门速度。该值可能影响曝光、景深和运动模糊。
- 偏移：启用时，指定相对于每帧的开始时间的快门打开时间。更改此值会影响运动模糊。默认的“偏移”值为0.0，默认设置为禁用。
- 启用运动模糊：启用此选项后，摄影机可以生成运动模糊效果。

3.“曝光”卷展栏

“曝光”卷展栏参数面板如图7-12所示。

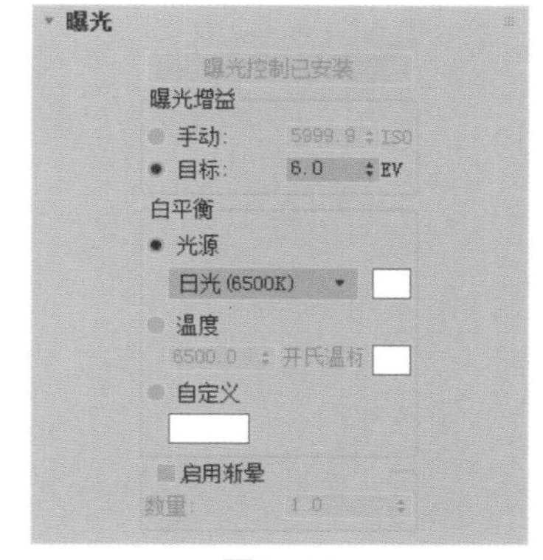

图7-12

参数解析

（1）“曝光增益”组

- 手动：通过ISO值设置曝光增益。当此选项处于活动状态时，通过此值、快门速度和光圈设置计算曝光。该数值越高，曝光时间越长。
- 目标：设置与3个摄影曝光值的组合相对应的单个曝光值。

（2）“白平衡”组

- 光源：按照标准光源设置色彩平衡。默认设置为“日光”（6500K）。
- 温度：以色温的形式设置色彩平衡，以开尔文度表示。
- 自定义：用于设置任意色彩平衡。单击色样以打开“颜色选择器”，可以从中设置希望使用的颜色。

（3）“启用渐晕”组

- 数量：增加此数量以增加渐晕效果。默认值为1.0。

4.“散景（景深）”卷展栏

“散景（景深）”卷展栏参数面板如图7-13所示。

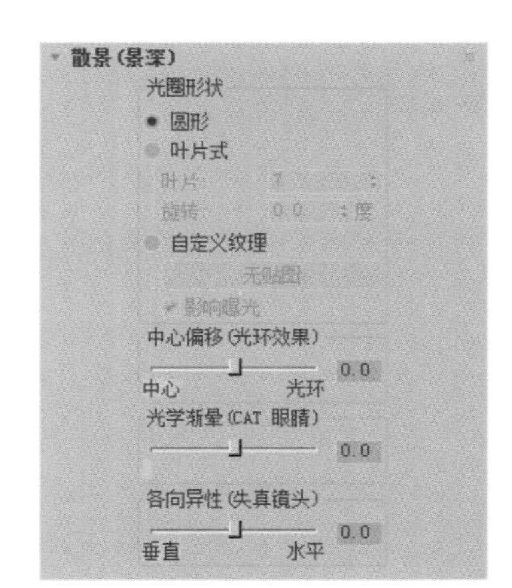

图7-13

参数解析

“光圈形状”组

- 圆形：散景效果基于圆形光圈。
- 叶片式：散景效果使用带有边的光圈。
- 叶片：设置每个模糊圈的边数。
- 旋转：设置每个模糊圈旋转的角度。
- 自定义纹理：使用贴图来用图案替换每种模糊圈。
- 中心偏移（光环效果）：使光圈透明度向中心（负值）或边（正值）偏移。正值会增加焦外区域的模糊量，而负值会减小模糊量。
- 光学渐晕（CAT眼睛）：通过模拟“猫眼”效果使帧呈现渐晕效果。
- 各向异性（失真镜头）：通过“垂直”或“水平”拉伸光圈模拟失真镜头。

5.“透视控制”卷展栏

“透视控制”卷展栏参数面板如图7-14所示。

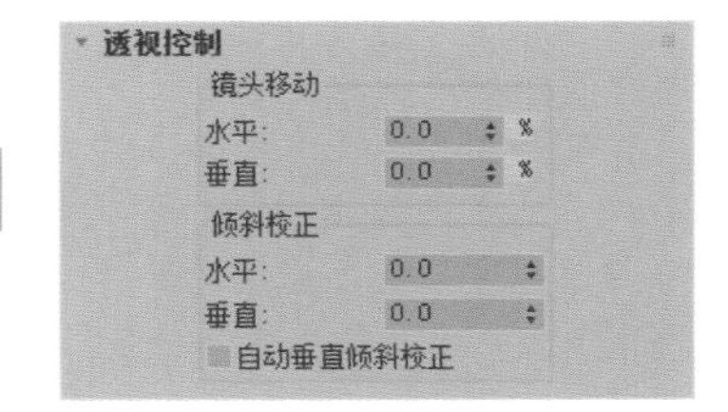

图7-14

参数解析

（1）“镜头移动”组

- 水平：沿水平方向移动摄影机视图。
- 垂直：沿垂直方向移动摄影机视图。

（2）“倾斜校正”组

- 水平：沿水平方向倾斜摄影机视图。
- 垂直：沿垂直方向倾斜摄影机视图。

7.2.2 “目标”摄影机

“目标”摄影机可以查看所放置目标周围的区域，由于具有可控的目标点，所以在设置摄影机的观察点时分外容易，使用起来比“自由”摄影机要更加方便。设置“目标”摄影机时，可以将摄影机当作是人所在的位置，把摄影机目标点当作是人眼将要观看的位置。在“摄影机”面板中，单击“目标”按钮，即可在场景中创建出一个目标摄影机，如图7-15所示。

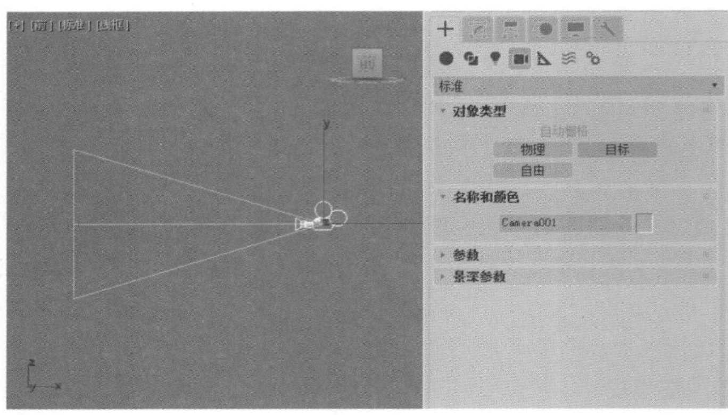

图7-15

1.“参数”卷展栏

“参数”卷展栏参数面板如图7-16所示。

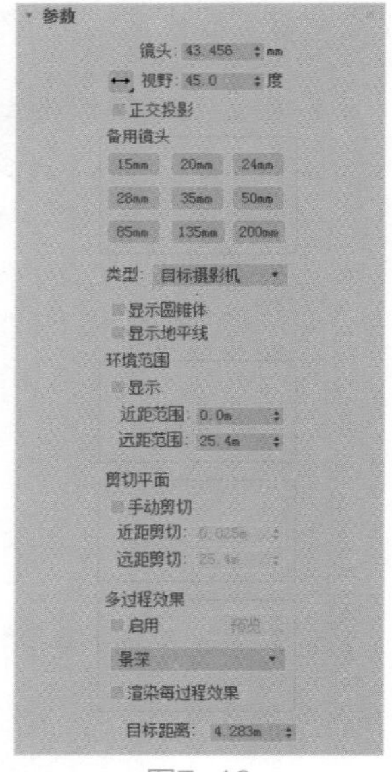

图7-16

参数解析

- 镜头：以毫米为单位设置摄影机的焦距。
- 视野：决定摄影机查看区域的宽度。
- 正交投影：启用此选项后，摄影机视图看起来就像“用户”视图。
- 备用镜头：包含有3ds Max 2016为用户提供的9个预设的备用镜头按钮。
- 类型：使用户在“目标摄影机”和“自由摄影机”之间来回切换。
- 显示圆锥体：显示摄影机视野定义的锥形光线，锥形光线出现在其他视口但是不出现在摄影机视口中。
- 显示地平线：在摄影机视口中的地平线层级显示一条深灰色的线条。

（1）“环境范围”组

- 近距范围/远距范围：为在“环境”面板上设置的大气效果设置近距范围和远距范围限制。
- 显示：启用此选项后，显示在摄影机圆锥体内的矩形以显示“近距范围”和“远距范围”的设置。

（2）“剪切平面”组

- 手动剪切：启用该选项可定义剪切平面。
- 近距剪切/远距剪切：设置近距和远距平面。

（3）“多过程效果”组

- 启用：启用该选项后，使用效果预览或渲染。禁用该选项后，不渲染该效果。
- “预览”按钮：单击该按钮可在活动摄影机视口中预览效果。如果活动视口不是摄影机视图，则该按钮无效。
- “效果”下拉列表：使用该下拉列表中的选项可以选择生成哪个多过程效果、景深或运动模糊。这些效果相互排斥，默认设置为“景深”。
- 渲染每过程效果：启用此选项后，如果指定任何一个，则将渲染效果应用于多过程效果的每个过程。
- 目标距离：对于自由摄影机，将点设置为用作不可见的目标，以便可以围绕该点旋转摄影机。对于目标摄影机，设置摄影机和其目标对象之间的距离。

2.“景深参数”卷展栏

“景深”效果是摄影师常用的一种拍摄手法，当相机的镜头对着某一物体聚焦清晰时，在镜头中心所对的位置垂直镜头轴线的同一平面的点都可以在胶片或者接收器上相当清晰地成像，在这个平面沿着镜头轴线的前面和后面一定范围的点也可以结成眼睛可以接受的较清晰的像点，我就把这个平面的前面和后面的所有景物的距离叫作相机的景深。在渲染中通过“景深”特效常常可以虚化配景，从而达到表现画面主体的作用，如图7-17和图7-18所示。

图7-17

图7-18

“景深参数”卷展栏参数面板如图7-19所示。

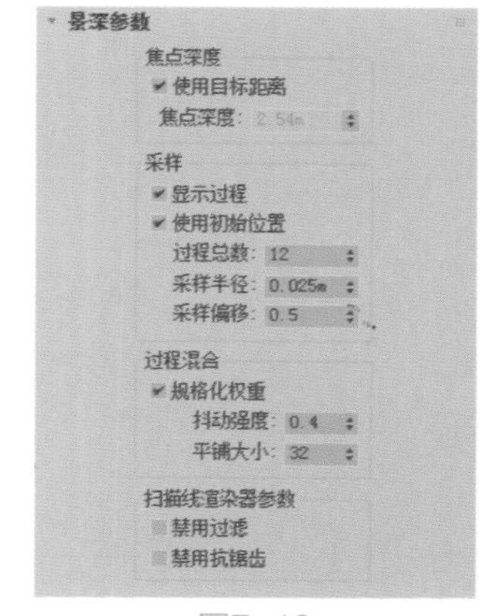

图7-19

参数解析

（1）“焦点深度”组

- 使用目标距离：启用该选项后，将摄影机的目标距离用作每个过程偏移摄影机的点。
- 焦点深度：当“使用目标距离”处于禁用状态时，设置距离偏移摄影机的深度。

（2）“采样”组

- 显示过程：启用此选项后，渲染帧窗口显示多个渲染通道。禁用此选项后，该帧窗口只显示最终结果。此控件对于在摄影机视口中预览景深无效。默认设置为启用。
- 使用初始位置：启用此选项后，第一个渲染过程位于摄影机的初始位置。禁用此选项后，与所有随后的过程一样偏移第一个渲染过程。默认设置为启用。
- 过程总数：用于生成效果的过程数。增加此值可以增加效果的精确性，但却以渲染时间为代价。默认设置为12。
- 采样半径：通过移动场景生成模糊的半径。增加该值将增加整体模糊效果。减小该值将减少模糊。默认设置为1.0。

- 采样偏移：模糊靠近或远离"采样半径"的权重。增加该值将增加景深模糊的数量级，提供更均匀的效果。减小该值将减小数量级，提供更随机的效果。

（3）"过程混合"组

- 规格化权重：使用随机权重混合的过程可以避免出现诸如条纹这些人工效果。当启用"规格化权重"后，将权重规格化，会获得较平滑的结果。当禁用此选项后，效果会变得清晰一些，但通常颗粒状效果更明显。默认设置为启用。
- 抖动强度：控制应用于渲染通道的抖动程度。增加此值会增加抖动量，并且生成颗粒状效果，尤其在对象的边缘上。默认值为0.4。
- 平铺大小：设置抖动时图案的大小。此值是一个百分比，0是最小的平铺，100是最大的平铺。默认设置为32。

（4）"扫描线渲染器参数"组

- 禁用过滤：启用此选项后，禁用过滤过程。
- 禁用抗锯齿：启用此选项后，禁用抗锯齿。

3."运动模糊参数"卷展栏

运动模糊这一特效一般用于表现画面中强烈的运动感，在动画的制作上应用较多。图7-20和图7-21所示为带有运动模糊的照片。

图7-20

图7-21

"运动模糊参数"卷展栏参数面板如图7-22所示。

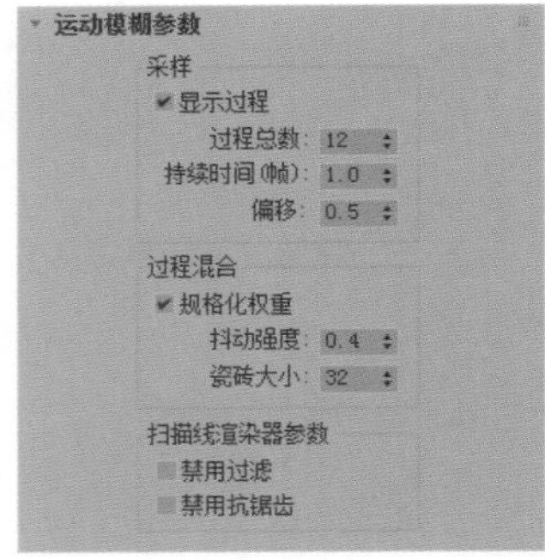

图7-22

参数解析

（1）"采样"组

- 显示过程：启用此选项后，渲染帧窗口显示多个渲染通道。禁用此选项后，该帧窗口只显示最终结果。该控件对在摄影机视口中预览运动模糊没有任何影响。默认设置为启用。
- 过程总数：用于生成效果的过程数。增加此值可以增加效果的精确性，但却以渲染时间为代价。默认设置为12。
- 持续时间（帧）：动画中将应用运动模糊效果的帧数。默认设置为1.0。
- 偏移：更改模糊，以便其显示为在当前帧前后从帧中导出更多内容。

（2）"过程混合"组

- 规格化权重：使用随机权重混合的过程可以避免出现诸如条纹这些人工效果。当启用"规格化权重"后，将权重规格化，会获得较平滑的结果。当禁用此选项后，效果会变得清晰一些，但通常颗粒状效果更明显。默认设置为启用。

- 抖动强度：控制应用于渲染通道的抖动程度。增加此值会增加抖动量，并且生成颗粒状效果，尤其在对象的边缘上。默认值为 0.4。
- 瓷砖大小：设置抖动时图案的大小。此值是一个百分比，0 是最小的瓷砖，100 是最大的瓷砖。默认设置为 32。

（3）“扫描线渲染器参数”组

- 禁用过滤：启用此选项后，禁用过滤过程。
- 禁用抗锯齿：启用此选项后，禁用抗锯齿。

7.2.3　“自由”摄影机

“自由”摄影机在摄影机指向的方向查看区域，由单个图标表示，为的是更轻松地设置动画。当摄影机位置沿着轨迹设置动画时可以使用“自由”摄影机，与穿行建筑物或将摄影机连接到行驶中的汽车上时一样。当“自由”摄影机沿着路径移动时，可以将其倾斜。如果将摄影机直接置于场景顶部，则使用“自由”摄影机可以避免旋转。在创建“摄影机”面板中单击“自由”按钮，即可在场景中创建出一个自由摄影机，如图7-23所示。

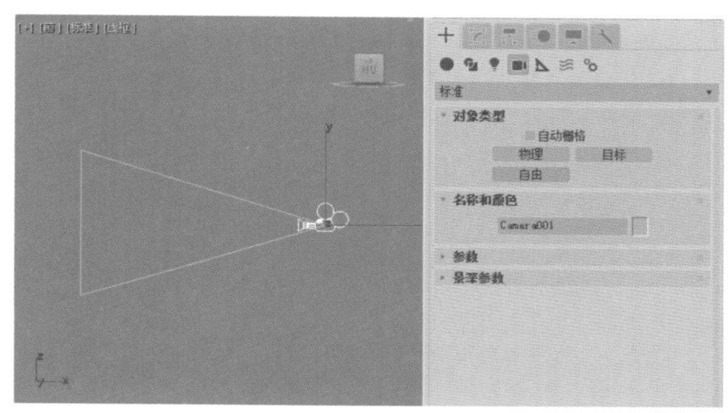

图7-23

“自由”摄影机的参数与“目标”摄影机的参数完全一样，故不在此重述。

7.3　摄影机安全框

3ds Max 提供的“安全框”命令可以帮助用户在渲染时查看输出图像的纵横比及渲染场景的边界设置，通过这一命令，可以很方便地在视口中调整摄影机的机位，以控制场景中的模型是否超出了渲染范围，如图7-24所示。

图7-24

7.3.1　打开安全框

3ds Max 为用户提供了以下两种打开“安全框”的方式。

第一种：在“摄影机”视图中，单击或右击视口左上方的“常标”视口标签中摄影机的名称，在弹出的下拉菜单中选择“显示安全框”即可，如图7-25所示。

第二种：按快捷键：Shift+F，即可在当前视口中显示出“安全框”。

图7-25

7.3.2 安全框配置

在默认状态下，3ds Max的“安全框”显示为一个矩形区域，主要在渲染静帧图像时应用。通过对“安全框”进行配置，还可以在视口中显示出“动作安全区”“标题安全区”“用户安全区”以及“12区栅格”，在渲染动画视频时所使用。在3ds Max 中，打开“安全框”面板的具体步骤如下。

第一步：执行标准菜单“视图/视口配置”命令，如图7-26所示。

第二步：在弹出的“视口配置”对话框中，单击“安全框”标签切换至“安全框”选项卡，如图7-27所示。

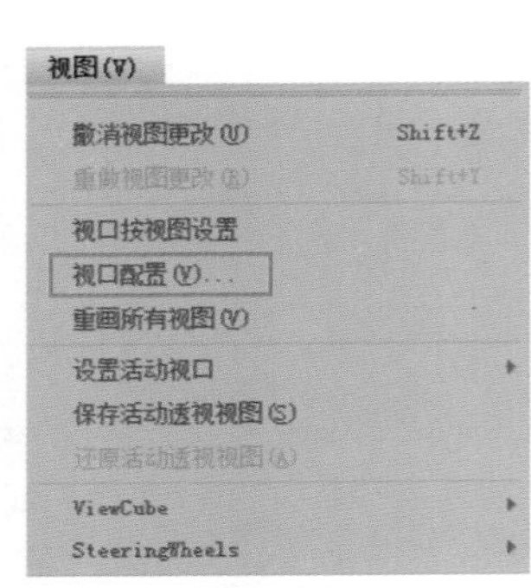

图7-26

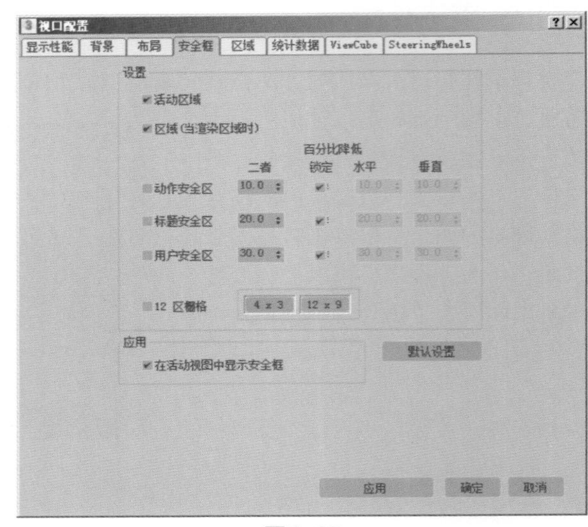

图7-27

参数解析

- 活动区域：该区域将被渲染，而不考虑视口的纵横比或尺寸。默认轮廓颜色为芥末色，如图7-28所示。
- 区域（当渲染区域时）：启用此选项，并将渲染区域及“编辑区域”处于禁用状态时，则该区域轮廓将始终在视口中可见。
- 动作安全区：在该区域内包含渲染动作是安全的。默认轮廓颜色为青色，如图7-29所示。

图7-28

图7-29

- 标题安全区：在该区域中包含标题或其他信息是安全的。默认轮廓颜色为浅棕色，如图7-30所示。

- 用户安全区：显示可用于任何自定义要求的附加安全框。默认颜色为紫色，如图7-31所示。

图7-30

图7-31

- 12 区栅格：在视口中显示单元（或区）的栅格。这里，“区”是指栅格中的单元，而不是扫描线区。“12 区栅格”是一种视频导演用来谈论屏幕上指定区域的方法。导演可能会要求将对象向左移动两个区并向下移动4个区。12 区栅格正是解决这一类布置的参考方法。
- 4 × 3按钮 4 x 3 ：使用 12 个单元格的“12 区栅格”，如图7-32所示。
- 12×9按钮 12 x 9 ：使用 108 个单元格的“12 区栅格”，如图7-33所示。

图7-32

图7-33

“12区栅格”并不是说把视口就一定分为12个区域，通过3ds Max提供给用户的4×3按钮 4 x 3 和12×9按钮 12 x 9 这两个选项来看，“12区栅格”可以设置为12个区域和108个区域两种。

7.4 技术实例

7.4.1 VRay实例：使用物理摄影机渲染室内景深特效

本实例中以一个卧室的实例来为读者讲解如何使用物理摄影机来渲染带有景深特效的画面，本实例的最终渲染效果如图7-34所示。

01 启动3ds Max软件，打开本书配套资源“卧室.max”文件。如图7-35所示，本场景文件中为一个简约风格的室内空间模型，并已经设置完材质、灯光和物理摄影机的位置。

02 选择场景中的物理摄影机，在“修改”面板中，展开“物理摄影机”卷展栏。勾选“启用景深”选项，即可看到在默认状态下，“摄影机”视图已经有了一点景深的显示效果，如图7-36所示。

图7-34

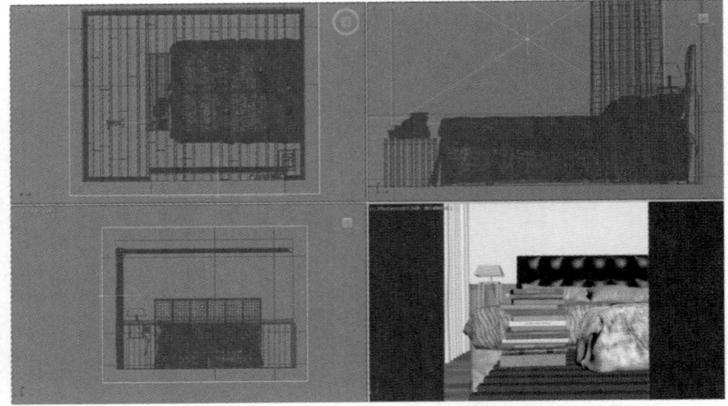

图7-35

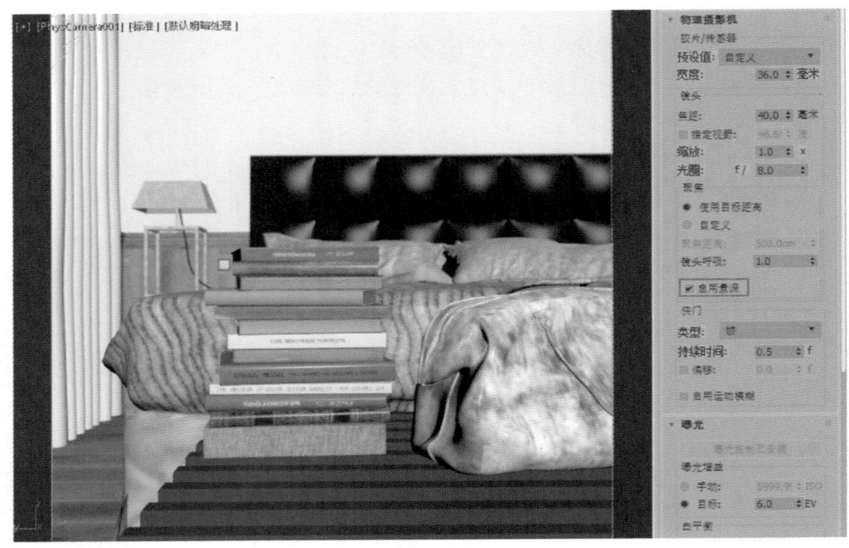

图7-36

03 将“光圈”的值设置为4后，再次观察“摄影机”视图。这时就可以看到景深效果明显有所增强，如图7-37所示。

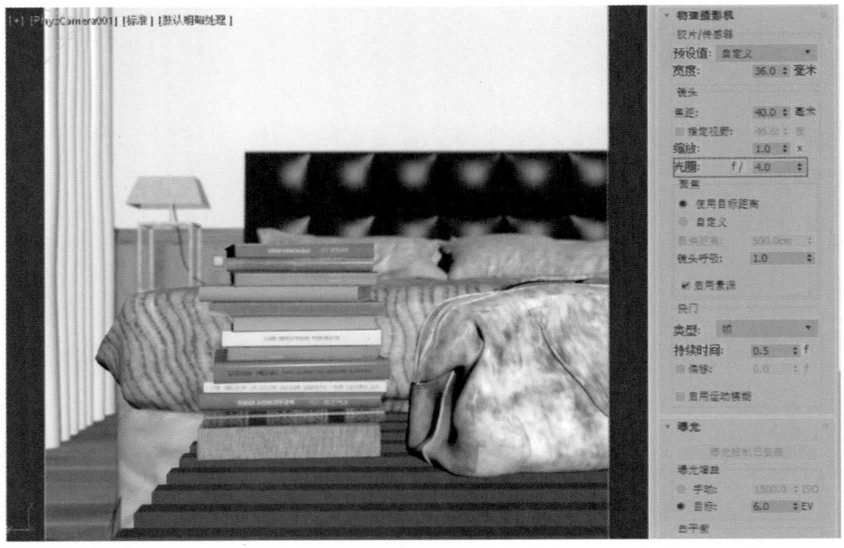

图7-37

04 打开“渲染设置”面板，在V-Ray选项卡中展开“摄影机”卷展栏，勾选“景深”选项，开启VRay渲染器的景深计算，如图7-38所示。

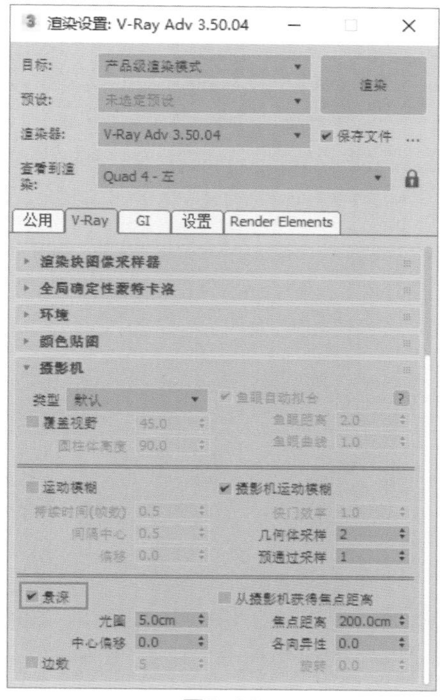

图7-38

05 设置完成后，渲染场景，本场景的最终渲染结果如图7-39所示。

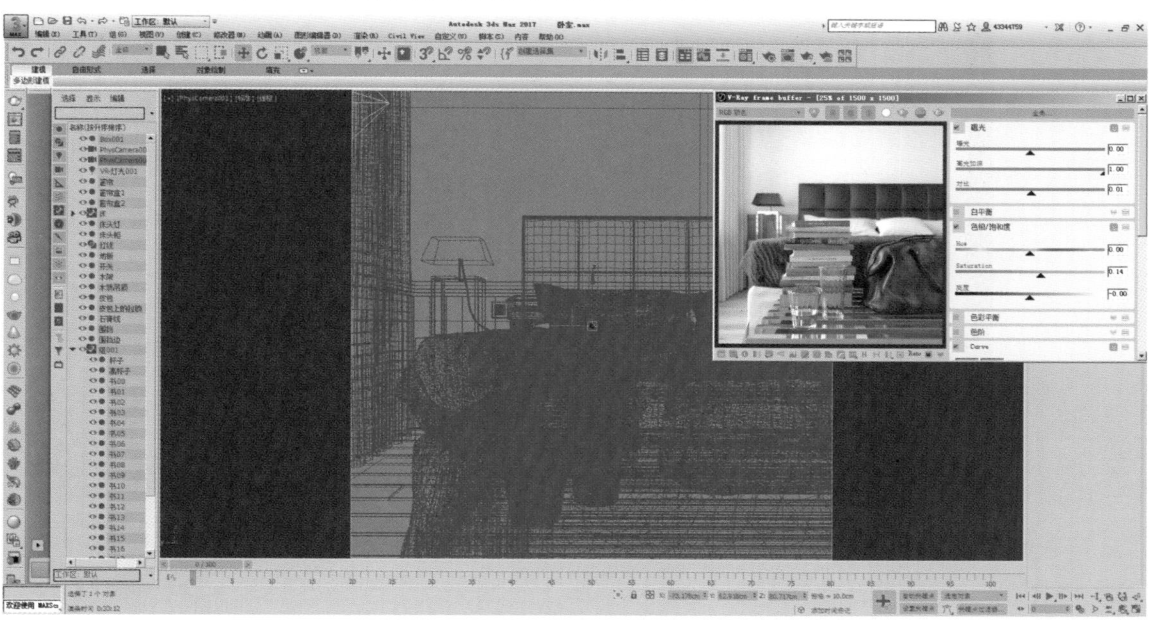

图7-39

7.4.2 Arnold实例：使用物理摄影机渲染静物景深特效

在本实例中，将为读者讲解通过Arnold渲染器配合物理摄影机来渲染带有景深特效的画面，本实例的渲染结果如图7-40所示。

01 启动3ds Max 2018软件，打开本书配套资源“静物.max”文件。如图7-41所示，本场景文件中为一组静物模型。

图7-40

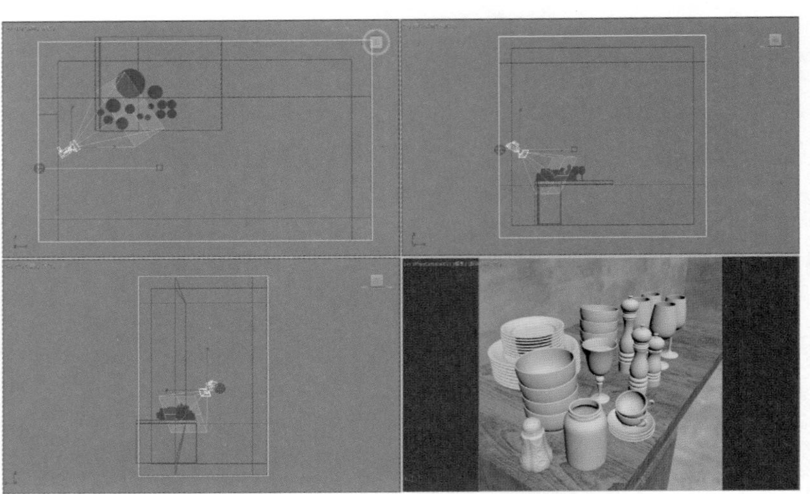

图7-41

02 选择场景中的物理摄影机，在“修改”面板中，展开“物理摄影机”卷展栏，勾选“启用景深”选项，如图7-42所示。

图7-42

03 将“光圈”的值设置为1后，再次观察“摄影机”视图。这时就可以看到非常明显的景深效果，如图7-43所示。需要读者注意的是，画面中图像较为清晰的位置由摄影机的目标点所在位置来决定。

04 如果调整了目标点的位置，则景深的效果也会有所变化，如图7-44所示。

05 设置完成后，渲染场景，本场景的最终渲染结果如图7-45所示。

图7-43

图7-44

图7-45

8.1 渲染概述

什么是“渲染”？从其英文“Render”上来说，可以翻译为“着色”；从其在整个项目流程中的环节来说，可以理解为“出图”。渲染真的就仅仅是在所有三维项目制作完成后鼠标所单击“渲染产品”按钮的那一次最后操作吗？很显然不是。

通常我们所说的渲染指的是在“渲染设置”面板中，通过调整参数来控制最终图像的照明程度、计算时间、图像质量等综合因素，让计算机在一个合理时间内计算出令人满意的图像，这些参数的设置就是渲染。

使用3ds Max 2018来制作三维项目时，常见的工作流程大多是按照“建模/灯光/材质/摄影机/渲染”来进行，渲染之所以放在最后，说明这一操作是计算之前流程的最终步骤，其计算过程相当复杂，所以我们需要认真学习并掌握其关键技术。图8-1～图8-4所示为一些非常优秀的三维渲染作品。

图8-1

图8-2

图8-3

图8-4

8.1.1 选择渲染器

渲染器可以简单理解成三维软件进行最终图像计算的方法，3ds Max 本身就提供了多种渲染器以供用户使用，并且还允许用户自行购买及安装由第三方软件生产商所提供的渲染器插件来进行渲染。单击“主工具栏”上的“渲染设置”按钮，即可打开3ds Max的“渲染设置”面板，在“渲染设置”面板的标题栏上，即可查看当前场景文件所使用的渲染器名称。在默认状态下，3ds Max 所使用的渲染器为“扫描线渲染器”，如图8-5所示。

如果想要快速更换渲染器，可以通过单击“渲染器”后面的下拉列表来完成此操作，如图8-6所示。

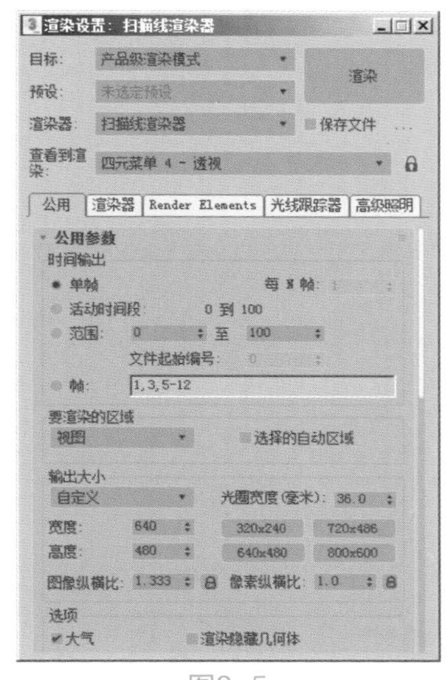

图8-5

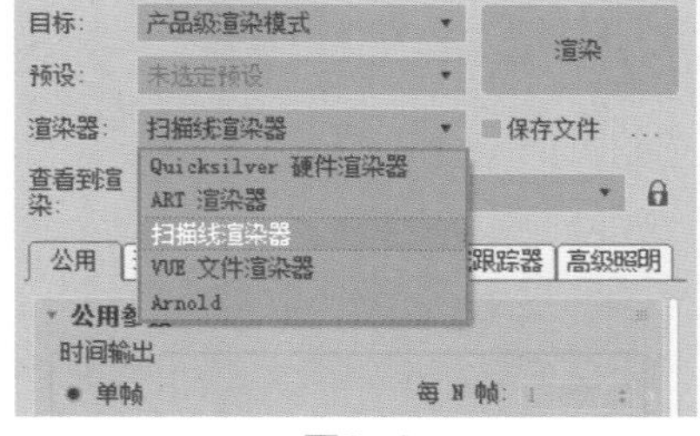

图8-6

8.1.2　渲染帧窗口

3ds Max 提供的有关渲染方面的工具位于整个“主工具栏”上的最右侧，从左至右分别为“渲染设置”按钮、“渲染帧窗口”按钮、“渲染产品”按钮、“在云中渲染”按钮和“打开Autodesk A360库”按钮，如图8-7所示。

在“主工具栏”上单击“渲染产品”按钮，即可弹出“渲染帧窗口”，如图8-8所示。

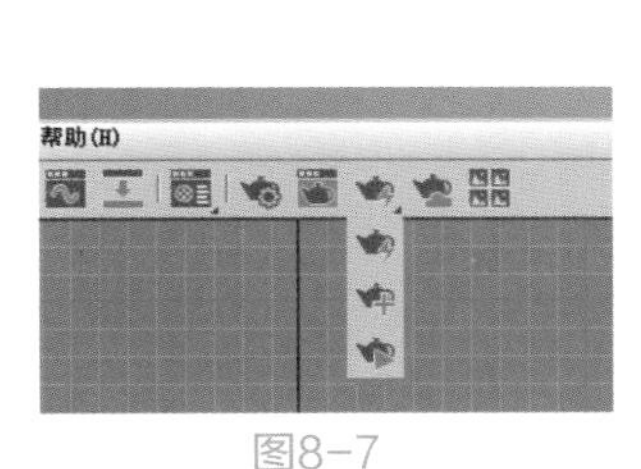

图8-7

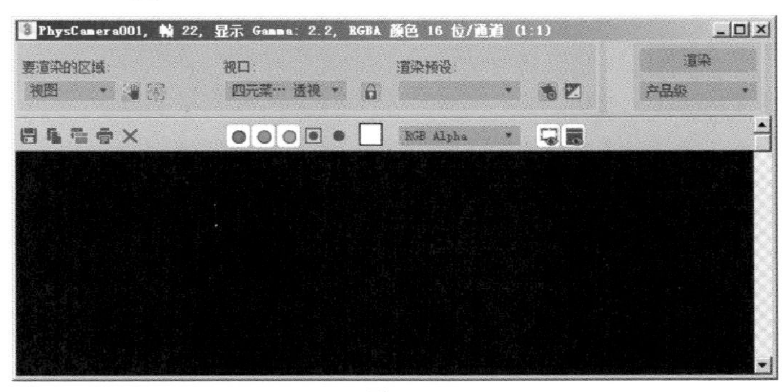

图8-8

1. “渲染控制”区域

“渲染帧窗口”的设置分为“渲染控制”和“工具栏”两大部分。其中，“渲染控制”区域如图8-9所示。

图8-9

参数解析

- 要渲染的区域：该下拉列表提供可用的“要渲染的区域”选项。共有“视图”“选定”“区域”“裁剪”和“放大”5个选项可选，如图8-10所示。

- “编辑区域”按钮：启用对区域窗口的操纵，拖动控制柄可重新调整大小；通过在窗口中拖动可进行移动。当将“要渲染的区域”设置为“区域”时，用户可以在“渲染帧窗口”中也可在活动视口中编辑该区域，如图8-11所示。

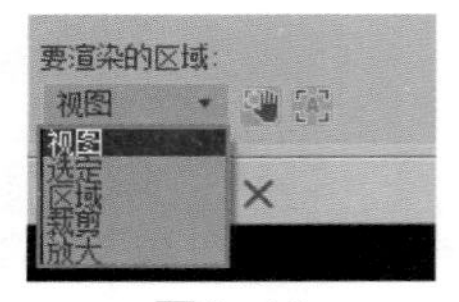

图8-10

图8-11

- “自动选定对象区域”按钮：启用该选项之后，会将“区域”“裁剪”和“放大”区域自动设置为当前选择。该自动区域会在渲染时计算，并且不会覆盖用户可编辑区域。
- “渲染设置”按钮：打开“渲染设置”对话框。
- “环境和效果对话框（曝光控制）”按钮：从“环境和效果”对话框打开“环境”面板。
- 产品级/迭代：选择后单击“渲染”按钮 渲染 产生的结果如下所述。“产品级”使用“渲染帧窗口”“渲染设置”、对话框等选项中的所有当前设置进行渲染。“迭代”忽略网络渲染、多帧渲染、文件输出、导出至 MI 文件，以及电子邮件通知。同时，使用扫描线渲染器，渲染选定会使渲染帧窗口的其余部分完好保留在迭代模式中。

2.“工具栏”区域

“渲染帧窗口”的“工具栏”如图8-12所示。

图8-12

参数解析

- “保存图像”按钮：用于保存在渲染帧窗口中显示的渲染图像。
- “复制图像”按钮：将渲染图像可见部分的精确副本放置在 Windows 剪贴板上，以准备粘贴到绘制程序或位图编辑软件中。图像始终按当前显示状态复制，因此，如果启用了单色按钮，则复制的数据由 8 位灰度位图组成。
- “克隆渲染帧窗口”按钮：创建另一个包含所显示图像的窗口。这就允许将另一个图像渲染到渲染帧窗口，然后将其与上一个克隆的图像进行比较。
- “打印图像”按钮：将渲染图像发送至 Windows 中定义的默认打印机。
- “清除”按钮：清除渲染帧窗口中的图像。
- “启用红色通道”按钮：显示渲染图像的红色通道。禁用该选项后，红色通道将不会显示，如图8-13所示。
- “启用绿色通道”按钮：显示渲染图像的绿色通道。禁用该选项后，绿色通道将不会显示，如图8-14所示。

图8-13

图8-14

- “启用蓝色通道”按钮◉：显示渲染图像的蓝色通道。禁用该选项后，蓝色通道将不会显示，如图8-15所示。
- “显示 Alpha 通道”按钮◉：显示 图像的Alpha 通道。
- “单色”按钮●：显示渲染图像的 8 位灰度。
- “色样”按钮□：存储上次右击像素的颜色值，如图8-16所示。

图8-15

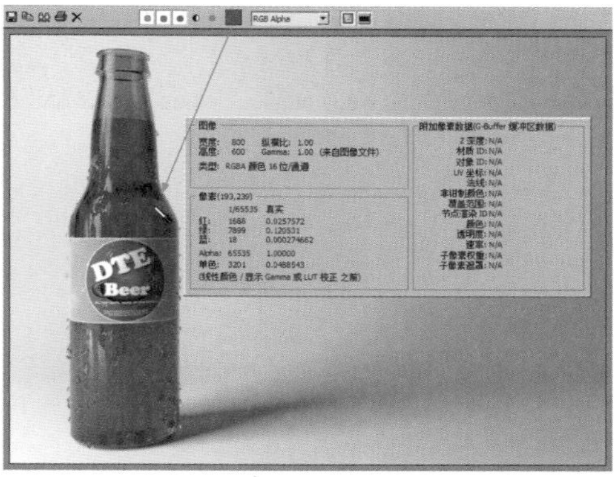

图8-16

- “通道显示”下拉列表：列出用图像进行渲染的通道。当从列表中选择通道时，它将显示在渲染帧窗口中。
- “切换 UI 叠加”按钮：启用时，如果“区域”“裁剪”或“放大”区域中有一个选项处于活动状态，则会显示表示相应区域的帧。
- “切换 UI”按钮：启用时，所有控件均可使用。要简化对话框界面，并且使该界面占据较小的空间，可以关闭此选项。

8.2 VRay渲染器

VRay渲染器由Chaosgroup公司荣誉出品，是专业的效果图渲染插件。多年以来，VRay凭借其快速、简易的操作方式在全球获得了众多三维产品设计师的认可。VRay渲染器以插件的安装方式应用于3ds Max、Maya、SketchUp等三维软件中，为不同领域的优秀三维软件提供了高质量的图片和动画渲染，方便使用者渲染各种产品。在建筑领域，VRay已经成为了公认的首选渲染器，访问Chaosgroup的官方网站即可看到大量的优秀建筑表现产品。在影视特效领域，VRay也很受欢迎，著名的恐怖电影《死神来了2》就使用VRay渲染器来制作表现了多达80多个的视觉特技镜头。

无论是室内外空间表现、游戏场景表现、工业产品表现，还是角色造型表现，VRay渲染器都有着不俗的表现，其易于掌握使用的渲染设置方式赢得了国内外广大设计师及艺术家的高度认可。图8-17～图8-20所示为使用VRay渲染器渲染出的高品质图像。

图8-17

图8-18

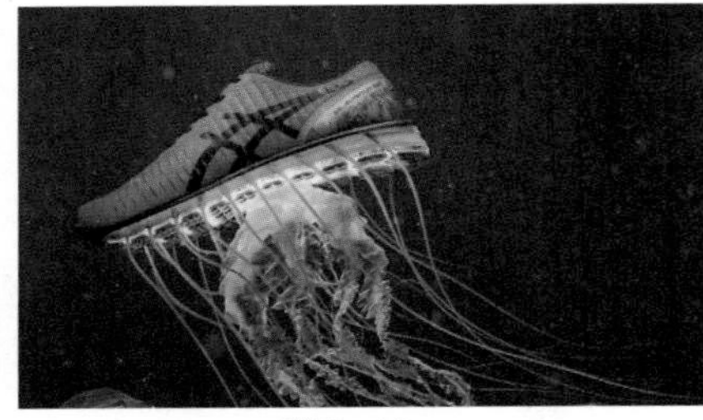

图8-19

图8-20

使用VRay渲染器进行渲染设置，需要我们对VRay渲染器内不同选项卡内的卷展栏参数有一个深入的了解。其中，“GI选项卡”主要用来控制场景在整个全局照明计算中所采用的计算引擎及引擎的计算精度设置；“V-Ray选项卡”可以用来设置图像渲染的亮度、计算精度、抗锯齿，以及曝光控制。

打开“渲染设置”面板。在“渲染器”下拉列表中选择“V-Ray Adv 3.50.04”，即可完成VRay渲染器的指定，如图8-21所示。

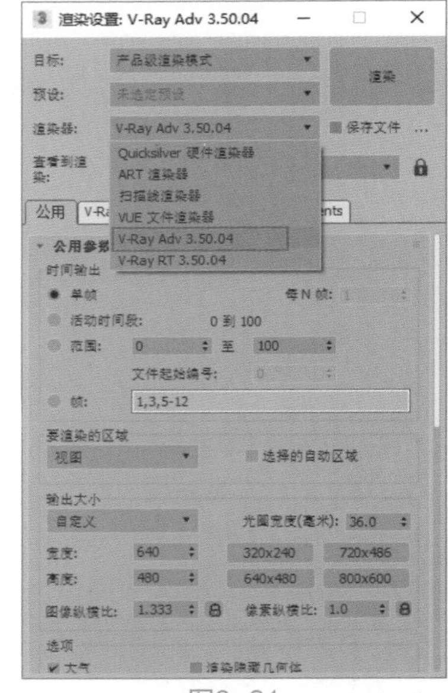

图8-21

8.2.1 “全局照明”卷展栏

“全局照明”卷展栏用来控制VRay采用何种计算引擎来渲染场景，如图8-22所示。

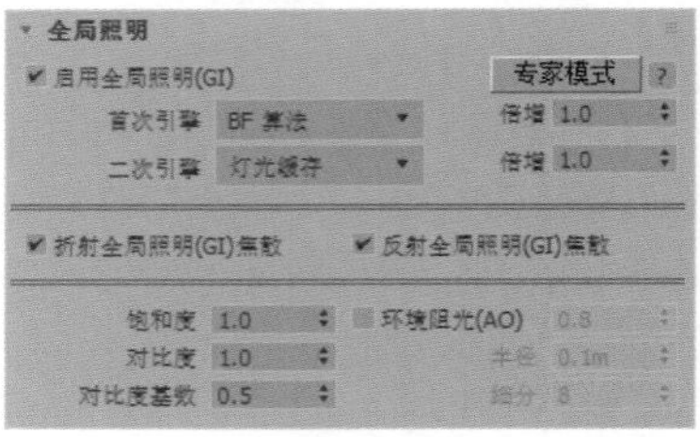

图8-22

参数解析

- 启用全局照明（GI）：勾选此选项后，开启VRay的全局照明计算。
- 首次引擎：设置VRay进行全局照明计算的首次使用引擎，有“发光图”“光子图”“BF算法”和“灯光缓存”4种方式可选。
- 倍增：设置“首次引擎”计算的光线倍增，值越高，场景越亮。

- 二次引擎：设置VRay进行全局照明计算的二次使用引擎，有“无”“光子图”“BF算法”和“灯光缓存”4种方式可选。
- 倍增：设置“二次引擎”计算的光线倍增。
- 折射全局照明（GI）焦散：控制是否开启折射焦散计算。
- 反射全局照明（GI）焦散：控制是否开启反射焦散计算。
- 饱和度：用来控制色彩溢出，适当降低“饱和度”可以控制场景中相邻物体之间的色彩影响，图8-23、图8-24所示分别为“饱和度”的值为0.3和3的渲染结果对比。

图8-23

图8-24

- 对比度：控制色彩的对比度，图8-25和图8-26所示分别为“对比度”的值为1和1.5的渲染结果对比。

图8-25

图8-26

- 对比度基数：控制“饱和度”和“对比度”的基数，数值越高，“饱和度”和“对比度”的效果越明显。
- 环境阻光（AO）：是否开启环境阻光的计算。
- 半径：设置环境阻光的半径。
- 细分：设置环境阻光的细分值。

8.2.2 “发光图”卷展栏

“发光图”中的“发光”指三维空间中的任意一点，以及全部可能照射到这一点上的光线，是“首次引擎”默认状态下的全局光引擎，只存在于“首次引擎”中，如图8-27所示。

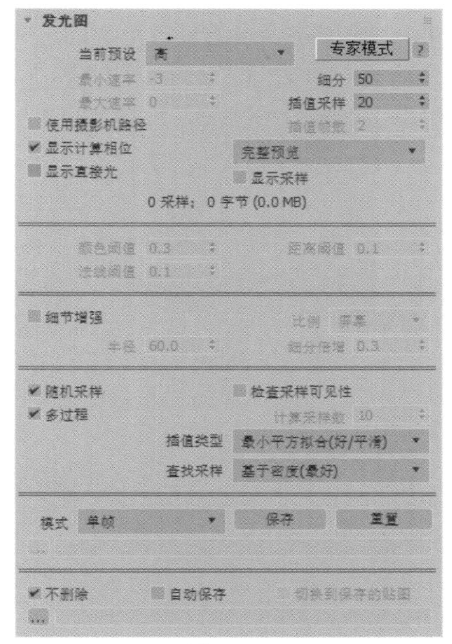

图8-27

参数解析

- 当前预设：设置“发光图”的预设类型，共有“自定义”“非常低”“低”“中”“中-动画”“高”“高-动画”和“非常高”8种类型可以选择，如图8-28所示。

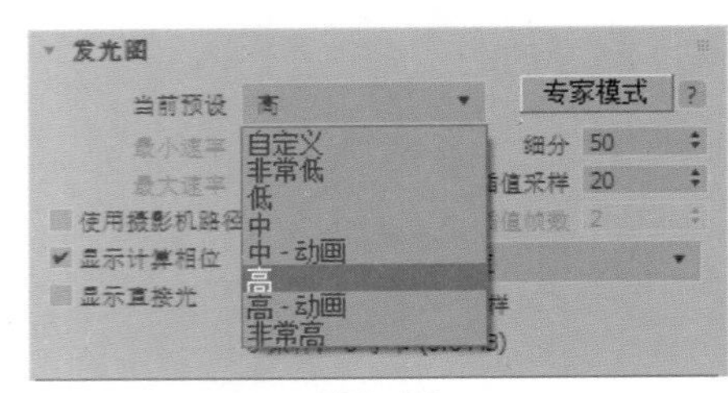

图8-28

- 自定义：选择该模式后，可以手动修改调节参数。
- 非常低：此模式计算光照的精度非常低，一般用来测试场景。
- 低：一种比较低的精度模式。
- 中：中级品质的预设模式。
- 中-动画：用于渲染动画的中级品质预设模式。
- 高：一种高精度模式。
- 高-动画：用于渲染动画的高精度预设模式。
- 非常高：预设模式中的最高设置，一般用来渲染高品质的空间表现效果图。

- 最小速率：控制场景中平坦区域的采样数量。
- 最大速率：控制场景中物体边线、角落、阴影等细节的采样数量。
- 细分：因为VRay采用的是几何光学，所以此值用来模拟光线的数量。“细分”值越大，样本精度越高，渲染的品质就越好。
- 插值采样：此参数用来对样本进行模糊处理，较大的值可以得到比较模糊的效果。
- 显示计算相位：在进行“发光图”渲染计算时，可以观察渲染图像的预览过程，如图8-29所示。
- 显示直接光：在预计算的时候显示直接照明，方便用户观察直接光照的位置。
- 显示采样：显示采样的分布及分布的密度，帮助用户分析GI的光照精度，图8-30所示为勾选了“显示采样”选项的渲染结果。

图8-29

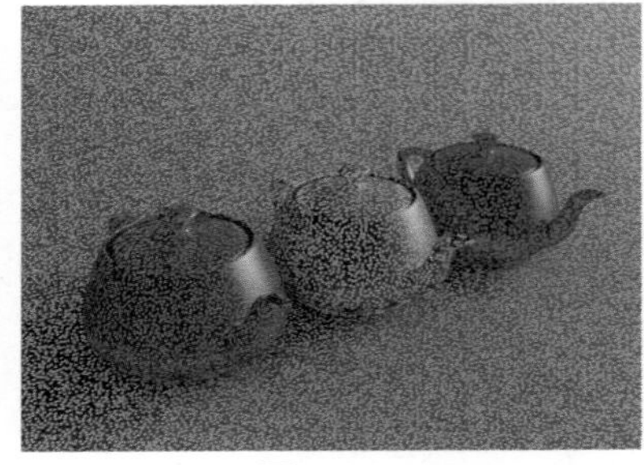
图8-30

- 颜色阈值：此值主要是让VRay渲染器分辨哪些是平坦区域，哪些不是平坦区域，主要根据颜色的灰度来区分。值越小，对灰度的敏感度就越高，区分能力就越强。
- 法线阈值：此值主要是让VRay渲染器分辨哪些是交叉区域，哪些不是交叉区域，主要根据法线的方向来区分。值越小，对法线方向的敏感度就越高，区分能力就越强。
- 距离阈值：此值主要是让VRay渲染器分辨哪些是弯曲表面区域，哪些不是弯曲表面区域，主要根据表面距离和表面弧度的比较来区分。值越大，表示弯曲表面的样本越多，区分能力就越强。
- 细节增强：勾选此选项可以开启“细节增强”功能。
- 比例：控制“细节增强”的比例，有“屏幕”和“世界”两个选项可选。
- 半径：表示细节部分有多大区域使用“细节增强”功能，“半径”值越大，效果越好，渲染时间越长。
- 细分倍增：控制细部的细分。此值与“发光图”中的“细分”有关，默认值为0.3，代表“细分”的30%。值越高，细部就可以避免产生杂点，同时增加渲染时间。
- 随机采样：控制“发光图”的样本是否随机分配。勾选此选项，则样本随机分配。
- 多过程：勾选该选项后，VRay会根据“最小速率”和“最大速率”进行多次计算。默认为开启状态。

- 插值类型：VRay提供了“权重平均值（好/强）”“最小平方拟合（好/平滑）”“Delone三角剖分（好/精确）”和“最小平方权重/泰森多边形权重”这4种方式可选。
- 查找采样：主要控制哪些位置的采样点是适合用来作为基础插补的采样点，VRay提供了“平衡嵌块（好）”“最近（草稿）”“重叠（很好/快速）”和“基于密度（最好）”4种方式可选。
- 模式：VRay提供了“发光图”的8种模式进行计算，有“单帧”“多帧增量”“从文件”“添加到当前贴图”“增量添加到当前贴图”“块模式”“动画（预通过）”和“动画（渲染）”可供选择，如图8-31所示。

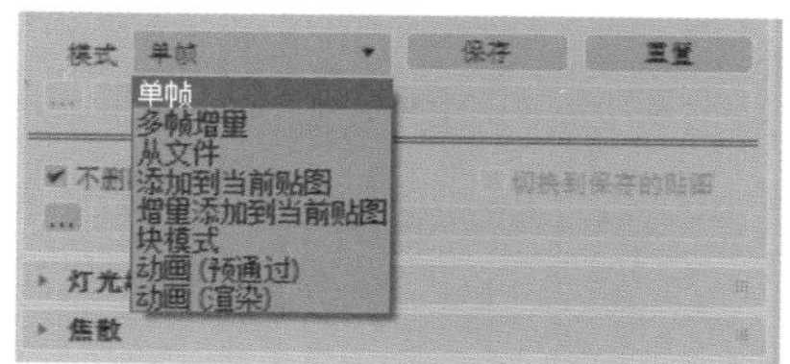

图8-31

  - 单帧：用来渲染静帧图像。
  - 多帧增量：这个模式用于渲染仅有摄影机移动的动画。当VRay计算完第一帧的光子后，在后面的帧里根据第一帧里没有的光子信息进行重新计算，从而节省了渲染时间。
  - 从文件：当渲染完光子后，是可以将其单独保存起来的。再次渲染即可从保存的文件中读取，因而节省渲染的时间。
  - 添加到当前贴图：当渲染完一个角度的时候，可以把摄影机转一个角度再重新计算新角度的光子，最后把这两次的光子叠加起来，这样的光子信息更丰富、更准确，并且可以进行多次叠加。
  - 增量添加到当前贴图：此模式与“添加到当前贴图”类似，只不过它不是全新计算新角度的光子，而是只对没有计算过的区域进行新的计算。
  - 块模式：把整个图分成块来计算，渲染完一个块再进行下一个块的计算。主要用于网络渲染，速度比其他方式快。
  - 动画（预通过）：适合动画预览，使用这种模式要预先保存好光子贴图。
  - 动画（渲染）：适合最终动画渲染，这种模式要预先保存好光子贴图。
- “保存”按钮：将光子图保存至文件。
- “重置”按钮：将光子图从内存中清除。
- 不删除：当光子渲染完成后，不将其从内存中删除掉。
- 自动保存：当光子渲染完成后，自动保存在预先设置好的路径里。
- 切换到保存的贴图：当勾选了“自动保存”选项以后，在渲染结束时，会自动进入“从文件”模式，并调用光子图。

8.2.3　“BF算法计算全局照明（GI）”卷展栏

“BF算法计算全局照明（GI）”卷展栏参数面板如图8-32所示。

图8-32

参数解析

- 细分：控制BF算法的样本数量，值越大，效果越好，渲染时间越长。
- 反弹：当“二次引擎”选择“BF算法”时，该参数参与计算。值的大小控制渲染场景的明暗，值越大，光线反弹越充分，场景越亮。

8.2.4 “灯光缓存”卷展栏

“灯光缓存”是一种近似模拟全局照明技术，最初由Chaos Group公司开发，专门应用于其VRay渲染器产品。“灯光缓存”根据场景中的摄影机来建立光线追踪路径，与“光子图”非常相似，只是“灯光缓存”与“光子图”计算光线的跟踪路径是正好相反的。与“光子图”相比，“灯光缓存”对于场景中的角落及小物体附近的计算要更为准确，渲染时可以以直接可视化的预览来显示出未来的计算结果。

“灯光缓存”卷展栏参数面板如图8-33所示。

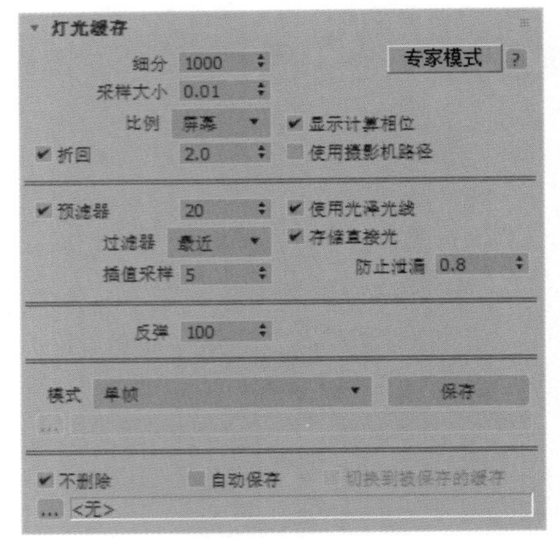

图8-33

参数解析

- 细分：用来决定“灯光缓存”的样本数量。值越高，样本总量越多，渲染时间越长，渲染效果越好。
- 采样大小：用来控制“灯光缓存”的样本大小，比较小的样本可以得到更多的细节。
- 显示计算相位：勾选该选项之后，可以显示“灯光缓存”的计算过程，方便观察，如图8-34所示。

图8-34

- 预滤器：勾选该复选框后，可以对“灯光缓存”样本进行提前过滤，它主要是查找样本边界，然后对其进行模糊处理，后面的值越高，对样本进行模糊处理的程度越深。
- 过滤器：该选项是在渲染最后成图时，对样本进行过滤，其下拉列表中共有“无”“最近”和“固定”3项可选。
- 使用光泽光线：开启此效果后，会使得渲染结果更加平滑。
- 存储直接光：勾选该选项以后，“灯光缓存”将保存直接光照信息。当场景中有很多灯光时，使用这个选项会提高渲染速度。因为它已经把直接光照信息保存到“灯光缓存”里，在渲染出图时，不需要对直接光照再进行采样计算。
- 模式：设置光子图的使用模式，共有“单帧”“穿行”“从文件”和“渐进路径跟踪”4项可选，如图8-35所示。

图8-35

  - 单帧：一般用来渲染静帧图像。
  - 穿行：这个模式一般用来渲染动画时使用，将第一帧至最后一帧的所有样本融合在一起。
  - 从文件：使用此模式，可以从事先保存好的文件中读取数据以节省渲染时间。
  - 渐进路径跟踪：对计算样本不停计算，直至样本计算完毕为止。
- “保存”按钮：将保存在内存中的光子贴图再次进行保存。
- 不删除：当光子渲染计算完成后，不在内存中将其删除。
- 自动保存：当光子渲染完成后，自动保存在预设的路径内。
- 切换到被保存的缓存：当勾选“自动保存”复选框后，才可激活该选项。勾选此选项后，系统会自动使用最新渲染的光子图来渲染当前图像。

8.2.5 “图像采样器（抗锯齿）”卷展栏

抗锯齿在渲染设置中是一个必须调整的参数。“图像采样器（抗锯齿）”卷展栏参数面板如图8-36所示。

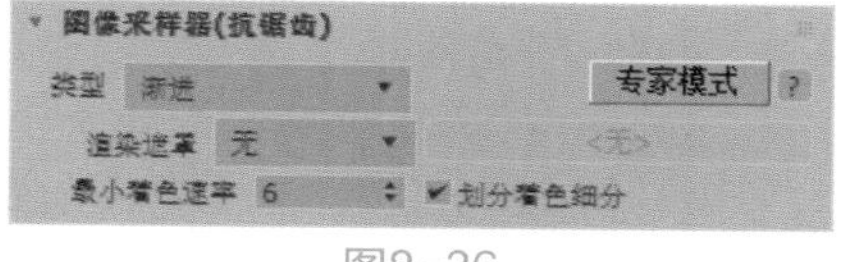

图8-36

参数解析

- 类型：用来设置“图像采样器”的类型，有“渲染块”和“渐进”两种类型可选，如图8-37所示。

图8-37

  - “渲染块”类型：使用这个采样器可以渲染出较为清晰的图像效果。
  - “渐进”类型：此采样器逐渐采样至整个图像，渲染出来的图像边缘会有明显的锯齿产生。

8.2.6 “图像过滤器”卷展栏

“图像过滤器”卷展栏主要用来选择使用何种过滤算法来计算最终渲染图像，其参数面板如图8-38所示。

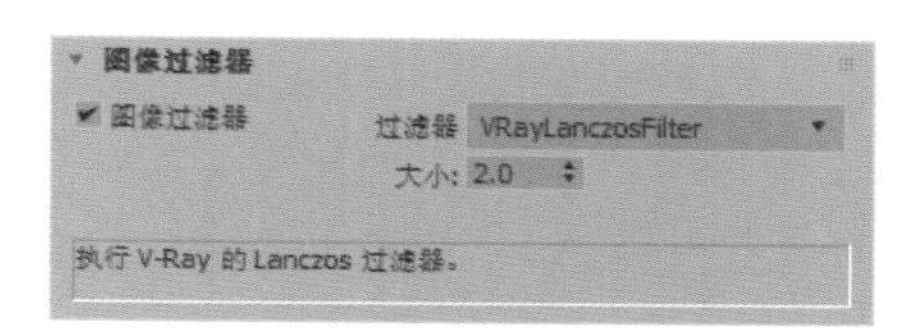

图8-38

- 图像过滤器：勾选此选项，可以开启使用过滤器来对场景进行抗锯齿处理，图8-39所示为VRay为用户提供的不同类型“过滤器”选项。

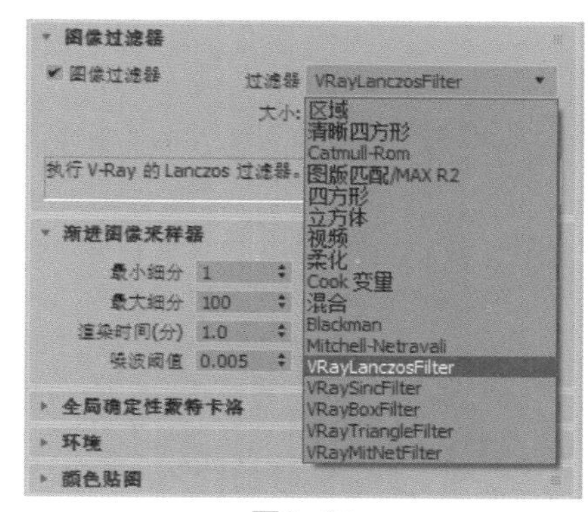

图8-39

  - 区域：用区域大小来计算抗锯齿，“大小”值越小，图像越清晰；反之越模糊。
  - 清晰四方形：来自Neslon Max算法的清晰9像素重组过滤器。
  - Catmull-Rom：一种具有边缘增强的过滤器，可以产生较清晰的图像效果。
  - 图版匹配/MAX R2：使用3ds Max R2的方法将摄影机和场景或“天光/投影”元素与未过滤的背景图像相匹配。
  - 四方形：基于四方形样条线的9像素模糊过滤器，可以产生一定的模糊效果。
  - 立方体：基于立方体的像素过滤器，具有一定的模糊效果。
  - 视频：针对NTSC和PAL视频应用程序进行了优化的25像素模糊过滤器，适合于制作视频动画的一种抗锯齿过滤器。
  - 柔化：可以调整高斯模糊效果的一种抗锯齿过滤器，“大小”值越大，模糊程度越高。
  - Cook变量：一种通用过滤器，1到2.5之间的“大小”值可以得到清晰的图像效果，更高的值将使图像变得模糊。
  - 混合：一种用混合值来确定图像清晰或模糊的抗锯齿过滤器。
  - Blackman：一种没有边缘增强效果的抗锯齿过滤器。
  - Mitchell-Netravali：常用过滤器，可以产生微弱的模糊效果。
  - VRayLanczosFilter：可以很好地平衡渲染速度和渲染质量的过滤器，“大小”值越大，渲染结果越模糊。

> VRaySincFilter：可以很好地平衡渲染速度和渲染质量的过滤器，“大小”值越大，渲染结果的锐化现象越明显。

> VRayBoxFilter：执行VRay的长方体过滤器，“大小”值越大，渲染结果越模糊。

> VRayTriangleFilter：执行VRay的三角形过滤器来计算抗锯齿效果的过滤器。“大小”值越大，渲染结果越模糊。与“VRayBoxFilter”过滤器相比，相同数值下的模糊结果由于计算的方式不同而产生的模糊效果也不同。

8.2.7 “渲染块图像采样器”卷展栏

“渲染块图像采样器”是一种高级抗锯齿采样器，“渲染块图像采样器”卷展栏参数面板如图8-40所示。

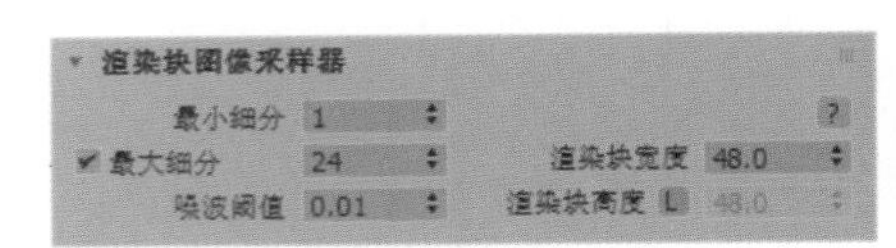

图8-40

参数解析

- 最小细分：定义每个像素使用样本的最小数量。
- 最大细分：定义每个像素使用样本的最大数量。
- 渲染块宽度/高度：用来设置渲染时，渲染块的尺寸大小。

8.2.8 “全局确定性蒙特卡洛”卷展栏

“全局确定性蒙特卡洛”卷展栏参数面板如图8-41所示。

图8-41

参数解析

- 使用局部细分：勾选该选项，则可以使用“细分倍增”来控制图像整体计算精度。
- 最小采样：确定采样在使用前提前终止算法的最小值。
- 自适应数量：控制采样数量的程度。值为1时，代表完全适应；值为0时，代表没有适应。
- 细分倍增：可以使用此值来快速控制采样的质量高低。“全局细分倍增”影响的范围非常广，包括发光图、区域灯光、区域阴影，以及反射、折射等属性。

8.2.9 “颜色贴图”卷展栏

“颜色贴图”卷展栏可以控制整个场景的明暗程度，使用颜色变换来应用到最终渲染的图像上，参数面板如图8-42所示。

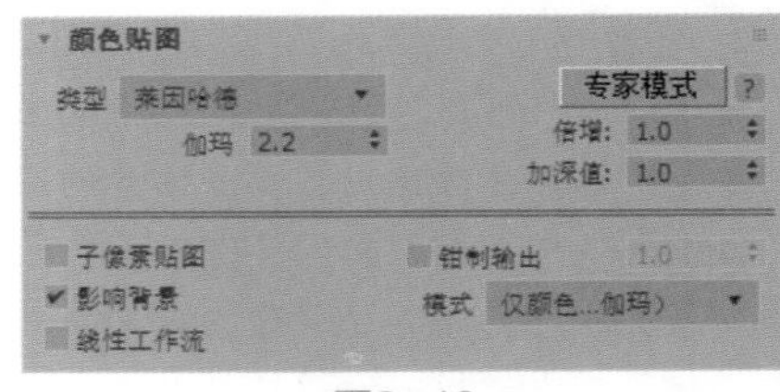

图8-42

参数解析

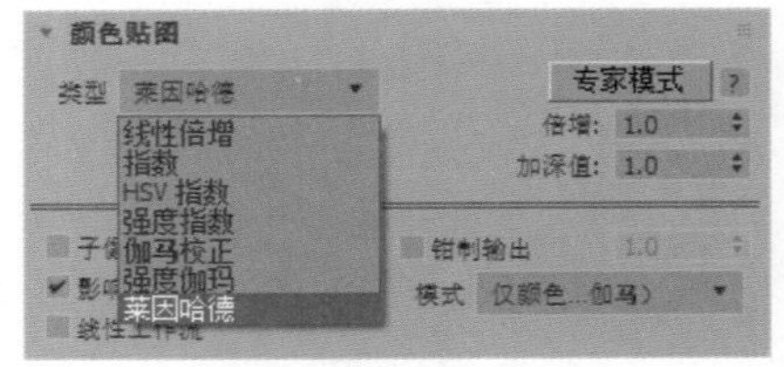

图8-43

- 类型：提供不同的色彩变换类型可供用户选择，有“线性倍增”“指数”“HSV指数”“强度指数”“伽马校正”“强度伽马”和“莱因哈德”7种，如图8-43所示。
  > 线性倍增：这种模式基于最终色彩亮度来进行线性的倍增，可能会导致靠近光源的点过分曝光。

- 指数：使用此模式可以有效控制渲染最终画面的曝光部分，但是图像可能会显得整体偏灰。
- HSV指数：与“指数”接近，不同点在于使用“HSV指数”可以使得渲染出画面的色彩饱和度比“指数”有所提高。
- 强度指数：此种方式是对上述两种方式的融合，既抑制了光源附近的曝光效果，又保持了场景中物体的色彩饱和度。
- 伽马校正：采用伽马值来修正场景中的灯光衰减和贴图色彩。
- 强度伽马：此种类型在“伽马校正”的基础上修正了场景中灯光的亮度。
- 莱因哈德：这种类型可以将“线性倍增”和“指数”混合起来，是“颜色贴图”卷展栏的默认类型。

- 子像素贴图：在实际渲染时，物体的高光区与非高光区的界限处会有明显的黑边，开启此选项可以缓解该状况。
- 影响背景：控制是否让颜色贴图影响背景。

8.3 Arnold渲染器

Arnold渲染器是世界公认的著名渲染器之一，曾参与过许多优秀电影的视觉特效渲染工作。在3ds Max 2018这一版本中被Autodesk公司设置为3ds Max产品默认安装的渲染器，如果用户之前已经具备足够的渲染器知识，或是已经熟练掌握过其他的渲染器（比如说VRay渲染器），那么学习Arnold渲染器将会觉得非常容易上手。如果用户还需要一个学习该渲染器的理由，那么就是该渲染器作为3ds Max的附属功能之一，以后也将与3ds Max软件保持同步更新，用户无需再另外等待未知的渲染器更新时间，也无需另外付费给第三方渲染器公司。图8-44、图8-45所示均为使用Arnold渲染器所制作完成的三维影视作品。

在“渲染设置”面板中，单击“渲染器”下拉列表，即可将当前的渲染器设置为Arnold渲染器，如图8-46所示。

图8-44

图8-45

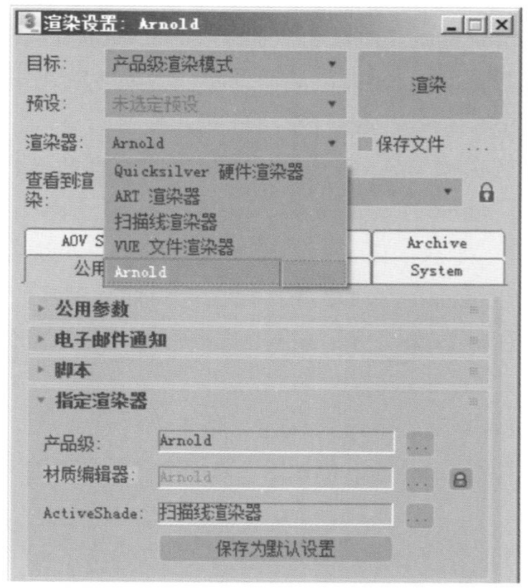

图8-46

Arnold渲染器具有多个选项卡，每个选项卡中又分为一个或多个卷展栏，下面我们详细讲解一下使用频率较高的卷展栏命令。

8.3.1 Sampling and Ray Depth（采样和追踪深度）卷展栏

Sampling and Ray Depth（采样和追踪深度）卷展栏主要用于控制最终渲染图像的质量，其参数面板如图8-47所示。

参数解析

（1）General组

- Preview（AA）：设置预览采样值，默认值为-3，较小的值可以让用户很快地看到场景的预览结果。
- Camera（AA）：设置摄影机渲染的采样值，值越大，渲染质量越好，渲染耗时越长。图8-48所示分别为该值是3和15的渲染结果对比，通过对比可以看出较高的采样值渲染得到的图像噪点明显减少。

Sampling and Ray Depth

General

	Samples	Ray Depth	Min	Max
Total Rays Per Pixel (no lights)			117	126
✔Preview (AA):	-3			
Camera (AA):	3		9	
Diffuse:	2	1	36	36
Specular:	2	1	36	36
Transmission:	2	2	36	45
SSS:	2			
Volume Indirect:	2	0		

Depth Limits

Ray Limit Total: 10

Transparency Depth: 10

Low Light Threshold: 0.001

Advanced

Lock Sampling Pattern　Use Autobump in SSS

图8-47

图8-48

- Diffuse：设置场景中物体漫反射的采样值。
- Specular：设置场景中物体高光计算的采样值。
- Transmission：设置场景中物体自发光计算的采样值。
- SSS：设置SSS材质的计算采样值。
- Volume Indirect：设置间接照明计算的采样值。

（2）Depth Limits组

- Ray Limit Total：设置限制光线反射和折射追踪深度的总数值。
- Transparency Depth：设置透明计算深度的数值。
- Low Light Threshold：设置光线的计算阈值。

（3）Advanced组

- Lock Sampling Pattern：锁定采样方式。
- Use Autobump in SSS：在SSS材质使用自动凹凸计算。

8.3.2 Filtering（过滤）卷展栏

Filtering（过滤）卷展栏参数面板如图8-49所示。

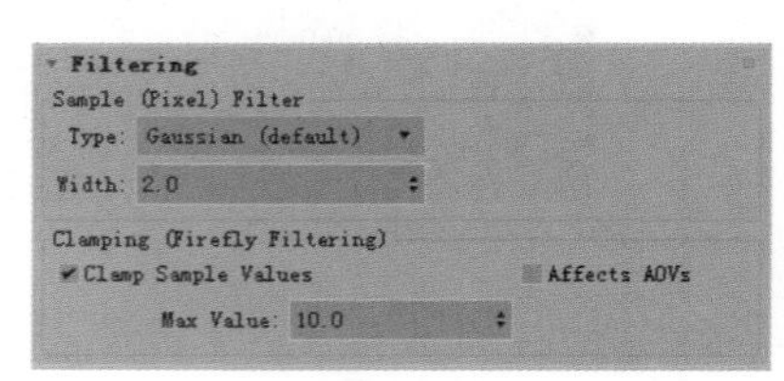

图8-49

参数解析

- Type：用于设置渲染的抗锯齿过滤类型，3ds Max 2018提供了多种不同类型的计算方法，以帮助用户解决图像的抗锯齿渲染质量，如图8-50所示。该选项的默认设置为Gaussian，使用这种渲染方式渲染图像时，Width值越小，图像越清晰；Width值越大，渲染出来的图像越模糊，图8-51所示为Width值是1和10的渲染结果对比。

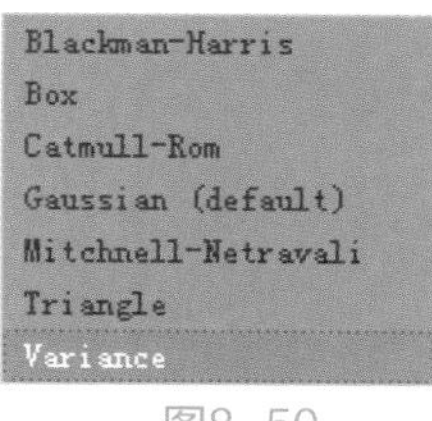

图8-50

图8-51

- Width：用于设置不同抗锯齿过滤类型的宽度计算，值越小，渲染出来的图像越清晰。

8.3.3 Environment，Background&Atmosphere（环境，背景和大气）卷展栏

Environment，Background & Atmosphere（环境，背景和大气）卷展栏参数面板如图8-52所示。

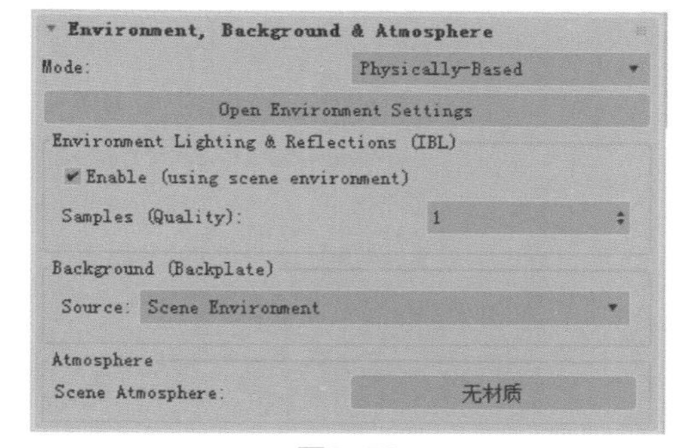

图8-52

参数解析

- Open Environment Settings按钮：单击该按钮，可以打开3ds Max的“环境和效果”面板，使得用户在面板中对场景的环境进行设置。

（1）Environment Lighting & Reflections组

- Enable：启用该选项则使用场景的环境设置。
- Samples：设置环境的计算采样质量。

（2）Background组

- Source：用于设置场景的背景，有Scene Environment、Custom Color和Custom Map这3个选项可选，如图8-53所示。

Scene Environment
Custom Color
Custom Map

图8-53

  - Scene Environment：使用该选项后，渲染图像的背景使用该场景的环境设置。
  - Custom Color：使用该选项后，命令下方则会出现色样按钮，允许用户自定义一个颜色来当作渲染的背景，如图8-54所示。
  - Custom Map：使用该选项后，命令下方则会出现贴图按钮，允许用户使用一个贴图命令来当作渲染的背景，如图8-55所示。

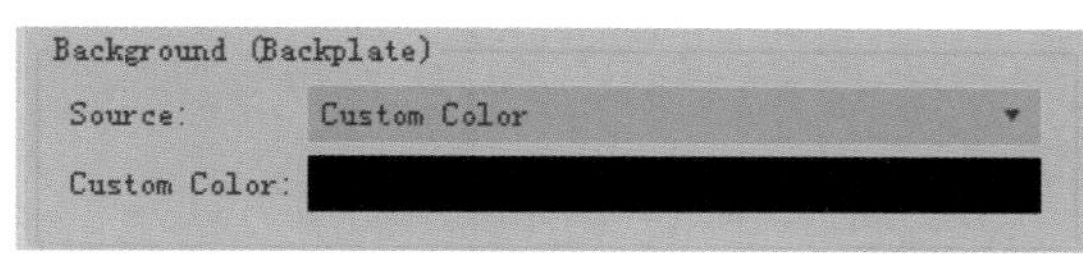

图8-54

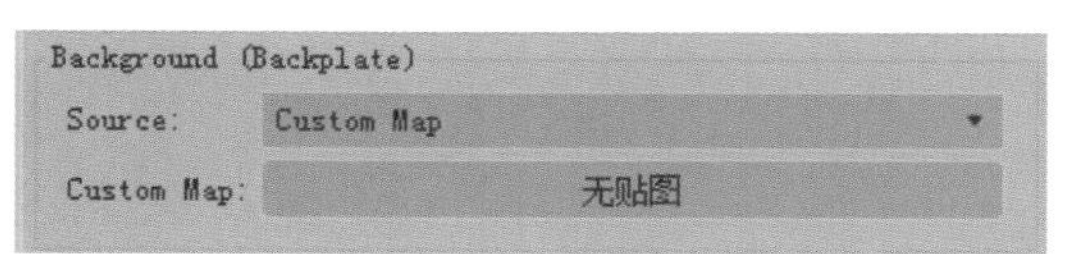

图8-55

（3）Atmosphere组

- Scene Atmosphere：通过材质贴图来制作场景中的大气效果。

8.3.4 Render Settings（渲染设置）卷展栏

Render Settings（渲染设置）卷展栏位于System（系统）选项卡中，主要用来设置渲染图像时，渲染块的计算顺序。Render Settings（渲染设置）卷展栏参数面板如图8-56所示。

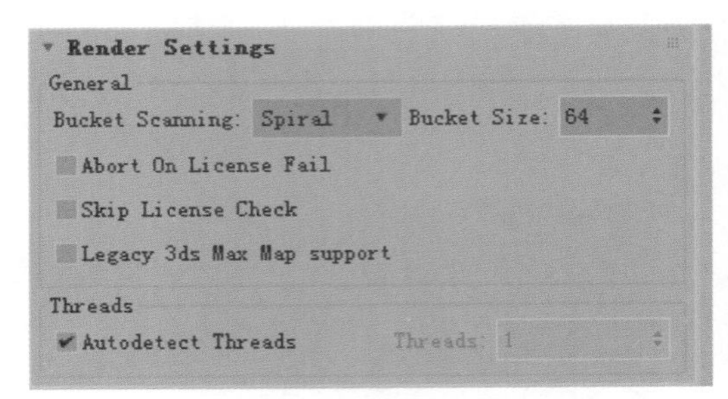

图8-56

参数解析

（1）General组

- Bucket Scanning：用于设置渲染块的计算顺序，用户可以通过后面的下拉列表来选择合适的计算顺序（比如从上至下、从左至右、随机、螺旋或希尔伯特算法）来渲染自己的作品，如图8-57所示。

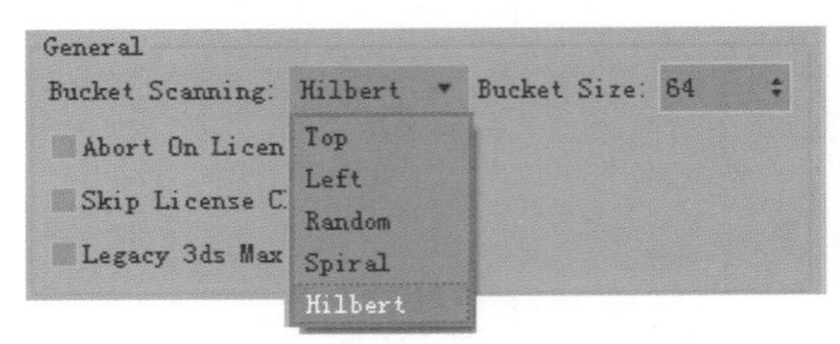

图8-57

- Bucket Size：用于设置渲染块的大小。
- Abort On License Fail：勾选该选项，则当渲染许可失败时终止渲染计算。
- Skip License Check：渲染时跳过许可检查。
- Legacy 3ds Max Map support：勾选该选项可弹出信息提示，该选项仅限于MAXtoA，并且不支持导出Arnold场景文件。

（2）Threads组

- Autodetect Threads：自动删除线程。

8.4 默认扫描线渲染器

多年来，“扫描线渲染器”一直是3ds Max渲染图像时所使用的默认渲染引擎，渲染图像时正如其名字一样，从上至下像扫描图像一样将最终渲染效果计算出来，如图8-58所示。作为3ds Max的元老级渲染器，虽然在计算光线反射及折射上速度较慢，但是仍然有许多三维艺术家喜欢使用。

图8-58

按快捷键F10，可以打开“渲染设置”对话框，从该对话框的标题栏即可以看到当然场景使用渲染器的设置名称，如图8-59所示。“渲染设置”对话框包含“公用”“渲染器”“Render Elements（渲染元素）”“光线跟踪器”和“高级照明”这5个选项卡。

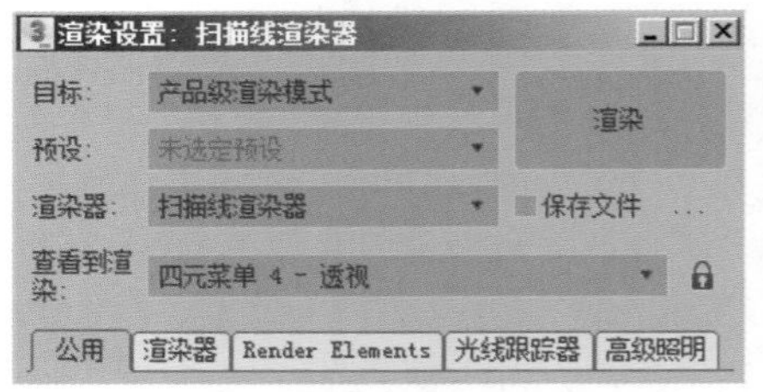

图8-59

8.4.1　“公用参数”卷展栏

“公用参数”卷展栏参数面板如图8-60所示。

参数解析

（1）“时间输出”组

- 单帧：仅当前帧。
- 每N帧：帧的规则采样，只用于“活动时间段”和“范围”输出。
- 活动时间段：活动时间段是如轨迹栏所示的帧的当前范围。
- 范围：指定的两个数字（包括这两个数）之间的所有帧。
- 文件起始编号：指定起始文件编号，从这个编号开始递增文件名。只用于“活动时间段”和“范围”输出。
- 帧：可渲染用逗号隔开的非顺序帧。

（2）“输出大小”组

- “输出大小”下拉列表：在此列表中，可以从多个符合行业标准的电影和视频纵横比中选择。选择其中一种格式，然后使用其余组控件设置输出分辨率。或者，若要设置自己的纵横比和分辨率，可以使用默认的“自定义”选项。从列表中可以选择的格式非常多，如图8-61所示。

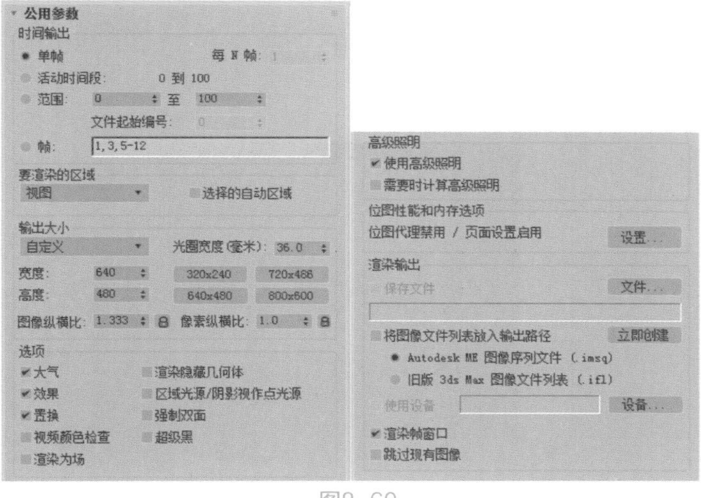

图8-60

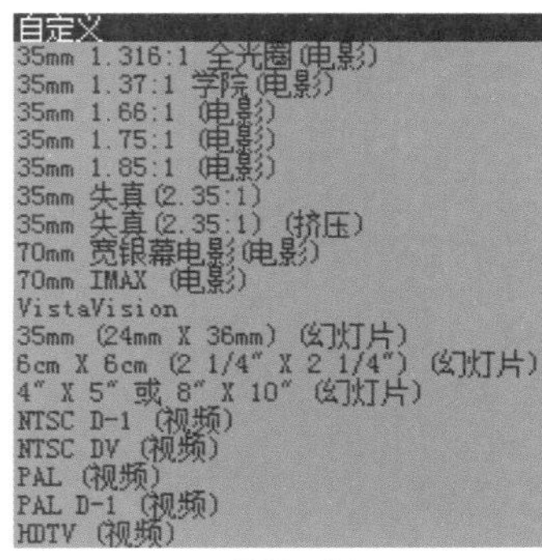

图8-61

- 光圈宽度（毫米）：指定用于创建渲染输出的摄影机光圈宽度。更改此值将更改摄影机的镜头值。这将影响镜头值和FOV值之间的关系，但不会更改摄影机场景的视图。
- 宽度/高度：以像素为单位指定图像的宽度和高度，从而设置输出图像的分辨率。
- 图像纵横比：即图像宽度与高度的比率。
- 像素纵横比：设置显示在其他设备上的像素纵横比。图像可能会在显示上出现挤压效果，但将在具有不同形状像素的设备上正确显示。

（3）“选项”组

- 大气：启用此选项后，可以渲染任何应用的大气效果，如体积雾。
- 效果：启用此选项后，可以渲染任何应用的渲染效果，如模糊。
- 置换：渲染任何应用的置换贴图。

- 视频颜色检查：检查超出 NTSC 或 PAL 安全阈值的像素颜色，标记这些像素颜色，并将其改为可接受的值。
- 渲染为场：渲染为视频场而不是帧。
- 渲染隐藏几何体：渲染场景中所有的几何体对象，包括隐藏的对象。
- 区域光源/阴影视作点光源：将所有的区域光源或阴影当作从点对象发出的进行渲染，这样可以加快渲染速度。
- 强制双面：双面材质渲染可渲染所有曲面的两个面。
- 超级黑：超级黑渲染限制用于视频组合的渲染几何体的暗度。除非确实需要此选项，否则将其禁用。

（4）“高级照明”组

- 使用高级照明：启用此选项后，3ds Max 在渲染过程中提供光能传递解决方案或光跟踪。
- 需要时计算高级照明：启用此选项后，当需要逐帧处理时，3ds Max 将计算光能传递。

（5）“渲染输出”组

- 保存文件：启用此选项后，进行渲染时 3ds Max 会将渲染后的图像或动画保存到磁盘。使用“文件”按钮指定输出文件之后，“保存文件”才可用。
- “文件”按钮：单击此按钮，则打开“渲染输出文件”对话框，如图8-62所示。3ds Max 2018为用户提供了多种“保存类型”以供选择，如图8-63所示。

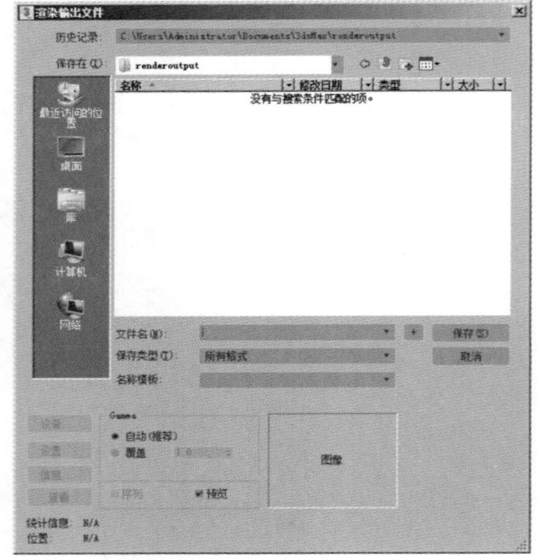

图8-62

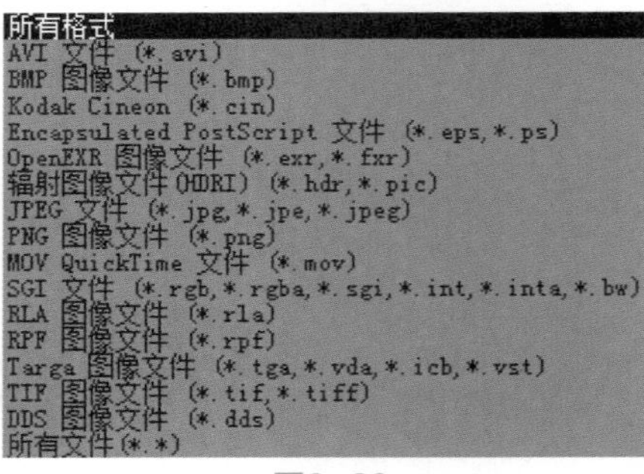

图8-63

8.4.2 “指定渲染器”卷展栏

“指定渲染器”卷展栏参数面板如图8-64所示。

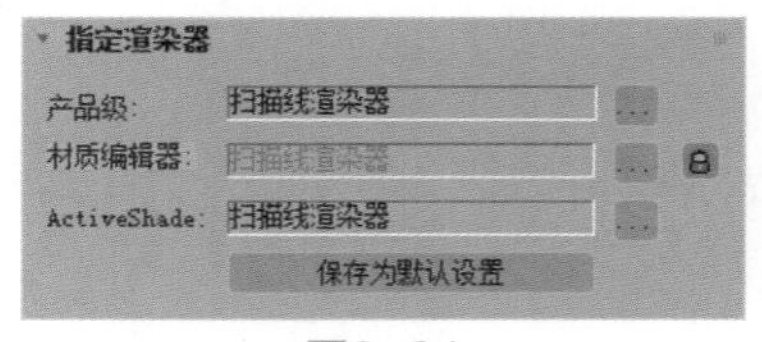

图8-64

参数解析

- 产品级：选择用于渲染图形输出的渲染器。
- 材质编辑器：选择用于渲染“材质编辑器”中示例的渲染器。
- ActiveShade：选择用于预览场景中照明和材质更改效果的 ActiveShade 渲染器。
- “选择渲染器”按钮...：单击带有省略号的按钮可更改渲染器指定。
- “保存为默认设置”按钮 保存为默认设置 ：单击该按钮，可将当前渲染器指定保存为默认设置，以便下次重新启动 3ds Max 时它们处于活动状态。

8.4.3　“默认扫描线渲染器”卷展栏

“默认扫描线渲染器”卷展栏参数面板如图8-65所示。

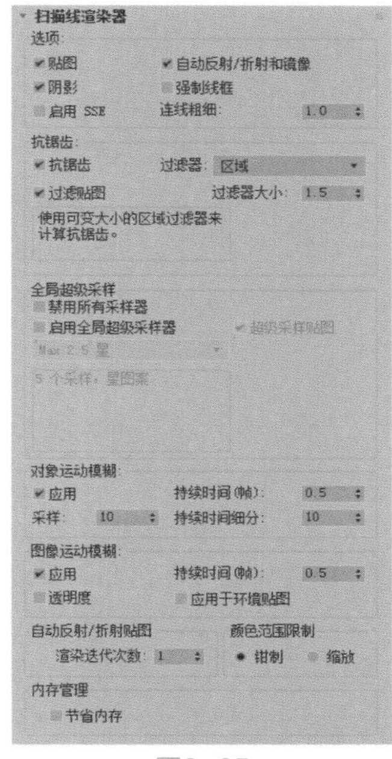
图8-65

参数解析

（1）“选项”组

- 贴图：禁用该选项可忽略所有贴图信息，从而加速测试渲染。自动影响反射和环境贴图，同时也影响材质贴图。默认设置为启用。
- 自动反射/折射和镜像：忽略自动反射/折射贴图以加速测试渲染。
- 阴影：禁用该选项后，不渲染投射阴影。这可以加速测试渲染。默认设置为启用。
- 强制线框：将场景中的所有物体渲染为线框，并可以通过“连线粗细”来设置线框的粗细，默认设置为1，以像素为单位。
- 启用SSE：启用该选项后，渲染使用“流 SIMD 扩展”（SSE）。（SIMD 代表“单指令、多数据”。）取决于系统的CPU，SSE可以缩短渲染时间。

（2）“抗锯齿”组

- 抗锯齿：抗锯齿可以平滑渲染时产生的对角线或弯曲线条的锯齿状边缘。只有在渲染测试图像并且速度比图像质量更重要时才禁用该选项。
- “过滤器”下拉列表：可用于选择高质量的过滤器，将其应用到渲染上，默认的“过滤器”为“区域”，如图8-66所示。有关“过滤器”里面的各个命令，读者可以参考本书VRay渲染器里的相关章节。
- 过滤贴图：启用或禁用对贴图材质的过滤。
- 过滤器大小：可以增加或减小应用到图像中的模糊量。

（3）“全局超级采样”组

- 禁用所有采样器：禁用所有超级采样。
- 启用全局超级采样器：启用该选项后，对所有的材质应用相同的超级采样器。启用该选项，即可激活超级采样器下拉列表，用户可以选择3ds Max 2018所提供的这些不同的采样器，如图8-67所示。

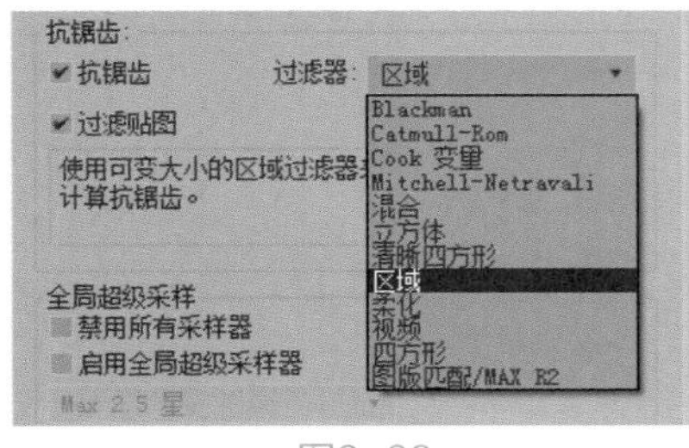
图8-66

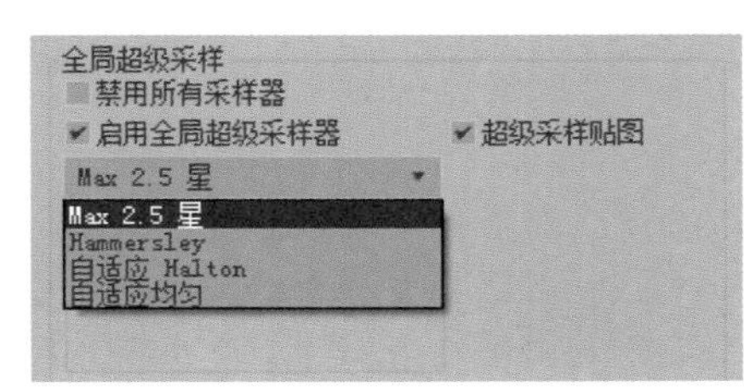
图8-67

（4）“对象运动模糊”组

- 应用：为整个场景全局启用或禁用对象运动模糊。
- 持续时间（帧）：值越大，模糊的程度越明显。
- 持续时间细分：确定在持续时间内渲染的每个对象副本的数量。

（5）“图像运动模糊”组

- 应用：为整个场景全局启用或禁用图像运动模糊。

- 持续时间（帧）：值越大，模糊的程度越明显。
- 透明度：启用该选项后，图像运动模糊对重叠的透明对象起作用。在透明对象上应用图像运动模糊会增加渲染时间。
- 应用于环境贴图：设置该选项后，图像运动模糊既可以应用于环境贴图，也可以应用于场景中的对象。

（6）“自动反射/折射贴图”组

- 渲染迭代次数：设置对象间在非平面自动反射贴图上的反射次数。虽然增加该值有时可以改善图像质量，但是这样做也将增加反射的渲染时间。

（7）“颜色范围限制”组

- 钳制：使用“钳制”时，因为在处理过程中色调信息会丢失，所以非常亮的颜色渲染为白色。
- 缩放：要保持所有颜色分量均在“缩放”范围内，则需要通过缩放所有3个颜色分量来保留非常亮的颜色的色调，这样最大分量的值就会为 1。注意，这样将更改高光的外观。

（8）“内存管理”组

- 节省内存：启用该选项后，渲染使用更少的内存但会增加一点内存时间。可以节约 15% 到 25% 的内存。而时间大约增加 4%。

8.5 ART渲染器

ART渲染器是一种仅使用 CPU 并且基于物理方式的快速渲染器，适用于建筑、产品和工业设计渲染与动画。该渲染器的渲染参数极少，配合光度学灯光及物理材质，用户可以快速制作出高度逼真的渲染作品。在“渲染设置”面板中，单击“渲染器”下拉列表，即可将当前的渲染器设置为ART渲染器，如图8-68所示。

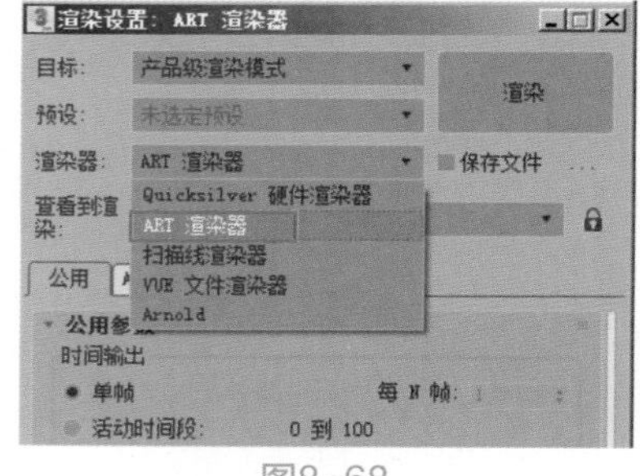

图8-68

8.5.1 “渲染参数”卷展栏

“渲染参数”卷展栏主要用于设置ART渲染图像的质量，其参数面板如图8-69所示。

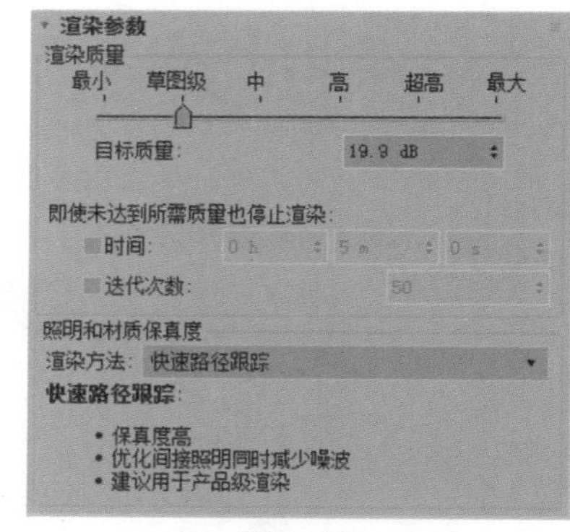

图8-69

参数解析

（1）“渲染质量”组

- 目标质量：通过上方的滑块来设置渲染图像的质量，如图8-70所示。较低的设置会使得渲染出来的图像具有很多噪点，较高的设置则会得到效果较佳的渲染结果。图8-71所示为“草图级”质量和“高”质量设置下的图像渲染结果对比。

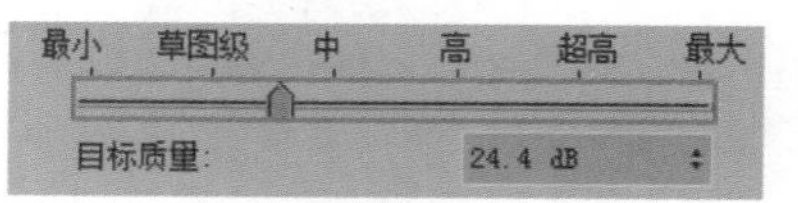

图8-70

- 时间：勾选该选项，即可根据设置固定的渲染时间来终止渲染计算。
- 迭代次数：勾选该选项，可以在设置的迭代次数计算后停止渲染。

（2）“照明和材质保真度”组

- 渲染方法：3ds Max提供了两种渲染方法供用户选择使用，无论使用哪一个选项，该命令下方均会出现该渲染方法的特点提示，如图8-72和图8-73所示。

图8-71

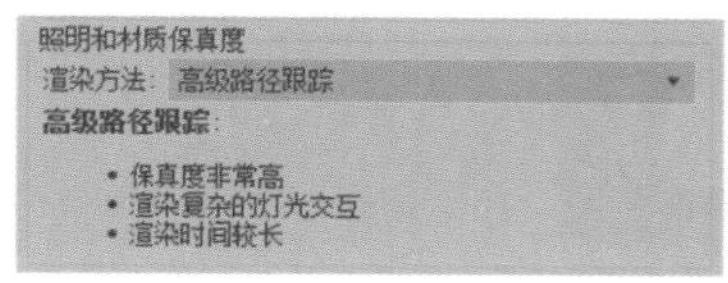

图8-72

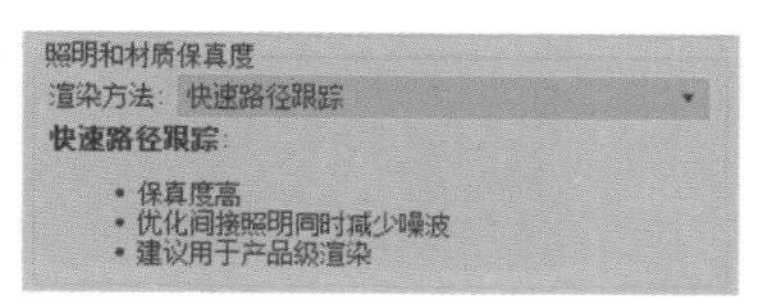

图8-73

8.5.2 “过滤”卷展栏

“过滤”卷展栏主要用于降低渲染所产生的噪点，其参数面板如图8-74所示。

过滤
噪波过滤
启用
过滤器强度:
未过滤 25% 50% 75% 完全过滤
强度: 50%
抗锯齿
过滤器直径: 3.0 像素

图8-74

参数解析

（1）“噪波过滤”组

- 启用：勾选该选项可以过滤渲染计算所产生的噪点。
- 过滤器强度：通过下方的滑块来设置减少噪点的强度，一般来说，使用“完全过滤”可以消除所有噪点，但是会损失图像细节，所以适合用于渲染草图；而50%的强度则适合渲染最终图像，因为在消除一定的噪点同时还保留了图像的细节。

（2）“抗锯齿”组

- 过滤器直径：设置抗锯齿过滤器的直径，增加该值可以向渲染图像添加一些模糊效果。

8.5.3 “高级”卷展栏

“高级”卷展栏主要包含了用于ART渲染器的特殊用途控件，其参数面板如图8-75所示。

图8-75

参数解析

（1）“场景”组

- 点光源直径：将所有点灯光渲染为所设置直径的球形或圆盘形灯光。同样，线性灯光将使用所设置的直径/宽度值，渲染为圆柱形或矩形灯光。
- 所有对象接收运动模糊：对场景中的所有对象启用运动模糊，而无论这些对象是否在“对象属性”中启用了运动模糊。

（2）“噪波图案”组

- 动画噪波图案：改变动画渲染的每一帧的噪波图案。这对于高质量动画渲染十分重要，因为看起来更自然，类似于胶片颗粒。

第9章

VRay材质/灯光/渲染综合实例

第9章视频

第9章素材

9.1 综合实例：中式风格客厅效果表现

本实例使用一个中式装修风格的客厅场景，来为大家深入讲解VRay材质、灯光及渲染设置的综合运用，最终的渲染结果如图9-1所示，线框渲染图如图9-2所示。

图9-1

图9-2

9.1.1 场景分析

打开本书配套资源“中式客厅.max”文件，可以看到本场景中已经设置好模型及摄影机，如图9-3所示。通过最终渲染效果可以看出，本场景所要表现的灯光照明主要为室内灯光环境，所以渲染图里的家具模型所产生的阴影均为柔和的软阴影。这一表现在灯光设置上需要读者注意。

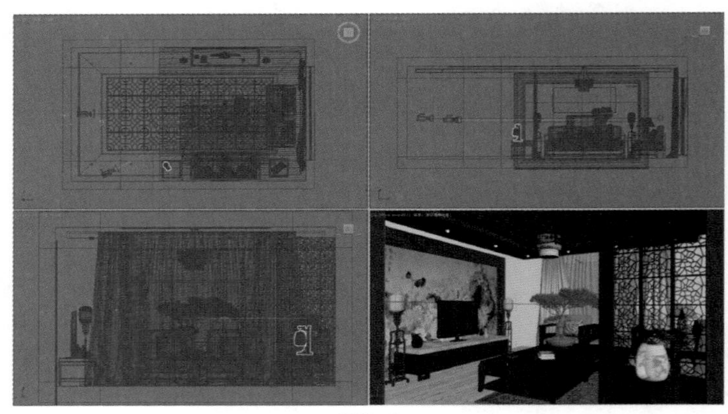
图9-3

9.1.2 制作地板材质

本案例中的地面采用木质地板设计，其渲染效果如图9-4所示。

图9-4

01 打开“材质编辑器”面板，选择一个空白的材质球，将其设置为VRay的VRayMtl材质，并重命名为“地板”，如图9-5所示。

02 在“漫反射”的贴图通道上加载一张“AI39_007_floor_e.jpg”贴图文件，如图9-6所示。

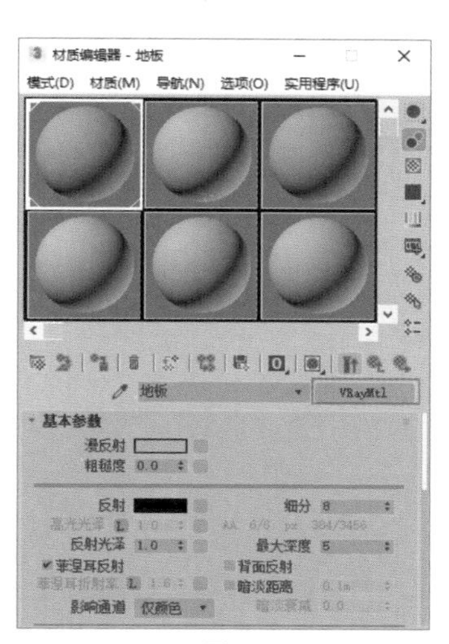

图9-5

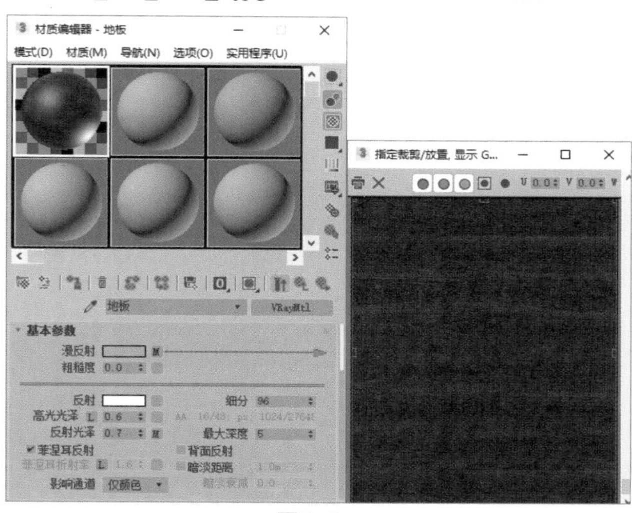

图9-6

03 调整“反射”的颜色为白色，设置“高光光泽”的值为0.6，在“反射光泽”的贴图通道上加载一张“AI39_007_WoodFine0001_1_H_b2.jpg”贴图文件，制作出地板材质的高光及反射，如图9-7所示。

04 设置完成后，本实例中的地板材质球显示效果如图9-8所示。

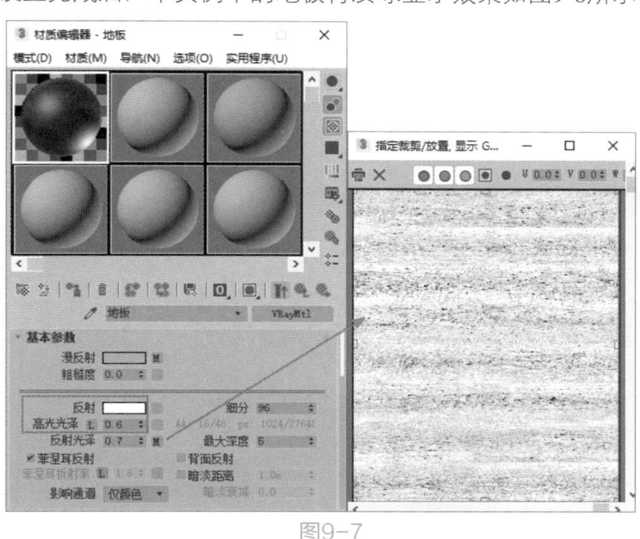

图9-7

图9-8

9.1.3　制作沙发布料材质

本案例中的沙发为中式风格的布艺沙发，其渲染效果如图9-9所示。

01 打开“材质编辑器”面板，选择一个空白的材质球，将其设置为VRay的VRayMtl材质，并重命名为“沙发”，如图9-10所示。

02 在“漫反射”的贴图通道上加载一张“沙发布 (2).jpg”贴图，如图9-11所示。

03 设置完成后，实例中的沙发材质球显示效果如图9-12所示。

图9-9

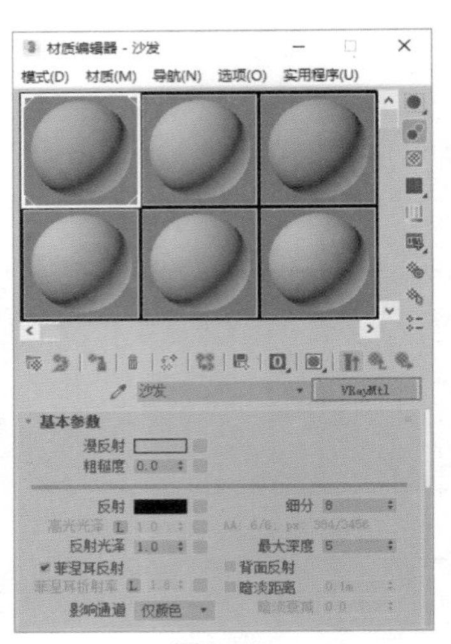

图9-10

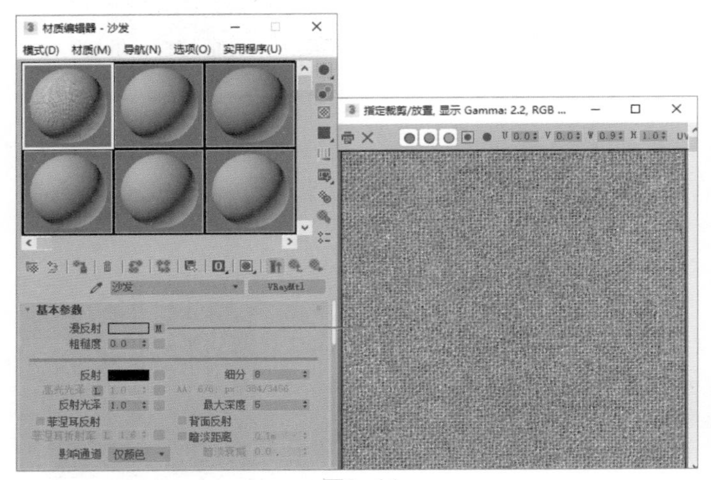

图9-11

图9-12

9.1.4 制作木桌材质

本案例中的沙发前面放置有一个深色的木桌，其渲染效果如图9-13所示。

图9-13

01 打开“材质编辑器”面板，选择一个空白的材质球，将其设置为VRay的VRayMtl材质，并重命名为“木桌”，如图9-14所示。

02 在“漫反射”贴图通道上加载一张“深棕色木质纹理.jpg”，制作出木桌的表面纹理，如图9-15所示。

03 设置“反射”的颜色为灰色（红：84，绿：84，蓝：84），设置“反射光泽”的值为0.8，并勾选“菲涅尔反射”选项，如图9-16所示。

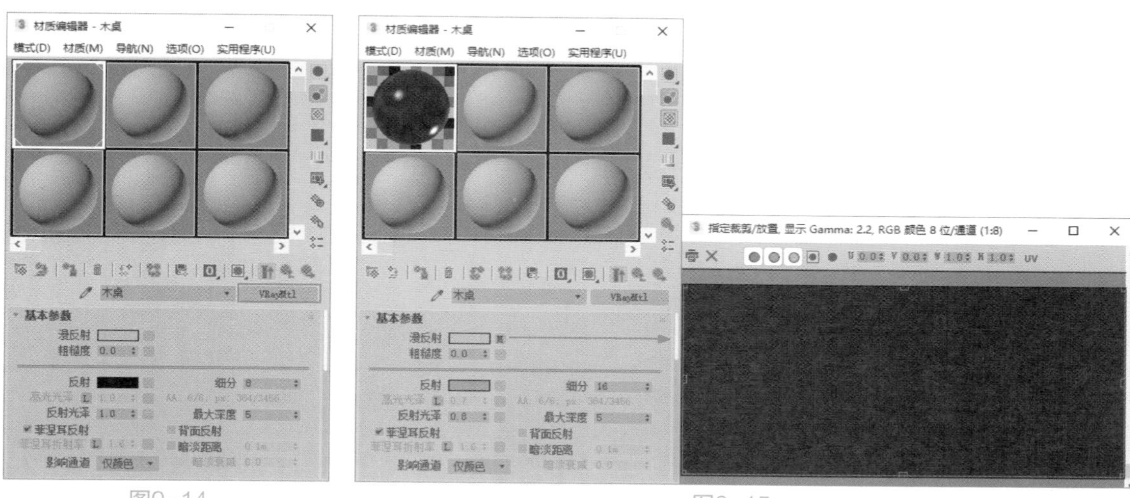

图9-14　　　　图9-15

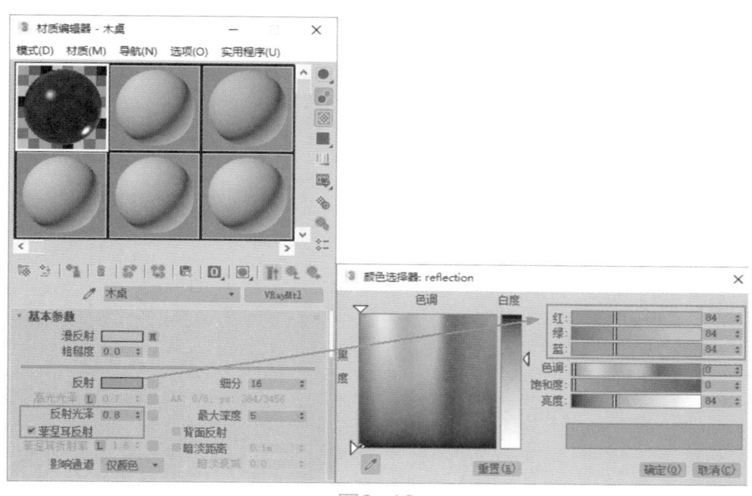

图9-16

04 展开“贴图”卷展栏，将“漫反射”贴图通道上的贴图以拖曳的方式复制到“凹凸”贴图通道上，如图9-17所示。

05 设置完成后，本实例中的木桌材质球显示效果如图9-18所示。

贴图			
漫反射	100.0	✔	贴图 #15 (深棕色木质纹理.jpg)
粗糙度	100.0	✔	无贴图
自发光	100.0	✔	无贴图
反射	100.0	✔	无贴图
高光光泽	100.0	✔	无贴图
反射光泽	100.0	✔	无贴图
菲涅耳折射率	100.0	✔	无贴图
各向异性	100.0	✔	无贴图
各向异性旋转	100.0	✔	无贴图
折射	100.0	✔	无贴图
光泽度	100.0	✔	无贴图
折射率	100.0	✔	无贴图
半透明	100.0	✔	无贴图
烟雾颜色	100.0	✔	无贴图
凹凸	30.0	✔	贴图 #15 (深棕色木质纹理.jpg)
置换	100.0	✔	无贴图
不透明度	100.0	✔	无贴图
环境		✔	无贴图

图9-17

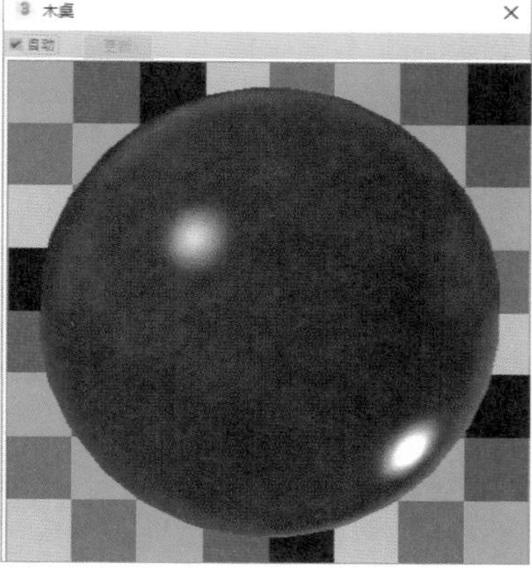

图9-18

9.1.5 制作墙体材质

本案例中的室内白墙渲染效果如图9-19所示。

01 打开“材质编辑器”面板，选择一个空白的材质球，将其设置为VRay的VRayMtl材质，并重命名为“墙”，如图9-20所示。

图9-19

图9-20

02 设置“漫反射”的颜色为白色（红：255，绿：255，蓝：255），如图9-21所示。

03 设置完成后，本实例中的白墙材质球显示效果如图9-22所示。

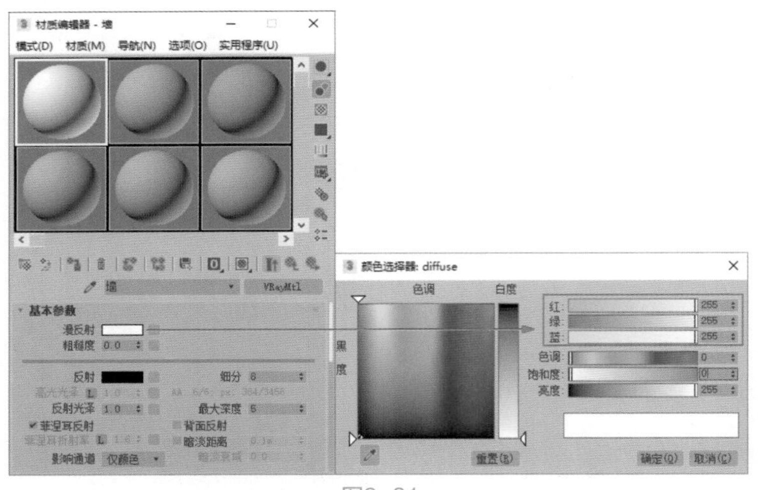

图9-21

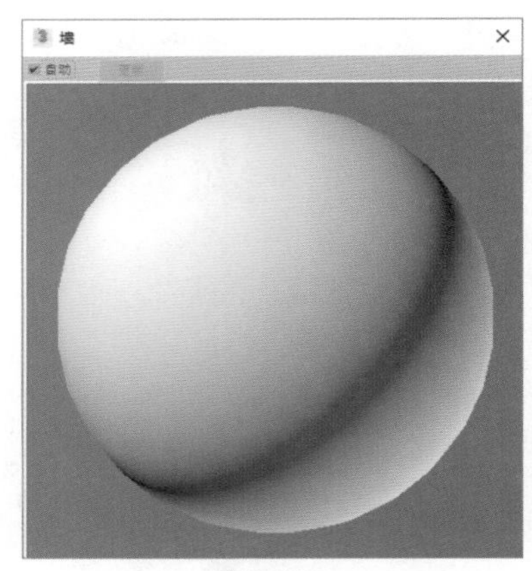

图9-22

9.1.6 制作玻璃杯材质

本实例中的玻璃杯渲染效果如图9-23所示。

01 打开“材质编辑器”面板，选择一个空白的材质球，将其设置为VRay的VRayMtl材质，并重命名为“玻璃”，如图9-24所示。

02 设置“反射”的颜色为白色（红：255，绿：255，

图9-23

蓝：255），设置“反射光泽”的值为0.9，并勾选“菲涅尔反射”选项，如图9-25所示。

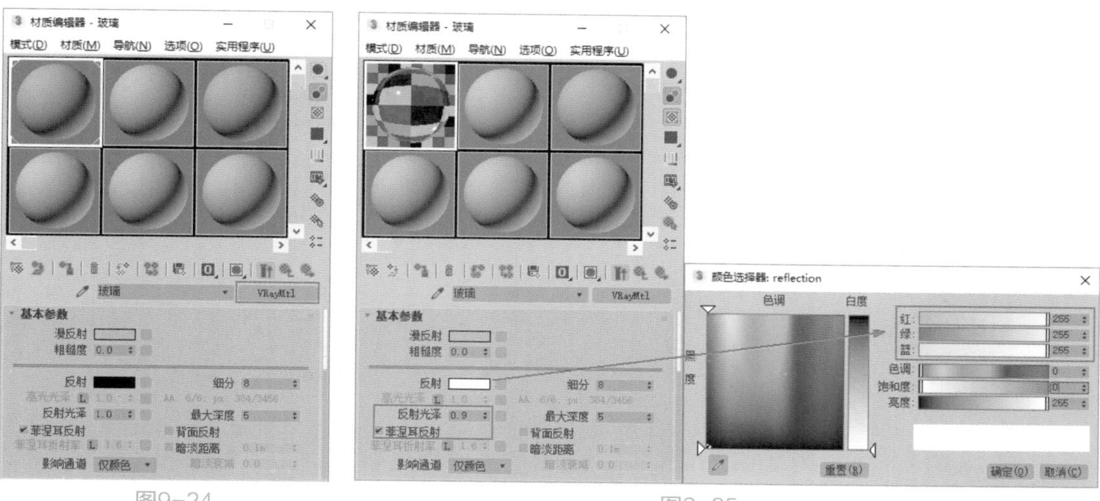

图9-24　　图9-25

03 设置“折射”的颜色为白色（红：255，绿：255，蓝：255），“折射率”的值为1.5，如图9-26所示。

04 制作完成后的玻璃材质球显示效果如图9-27所示。

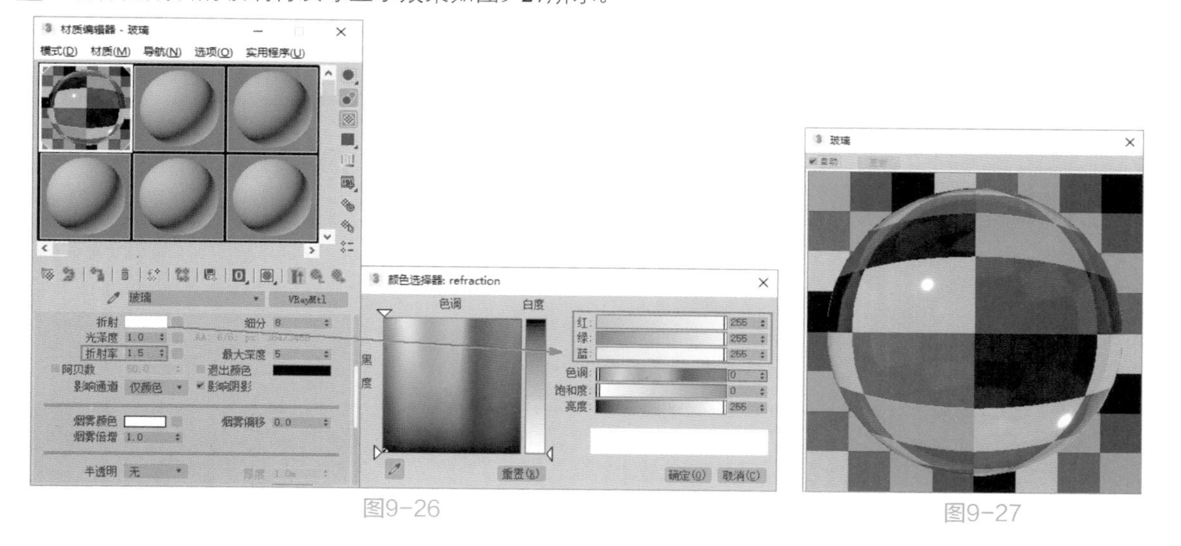

图9-26　　图9-27

9.1.7　制作陶瓷材质

本实例中电视柜上的瓶子摆件为黑颜色的陶瓷材质，渲染效果如图9-28所示。

01 打开“材质编辑器”面板，选择一个空白的材质球，将其设置为VRay的VRayMtl材质，并重命名为“陶瓷”，如图9-29所示。

02 本实例中的陶瓷材质为黑色，所以调整“漫反射”的颜色为黑色（红：2，绿：2，蓝：2），如图9-30所示。

03 调整“反射”的颜色为白色，设置“高光光泽”的值为0.98，“反射光泽”的值为0.95，勾选“菲涅尔反射”选项，最后在“反射光泽”的贴图通道上加载一张“AI30_006_017_005.jpg”文件，如图9-31所示。

04 调整完成后的黑色陶瓷材质球如图9-32所示。

图9-28

图9-29

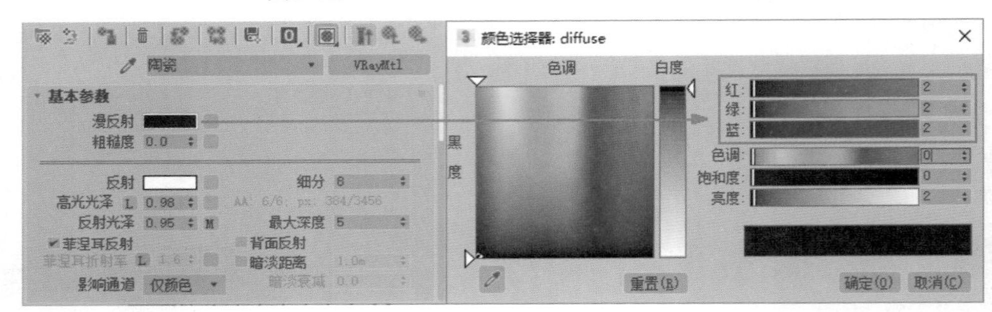

图9-30

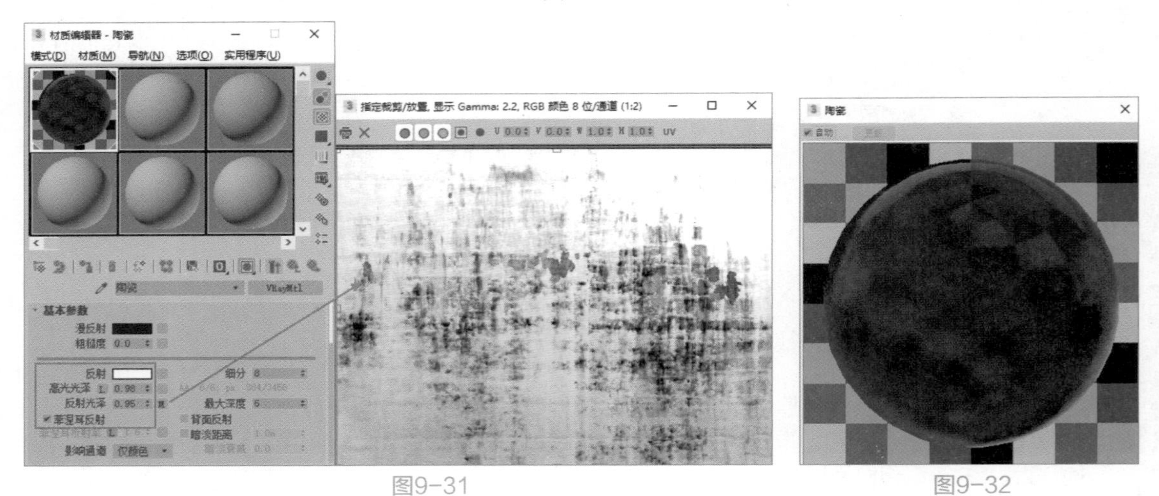

图9-31

图9-32

9.1.8 制作室外光线照明效果

本场景灯光较为复杂，主要有窗户外透进来的光、棚顶的射灯，以及灯带所发出的光和场景中的灯具灯光。读者在进行场景灯光设置时，需要把握两个打灯的要点：一是灯光要一个一个地进行设置；二是后制作的灯光尽量不要影响之前的灯光效果。在本小节中，我们先来制作来自窗户外面的光线。

01 在场景中，单击“VR-灯光”按钮，在房间有窗口的一侧创建一个与窗户大小相一致的VR-灯光，如图9-33所示。

02 在“修改”面板中，调整灯光的“倍增”值为0.3，降低VR-灯光的光照强度，如图9-34所示。

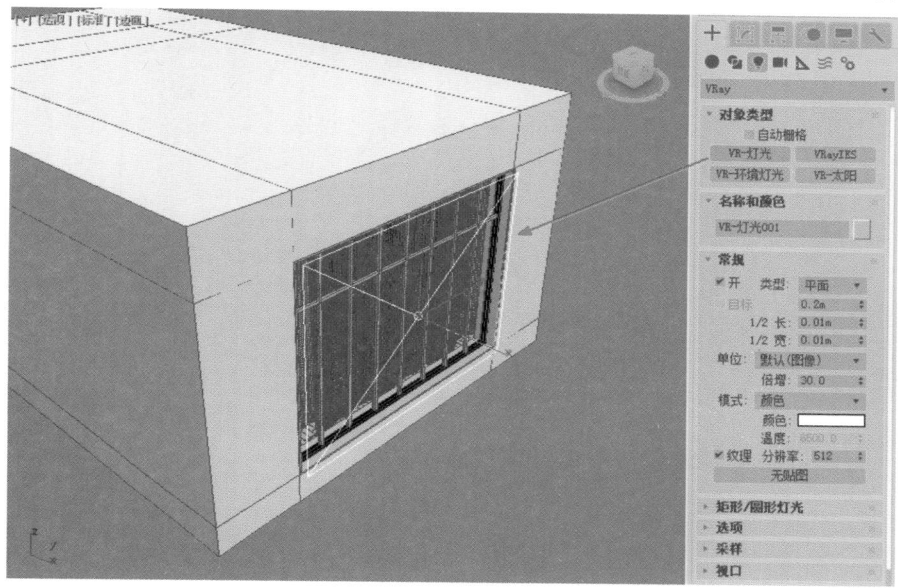

图9-33

常规
开 类型: 平面
目标 0.2m
1/2 长: 1.7m
1/2 宽: 1.251m
单位: 默认(图像)
倍增: 0.3
模式: 颜色
颜色:
温度: 6500.0
纹理 分辨率: 512
无贴图

图9-34

03 以同样的方式在场景中门的一侧也创建一个VR-灯光，如图9-35所示。

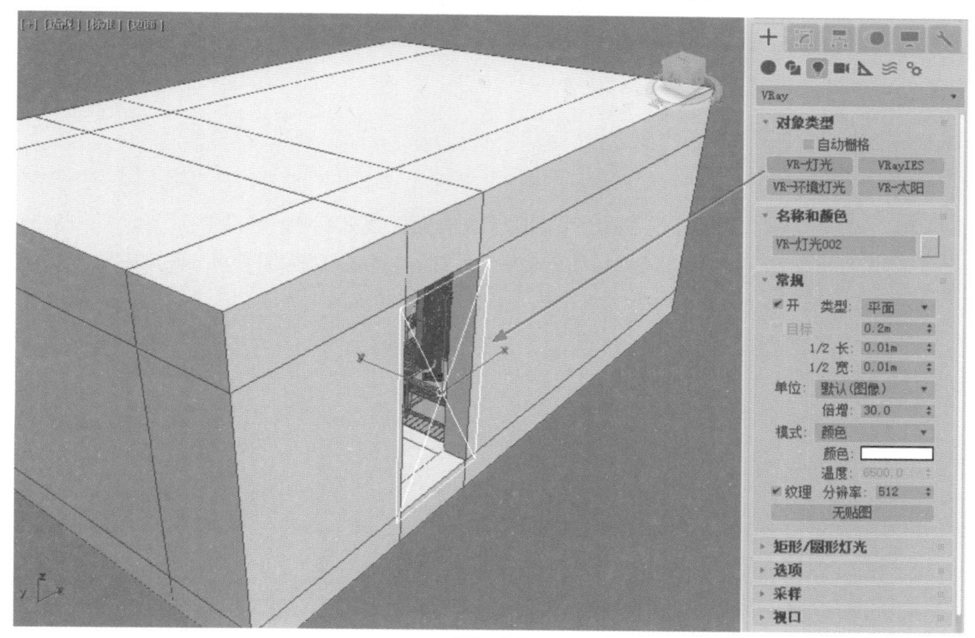

图9-35

04 在“修改”面板中，调整灯光的“倍增”值为0.3，如图9-36所示。

05 设置完成后，场景的主要灯光照明就制作完成了，渲染场景，渲染结果如图9-37所示。

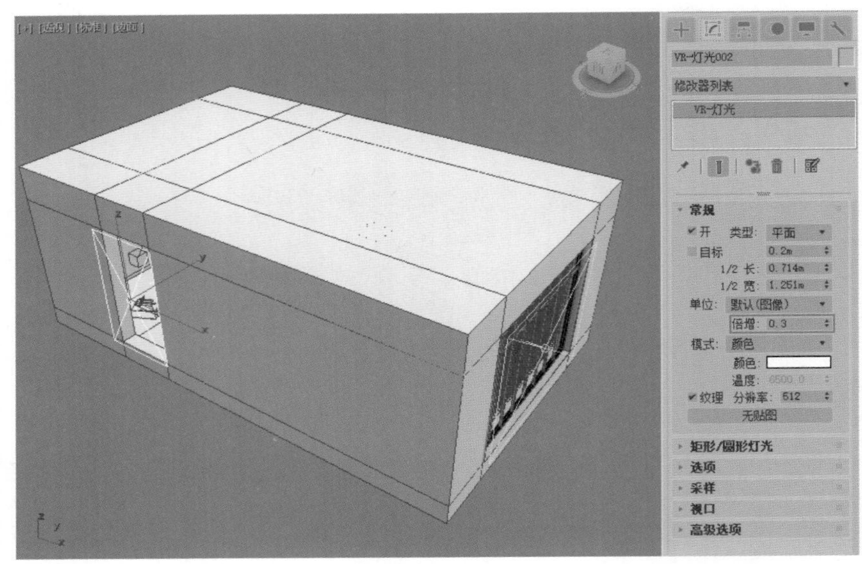
图9-36

图9-37

9.1.9 制作灯带照明效果

01 单击“VR-灯光”按钮，在“前”视图中吊顶灯槽模型位置处绘制一个VR-灯光，如图9-38所示。

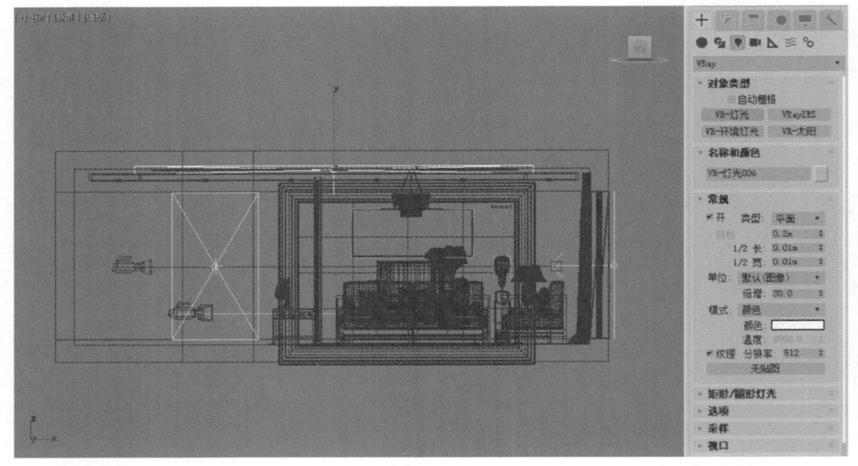
图9-38

02 在“顶”视图中，调整VR-灯光的位置至图9-39所示。

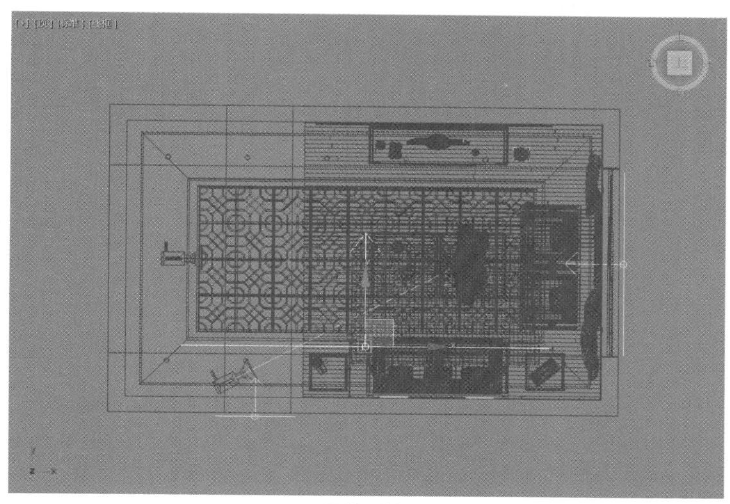

图9-39

03 按下Shift键，复制一个新的VR-灯光至图9-40所示位置处，用来制作另一侧的光带效果。

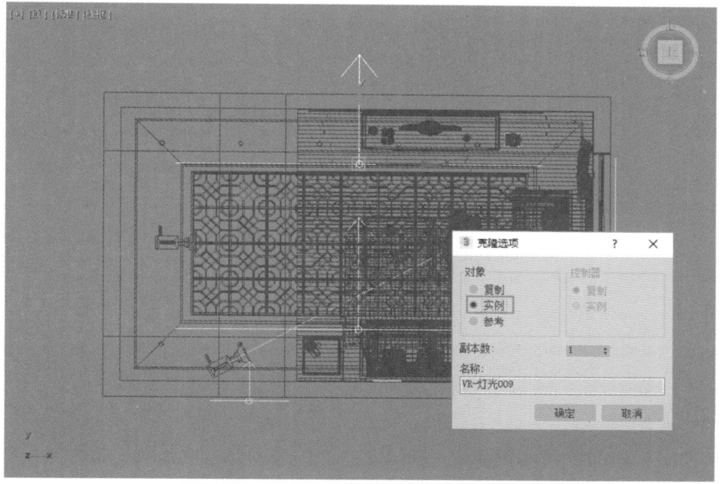

图9-40

04 将灯光旋转180度，并调整其位置至图9-41所示。

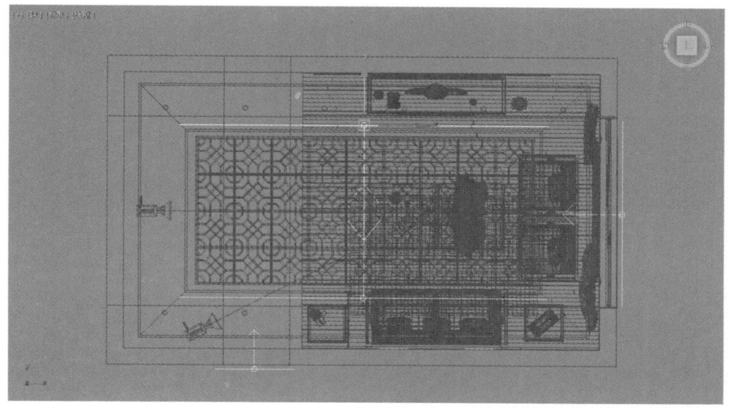

图9-41

05 重复以上操作，制作出另一个方向的灯带，以及吊顶两侧的灯带，并使用“缩放”工具，调整VR-灯光的大小，如图9-42所示。

图9-42

06 在“修改”面板中，展开“常规”卷展栏。设置灯光的“倍增”值为0.3，设置灯光的“颜色”为橙色（红：249，绿：154，蓝：91），如图9-43所示。

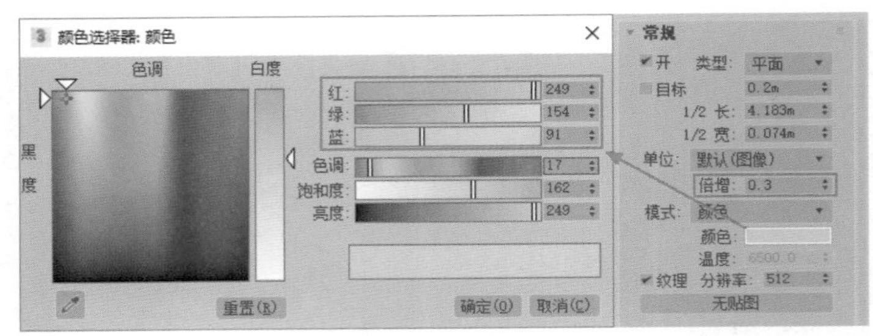

图9-43

07 设置完成后，渲染场景，灯带的照明效果如图9-44所示。

图9-44

9.1.10 制作射灯照明效果

01 单击“VR-灯光”按钮，在“前”视图中吊顶射灯模型位置处绘制一个VRayIES灯光，如图9-45所示。

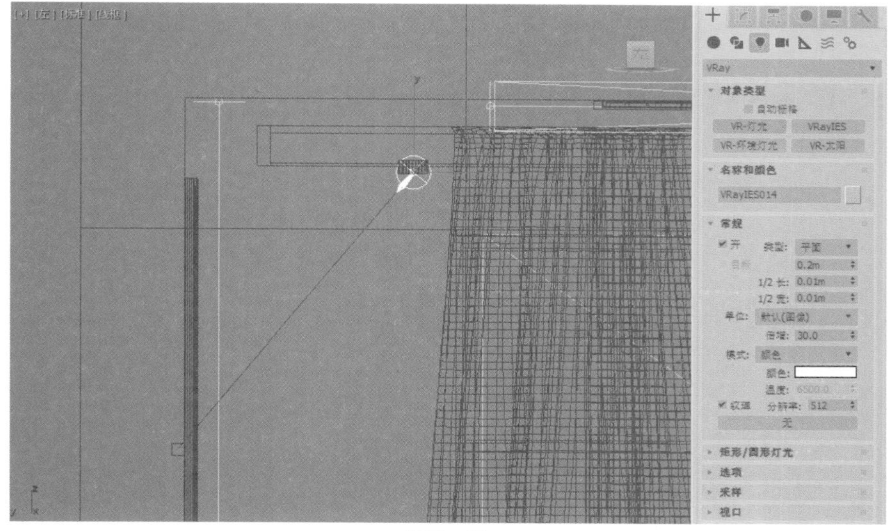

图9-45

02 在“顶”视图中，调整VRayIES灯光的位置至图9-46所示。

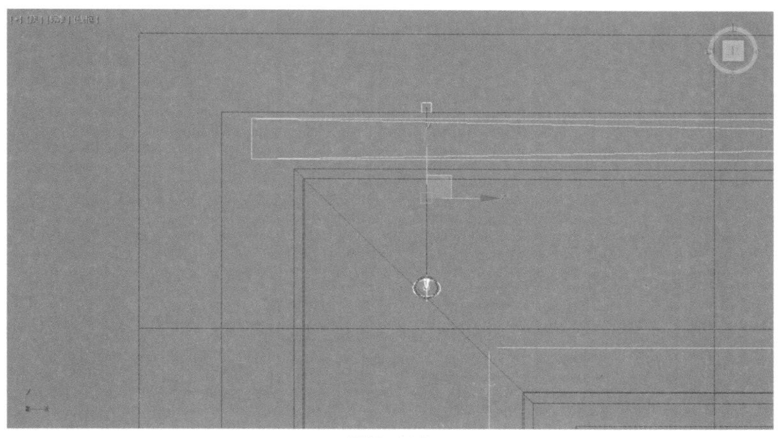

图9-46

03 选择VRayIES灯光，在“顶”视图中对其进行复制，并调整每一个复制出来的VRayIES灯光与场景中的射灯模型位置相匹配，如图9-47所示。

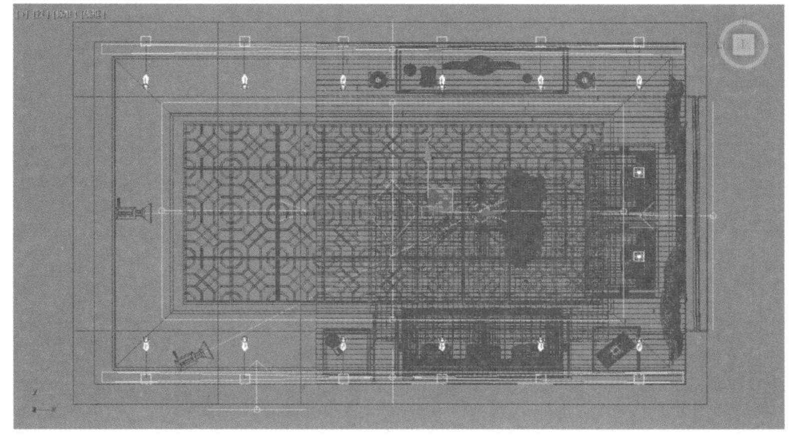

图9-47

04 在“修改”面板中，在“IES文件”的通道中添加本书附带的“ai30_001_light.ies”资源文件，如图9-48所示。

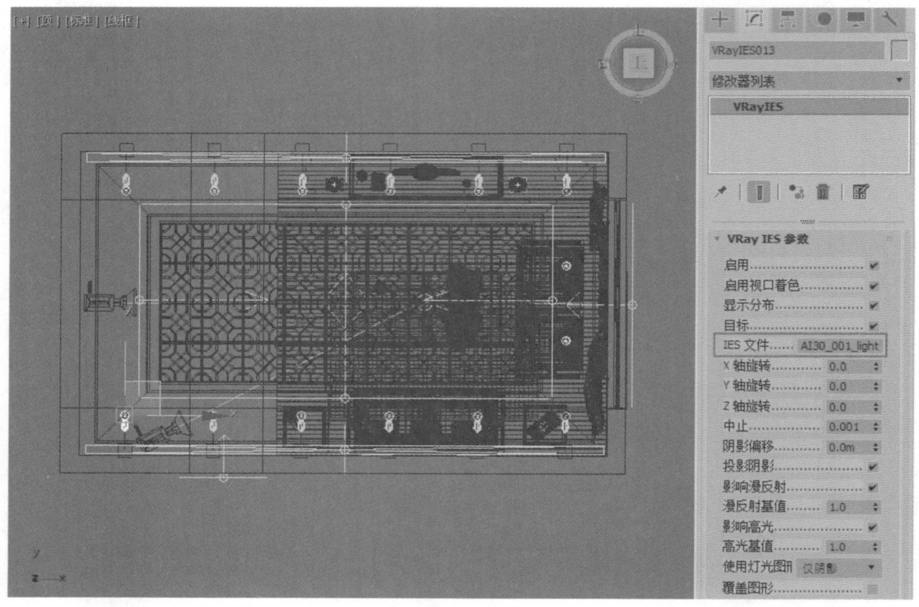

图9-48

05 设置灯光的“强度值”为300，提高射灯的照明亮度，如图9-49所示。

图9-49

06 添加完成射灯照明后的渲染结果如图9-50所示。

图9-50

9.1.11 制作吊灯照明效果

01 单击“VR-灯光”按钮，在“前”视图中吊灯位置处创建一个VR-灯光，如图9-51所示。

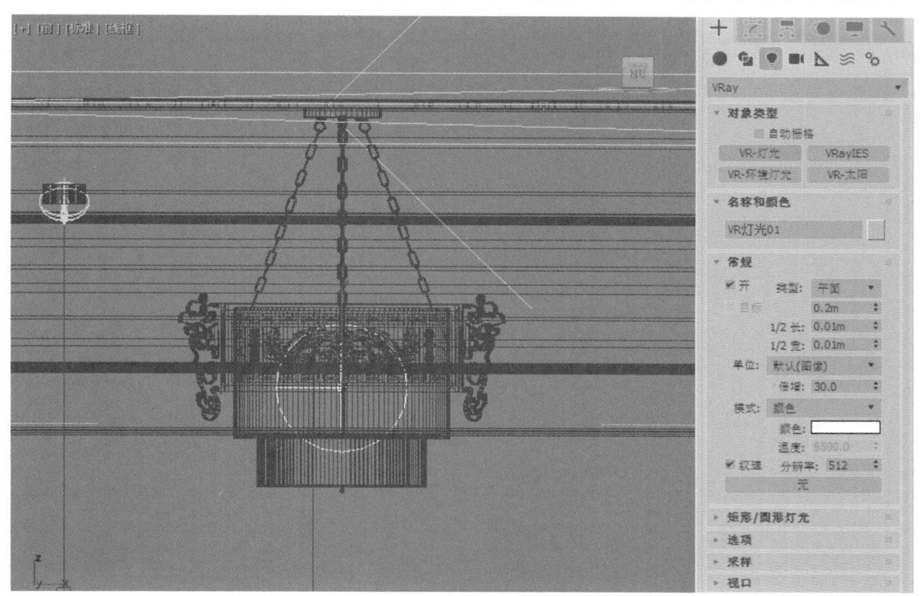

图9-51

02 在“顶”视图中，调整VR-灯光的位置至场景中的吊灯位置处，如图9-52所示。

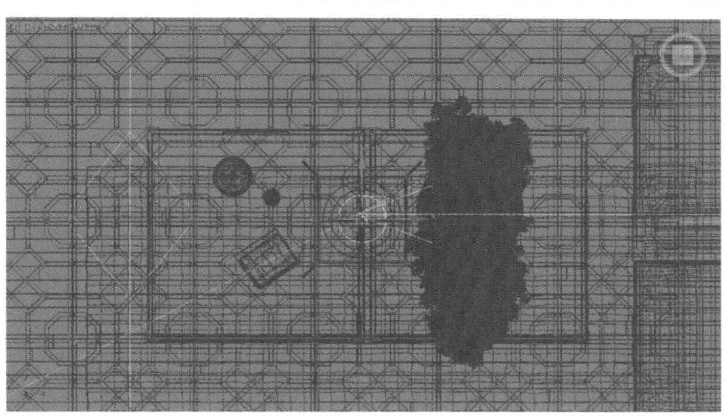

图9-52

03 在“修改”面板中，展开“常规”卷展栏，设置灯光的“类型”为“球体”，“半径”值为0.133m，灯光的“倍增”值为6，“颜色”为浅黄色（红：251，绿：231，蓝：206），如图9-53所示。

04 设置完成后的吊灯渲染效果如图9-54所示。

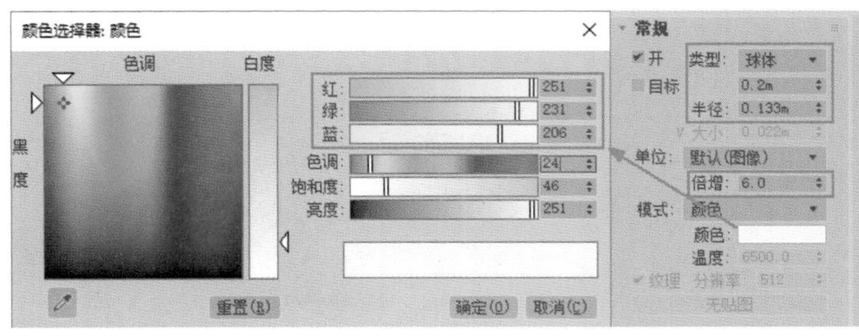

图9-53

图9-54

9.1.12 制作台灯照明效果

01 单击“VR-灯光”按钮，在“顶”视图中台灯位置处创建一个VR-灯光，如图9-55所示。

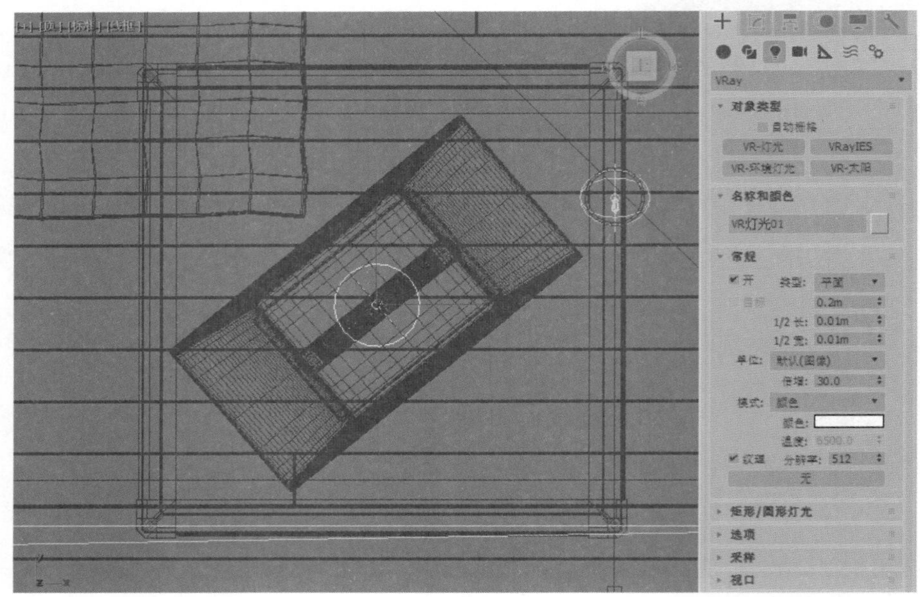

图9-55

02 在“透视”视图中，调整灯光至图9-56所示位置处。

图9-56

03 在“修改”面板中，展开“常规”卷展栏，设置灯光的“类型”为“球体”，“半径”值为0.061m，灯光的“倍增”值为20，“颜色”为黄色（红：255，绿：159，蓝：45），如图9-57所示。

04 设置完成后的台灯渲染效果如图9-58所示。

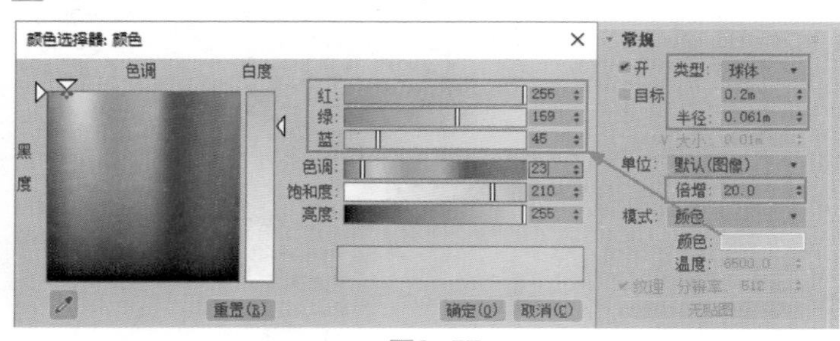

图9-57

图9-58

9.1.13　制作落地灯照明效果

01 单击“VR-灯光”按钮，在“前”视图中落地灯位置处创建一个VR-灯光，如图9-59所示。

图9-59

02 在“顶”视图中，调整VR-灯光的位置至图9-60处。

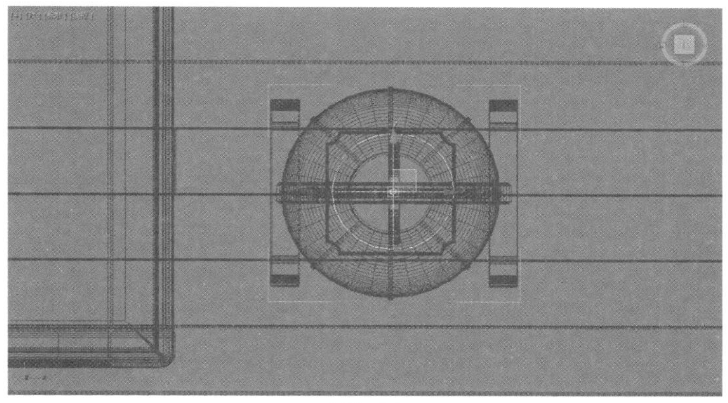

图9-60

03 在“修改”面板中，展开“常规”卷展栏，设置灯光的“类型”为“球体”，“半径”值为0.068m，灯光的“倍增”值为3，“颜色”为黄色（红：255，绿：190，蓝：114），如图9-61所示。

04 设置完成后，渲染场景，落地灯的照明效果如图9-62所示。

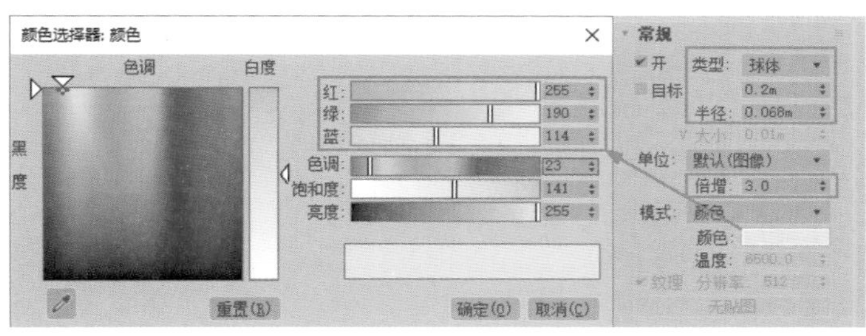

图9-61　　图9-62

9.1.14 制作摄影机景深特效

01 选择场景中的摄影机，在“修改”面板中，展开“物理摄影机”卷展栏，勾选“启用景深”选项，并设置“光圈”的值为2，如图9-63所示。

02 设置完成后，观察“摄影机”视图，可以看到景深的预览结果如图9-64所示。

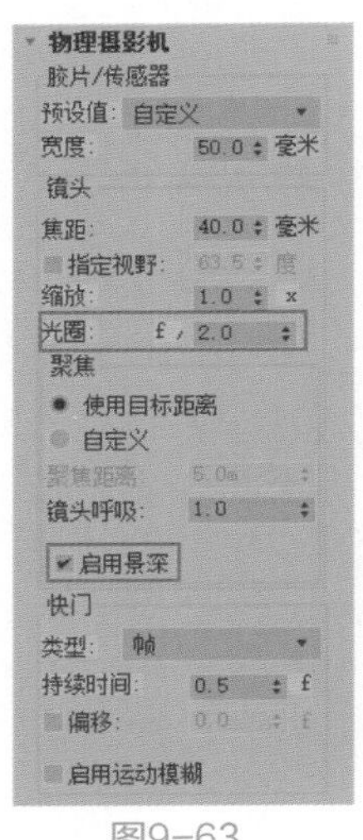

图9-63

图9-64

9.1.15 渲染设置及画面后期处理

当场景的材质、灯光和摄影机都设置完成后，就可以进行渲染设置了。具体操作步骤如下。

01 打开“渲染设置”面板。在GI选项卡中，展开“全局照明”卷展栏，勾选“启用全局照明”选项，设置“首次引擎”的选项为“发光图”，设置“二次引擎”的选项为“灯光缓存”，调整“饱和度”的值为0.2，如图9-65所示。

02 展开“发光图”卷展栏，设置“当前预设”的选项为“自定义”，将“最小速率”和“最大速率”的值均设置为-1，如图9-66所示。

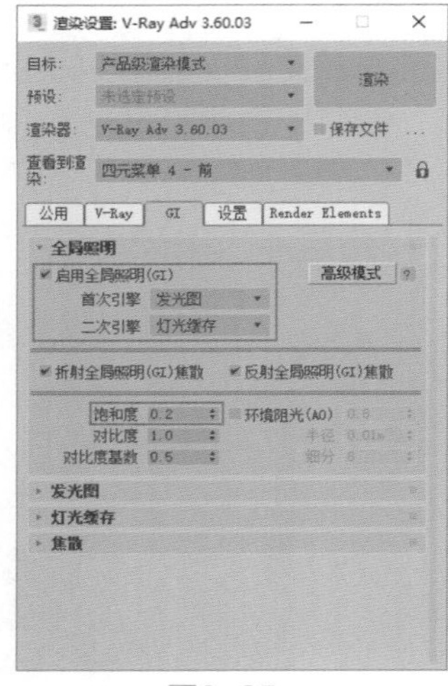

图9-65

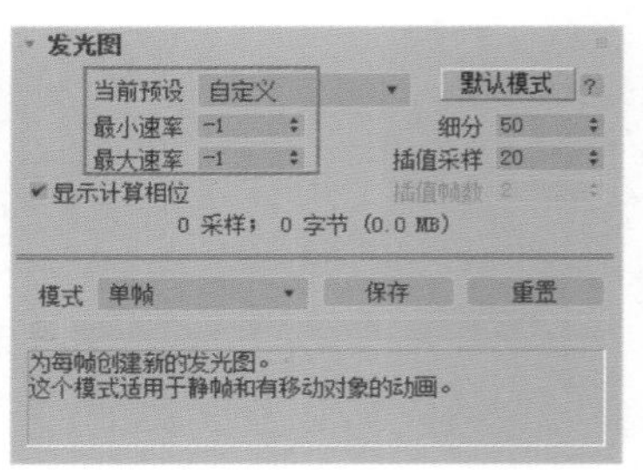

图9-66

03 在V-Ray选项卡中，展开“图像采样器”卷展栏，设置渲染的“类型”为“渲染块”，如图9-67所示。

04 展开“渲染块图像采样器”卷展栏，设置“最小细分”的值为8，勾选“最大细分”选项，并设置其值为24，如图9-68所示。

图9-67

图9-68

05 展开“全局确定性蒙特卡洛”卷展栏，勾选“使用局部细分”，设置“细分倍增”的值为3，如图9-69所示。

06 设置完成后，渲染场景，渲染结果如图9-70所示。

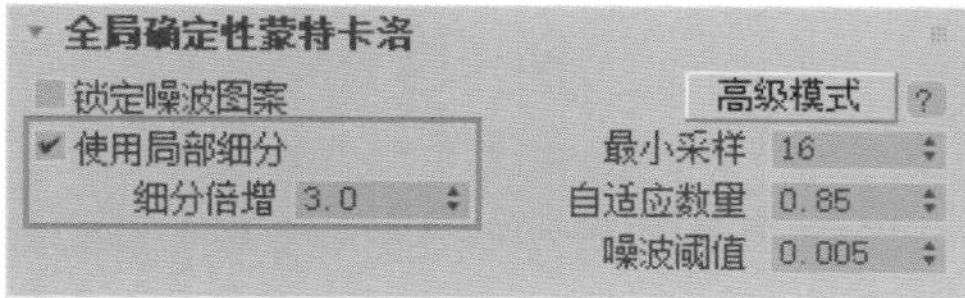

图9-69

图9-70

07 在VRay渲染帧窗口中，单击左下方的“显示校正控制器”按钮，在弹出的“校正控制器”面板中，展开Curve卷展栏，调整图像的曲线至图9-71所示，增加图像的亮度。

图9-71

08 展开“色彩平衡”卷展栏，调整渲染图像的色彩至图9-72所示。

09 展开“曝光”卷展栏，调整图像的“对比”值为0.1，增加图像的层次感，如图9-73所示。

10 本实例的最终渲染结果如图9-74所示。

图9-72

图9-73

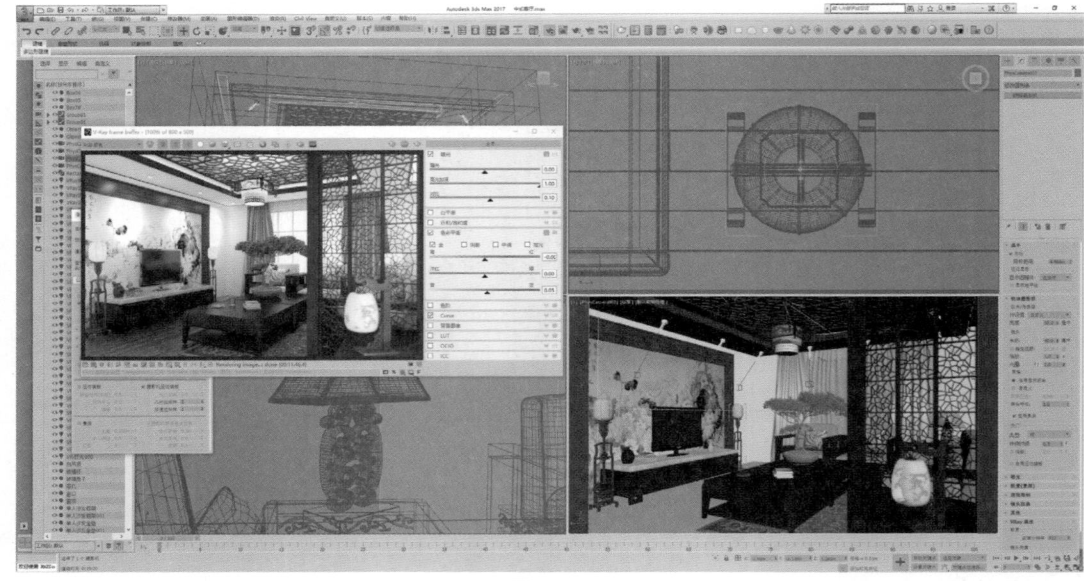

图9-74

9.2 综合实例：图书阅览室天光效果表现

本实例使用一个图书阅览室的室内场景来为大家深入讲解VRay材质、灯光及渲染设置的综合运用，最终的渲染结果如图9-75所示，线框渲染图如图9-76所示。

图9-75

图9-76

9.2.1 场景分析

打开本书配套资源“阅览室.max”文件，可以看到本场景中已经设置好模型及摄影机，如图9-77所示。通过最终渲染效果可以看出，本场景所要表现的灯光照明主要为室内天光照明环境，所以渲染图里的家具模型所产生的阴影均为柔和的软阴影。这一表现在灯光设置上需要读者注意。

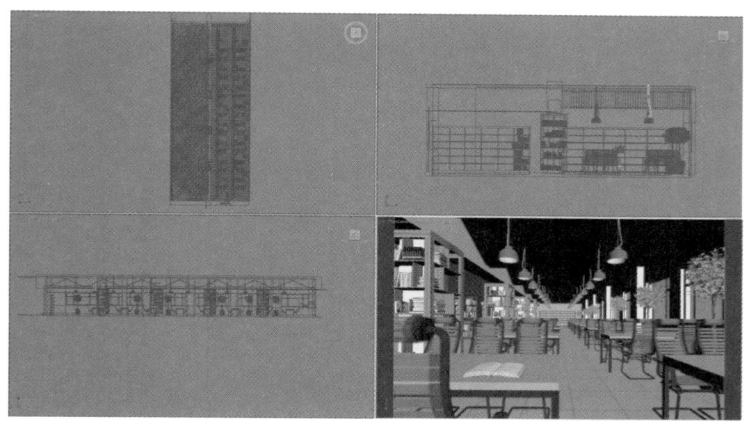

图9-77

9.2.2 制作地砖材质

本案例中的阅览室地面采用浅黄色的地砖设计，其渲染效果如图9-78所示。

01 打开“材质编辑器”面板，选择一个空白的材质球，将其设置为VRay的VRayMtl材质，并重命名为“地砖”，如图9-79所示。

02 在“漫反射”的贴图通道上加载一张“平铺”贴图，如图9-80所示。

图9-78

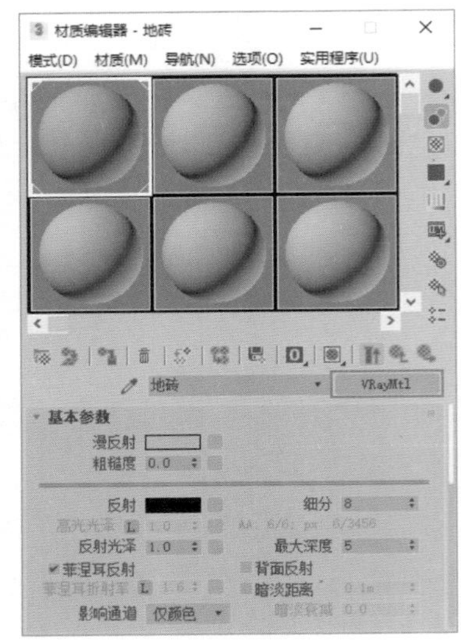

图9-79

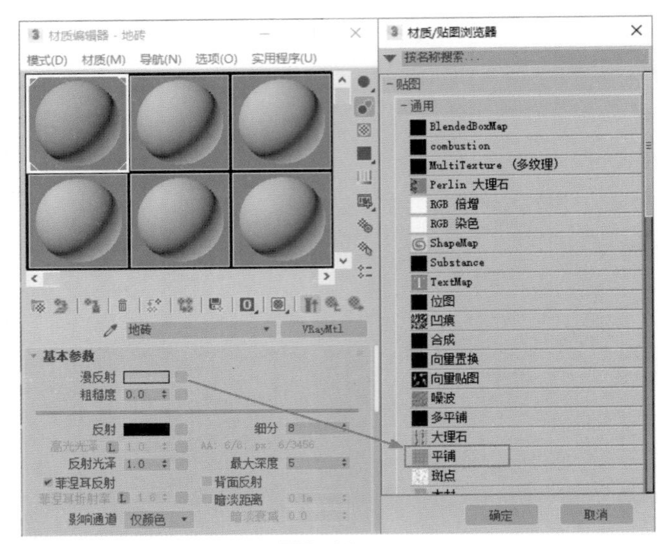

图9-80

03 在“漫反射贴图”通道中，展开“标准控制”卷展栏，设置“预设类型”的选项为“堆栈砌合”。展开“高级控制”卷展栏，设置“平铺设置”的“纹理”颜色为土黄色（红：163，绿：137，蓝：97），设置“水平数”和“垂直数”的值为4，设置“水平间距”和“垂直间距”的值为0.1，如图9-81所示。

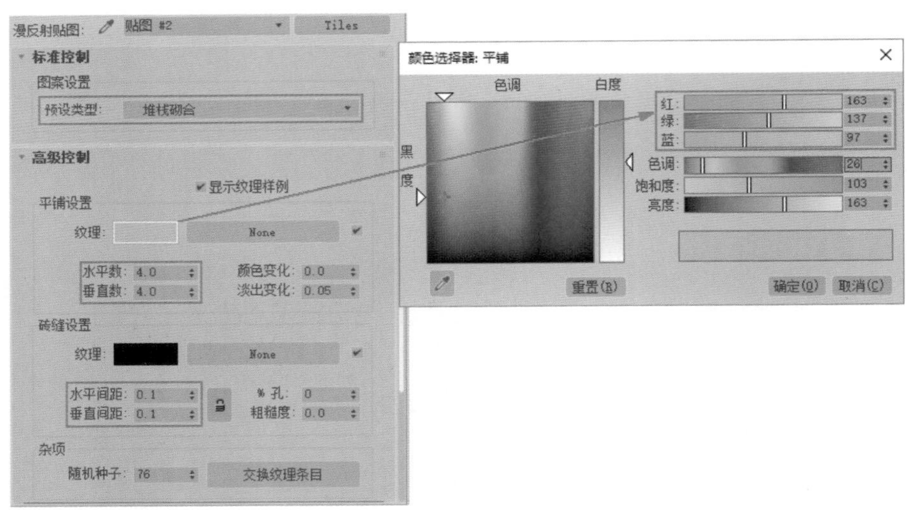

图9-81

04 设置“反射”的颜色为灰色（红：30，绿：30，蓝：30），设置“反射光泽”的值为0.9，并取消勾选“菲涅尔反射”选项，如图9-82所示。

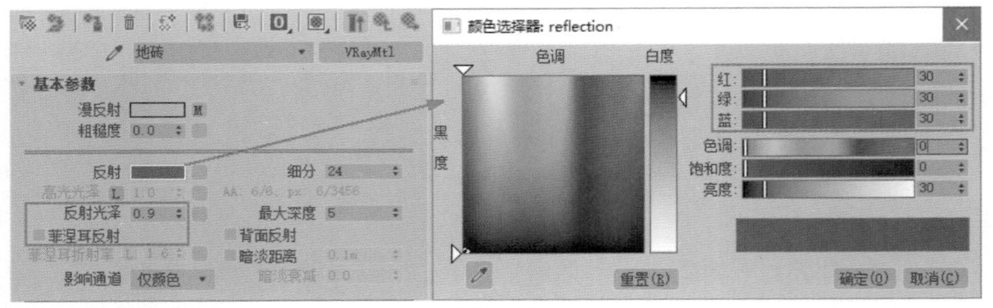

图9-82

05 展开“贴图”卷展栏，将“漫反射”贴图通道上的贴图以拖曳的方式复制到“凹凸”通道上，制作出地砖材质的凹凸效果，如图9-83所示。

06 设置完成后，本实例中的地砖材质球显示效果如图9-84所示。

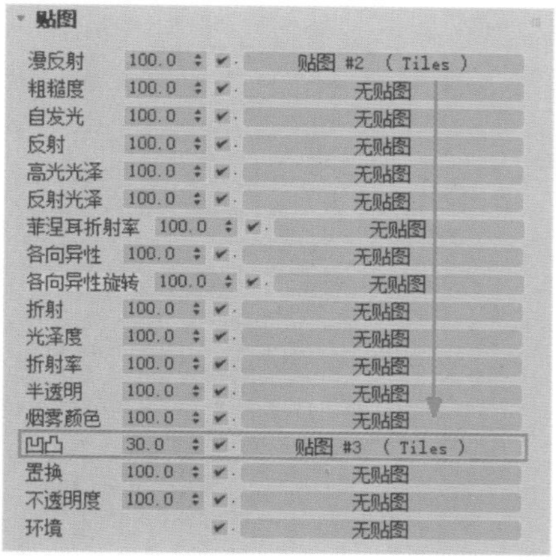

贴图			
漫反射	100.0	✔	贴图 #2 （Tiles）
粗糙度	100.0	✔	无贴图
自发光	100.0	✔	无贴图
反射	100.0	✔	无贴图
高光光泽	100.0	✔	无贴图
反射光泽	100.0	✔	无贴图
菲涅耳折射率	100.0	✔	无贴图
各向异性	100.0	✔	无贴图
各向异性旋转	100.0	✔	无贴图
折射	100.0	✔	无贴图
光泽度	100.0	✔	无贴图
折射率	100.0	✔	无贴图
半透明	100.0	✔	无贴图
烟雾颜色	100.0	✔	无贴图
凹凸	30.0	✔	贴图 #3 （Tiles）
置换	100.0	✔	无贴图
不透明度	100.0	✔	无贴图
环境		✔	无贴图

图9-83

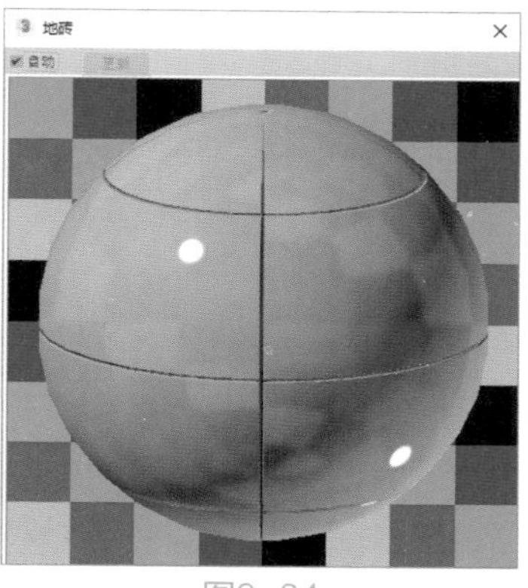

图9-84

9.2.3 制作书桌桌面材质

本案例中的书桌桌面渲染效果如图9-85所示。

01 打开“材质编辑器”面板，选择一个空白的材质球，将其设置为VRay的VRayMtl材质，并重命名为“桌面”，如图9-86所示。

图9-85

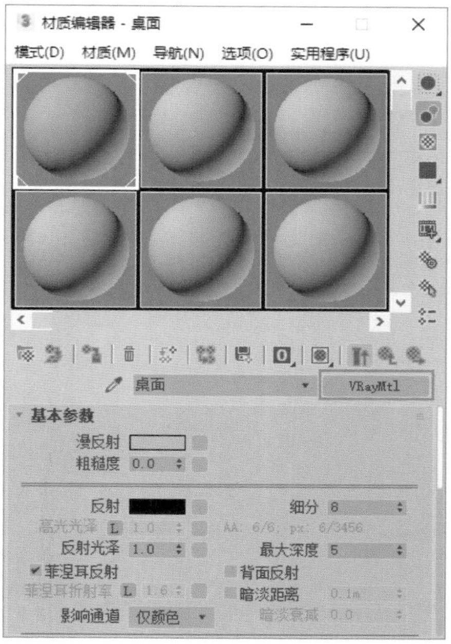

图9-86

02 在“漫反射”的贴图通道上加载一张“mu.jpg”贴图文件，设置“反射”的颜色为灰色，调整“反射光泽”的值为0.9，并取消勾选“菲涅尔反射”选项，制作出桌面的表面纹理及反射质感，如图9-87所示。

03 调整完成后的桌面材质球显示效果如图9-88所示。

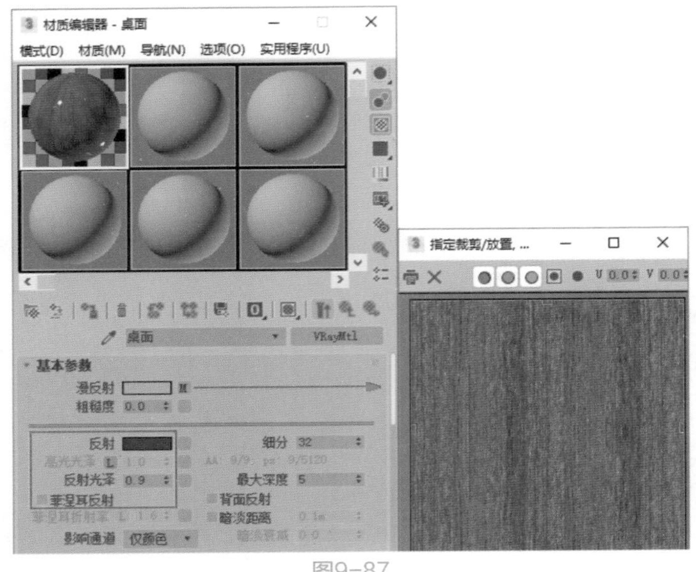

图9-87

图9-88

9.2.4 制作木制书架材质

图9-89

本案例中的木制书架渲染效果如图9-89所示。

01 打开“材质编辑器”面板，选择一个空白的材质球，将其设置为VRay的VRayMtl材质，并重命名为“书架”，如图9-90所示。

02 在“漫反射”的贴图通道上加载一张“AS2_wood_32.jpg”贴图文件，制作出桌面的表面纹理，如图9-91所示。

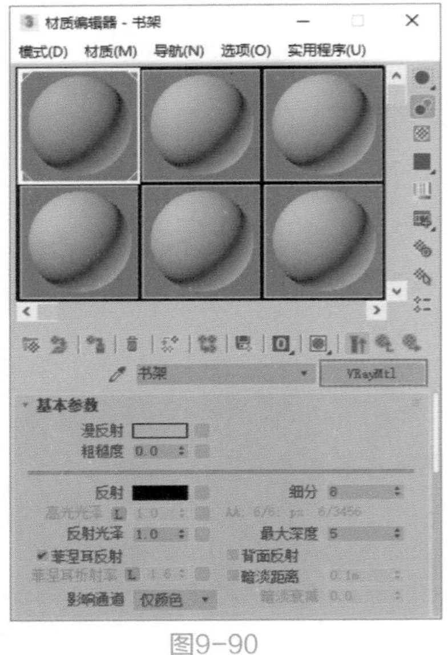

图9-90

图9-91

03 设置“反射”的颜色为灰色（红：37，绿：37，蓝：37），调整“反射光泽”的值为0.74，并取消勾选“菲涅尔反射”选项，如图9-92所示。

04 制作完成后的书架材质球显示结果如图9-93所示。

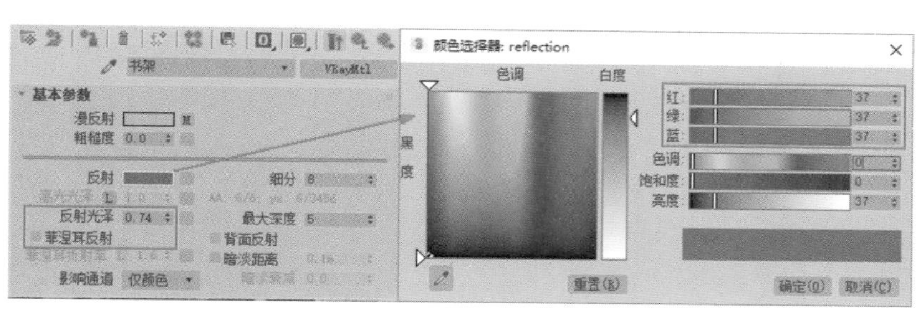

图9-92

图9-93

9.2.5　制作木制吊顶材质

本案例中的木制吊顶渲染效果如图9-94所示。

图9-94

01 打开“材质编辑器”面板，选择一个空白的材质球，将其设置为VRay的VRayMtl材质，并重命名为“吊顶”，如图9-95所示。

02 在“漫反射”的贴图通道上添加RGB Tint贴图，将RGB这3个通道均调整成了灰色，并在其内部的贴图通道里加载一张“Arch_Interiors_4_009_wood_2.jpg”贴图文件，制作出吊顶的表面纹理，如图9-96所示。

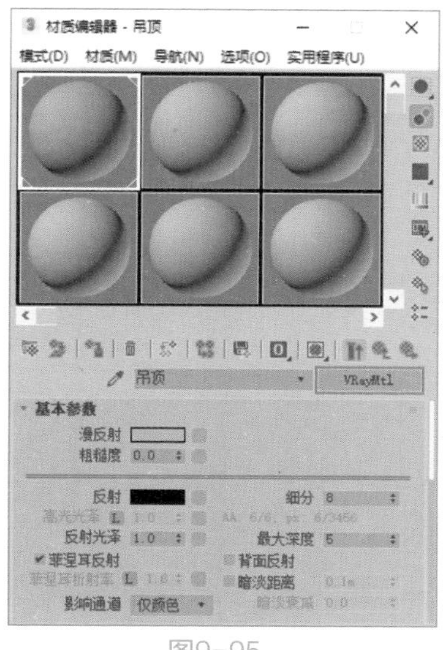

图9-95

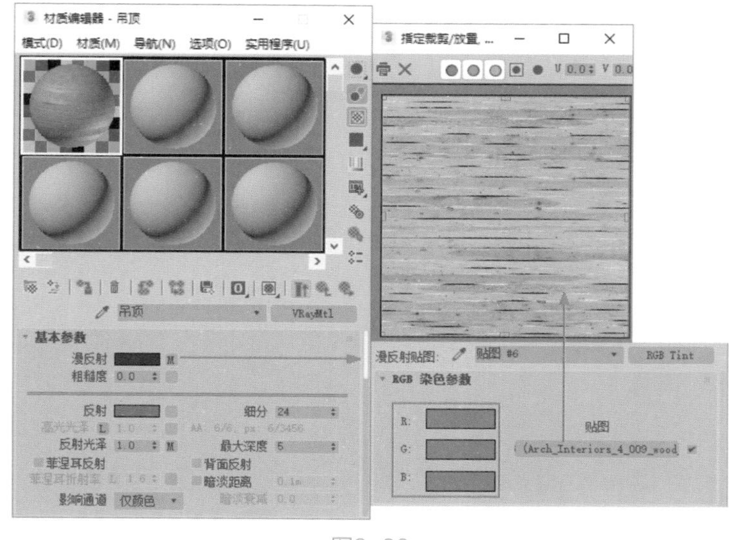

图9-96

03 设置“反射”的颜色为灰色（红：39，绿：39，蓝：39），在“反射光泽”的贴图通道上加载一张

"Arch_Interiors_4_009_wood_2.jpg"贴图文件，并取消勾选"菲涅尔反射"选项，如图9-97所示。

04 在"贴图"卷展栏中，将"反射光泽"贴图通道上的贴图以拖曳的方式复制到"凹凸"贴图通道中，制作出吊顶的凹凸质感，如图9-98所示。

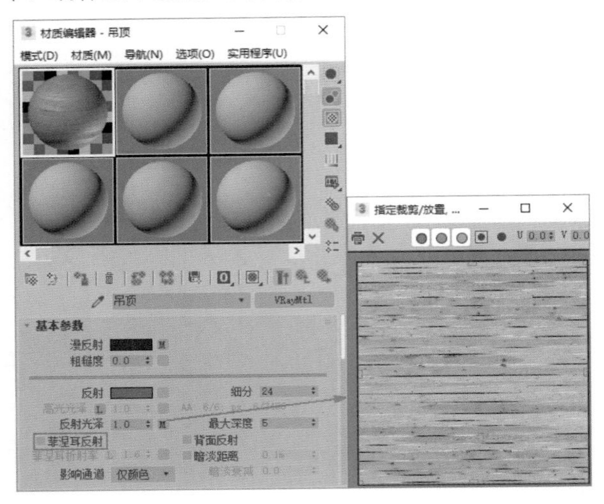

图9-97

贴图			
漫反射	100.0	✔	贴图 #6 （RGB Tint）
粗糙度	100.0	✔	无贴图
自发光	100.0	✔	无贴图
反射	100.0	✔	无贴图
高光光泽	100.0	✔	无贴图
反射光泽	100.0	✔	6 (Arch_Interiors_4_009_wood_2
菲涅耳折射率	100.0	✔	无贴图
各向异性	100.0	✔	无贴图
各向异性旋转	100.0	✔	无贴图
折射	100.0	✔	无贴图
光泽度	100.0	✔	无贴图
折射率	100.0	✔	无贴图
半透明	100.0	✔	无贴图
烟雾颜色	100.0	✔	无贴图
凹凸	30.0	✔	6 (Arch_Interiors_4_009_wood_2
置换	100.0	✔	无贴图
不透明度	100.0	✔	无贴图
环境		✔	无贴图

图9-98

05 制作完成后的吊顶材质球显示效果如图9-99所示。

图9-99

9.2.6 制作室外光线照明效果

本场景的光源主要有两个。一个是来自窗户外面的天光；另一个就是室内的吊灯照明。

01 在"左"视图中，单击"VR-灯光"按钮，在场景中窗户位置处创建一个与窗户大小近似的VR-灯光，如图9-100所示。

02 在"透视"视图中，移动VR-灯光的位置至图9-101所示，使得灯光从窗户外面向室内空间进行照射。

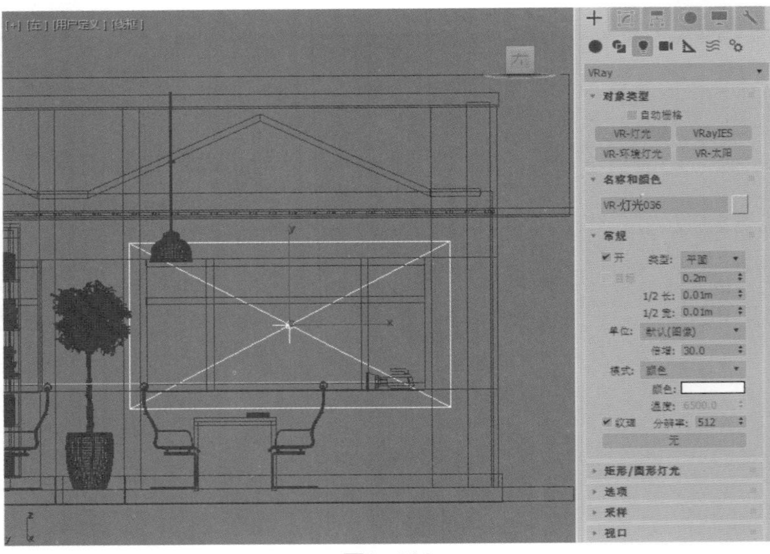

图9-100

图9-101

03 按下Shift键，以“实例”的方式复制制作出这一侧的所有窗户灯光，如图9-102所示。

04 以相同的方式复制出空间另一侧的室外光源，如图9-103所示。

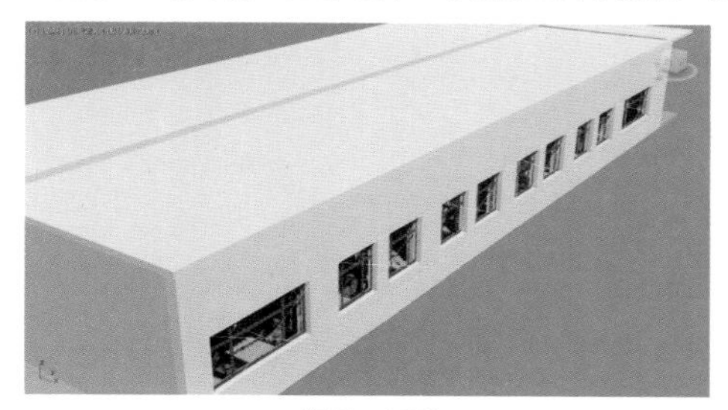

图9-102

图9-103

05 在“修改”面板中，展开“常规”卷展栏，将灯光的“倍增”值设置为0.5，如图9-104所示。

06 制作完成后，渲染场景，渲染结果如图9-105所示。

常规
开　类型：平面
目标　0.2m
1/2 长：1.6m
1/2 宽：0.8m
单位：默认(图像)
倍增：0.5
模式：颜色
颜色：
温度：6500.0
纹理　分辨率：512
无贴图

图9-104

图9-105

9.2.7　制作吊灯照明效果

01 在“顶”视图中吊灯模型位置处创一个VR-灯光，如图9-106所示。

02 在“前”视图中，调整灯光的高度至图9-107所示。

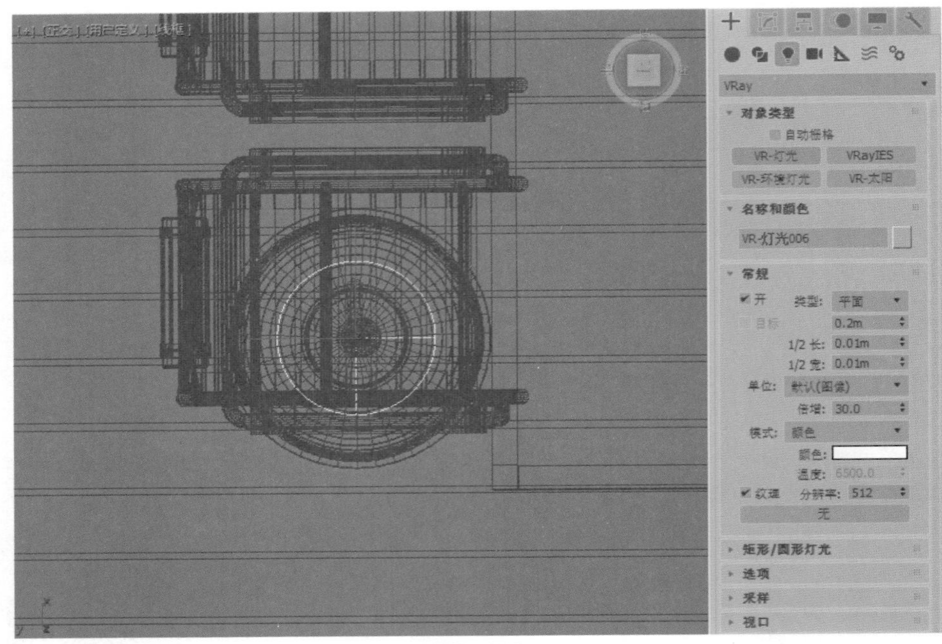

图9-106

图9-107

03 在“修改”面板中，设置VR-灯光的“类型”为“圆形”，“半径”为0.12，“倍增”值为1，灯光的“颜色”为橙色（红：228，绿：138，蓝：22），如图9-108所示。

04 以“实例”的方式复制灯光，使得复制出来的灯光与场景中每一个吊灯模型位置相匹配，如图9-109所示。

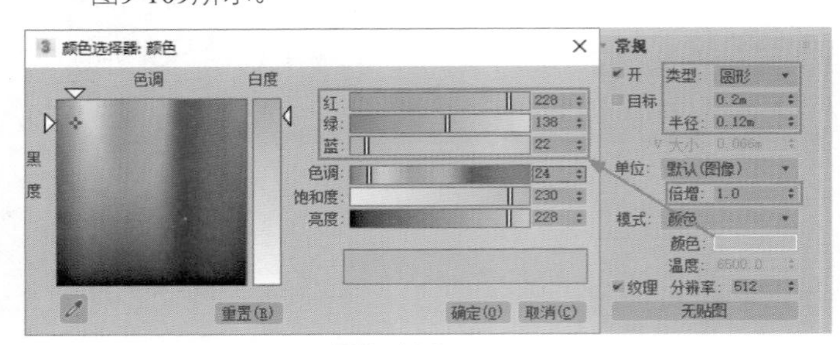

图9-108

图9-109

9.2.8 制作摄影机景深特效

01 选择场景中的摄影机，在“修改”面板中，展开“物理摄影机”卷展栏，勾选“启用景深”选项，并设置“光圈”的值为2，如图9-110所示。

02 设置完成后，观察“摄影机”视图，可以看到景深的预览结果如图9-111所示。

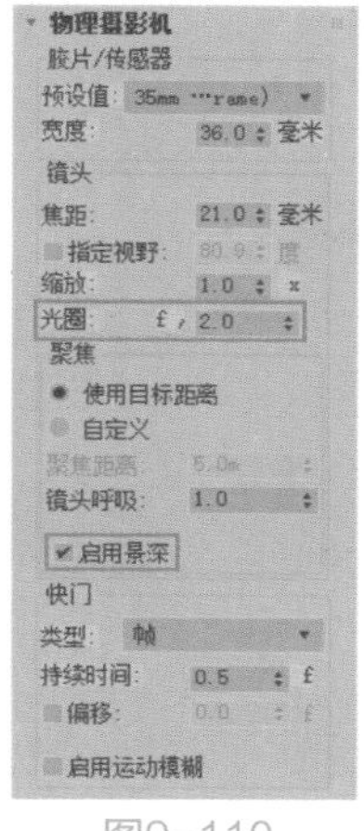

图9-110

图9-111

9.2.9 渲染设置及画面后期处理

01 打开“渲染设置”面板。在GI选项卡中，展开“全局照明”卷展栏，勾选“启用全局照明”选项，设置“首次引擎”的选项为“发光图”，设置“二次引擎”的选项为“灯光缓存”，调整“饱和度”的值为0.7，如图9-112所示。

02 展开“发光图”卷展栏，设置“当前预设”的选项为“自定义”，将“最小速率”和“最大速率”的值均设置为-2，如图9-113所示。

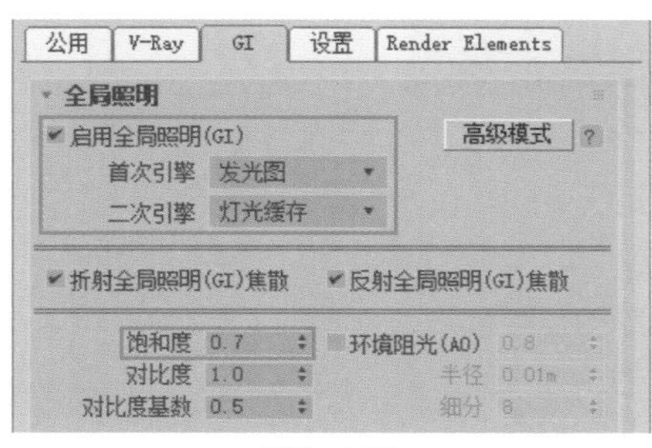

图9-112

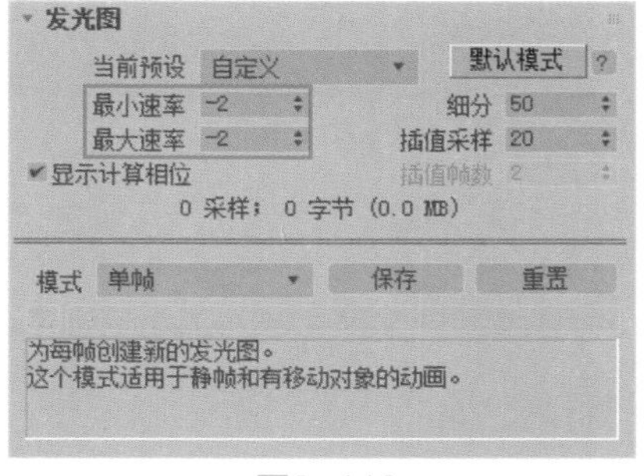

图9-113

03 在V-Ray选项卡中，展开“图像采样器”卷展栏，设置渲染的“类型”为“渲染块”，如图9-114所示。

04 展开“渲染块图像采样器”卷展栏，设置“最小细分”的值为1，勾选“最大细分”选项，并设置其值为24，如图9-115所示。

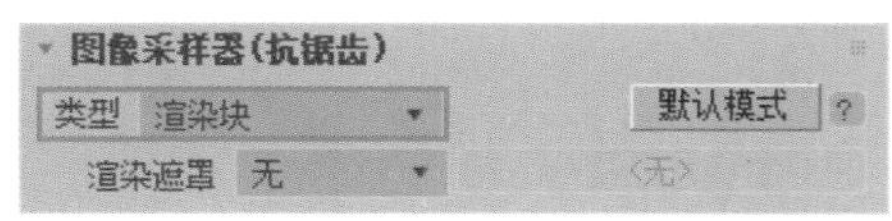

图9-114

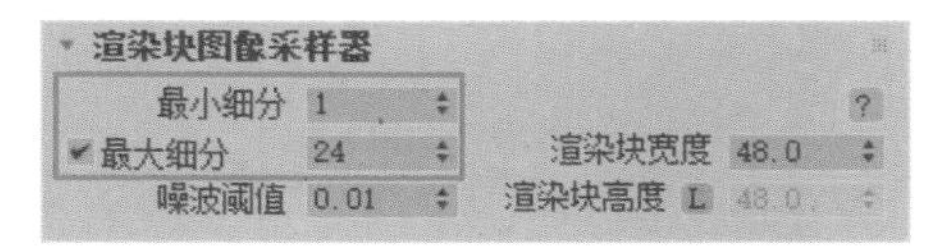

图9-115

05 展开“全局确定性蒙特卡洛”卷展栏，勾选“使用局部细分”，设置“细分倍增”的值为5，如图9-116所示。

06 设置完成后，渲染场景，渲染结果如图9-117所示。

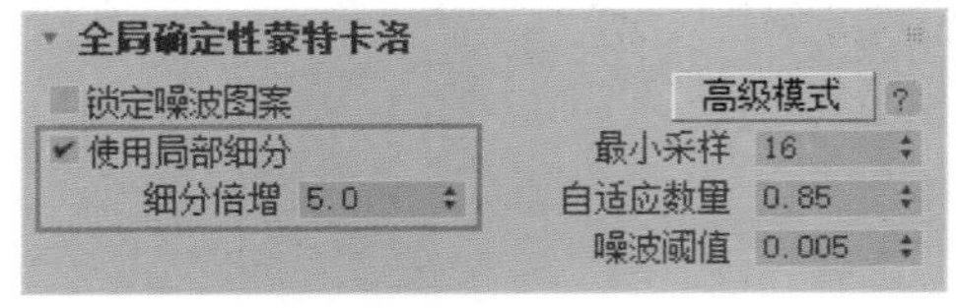

图9-116

图9-117

07 在VRay渲染帧窗口中，单击左下方的“显示校正控制器”按钮，在弹出的“校正控制器”面板中，展开Curve卷展栏，调整图像的曲线至图9-118所示，增加图像的亮度。

图9-118

08 展开“色彩平衡”卷展栏，调整渲染图像的色彩至图9-119所示。

图9-119

09 展开“曝光”卷展栏，调整图像“曝光”值为0.5，“对比”值为0.12，增加图像的层次感，如图9-120所示。

图9-120

10 本实例的最终渲染结果如图9-121所示。

图9-121

10.1 综合实例：现代风格卧室日光效果表现

本实例使用一个卧室的场景来为大家讲解Arnold材质、灯光及渲染设置的综合运用，最终的渲染结果如图10-1所示，线框渲染图如图10-2所示。

图10-1

图10-2

10.1.1 场景分析

打开本书配套资源“卧室.max”文件，可以看到本场景中已经设置好模型及摄影机，如图10-3所示。通过最终渲染效果可以看出，本场景所要表现的气氛为日光明亮的光照环境，阳光透过宽敞的落地窗直射进房间里。

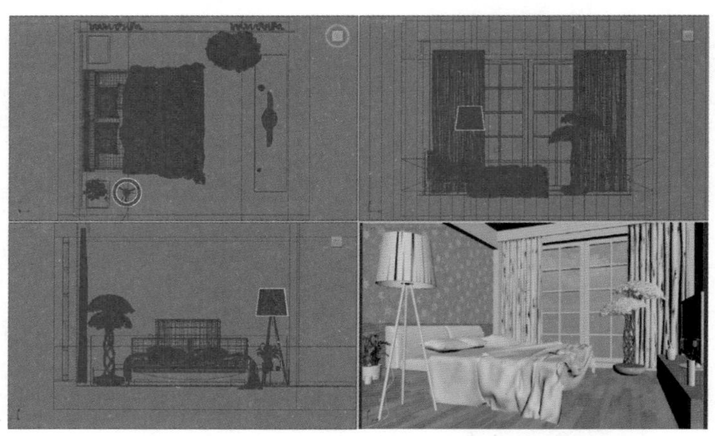
图10-3

10.1.2 制作透光灯罩材质

本案例中的灯罩需要表现出一定的透光效果，其渲染效果如图10-4所示。

图10-4

第10章视频

第10章素材

01 打开“材质编辑器”面板，选择一个空白的材质球，将其设置为Arnold的Standard材质，并重命名为“灯罩”，如图10-5所示。

02 设置Kd的值为0.2，设置Kd Color的颜色为灰色（红：0.263，绿：0.263，蓝：0.263），制作出灯罩的基本颜色。设置Ks的值为0.3，制作出灯罩的高光效果，如图10-6所示。

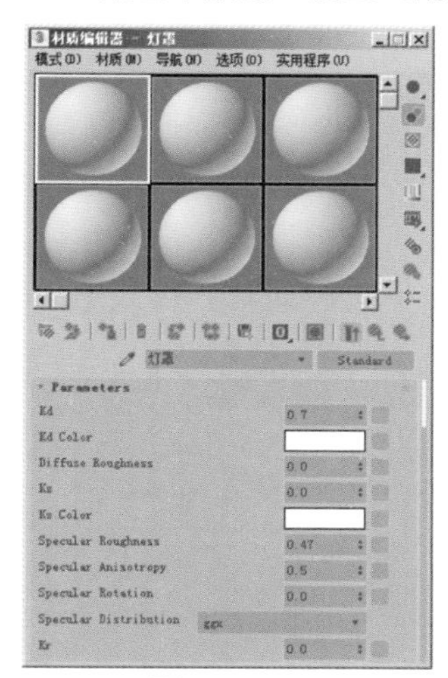

图10-5

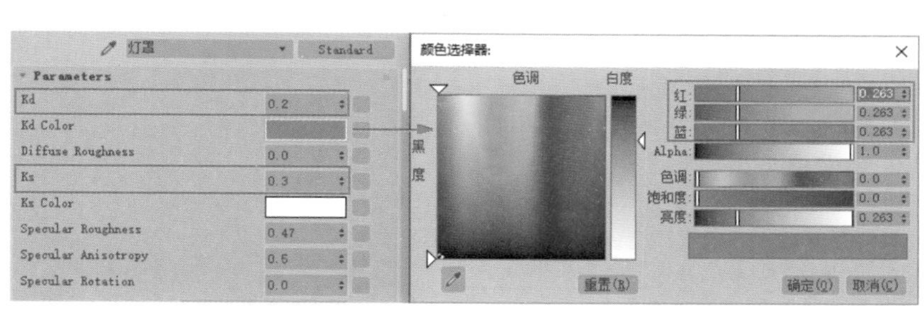

图10-6

03 设置Kt的值为0.6，Refraction Roughness的值为0.6，IOR的值为1.6，制作出灯罩材质的折射效果，如图10-7所示。

04 设置完成后，实例中的灯罩材质球显示效果如图10-8所示。

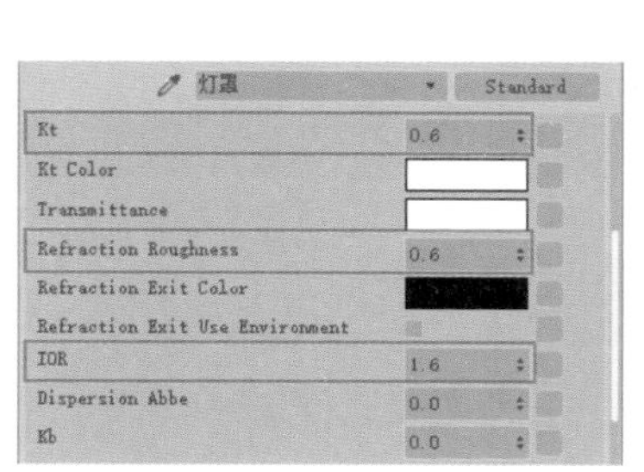

图10-7

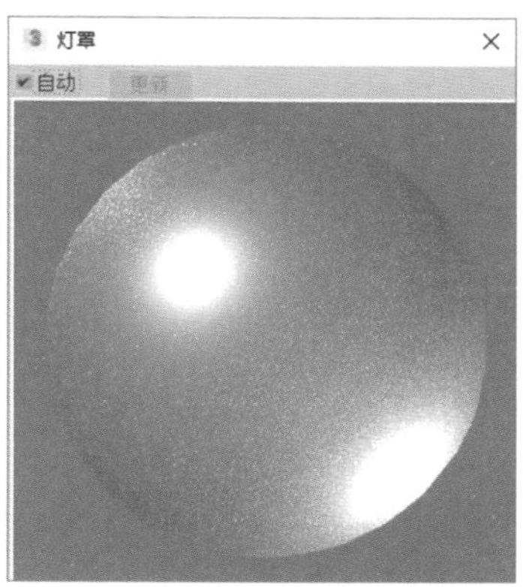

图10-8

10.1.3 制作植物叶片材质

本案例中的植物叶片渲染效果如图10-9所示。

图10-9

01 打开“材质编辑器”面板，选择一个空白的材质球，将其设置为Arnold的Standard材质，并重命名为“叶片”，如图10-10所示。

02 设置Kd的值为1，并在Kd Color的贴图通道上加载一张“10_4_7.jpg”贴图文件，设置Ks的值为0.1，Specular Roughness的值为0.6，制作出叶片的表面质感，如图10-11所示。

图10-10

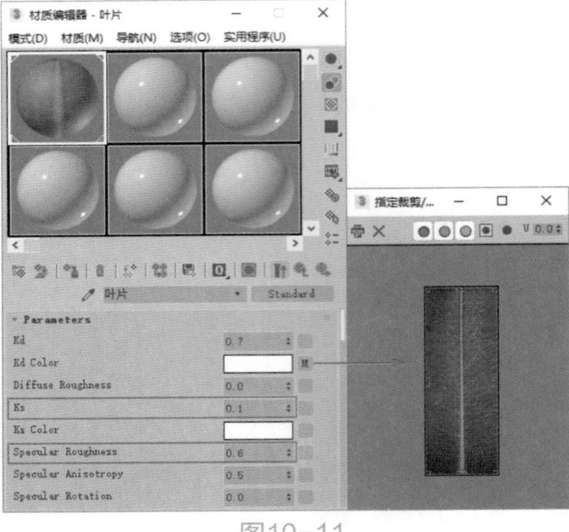
图10-11

03 在Opacity的贴图通道中加载一张“10_4_7.jpg”贴图文件，使得叶片有一些透光效果，如图10-12所示。

04 设置完成后，实例中的叶片材质球显示效果如图10-13所示。

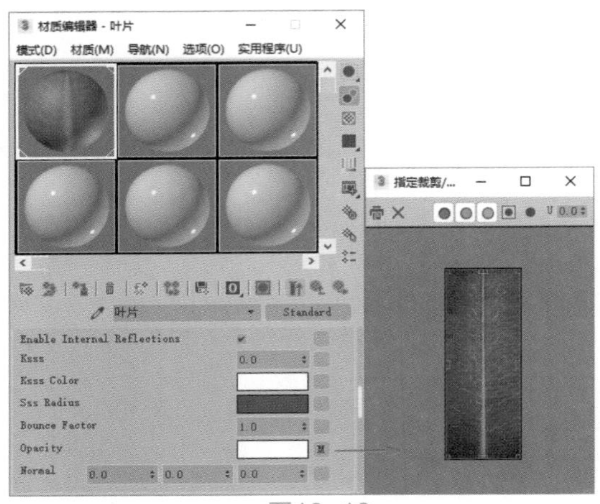

图10-12

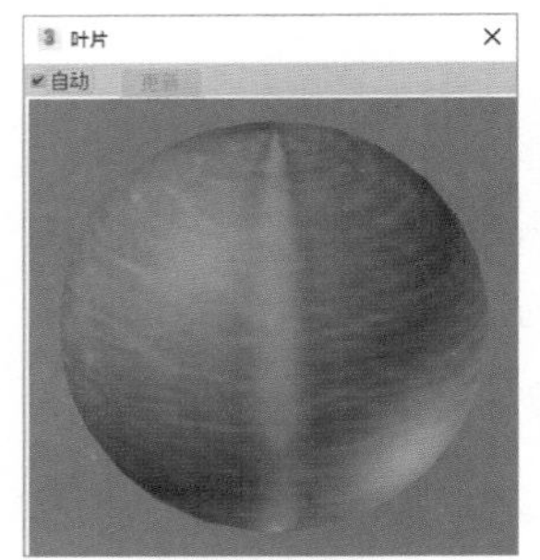
图10-13

10.1.4 制作透光窗帘材质

本案例中的窗帘也需要表现出一定的透光效果，其渲染效果如图10-14所示。

01 打开“材质编辑器”面板，选择一个空白的材质球，将其设置为Arnold的Standard材质，并重命名为“窗帘”，如图10-15所示。

02 设置Kd的值为1，使得窗帘材质为白色，如图10-16所示。

03 设置Opacity的颜色为灰色，制作出窗帘的通透质感，如图10-17所示。

04 设置完成后，窗帘材质球的显示效果如图10-18所示。

图10-14

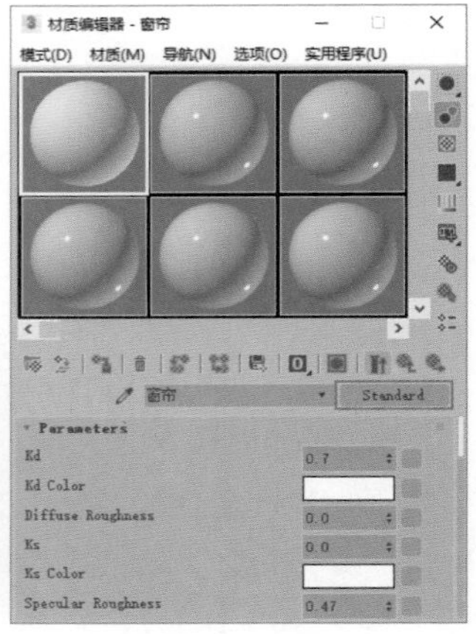
图10-15

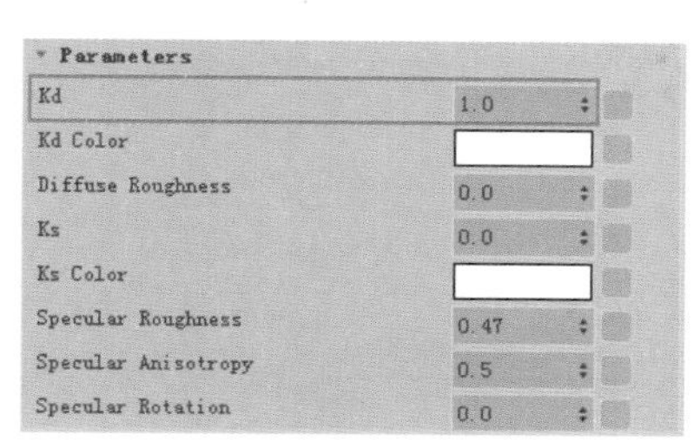

图10-16

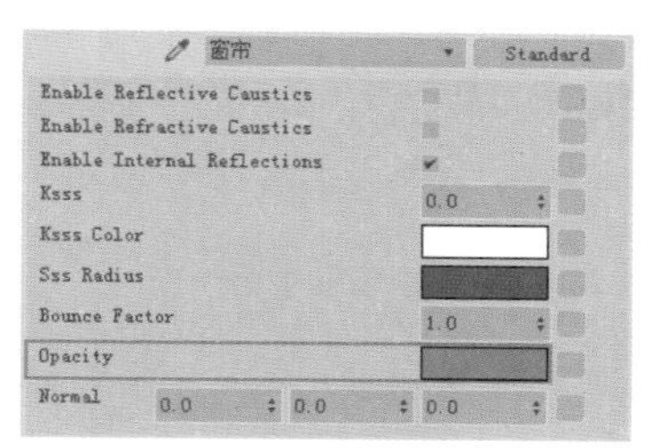

图10-17

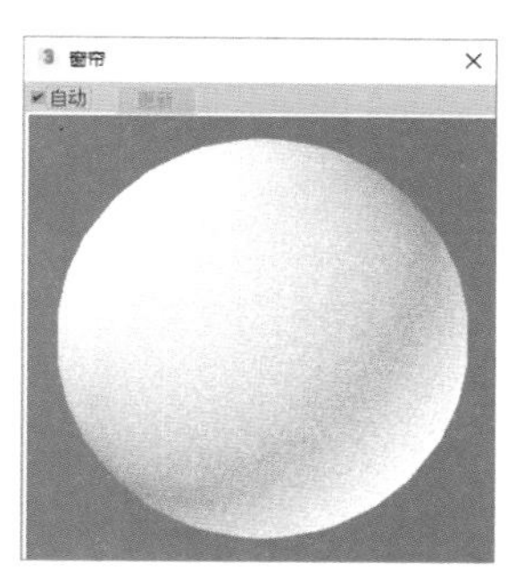

图10-18

10.1.5 制作木质电视柜材质

本案例中的电视柜渲染效果如图10-19所示。

01 打开“材质编辑器”面板，选择一个空白的材质球，将其设置为Arnold的Standard材质，并重命名为“电视柜”，如图10-20所示。

图10-19

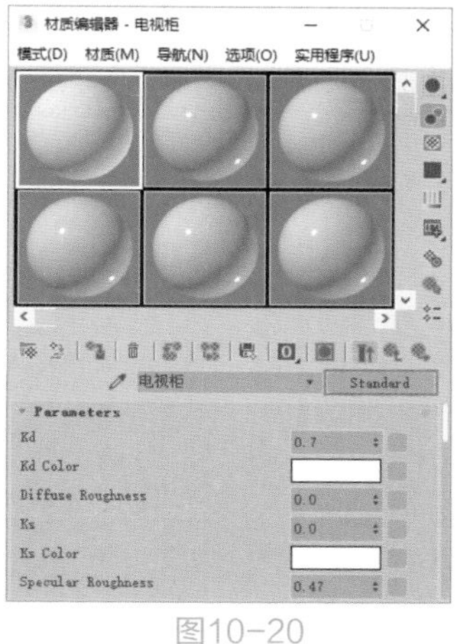

图10-20

02 在Kd Color的贴图通道上加载一张“木纹.jpg”贴图文件，设置完成后，并以拖曳的方式将Kd Color贴图通道中的贴图复制至Ks的贴图通道中，制作出电视柜表面及高光效果，如图10-21所示。

03 设置完成后，电视柜材质球的显示效果如图10-22所示。

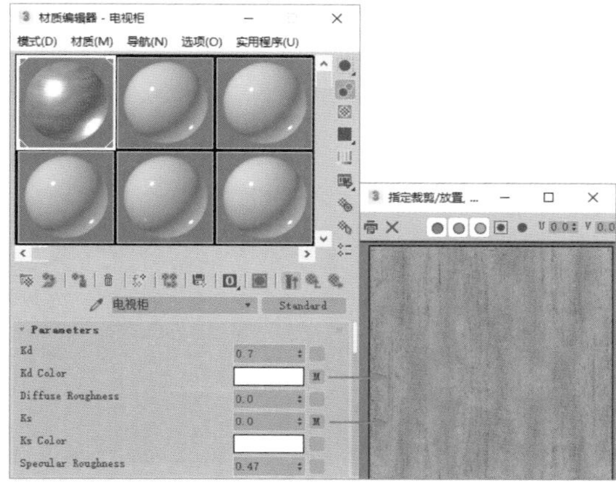

图10-21

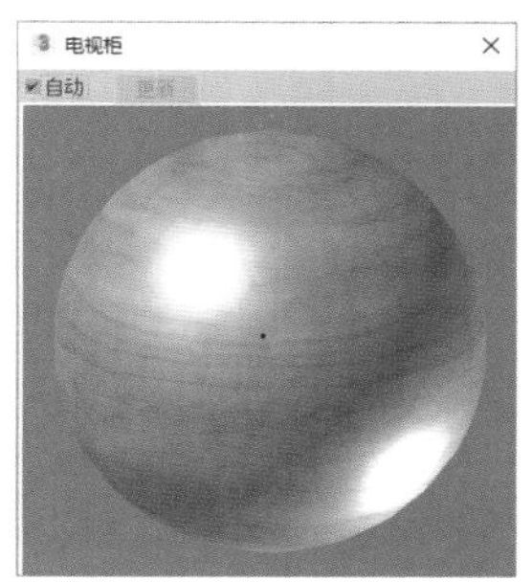

图10-22

10.1.6 制作玻璃材质

本案例中的玻璃渲染效果如图10-23所示。

01 打开“材质编辑器”面板，选择一个空白的材质球，将其设置为Arnold的Standard材质，并重命名为“玻璃”，如图10-24所示。

图10-23

图10-24

02 设置Kd的值为0，Ks的值为0.2，制作出玻璃的高光及反射效果，如图10-25所示。

03 设置Kr的值为0.3，Kt的值为1，调整Transmittance的颜色为浅绿色（红：0.851，绿：0.949，蓝：0.898），设置玻璃材质的折射率IOR为1.6，如图10-26所示。

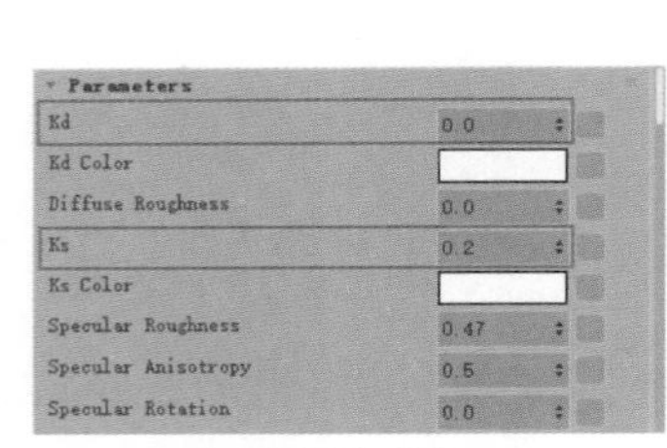

图10-25

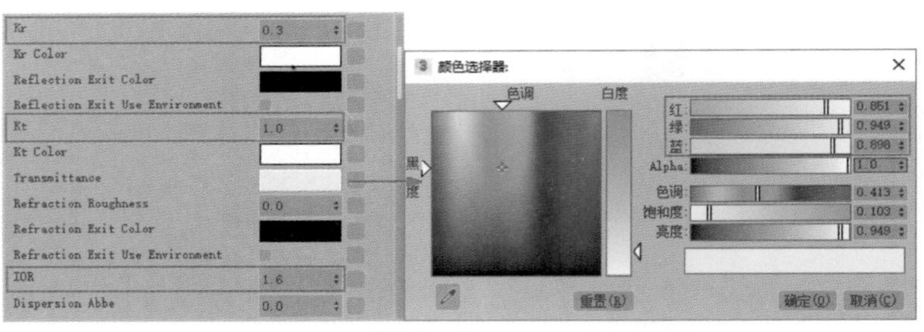

图10-26

04 设置Opacity的颜色为灰色（红：0.392，绿：0.392，蓝：0.392），如图10-27所示，增加玻璃材质的通透感。

05 制作完成的玻璃材质球显示效果如图10-28所示。

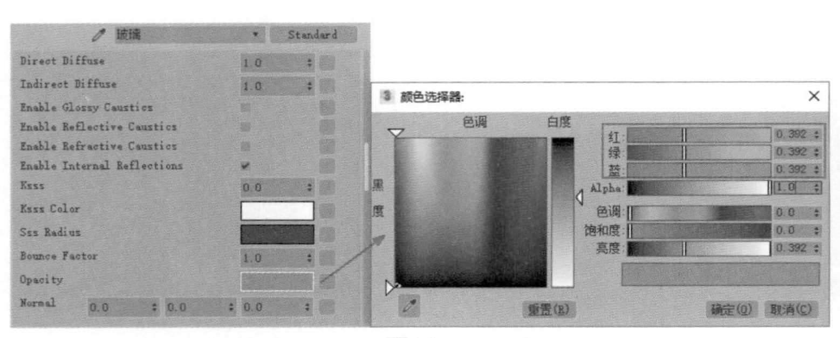

图10-27

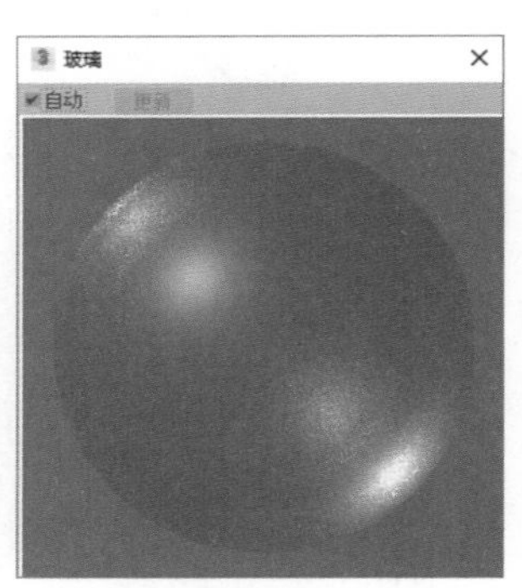

图10-28

10.1.7　制作地板材质

本案例中的地板渲染效果如图10-29所示。

01 打开“材质编辑器”面板，选择一个空白的材质球，将其设置为Arnold的Standard材质，并重命名为“地板”，如图10-30所示。

图10-29

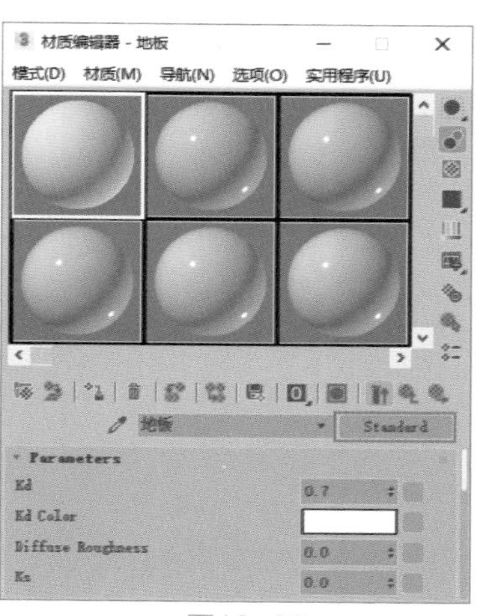

图10-30

02 在Kd Color的贴图通道上加载一张“AI37_002_floor.jpg”贴图文件，设置Ks的值为0.2，Specular Roughness的值为0.2，Specular Anisotropy的值为0.4，制作出地板材质的表面纹理及高光和反射效果，如图10-31所示。

03 制作完成后的地板材质球显示效果如图10-32所示。

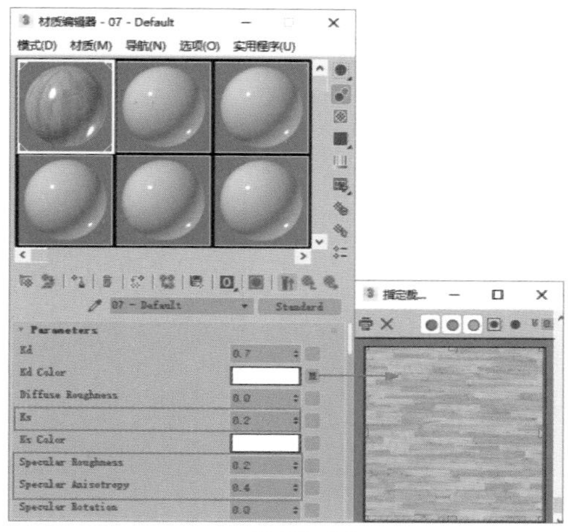

图10-31

图10-32

10.1.8　制作阳光照明效果

本场景所表现的光照为日光效果，所以在灯光的运用上考虑使用太阳定位器来制作场景照明。

01 在“透视”视图中，单击“太阳定位器”按钮，在场景中创建一个太阳定位器，如图10-33所示。

02 在“修改”面板中，展开“太阳位置”卷展栏，将太阳在地球上的位置更改为中国的长春，时间设置为2017年6月24日的16点30分，如图10-34所示。

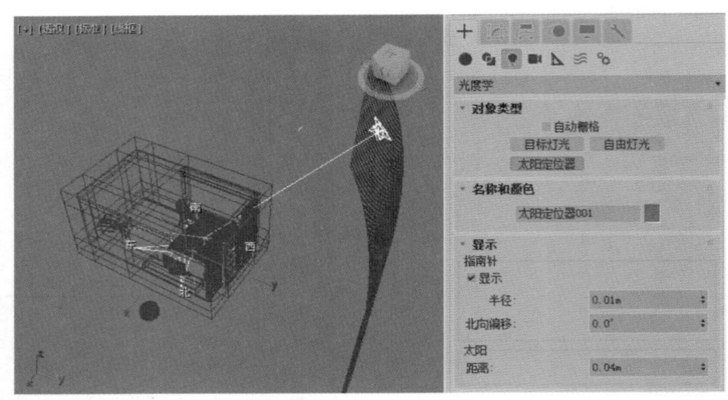

图10-33

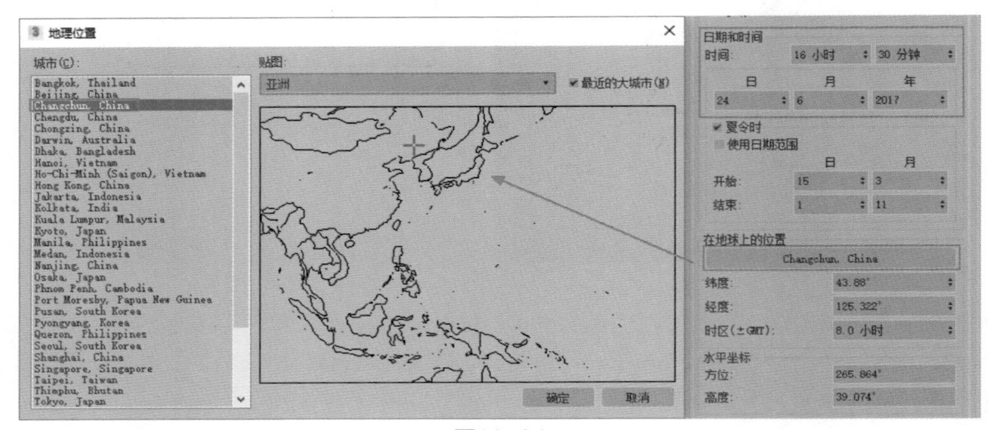

图10-34

03 展开“显示”卷展栏，设置“北向偏移”的值为130，调整阳光的照射角度，如图10-35所示。

04 设置完成后的阳光位置如图10-36所示，使得灯光从斜上方的角度照射进卧室中。

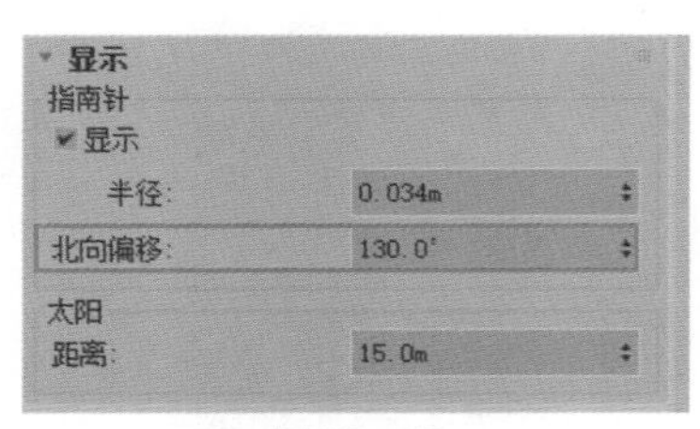

图10-35

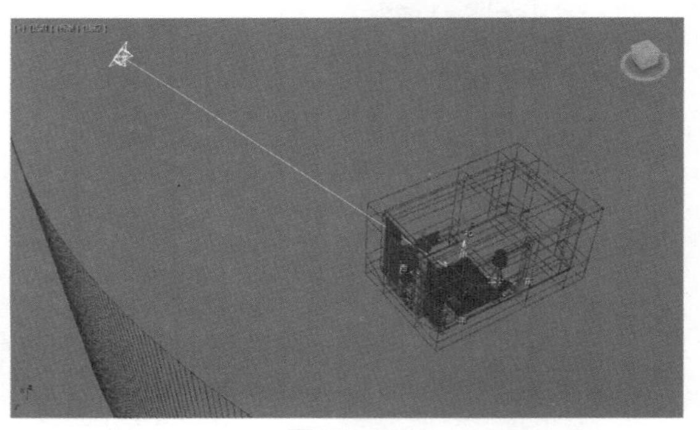

图10-36

10.1.9 渲染设置

01 打开“渲染设置”面板，可以看到本场景已经设置好使用Arnold渲染器渲染场景，如图10-37所示。

02 在“公用”选项卡中，设置渲染输出图像的“宽度”为2400，“高度”为1500，如图10-38所示。

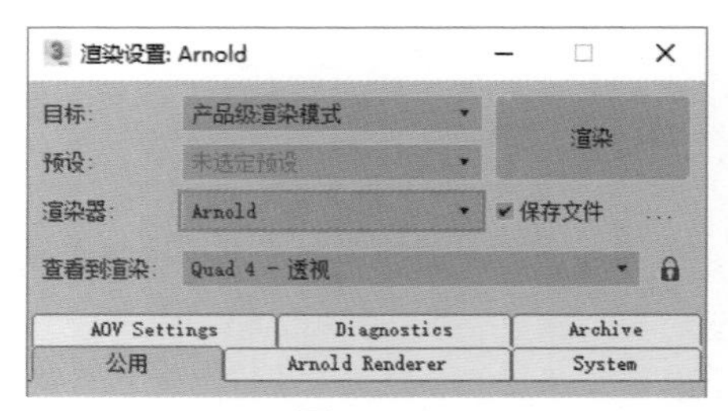

图10-37

03 在Arnold Renderer选项卡中，展开Sampling and Ray Depth卷展栏，设置Camera的值为26；设置Diffuse的Samples值为3，Ray Depth值为2；设置Specular的Samples值为2，Ray Depth值为1；设置Transmission的Samples值为2，Ray Depth值为2；降低渲染图像的噪点，提高图像的渲染质量，如图10-39所示。

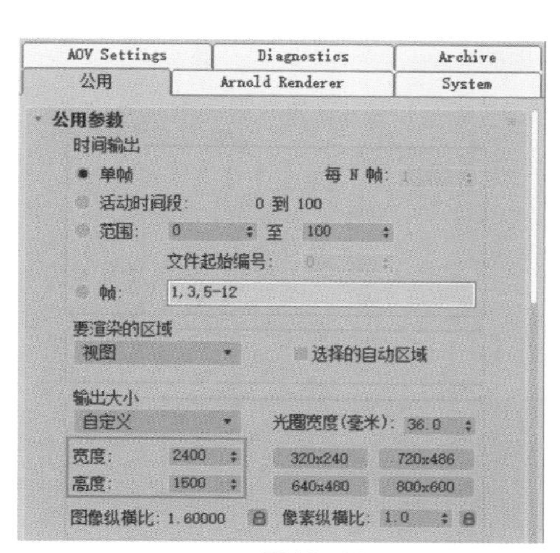

图10-38

图10-39

04 设置完成后，渲染场景，本实例的最终渲染结果如图10-40所示。

图10-40

10.2 综合实例：北欧风格客厅室内效果表现

本实例使用一个北欧风格的客厅场景来为大家讲解Arnold材质、灯光及渲染设置的综合运用，最终的渲染结果如图10-41所示，线框渲染图如图10-42所示。

图10-41

图10-42

10.2.1 场景分析

打开本书配套资源“北欧客厅.max”文件，可以看到本场景中已经设置好模型及摄影机，如图10-43所示。通过最终渲染效果可以看出，本场景所要表现的灯光照明为阴天环境，所以渲染图里的家具模型所产生的阴影均为柔和的软阴影。这一表现在灯光设置上需要读者注意。

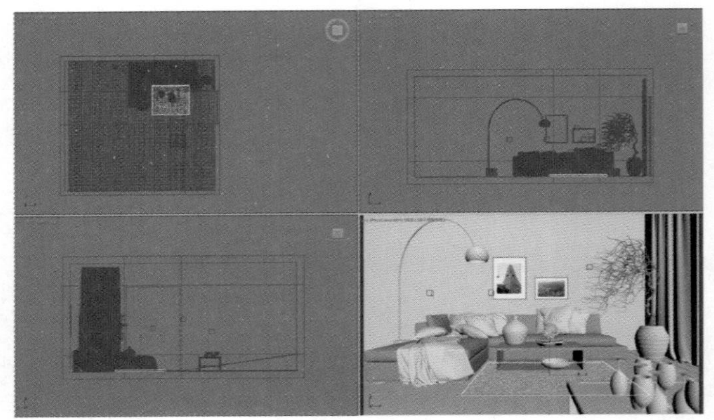
图10-43

10.2.2 制作木质地板材质

本案例中的地面所采用木质地板设计，其渲染效果如图10-44所示。

图10-44

01 打开“材质编辑器”面板，选择一个空白的材质球，将其设置为Arnold的Standard材质，并重命名为“地板”，如图10-45所示。

02 在Kd Color贴图通道和Ks贴图通道上加载一张“AI37_009_plank_diff2.jpg”贴图文件，设置Specular Roughness的值为0.6，用来制作出地板材质的表面纹理及高光效果，如图10-46所示。

03 在Normal的贴图通道上指定一个Bump2d贴图，并在其Bump Map贴图通道上加载一张“AI37_009_plank_diff2.jpg”贴图文件，调整Bump Height的值为0.1，制作出地板材质的凹凸效果，如图10-47所示。

04 设置完成后，本实例中的地板材质球显示效果如图10-48所示。

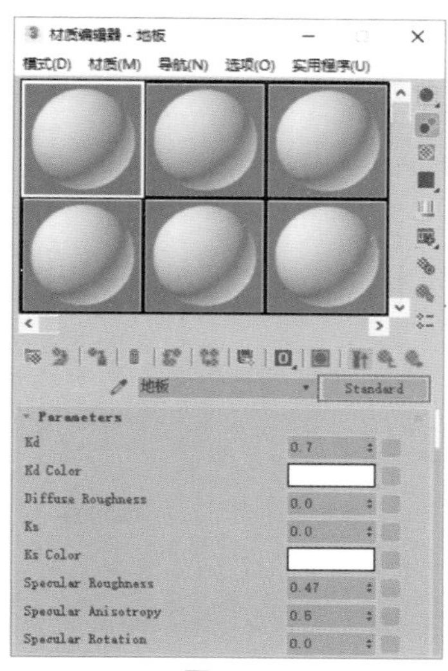

图10-45

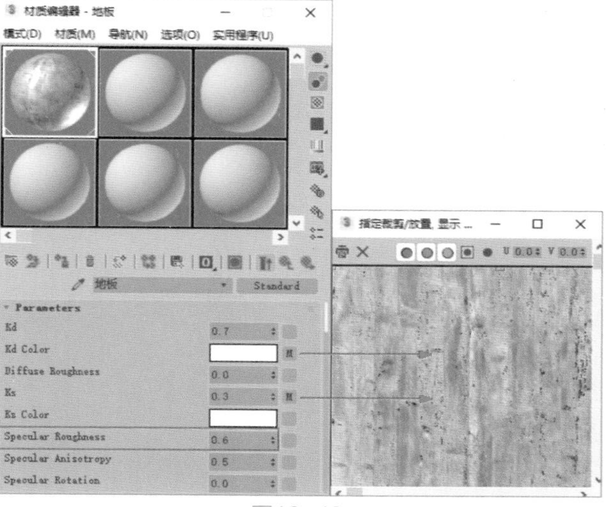

图10-46

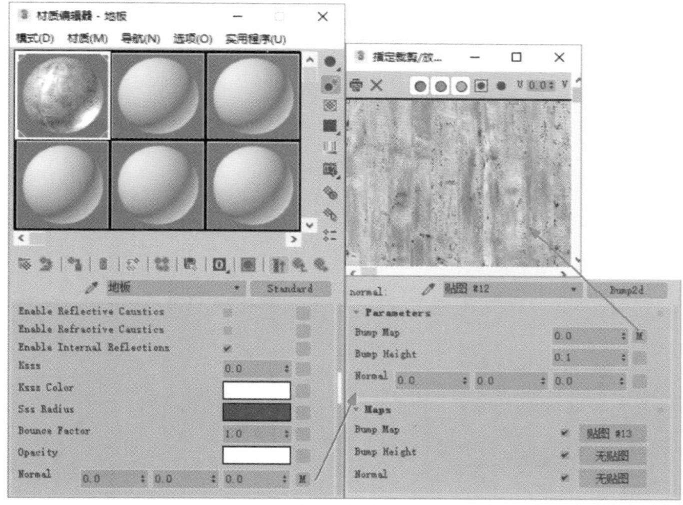

图10-47

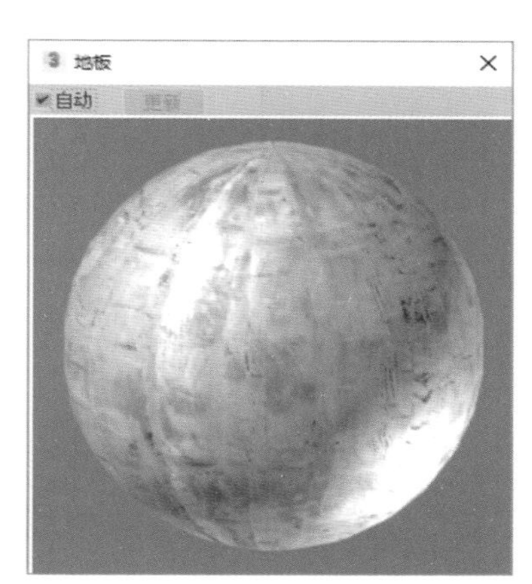

图10-48

10.2.3　制作玻璃瓶子材质

本案例中的桌子上有一个玻璃质感的瓶子，其渲染效果如图10-49所示。

图10-49

01 打开“材质编辑器”面板，选择一个空白的材质球，将其设置为Arnold的Standard材质，并重命名为“玻璃”，如图10-50所示。

02 设置Kd的值为0，设置Ks的值为0.15，Specular Roughness的值为0.2，Specular Anisotropy的值为0.2，制作出玻璃的高光及反射，如图10-51所示。

03 设置Kt的值为0.9，IOR的值为1.6，制作出玻璃的折射效果，如图10-52所示。

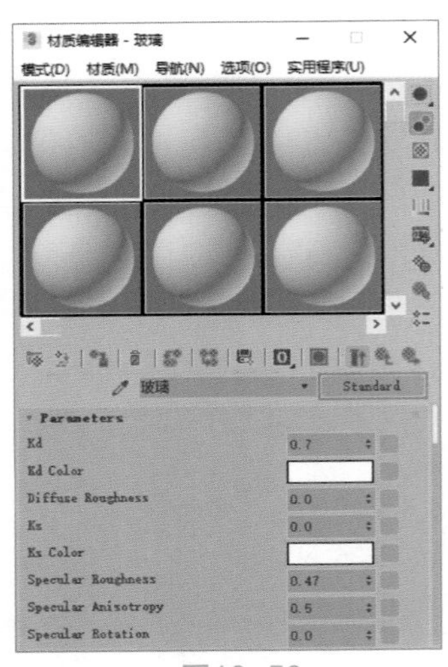

图10-50

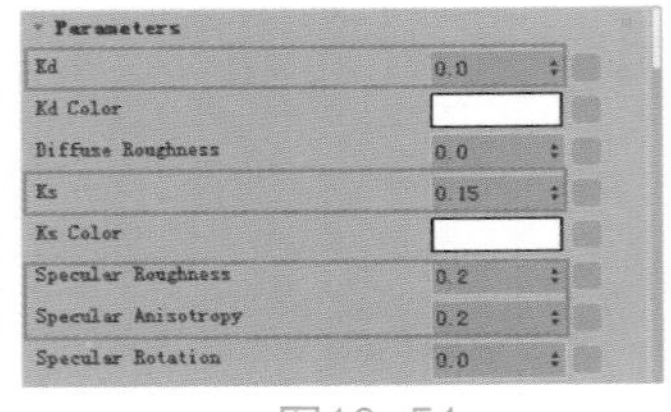

图10-51

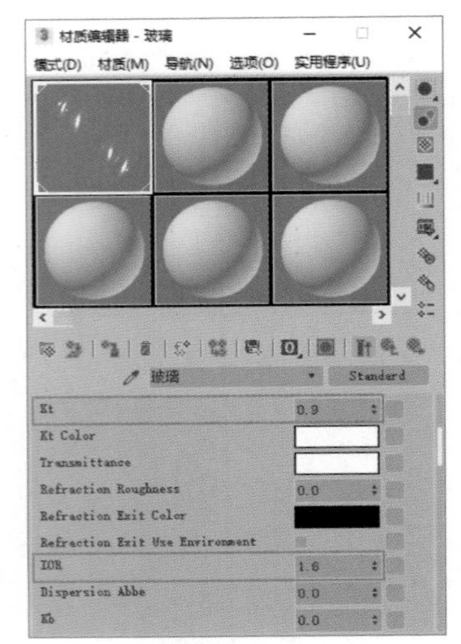

图10-52

04 设置Opacity的色彩为灰色，提高玻璃的通透程度，如图10-53所示。

05 设置完成后，实例中的玻璃材质球显示效果如图10-54所示。

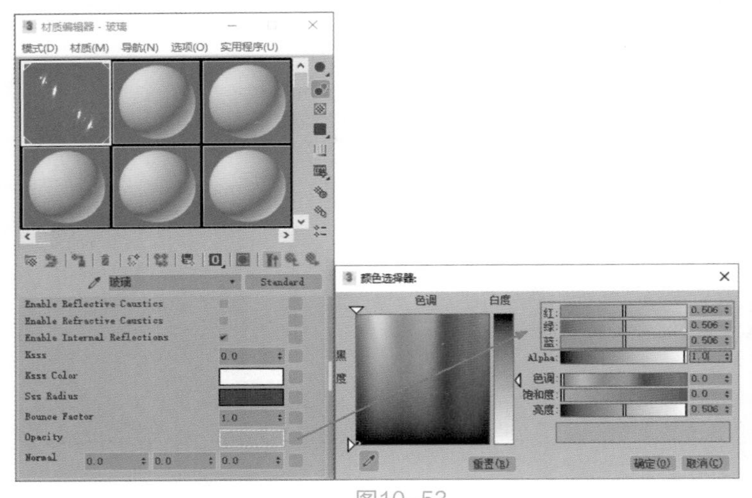

图10-53

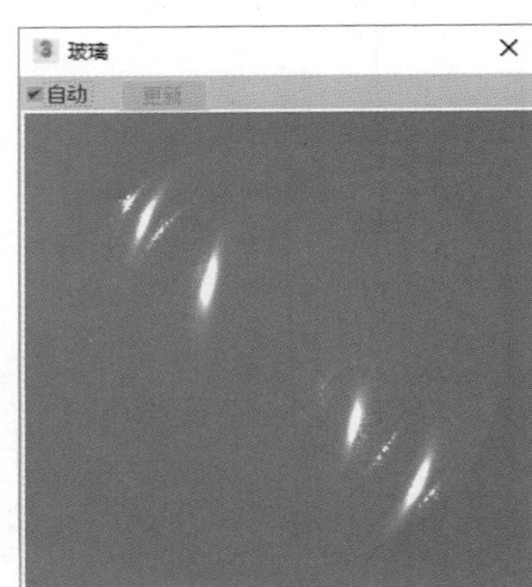

图10-54

10.2.4 制作金属灯具材质

本案例中的沙发旁边放置有一个白钢质感的落地灯，其渲染效果如图10-55所示。

图10-55

01 打开“材质编辑器”面板，选择一个空白的材质球，将其设置为Arnold的Standard材质，并重命名为“金属”，如图10-56所示。

02 设置Kd的值为0，设置Ks的值为0.9，Specular Roughness的值为0.25，制作出金属的高光及反射，如图10-57所示。

03 设置完成后，本实例中的金属材质球显示效果如图10-58所示。

图10-56

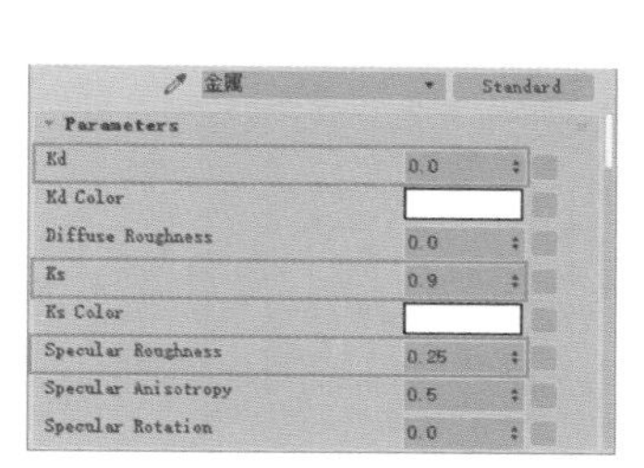

图10-57

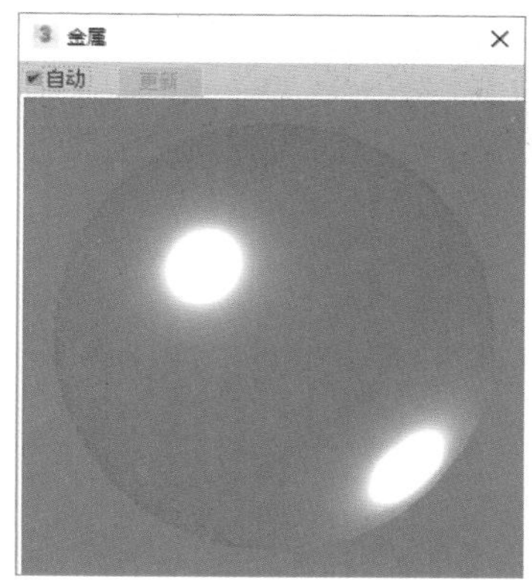

图10-58

10.2.5 制作墙体材质

本案例中的室内白墙渲染效果如图10-59所示。

01 打开“材质编辑器”面板，选择一个空白的材质球，将其设置为Arnold的Lambert材质，并重命名为“墙”，如图10-60所示。

02 设置Kd的值为0.9，使得材质球的颜色更白一些，如图10-61所示。

03 设置完成后，本实例中的白墙材质球显示效果如图10-62所示。

图10-59

图10-60

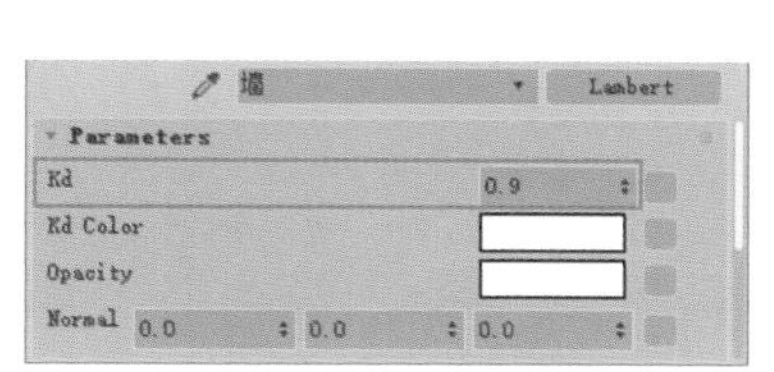

图10-61

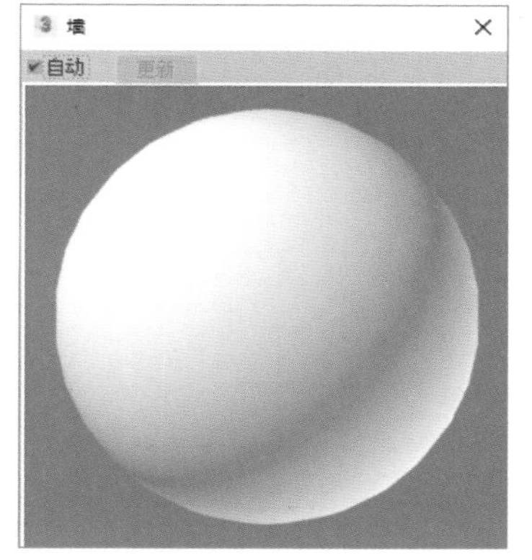

图10-62

10.2.6 使用“Hair和Fur”修改器制作地毯

本案例中的地毯使用了“Hair和Fur”修改器来添加毛发效果，渲染效果如图10-63所示。

01 选择场景中的地毯模型，如图10-64所示。

图10-63

图10-64

02 在“修改”面板中，为当前地毯模型添加“Hair和Fur”修改器，如图10-65所示。

03 展开“常规参数”卷展栏，设置“毛发数量”的值为60000，设置“根厚度”的值为5，“梢厚度”的值为2，如图10-66所示。

图10-65

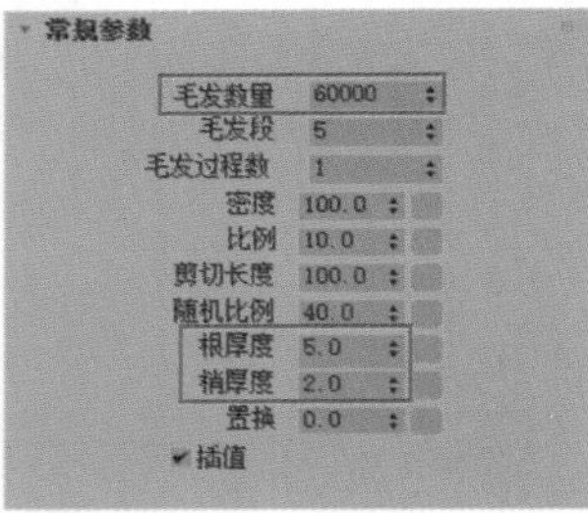

图10-66

04 展开“材质参数”卷展栏，设置“梢颜色”为浅白色，设置“根颜色”为灰色，如图10-67、图10-68所示，制作出地毯毛发的颜色效果。

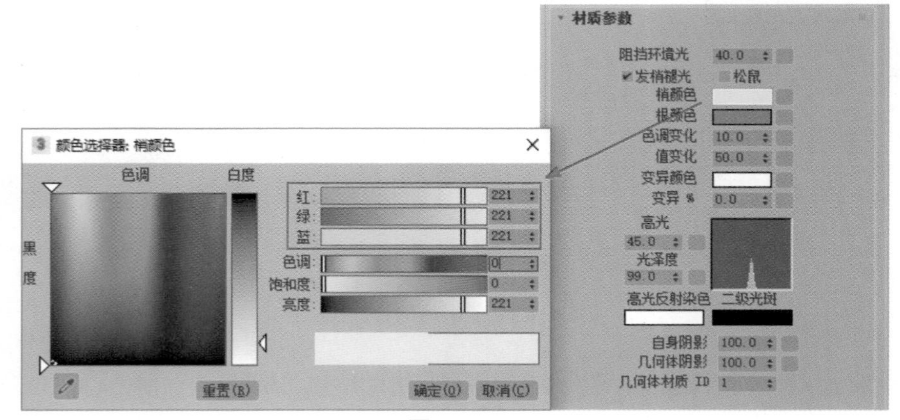

图10-67

05 展开“卷发参数”卷展栏，设置“卷发根”的值为130，“卷发梢”的值为360，制作出地毯毛发的弯曲效果，如图10-69所示。

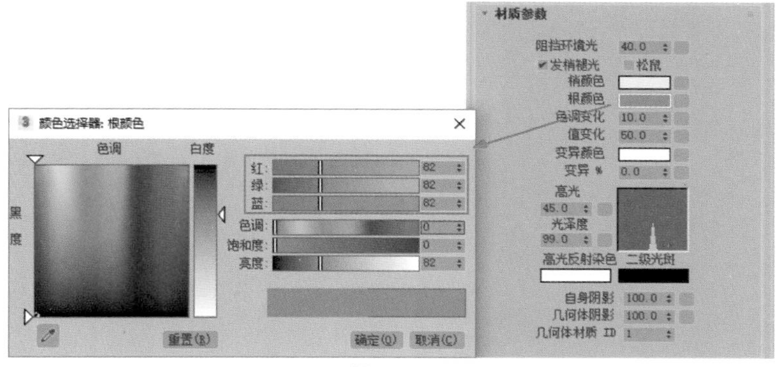

图10-68

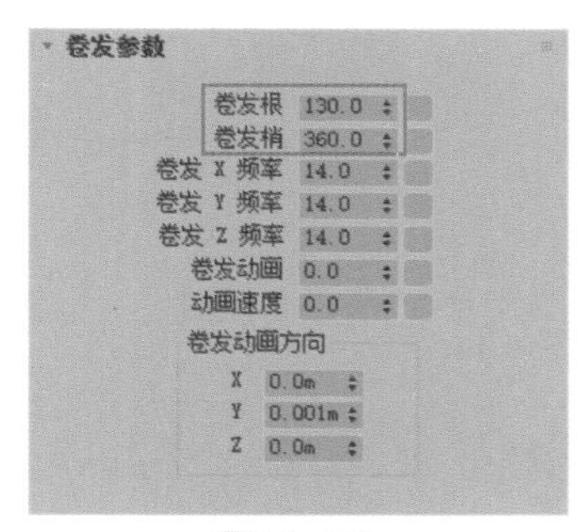

图10-69

06 制作完成后的地毯显示结果如图10-70所示。

图10-70

10.2.7　制作天光照明效果

由于本场景中所要模拟的光照环境并不像阳光直射那样会对物体产生明显的投影，所以在灯光的选择上考虑使用Arnold Light灯光。我在之前有关灯光设置的章节中讲过，Arnold Light灯光在默认的设置下对物体所产生的投影就是呈发散状态的软阴影，所以考虑使用这一灯光可以用来模拟无阳光直射的环境或者是位于阴面的房间光照，当然在本实例中也尤为合适。

01 在“前”视图中，单击Arnold Light按钮，在房间有窗口的一侧创建一个Arnold Light灯光，如图10-71所示。

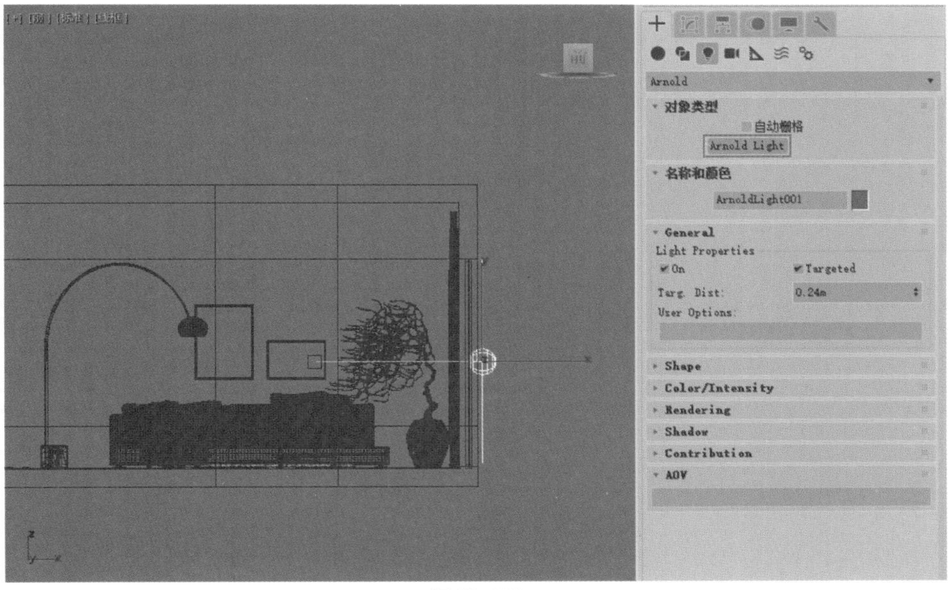

图10-71

02 在“左”视图中，调整灯光的大小及位置至图10-72所示。

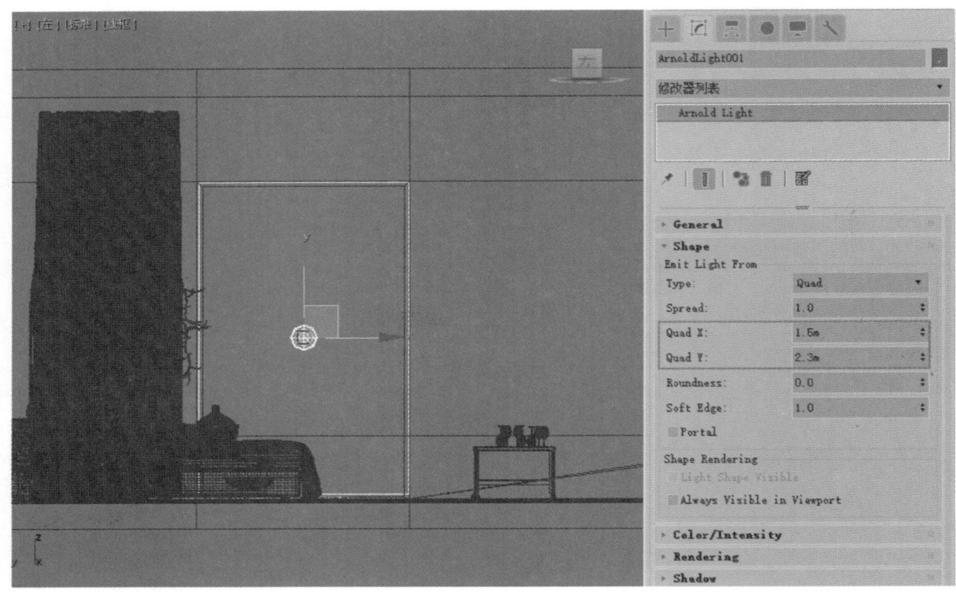

图10-72

03 展开Color/Intensity卷展栏，设置灯光的颜色为浅蓝色（红：156，绿：167，蓝：185），用来模拟天光的色彩。设置灯光的Intensity值为3000，Exposure值为11，提高灯光的照明强度，如图10-73所示。

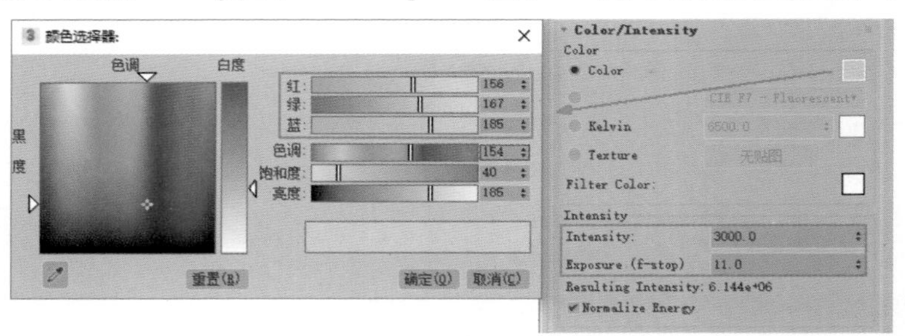

图10-73

04 接下来，开始设置辅助照明。在“顶”视图中，复制一个Arnold Light灯光，并调整其位置至图10-74所示。

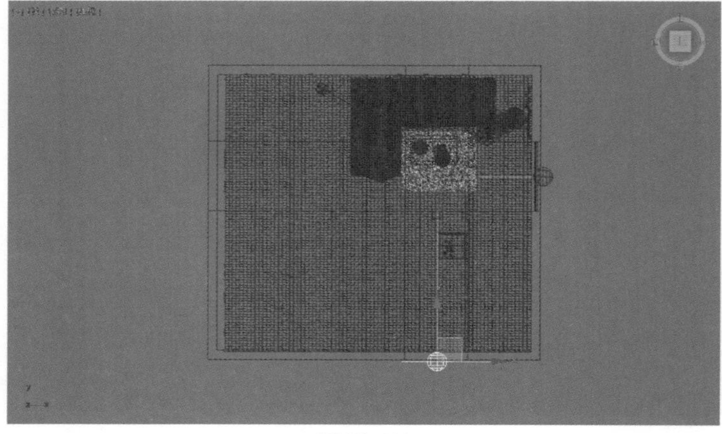

图10-74

05 在“修改”面板中，展开Shape卷展栏，设置Quad X的值为1.5，Quad Y的值为2，调整灯光的大小，如图10-75所示。

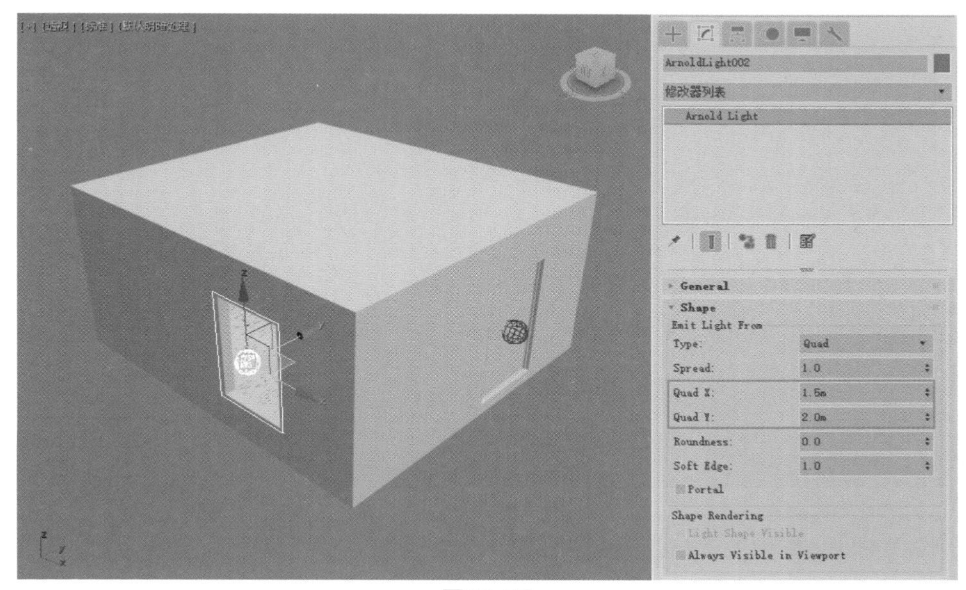

图10-75

06 展开Color/Intensity卷展栏，设置灯光的Intensity值为500，Exposure值为12，降低辅助灯光的照明强度，如图10-76所示。

07 设置完成后，本场景的天光照明布置就完成了，如图10-77所示。

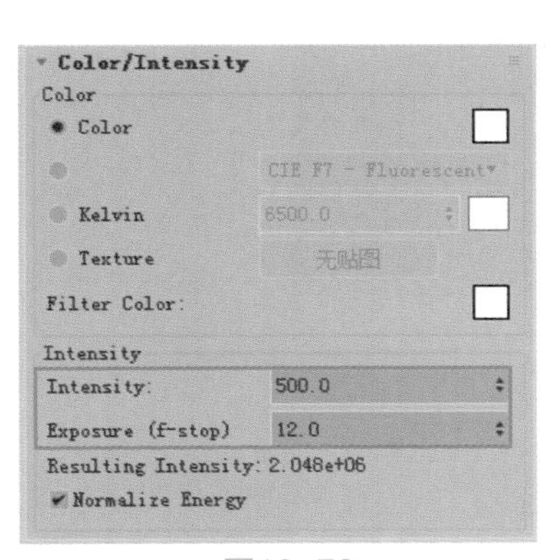

图10-76

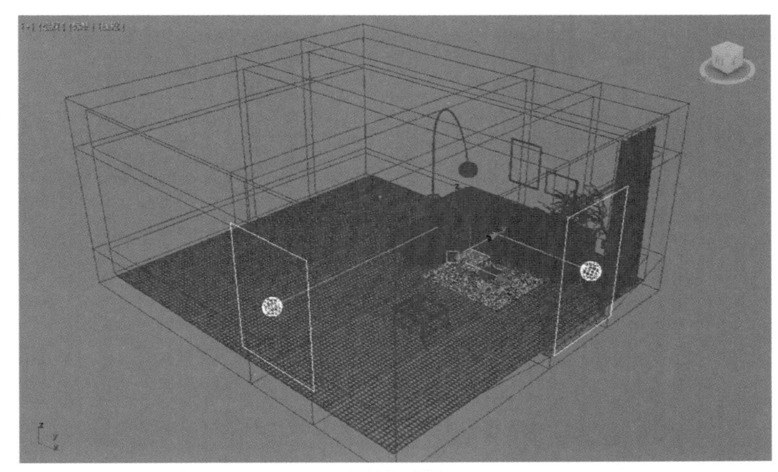

图10-77

10.2.8　制作射灯照明效果

01 在“左”视图中，单击Arnold Light按钮，在房间沙发后面的墙壁前方创建一个Arnold Light灯光，用来制作棚顶的射灯照明效果，如图10-78所示。

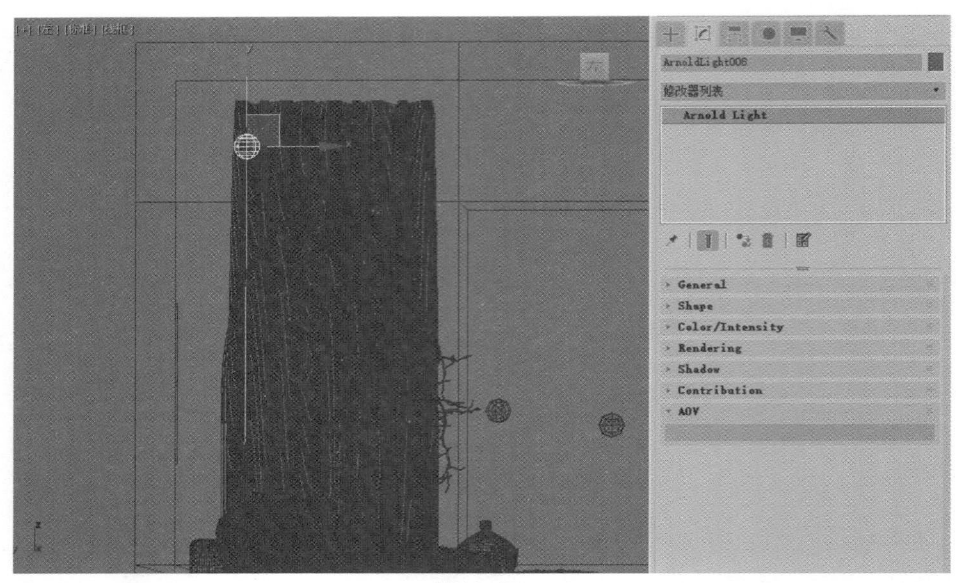

图10-78

02 在“顶”视图中，复制该灯光并调整位置至图10-79所示。

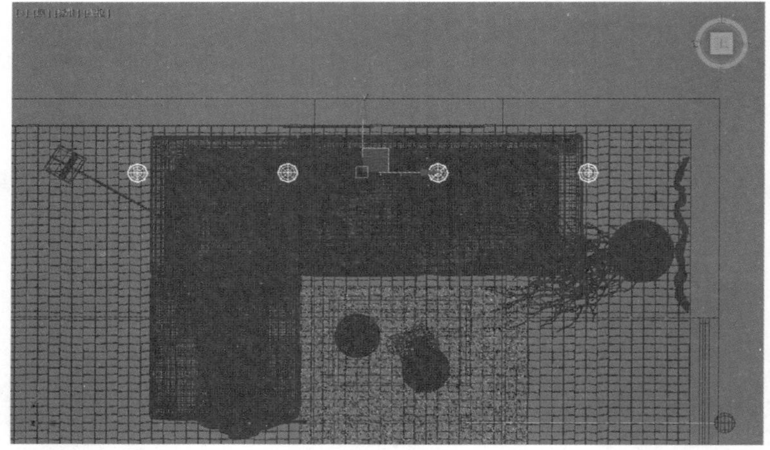

图10-79

03 在“修改”面板中，展开Shape卷展栏，设置灯光的Type为“光度学”选项，并且单击File后面的按钮浏览本书配套资源“射灯-2.ies”光域网文件，如图10-80所示。

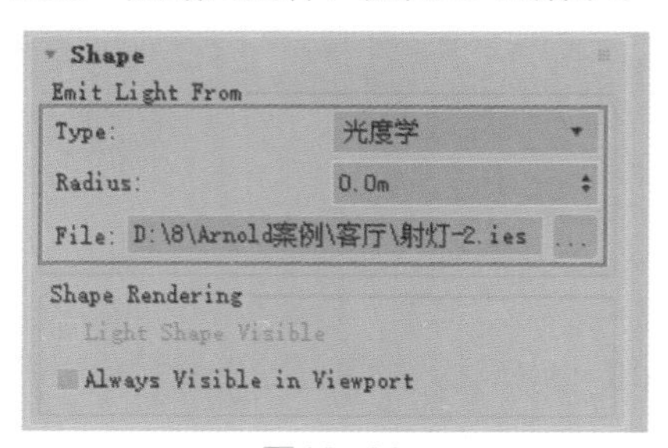

图10-80

04 展开“Color/Intensity”卷展栏，设置灯光的Color为橙色（红：239，绿：120，蓝：15），设置灯光的Intensity值为500，Exposure值为9，如图10-81所示。

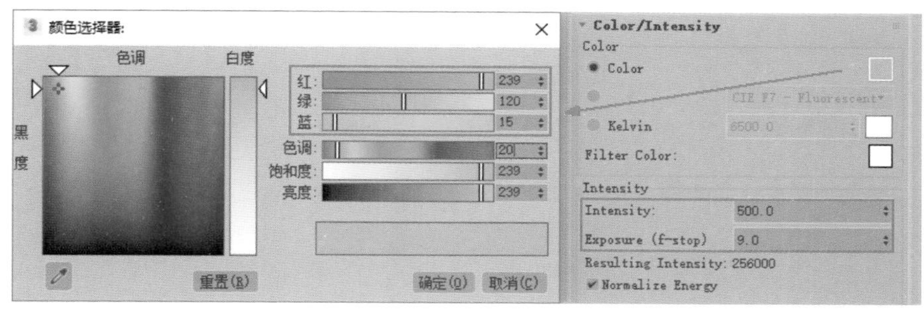

图10-81

05 设置完成后的射灯照明布置效果如图10-82所示。

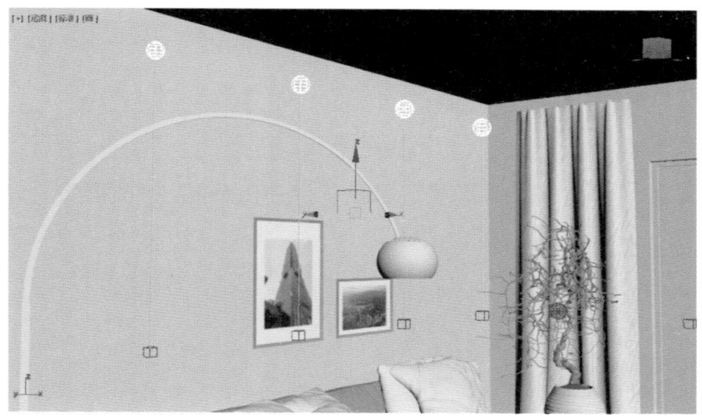

图10-82

10.2.9 制作落地灯照明效果

接下来，制作场景中的落地灯照明效果，具体步骤如下。

01 在场景中任意位置处创建一个Arnold Light灯光，如图10-83所示。

图10-83

02 在“修改”面板中，展开Shape卷展栏，设置灯光的Type为Mesh选项，并单击Mesh后面的按钮，拾取场景中落地灯的灯泡模型，如图10-84所示。

03 展开“Color/Intensity”卷展栏，设置灯光的Color为Kelvin选项，并设置其值为2000，设置灯光的Intensity值为500，Exposure值为12，如图10-85所示。

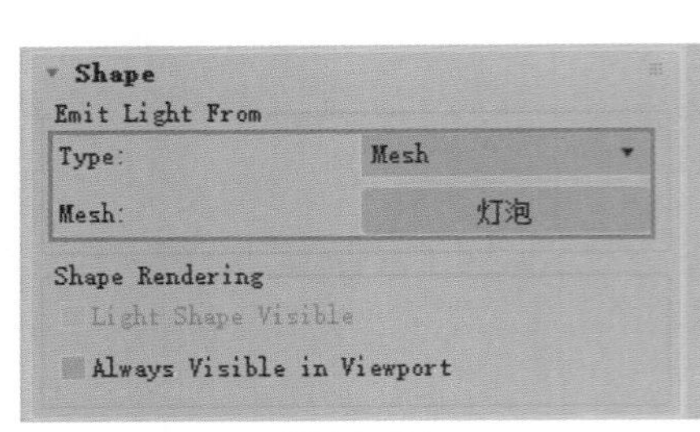

图10-84

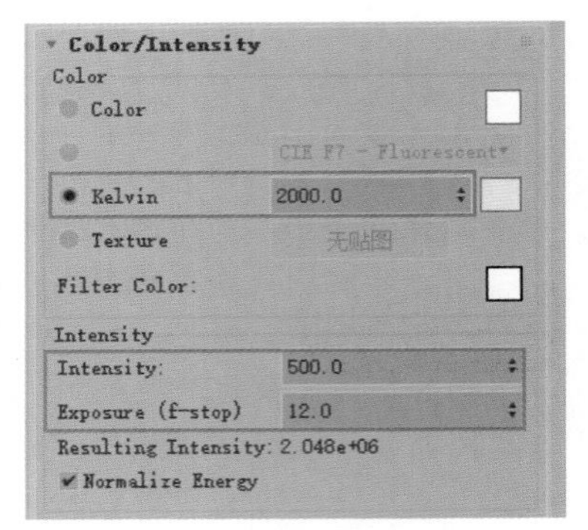

图10-85

04 设置完成后，该灯光将由场景中名为“灯泡”模型的位置来进行发光照明计算。

10.2.10 渲染设置

01 打开“渲染设置”面板，可以看到本场景已经设置好使用Arnold渲染器渲染场景，如图10-86所示。

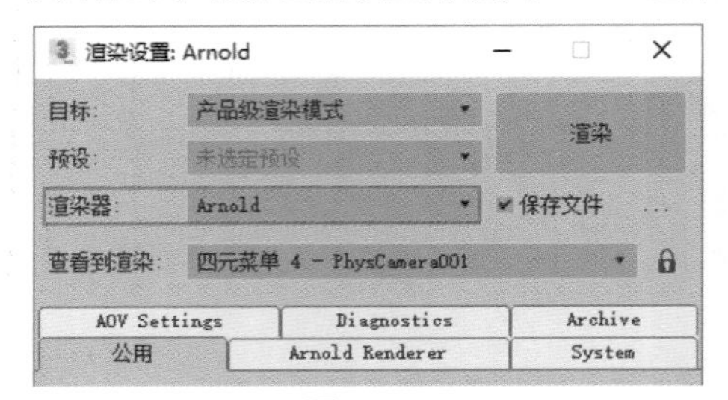

图10-86

02 在“公用”选项卡中，设置渲染输出图像的“宽度”为2400，“高度”为1500，如图10-87所示。

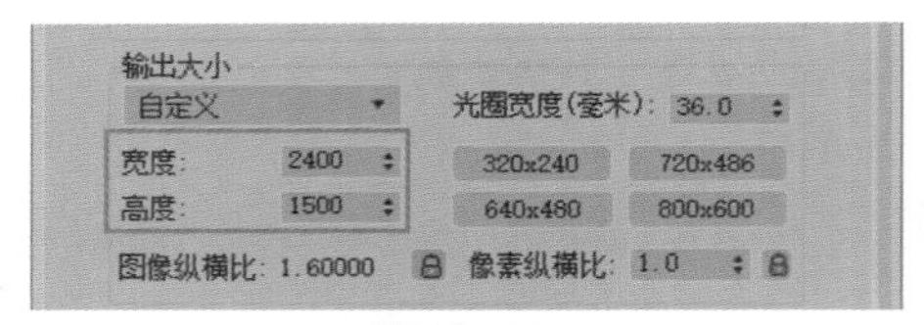

图10-87

03 在Arnold Renderer选项卡中，展开Sampling and Ray Depth卷展栏，设置Camera的值为12；设置Diffuse的Samples值为3，Ray Depth值为1；设置Specular的Samples值为2，Ray Depth值为2；降低渲染图像的噪点，提高图像的渲染质量，如图10-88所示。

AOV Settings	Diagnostics	Archive
公用	Arnold Renderer	System

Sampling and Ray Depth

General

	Samples	Ray Depth	Min	Max
Total Rays Per Pixel (no lights)			2592	2880
Preview (AA):	-3			
Camera (AA):	12		144	
Diffuse:	3	1	1296	1296
Specular:	2	2	576	720
Transmission:	2	2	576	720
SSS:	2			
Volume Indirect:	2	1		

图10-88

04 设置完成后，渲染场景，本场景的最终渲染效果如图10-89所示。

图10-89